战争事典
WAR STORY /077

世界坦克一百年
TANKS
100 YEARS OF EVOLUTION

[波] 理查德·奥戈凯维奇 著

胡毅秉 译

民主与建设出版社
·北京·

Ⓒ 民主与建设出版社，2022

图书在版编目（CIP）数据

世界坦克一百年 /（波）理查德·奥戈凯维奇著；
胡毅秉译 . —— 北京：民主与建设出版社，2022.12
书名原文：Tanks: 100 years of evolution
ISBN 978-7-5139-4060-3

Ⅰ.①世… Ⅱ.①理… ②胡… Ⅲ.①坦克－技术史
－世界 Ⅳ.① TJ811-091

中国版本图书馆 CIP 数据核字 (2022) 第 233391 号

Tanks: 100 Years of Evolution
Ⓒ2015 Richard Ogorkiewicz
Ⓒ2023 Chongqing Vertical Culture Communication Co., Ltd
This translation of Tanks: 100 Years of Evolution is published by Chongqing Vertical
Culture Communication Co., Ltd. by arrangement with Bloomsbury Publishing Plc.
All rights reserved.

著作权登记合同图字：01-2023-0290

世界坦克一百年
SHIJIE TANKE YIBAI NIAN

著　　者	［波］理查德·奥戈凯维奇	
译　　者	胡毅秉	
责任编辑	吴优优　　金　弦	
封面设计	杨静思	
出版发行	民主与建设出版社有限责任公司	
电　　话	（010）59417747　　59419778	
社　　址	北京市海淀区西三环中路 10 号望海楼 E 座 7 层	
邮　　编	100142	
印　　刷	重庆市国丰印务有限责任公司	
版　　次	2022 年 12 月第 1 版	
印　　次	2023 年 2 月第 1 次印刷	
开　　本	787 毫米 ×1092 毫米　　1/16	
印　　张	21	
字　　数	250 千字	
书　　号	ISBN 978-7-5139-4060-3	
定　　价	119.80 元	

注：如有印、装质量问题，请与出版社联系。

目 录

CONTENTS

CONTENTS

引言

本书旨在综合论述坦克这种武器从一个世纪前诞生直至今日在全世界的发展与运用。

由于坦克具备重要的军事意义且受到广泛关注，已经有大量关于它们的著作问世，其中包括笔者本人执笔的三本。[1,2,3] 但是关于坦克还有很多话题可说，原因不仅在于最近的发展动态或者坦克在全世界的扩散，还在于人们对其在起源和其他发展上有着种种误解。

因此，本书的开篇将重新评价促成坦克发展的因素，以及坦克在第一次世界大战期间的诞生过程。在这场战争进入尾声时，坦克已经获得了相当多的重视，但是在战后的数年中，这种状况却未能维持，直到英国陆军在 20 世纪 30 年代开始试验更灵活的坦克运用方式，这种武器才开始复兴。此后，伴随着第二次世界大战前欧美国家在坦克的设计和性能方面取得的进步，坦克的重要性也部分得益于此而得到提升。坦克的能力因此大大加强，这使它们成为诸兵种合成机械化部队的核心，而这种部队又提供了最有效的坦克运用方式，这一点在第二次世界大战初期就被德国装甲师证明了。

在德国装甲师旗开得胜之后，各国装甲部队普遍得到扩张，成为地面战斗的主宰。因此在第二次世界大战期间，除德国外，苏联、美国和英国也大规模地生产和运用了坦克。

本书接下来将描述坦克在第二次世界大战之后，西方国家与苏联对峙的冷战岁月中的发展情况。当时，两大敌对阵营的军队在中欧部署了大量坦克，并且苏联、美国、英国、法国和德国这五大坦克生产国也进一步加强了坦克研发。坦克在另一些国家也获得了显著的发展，尤其是在瑞士、瑞典和以色列。与此同时，其他国家也纷纷采购别国生产的坦克。远东地区也在此领域取得重要进步，日本、韩国和中国近年来研发出的坦克在某些方面已超越欧美制造的同类产品，而印度和巴基斯坦已分别开始量产俄罗斯和中国最新设计的坦克。

各国生产的坦克可能形态各异，但它们采用的许多技术是共通的，其中的主要方面在本书的三个附录中有所总结。附录1讲述了坦克火力的大体发展轨迹，以及人们借助导弹、液体发射药和电磁发射器所做的火力改进尝试。附录2描述了追求更强防护的普遍历程，不仅涉及不同装甲材料的运用，也涉及爆炸反应装甲和电脑控制的主动防护系统。附录3谈及坦克的机动性，包括各类发动机的发展，以及坦克与其所在作战地形的交互等。

本书虽然涉及的领域很广，但并不打算面面俱到。因此，本书的论述仅限于历史上出现过的坦克的最重要或最有趣的方面。同样，本书对于坦克参与的重要作战也只是一笔带过，关于这些作战的详细描述绝不是区区一本书的篇幅所能容纳的。

理查德·奥戈凯维奇

致谢

本书是我对坦克发展史研究多年的成果。在研究过程中，我得到了许多人的帮助和鼓励，特在此表达感激之情。

我的早期研究得到了我的父亲奥戈凯维奇上校（Colonel M. A. Ogorkiewicz），以及伊克斯上校（Colonel R. J. Icks）的帮助。那时候，伊克斯是美国一流的坦克史专家，我与他保持了 20 多年的书信往来。此外，与巴兹尔·利德尔·哈特爵士（Sir Basil Liddell Hart）的讨论也令我获益匪浅。当他撰写关于皇家坦克团的史书时，我有幸提供了协助，而我自己在撰写关于装甲部队的处女作时也得到了他的鼓励。

在研究坦克史的过程中，我幸运地结识了一些坦克研发领域的先驱者，并且在后来又与他们进行了书信沟通。这些人包括菲利普·约翰逊中校（Lieutenant Colonel Philip Johnson），他的 D 号中型坦克为第一次世界大战后出现的机动性更强的坦克指明了发展方向；还有莱斯利·利特尔（Leslie F. Little），他曾作为维克斯·阿姆斯特朗公司的总工程师，主持设计了第二次世界大战中产量最多的英国坦克——"瓦伦丁"。我还认识了原乙未生中将并与其有过多年书信往来，而他在年轻时就作为一名工程兵军官设计了日本的第一辆坦克。

我还认识了一些坦克发展史上比较晚近的领军人物。我不仅与他们讨论了坦克设计，还有幸考察和实际操作了他们设计的坦克。在这些人中，有斯文·贝耶（Sven Berge），他是极具独创性的瑞典 S 坦克的设计者；有伊斯拉埃尔·塔勒少将（Major

General Israel Tal），他领导了以色列"梅卡瓦"系列坦克的研发，还有菲利普·莱特博士（Dr. Philip W. Lett），他作为克莱斯勒防务部门的副总裁主持研制了美国陆军的 M1 坦克。这三人都成了我的好友，而且我曾在通用动力陆地系统公司的技术顾问组愉快地与他们共事数年。

同样与我成为亲密朋友的还有贝克博士（Dr. M. G. Bekker），他在 20 世纪 60 年代初向我介绍了他在美国从事的关于"土壤—车辆力学"的开拓性工作；林磐男，他领导了三菱重工的"74 式"坦克的研发团队。

后来，我还与爆炸反应装甲的发明者曼弗雷德·赫尔德教授（Prof. Manfred Held）和南非地雷专家弗农·乔因特博士（Dr. Vernon Joynt）一同在皇家国防理工学院教授了十多年的装甲车辆技术，并与他们交流过各种思想和信息。

我还得益于与以下几位专家交流信息：在曼海姆的德国国防学院主持研究的罗尔夫·希尔姆斯（Rolf Hilmes）、《简氏装甲车辆与火炮年鉴》的编辑克里斯托弗·福斯（Christopher F. Foss）、瑞典国防装备管理局的里卡德·林德斯特伦（Rickard O. Lindstrom），以及巴温顿坦克博物馆的历史学家戴维·弗莱彻（David Flctcher）——他帮我查明了多个历史问题。

理查德·奥戈凯维奇，伦敦

第 1 章

"物种"起源

千百年来，战争几乎完全是靠手持的个人武器来打的。但是在火药投入使用后，手持武器的相对重要性便逐渐降低，而重武器的地位不断上升。直到 19 世纪，重武器成为战场的主宰。没有人比拿破仑更深刻地认识到这一点，他曾在圣赫勒拿岛反思时说"炮兵如今决定着军队和人民的命运"。

不过，除了攻城战，火炮的效能却被其有限的战场机动力限制。当时，提高火炮效能最好的办法也不过是用马拉着火炮在发射阵地之间转移而已。

在 19 世纪下半叶发展起来的机枪成为一个例外，这是因为和其他不易携带的武器不同，它们轻到足以装在四轮马车上开火射击。将机枪装到马车上也是一种提高机枪机动性的方法，并在 1917 年俄国革命之后的内战中得到实际应用。此后，装着机枪的四轮马车（也叫"搭枪卡"）又被布琼尼的红色骑兵军用于 1920 年至 1921 年的苏波战争，而且它们作为制式装备被波兰骑兵一直用到 1939 年，被苏联骑兵用到第二次世界大战爆发后很久。

然而，无论机枪马车有多高的机动性，它们在敌人的火力面前都是非常脆弱的，而且它们的用途基本上也仅限于骑兵部队之间的交战。不仅如此，在它们投入使用时，远优于它们的提高机枪与其他枪炮的机动性的方法已经存在，那就是使用自力推进车辆。装在这类车辆上的枪炮不仅机动更快，开火更方便，而且还能配备装甲防护，以便这些枪炮能更自由地在敌人的火力下发挥作用。

开发自力推进车辆的第一步是由法国军事工程师屈尼奥（N. J. Cugnot）迈出的。屈尼奥在 1769 年制造的一辆蒸汽动力的三轮车，如今人们仍可在巴黎工艺博物馆一睹其面貌。屈尼奥的事业得到了法国炮兵总监格里博瓦尔将军（General J. B. de Gribeauval）的支持，正是后者奠定了日后在拿破仑手里大显神威的法国炮兵的根基。为了进行更多试验，屈尼奥还造了第二辆车，但此外就没能取得任何进展。[1]

研制军用自力推进车辆的希望在 19 世纪下半叶随着蒸汽动力牵引车的制造而复苏。有一种流传很广的错误说法是，英国陆军在 1854 年至 1856 年的克里米亚战争中就已使用一种装有工程师博伊德尔（Boydell）设计的履板车轮的牵引车来拖曳火炮。这种错误源于人们把博伊德尔式牵引车和英军在克里米亚使用的一些装有博伊德尔履板车轮的马车弄混了。实际上，第一辆装有博伊德尔车轮的蒸汽车是在 1855 年英国的一个农业博览会上首次展出的。一年后，伍尔维奇兵工厂（Woolwich Arsenal）才开始试用一辆加勒特 - 博伊德尔式牵引车来拖曳攻城炮。被普遍认为曾应用于克里米亚战争的伯勒尔 - 博伊德尔式牵引车直到 1857 年才完工，而当时用于火炮牵引试验的两辆也是在伍尔维奇兵工厂订购的。[2]

蒸汽牵引车曾在 19 世纪下半叶的其他场合中也被用于拖曳火炮。另一方面，很可能是受到克里米亚战争的启发，考恩（J. Cowan）于 1855 年在英国提出了将蒸汽牵引技术用于另一种军事目的的设想。他提交了"使用蒸汽发动机的野战机动火炮"——一种轮式车辆，它带有龟壳式的铁制装甲，有多门从装甲中伸出的大炮，并且在侧面还装有镰刀，以便砍倒可能攻击它的任何敌人——的第 747 号专利。

考恩的车辆从未付诸制造，但在 1899 年至 1902 年的南非战争中，英国陆军使用了大约 50 辆牵引车来拖曳辎重车和火炮。1900 年，位于利兹（Leeds）的约翰·福勒公司（John Fowler and Co.）打造了两辆用于南非的牵引车。这两辆牵引车和它们所牵引的货都配备了装甲，以防在运输物资时遭到布尔人的攻击。最终被派往南非的福勒装甲牵引车增加到四辆。[3] 福勒装甲牵引车及其牵引的货车都在其装甲上开有供步枪射击的枪眼，而且一门野战炮还可以被拉到货车上以取代拖曳火炮。基本上，福勒装甲牵引车距离配备火炮的蒸汽动力装甲战车只有一步之遥。实际上，考恩早已设想过这样的车辆，罗比达（A. Robida）也在一本 1883 年法国的《漫画》（La Caricature）杂志上画出了它的模样。[4]

和考恩的构想一样，罗比达的设想从未实现，但 20 年后，蒸汽动力装甲车成

6

为科幻小说作家威尔斯（H. G. Wells）创作的一篇小说的主题。这篇小说以"陆地铁甲舰"为题发表在了1903年12月的《河滨杂志》上，而它经常被说成是对未来装甲战车的预言。据说，它还影响了若干年后第一批英国坦克的研发，尽管影响只是间接的。[5] 实际上，就推进方式而言，威尔斯的"陆地铁甲舰"并不比三年前制造的蒸汽动力的福勒装甲牵引车更先进，而在武器装备上，它也和后者一样仍使用了步枪。而且威尔斯也未能预测出未来装甲战斗车辆的其他方面，只有一点例外，那就是脱离道路在崎岖地形上作战的能力。但是他关于实现这一能力的设想却不太实用，因为这一设想依据的是让"陆地铁甲舰"使用履轨车轮——由迪普洛克（B. J. Diplock）在1899年前后设计的另一种带履板的车轮。很多人把这种车轮与迪普洛克直到1910年才设计出的链轨履带混为一谈，因而错误地相信威尔斯曾预言了履带式装甲车辆。

当威尔斯的小说发表时，比蒸汽机高效得多的替代物已经以内燃机的形式出现，而依靠其提供动力的汽车也成为更实用的提高火炮机动性的底盘。最早认识到这一点的人似乎是彭宁顿（E. J. Pennington），此人是一个惯于坑蒙拐骗的美国车辆设计师。他于1895年来到英国，并且不出一年就拿出了一种四轮汽车的设想图。这种车具有低矮的船形装甲车体，并在车体上方装有两挺带防盾的马克沁机枪。不仅如此，彭宁顿还宣称他正在考文垂（Coventry）打造这种车辆，而那里正在成为英国汽车工业的发祥地。没有证据表明究竟是什么启发了彭宁顿。不过，鉴于他画的一幅图表现了装甲车在滩头攻击登陆部队的场景，那么他的灵感很可能受到敌国跨过英吉利海峡的入侵威胁的启发。在19世纪90年代，英国人对于这种威胁的考虑是很认真的。

彭宁顿的活动使得《陆海军纪事》（*Naval and Military Record*）在1896年宣布"军用汽车拥有光明的未来"，而关于这类车辆的新闻不仅出现在英国报刊上，还发表在奥地利和法国的报刊上。[6] 但是在1897年，法国的《法国汽车》（*La France Automobile*）杂志遗憾地表示，彭宁顿的发明仅仅停留在水彩画的阶段。[7] 实际上，彭宁顿从没造过一辆装甲车，但是关于他制造此类车辆的传言却很有生命力，直到60多年后还有人认为他曾造出过一辆。[8]

虽然彭宁顿从未将他的装甲车构想付诸实践，但一辆至少在外观上和他画的车很相似的车被西姆斯（F. R. Simms）——此人是出生在德国的英国工程师兼企业家，和彭宁顿同属一家汽车业财团——制造出来。在拿出一种"机动战车"的设计后，西姆斯劝说军工企业——维克斯父子 - 马克沁（Vickers, Sons & Maxim）公司出资打造它。从笔者掌握的一份订单影印件（日期为 1898 年 7 月 20 日）来看，该公司确实被西姆斯说服了，并为此向他支付了 750 英镑。一年后，西姆斯在英国萨里郡里士满（Richmond）的一个汽车展上展示了他正在打造的这种车辆的详细图纸。在这次车展上，西姆斯还展示了一辆装有一挺马克沁机枪的机动四轮车，这是历史上几辆最早的自带武器的自力推进车辆之一。[9]

西姆斯的"机动战车"在 1902 年完工，并于同年在伦敦的水晶宫展出。它重约 5.5吨，具有由 6 毫米维克斯钢装甲制成的敞篷车体，配备两挺马克沁机枪和一门"砰砰"机关炮。它由一台 16 马力的戴姆勒发动机提供动力，据称能够以高达 14.5 千米 / 时的速度运动，但它的钢箍木质车轮使它只能在铺面道路上行驶。这个缺点被认为是可以接受的，因为它的设计用途之一是海岸防御，这也使西姆斯的战车与彭宁顿的构想多了一层关联。[10]

西姆斯的这辆车，其机动能力显然有限，但它是第一种兼具武器装备和装甲防护的自力推进车辆，尽管它不是非常实用，报道它的科技新闻界还是认识到了这类车辆的潜力。另一方面，军方没有派任何人员到场观摩它，这使得某家报道它的汽车杂志对英国陆军部的态度做了非常尖刻的评论。[11]

官方对西姆斯的"战车"明显缺乏兴趣，这导致该车最终被放弃。此后，人们为努力提高重型武器的机动性，遵循了较为渐进的路线，即先将机枪装到汽车上，再为后者添加装甲。在实际安装了机枪的汽车还只有一两辆时，有人就预见到了按这种路线发展的结果。其中一人就是《泰晤士报》（The Times）的记者黑尔斯（A. G. Hales），他根据自己对南非战争的观察，在 1901 年 5 月撰文指出，装甲汽车"在平时和战时都会引起革命性的改变"。陆军的麦克唐纳准将（Brigadier J. H. A. Macdonald）表达了与此相似但更为慎重的观点，即他在 1902 年写的"带有防弹侧甲的高速机动车辆将有巨大的价值"。[12]

以上两人都设想用机枪来武装汽车，而美国在 1898 年已有一辆无装甲的汽车装上了一挺机枪，这比西姆斯的四轮车亮相的时间还早了几个月。那是一辆三轮的杜里埃牌轿车，伊利诺伊州国民警卫队的戴维森少校（Major R. P. Davidson）在它上面装了一挺柯尔特机枪，并为其配了一个小防盾。[13]继该车之后，一辆四轮的改型又出现了。据当时的报道称，人们打造该车是"为了在城市里镇压暴徒"，这意味着 19 世纪 90 年代美国城市的治安乱象促成了它的诞生。[14]

1902 年又有了新的进步。当时，沙朗吉拉多福瓦格（Charron, Giradot et Voigt）公司在巴黎汽车展览会上展出的一辆汽车，用装甲钢板制成的环形防盾取代了后排座椅，还在防盾里加了一个可安装一挺哈奇开斯机枪的枪架。法国陆军的一个委员会在 1903 年用它进行了射击试验，但给出了不需要这样的汽车的结论。[15]

尽管如此，沙朗吉拉多福瓦格公司还是和哈奇开斯公司以及法军炮兵的居伊少校（Major Guye）合作，继续开发装甲汽车，并采用了居伊设计且拥有专利的炮塔。由此产生的车辆仍然以轿车底盘为基础，但拥有一个全装甲车体，并且还在车体上安装了一个带哈奇开斯机枪的炮塔。该车约 3 吨重，能以 45 千米／时的速度在公路上行驶。

这辆新车直到 1906 年年初才准备就绪，并接受了法国陆军部长的检阅。此后，它在法国陆军的秋季演习中接受测试，但一个委员会在审查了关于该车和其他新开发项目的报告后，于 1909 年 5 月得出结论：不应该再考虑装甲汽车，因为它们无法在各种地形中机动，生产成本又太高。不仅如此，法军的骑兵也倾向于使用无装甲的机枪车。[16]

与此同时，沙朗吉拉多福瓦格公司的活动引起了俄国当局的注意，后者宣布考虑订购 36 辆这种车，但最终只达成了购买一辆的合同。该车在 1906 年交付。此后，俄方又陆续订购了 10 辆。到 1914 年第一次世界大战爆发时，其中的最后一辆还在法国。它立刻被法国当局征用并投入战斗，但很快就被损失了。[17]

当沙朗吉拉多福瓦格公司在法国研制装甲汽车时，戴姆勒汽车（Österreichishen Daimler Motoren）公司也在奥地利打造另一种装甲汽车。这种车辆的设计师是该公司的技术总监戴姆勒（P. Daimler），他也是汽车发明者之一的戈特利布·戴姆勒（Gottlieb Daimler）的儿子。该车于 1903 年开始设计，并在 1905 年完成制造。次年，它参与了奥匈帝国陆军的演习，但奥匈帝国陆军此后没再表示出对它的兴趣。[18] 到当年年底，它的制造商获得了将它卖到法国的许可。于是在 1907 年年初，它在巴黎郊外的蒙特瓦莱里恩（Mont Valerien）堡接受了测试。测试者形容它的性能"令人惊叹"，但这未能改变法国陆军委员会在 1909 年形成的对装甲汽车的负面看法。[19]

和沙朗装甲汽车一样，奥地利戴姆勒装甲汽车也有一个全装甲车体，并在车体上安装了一个可容纳一到两挺马克沁机枪的半球形炮塔。该车比前者轻一些，全重不到 3 吨，而在最高时速上也低于前者，只有 24 千米 / 时。但是和前者不同的是，它采用了四轮驱动，这是在 20 世纪 30 年代以前只有少数装甲汽车才具备的功能。虽然细节不同，但沙朗装甲汽车和奥地利戴姆勒装甲汽车的总体配置相似，这预示了未来 30 年内制造的大多数装甲汽车的设计。然而，仿效它们的车辆直到 1912 年才出现。在其间的那几年里，没有任何人投资于装甲汽车的进一步开发，各国军队也没能预见到它们未来的潜力。

多亏了 1911 年至 1912 年的意土战争，两辆新的装甲战车才得以出现。两者都在都灵（Turin）的兵工厂制造，并且都被米兰汽车俱乐部交付给意大利陆军，以用于利比亚战场。[20] 其中一辆以菲亚特牌轿车为基础，配备装甲车体，并在该车体上安装了一个内置一挺机枪的圆柱形小炮塔。与它大体相似的另一辆，以"比安基"或"伊索塔 - 弗拉斯基尼"牌汽车为底盘。这两辆装甲汽车在 1912 年秋被运到利比亚，但此时战斗已基本结束，它们的用途主要就是为其他汽车组成的车队护航。[21] 但无论如何，它们还是成了最早被用于军事行动的装甲汽车。

据说在 1913 年，意大利又造出了两辆装甲汽车。这两辆车加上先前的两辆意大利装甲汽车，以及法国人为俄国生产的那 10 辆，这就是第一次世界大战爆发前增加的全部装甲汽车了。

然而，汽车此时已经被大量使用。例如在英国，汽车的年产量从 1908 年的 10500 辆增加到 1913 年的 34000 辆；在美国，1914 年生产的汽车不少于 573000 辆。尽管如此，各国军队却还在依靠马匹。他们对汽车的态度至少也是小心翼翼的，直到受到前线战事的压力，他们才认真地对待汽车。例如，在 1914 年 8 月战争爆发前，法国陆军仅拥有 220 辆机动车；英国陆军则更少，合计只有 100 辆机动输送车。但是到了 1914 年年底，法国陆军主要通过征用民间车辆的方法已获得了 13000 辆机动车。截至 1918 年战争结束，法国陆军更是有了 95000 辆机动车。

与此相似的是，装甲汽车也是在战争爆发后才被投入使用的。这基本上是水到渠成的事，因为在战争开局阶段，各国军队纷纷使用汽车来侦察和袭扰敌军。

比利时就是使用装甲汽车的国家之一。在战争爆发后的第一个月，比利时人就开始把"密涅瓦"牌汽车临时改造成装甲汽车，并将其用于袭扰入侵的德国军队。几乎与此同时，法国也开始使用临时改造的装甲汽车。在认识到这种车辆的潜力后，法国陆军部长在1914年8月订购了136辆装甲汽车。第一支由这些装甲汽车组成的部队在一个月后就被配属给一个骑兵军,以提供机动火力支援。法军最初的这一批装甲汽车是用多种汽车改造成的,但法军随后就向雷诺公司下了另造100辆装甲汽车的订单,这一批装甲汽车全部采用同一种标准的18马力汽车底盘来制造,它们在1914年年底前形成了战斗力。[22]

当时,俄国几乎没有汽车工业。但位于拉脱维亚首府里加的俄罗斯 - 波罗的海(Russo-Baltic)汽车公司在战争开始后不久就打造了一辆装甲汽车,又在此后产出了多辆装甲汽车。这使俄军能够组建一支装甲汽车部队,并在1914年10月将其投入战斗。[23] 俄国当局在国外订购了更多装甲汽车,尤其是在英国。其中,数量最多的英国造装甲汽车是奥斯汀(Austin)公司按俄方的设计生产的,它们采用了非常奇特的双炮塔并列布局。算上在俄国国内利用奥斯汀底盘制造的装甲汽车,它们最终总共有200多辆。从其他公司采购的装甲汽车的总数则更多,其中有些车辆也是采用进口底盘并在俄国国内制造的,因此俄国陆军获得的装甲汽车总数在1917年超过了600辆。[24]

战争爆发后,英军也开始使用临时改造的装甲汽车。但是由于一连串的阴差阳错,使用它们的不是陆军,而是皇家海军航空局(RNAS)。其起因是负责英格兰东南部防御的皇家海军航空局将一个航空中队前出部署到法国,以防范齐柏林飞艇的袭击。因此,地面侦察人员临时改造出一些装甲汽车来支援航空行动和提供保护。这种车起初只有两辆。但在1914年9月,英国海军大臣温斯顿·丘吉尔(Winston Churchill)批准再采购60辆这种车。这些装甲汽车仍然相当简陋,它们采用的是敞篷车体,而且它们是以三种不同的汽车为基础的。但皇家海军航空局用它们组建了四个装甲汽车中队,并继续研制更好的车辆。最终的研制成果是一种基于罗尔斯 - 罗伊斯"银魅"牌汽车底盘的、重约4吨的装甲汽车,它配备一挺安装在旋转枪塔中的机枪,其乘员通常是三人。实践证明,它是第一次世界大战期间设计得最成功的装甲汽车,并且成为此后20年内制造的其他装甲汽车的模仿对象,皇家空军直到1941年还在伊拉克使用着一些以它为设计蓝本的车辆,只不过做了一些改进。

最初的三辆带炮塔的罗尔斯 - 罗伊斯装甲汽车在1914年12月交付。不久后,皇家海军航空队就用12辆这种装甲汽车组建了一个新的中队。此后,又有五个这样的中队成立,还有一些中队装备了其他不同类型的装甲汽车。这样,装备部队的装甲汽车总共约有140辆，其中包括78辆罗尔斯 - 罗伊斯装甲汽车。[25]

意大利跳过了临时改造装甲汽车的阶段，因为该国直到1915年3月才加入战争。此时，比利时军队对装甲汽车的使用已经吸引了意大利陆军大臣的注意，于是他命令军工企业——安萨尔多（Ansaldo）公司为意大利陆军研制一种装甲汽车。该公司的研制成果是一种基于"蓝旗亚I.Z."牌汽车底盘的、带炮塔的装甲汽车。这种装甲汽车在1915年6月开始交付，而意大利的第一支装甲汽车部队也于同时成立。[26]最终，意大利陆军装备了大约120辆"蓝旗亚I.Z."装甲汽车，并在战争余下的时间里一直使用它们。事实证明，"蓝旗亚I.Z."装甲汽车在耐用性方面与罗尔斯 - 罗伊斯汽车相当，因为在1941年的非洲战场上，一些这种车辆仍在被使用。

1915年，欧洲以外的国家也开始使用装甲汽车，尤其是印度。在那里，人们临时改造了大约60辆装甲汽车，以加强因大批英印士兵开赴其他战线而大打折扣的国内治安力量。美国也是在1915年制造了第一辆装甲汽车。有趣的是，它的设计者就是率先将机枪装到汽车上的戴维森，而它的底盘是一辆凯迪拉克汽车。一年后，在墨西哥边境上，美国陆军在镇压潘乔·比利亚（Pancho Villa）的军事行动中动用了其最早的两辆装甲汽车。[27]

至此，装甲汽车已在不少国家得到运用。大多数装甲汽车配备一到两挺机枪，但法军的部分装甲汽车配备了37毫米炮，而一些英军以及法军的装甲车辆则搭载了47毫米炮，俄军拥有的少数以美制加福德卡车为底盘的装甲汽车甚至配备了短管76毫米炮。

配备这些枪炮之后，装甲汽车就成了日后人们所说的机动武器平台。通过这种方式，它们为某些重型武器提供了远远超出以前靠畜力牵引所能达到的机动性，并使这类武器的运用取得了革命性的进步。装甲汽车还为其乘员提供了一定程度的防护，尽管这只是其机动性的副产物：它们因此能够在火力下更自由地机动，但与它们作为机动火力点的基本功能相比，这只是锦上添花。

所有这一切都意味着，装甲汽车具备了装甲战斗车辆特有的优点。但是装甲汽车只能在非常有限的条件下发挥其作用，因为它们通常只能在公路沿线作战。事实上，它们在许多时候几乎被死死束缚在公路上，一如装甲列车仅限于沿着铁路线活动。

在第一次世界大战初期的西线，这个缺点对装甲汽车并没有造成很大妨碍，因为当时那里并不缺乏供它们活动的公路。因此，比利时、法国和英国最初的装甲汽车有大量沿着公路实施小规模战斗的机会。但是随着初期的机动战阶段结束，战争转入堑壕战，公路被截断或被封死，允许装甲汽车活动的条件便消失了。直到三年之后，在战争的收尾阶段，战线开始出现缺口，装甲汽车才又一次在西线得到有效运用。

这种情况发生在 1918 年 3 月德军的最后一次大规模攻势中。当时，共有约 130 辆装甲汽车以小队形式被配属给法军的几个骑兵师，并打了一系列迟滞战斗。[28] 另一个机会出现在 1918 年 8 月的亚眠战役中。那时，英军一个装备了 16 辆因俄方订单未能履行完毕而遗留下的双联炮塔奥斯汀装甲汽车的装甲汽车营，穿过敌军防线上的突破口，并从后方把敌人打得落花流水。[29]

另一方面，当 1915 年装甲汽车在法国的用武之地消失后，当时已扩建为"皇家海军装甲汽车部"的装甲汽车部队将多个中队派到人们认为能更好地发挥其作用的其他战场。这些战场包括德属西南非洲（今纳米比亚）、德属东非（今坦桑尼亚）和加利波利半岛。最终，即使这些战场为装甲汽车提供了作战机会，这些机会也是极少的。为装甲汽车提供更大用武之地的战场似乎是东线战场，因为那里有较大的机动空间。因此，一支规模较大的皇家海军部队被派往俄国，它装备了至少 20 辆兰切斯特装甲汽车，而这些车是与罗尔斯 - 罗伊斯汽车相似的装甲汽车。这支部队以其指挥官洛克 - 兰普森中校（Commander Locker-Lampson）的名字而著称，并且于 1916 年先后在高加索、罗马尼亚及乌克兰的前线作战。在南征北战的过程中，该部队曾使用装甲汽车克服过一些非常困难的地形条件。这充分证明了尚处于发展初期的装甲汽车潜力巨大，但是这些装甲车辆因为实施的作战规模都很小，所以其军事影响非常有限。俄军的装甲汽车也是如此，它们虽然在总数上超过了其他所有国家的同类装备，但都是以小部队形式被投入战斗的，也只能取得一些局部的胜利。[30]

实际上，即使装甲汽车以大部队形式被集中使用，它们也无法取得更大的战果。这是因为它们在公路上无法散开，只能沿公路排成一路或两路纵队作战。总之，只有在特别有利的条件下，装甲汽车才能离开公路，实施更果敢的机动作战。

这方面的一个罕见战例是 1915 年被派到埃及的英军装甲汽车所提供的。1916 年 3 月，一支由九辆罗尔斯 - 罗伊斯装甲汽车组成的部队在威斯敏斯特公爵的指挥下，利用当地比较坚硬平坦的地面，以高达 64.4 千米 / 时的速度大胆穿插，并在昔兰尼加（Cyrenaica）的塞卢姆湾（Sollum）以南的阿齐兹井（Bir Aziz）突袭了一支规模庞大的阿拉伯 - 土耳其联军。这些装甲汽车一字排开，发起冲锋，把敌人打得溃不成军。[31、32、33]

要想在不像昔兰尼加沙漠那么有利的条件下发挥出同样的作战效能，装甲汽车就需要具备在其他更复杂的地形中作战的能力。实际上截至 1915 年，认识到需要为它们提供这种能力的人们已经苦苦探索了一个多世纪。出于对这一目标的追求，装甲汽车的车轮被履带替代，而装甲战斗车辆的发展也由此进入下一阶段，即坦克的研发阶段。

第 2 章

坦克的"发明"

坦克，作为第一种也是最重要的一种履带式装甲车辆，其诞生常常被描述为由于某人的灵光乍现而发生的独特事件，而这个人通常被认为是英国陆军的一位工兵军官——斯温顿中校（Lieutenant Colonel E. D. Swinton）。这种说法与实际情况几乎毫不沾边，不过斯温顿本人却公开表示这是事实。他在英国造出第一辆坦克的几年后撰写了回忆录，并在书中非常明确地将自己描写为坦克的"发明人"，还画了一张图来说明促使这种武器诞生的创意（用他的话来说是"种子"）是如何在他脑海中萌发的。[1]

实际上，坦克是好几个人的思想与行动的结晶，而斯温顿对坦克发展所做的贡献只是微小和间接的。此外，第一批坦克的诞生是以此前半个世纪的技术发展为基础的。

在这些技术发展的成果中，最重要的一项就是履带式行走装置。早在 1858 年或 1859 年，有人就建议将履带用于蒸汽牵引车，并在美国取得了专利。到了 1867 年，至少有一辆这样的蒸汽动力牵引车在美国被造了出来，该车的两个后轮和前部的转向轮都被换成了短履带。[2] 但是，履带式牵引车的研发直到 1904 年才开始走上正轨。当时，霍尔特（B. Holt）用履带取代了自己的公司在加利福尼亚生产的一种蒸汽牵引车的后轮。因为霍尔特原创的这种履带式牵引车保留了原蒸汽牵引车前部的转向轮，所以该车就是后来人们所说的"半履带车"。到 1912 年为止，他又打造了另一些这样的牵引车。

另一方面，履带式牵引车在 1905 年又有了新的进步。此时，理查德·霍恩斯比（Richard Hornsby）在英国造出了第一辆全履带牵引车。该车在 1905 年和 1906 年向英国陆军部机械运输委员会做了展示。该委员会对这辆车颇为赞赏，因而在 1907 年对其展开了官方试验。一年后，甚至有一辆霍恩斯比拖拉机在奥尔德肖特（Aldershot）参与了一场被英王爱德华七世观摩的活报剧。1909 年，陆军部命令霍恩斯比按军方要求设计一辆小一些的牵引车。这辆牵引车被保存至今，并在多塞特郡巴温顿（Bovington）的坦克博物馆展出。[3] 该车曾在奥尔德肖特接受测试。但大约在 1911 年以后，英国陆军失去了进一步发展履带式牵引车的兴趣。不过，按其要求制造出来的牵引车曾于 1914 年年初在伦敦展出过。

由于在英国看不到进一步发展业务的机会，霍恩斯比将他的牵引车专利卖给了美国加利福尼亚州的霍尔特制造公司（Holt Manufacturing Company）。该公司于 1908 年开始量产履带式拖拉机，此后除了将其出售给美国的农场主，还将一些出口到了欧洲。

英国陆军部之所以一度对霍恩斯比牵引车产生兴趣，是因为这种车可能被用来牵引火炮。不过在 1908 年，机械运输委员会的一名委员——多诺霍少校（Major W. E. Donohue）曾提出建议：与其用牵引车来牵引火炮，还不如把火炮装到牵引车上，并为牵引车提供某种形式的防护。这其实就是制造履带式自行火炮的提案，不过多诺霍的建议并没有被采纳。[4]

多诺霍的提议虽然引人注目，却并非首创。早在五年前，法军的一名炮兵军官——勒瓦瓦瑟尔上尉（Captain Levavasseur）就提出了一个采用履带式装甲底盘的 75 毫米自行火炮的设计方案。法国炮兵技术委员会考虑过该方案，但给出了用畜力牵引火炮更合适的结论，并最终在 1908 年驳回了该方案。[5]

在 1914 年第一次世界大战爆发前提出的其他提案也没有更好的下场。其中最有趣的一个提案是由奥地利军官伯斯泰因上尉（Captain G. Burstyn）提出的。他显然在 1911 年看到过一辆霍尔特拖拉机，并在其启发下设计出了一辆"机动火炮"。这是一种履带式装甲车辆，它有一个装着一门加农炮的炮塔，还带有装在延长臂上的滚筒，以协助车辆越过壕沟。伯斯泰因把他的设计提交给奥匈帝国陆军部，但该设计遭到后者的否决。[6]

在俄国，据说大科学家的儿子——门捷列夫（V. Mendeleev），在 1911 年开始着手设计一种配备 120 毫米海军炮的履带式装甲车辆，但他的工作没能超越图纸阶段。[7] 还有一种设计产生于澳大利亚。在那里，土木工程师德莫尔（L. E. de Mole）绘制出一种履带式装甲车辆的图纸。他在 1912 年将自己的设计提交给了英国陆军部，但后者对此毫无兴趣。[8]

显然，在 1914 年第一次世界大战爆发前，履带式装甲车辆的创意就已在不止一个国家中出现，但没能引起任何一国军方的兴趣。说实话，作为履带式装甲车辆的前身，当时生产的履带式拖拉机也寥寥无几，而且它们的特征，乃至它们的存在都鲜为人知。不仅如此，各国军队没有充分认识到重武器日益凸显的重要性，而在重武器普遍依靠畜力牵引的情况下，各国军队也没有认识到有限的机动性在多大程度上限制了重武器的效能。因此，虽然履带式装甲车辆能够提高重武器的机动性，而且提高的程度远远超过装甲汽车已达到的水平，各国军方却未能对这一创意报以应有的热情。

第一次世界大战一开始，重武器就成为战场的主宰。但在战前，各种重武器，尤其是机枪和野战炮，一向被视作配角，而装备步枪的步兵才是各国军队的主力。与此同时，畜力牵引手段也未能为重武器提供参与进攻作战所必需的机动性。这一切都有利于静态的防御战，因为重武器在这种战斗中根本不需要或很少需要机动性，却还能充分发挥其作用。战壕和带刺铁丝网的大量应用则进一步加强了静态防御的效果。

这样的结果就是战争陷入僵局。尤其是在法国境内的西线战场上，作战双方都无法通过传统的步兵集群进攻来突破对方的防御。于是亟待解决的问题就是：如何找到一种使步兵在面对机枪和铁丝网时也能继续攻击的方法。针对这一问题，有人提议使用装甲突击车辆，因为它们可以攻击敌军的机枪并碾压铁丝网，从而为步兵铺平道路。

在英国，第一个考虑使用履带式车辆来解决堑壕战制造的难题的人似乎是斯温顿。从这个意义上说，原创之功他是当之无愧的。然而，他的思路并不非常清晰，而且无论他有什么想法，这些想法对于第一批英国坦克可能产生的任何影响都是间接而有限的。

根据斯温顿本人在事过多年后写下的文字，履带式装甲车辆的设想是他在 1914 年 10 月回想起四个月前收到的关于霍尔特拖拉机的描述时突然想到的。当时担任英国远征军（BEF）唯一官方通讯员的他，在从法国返回英国的途中产生了这一灵感。到达伦敦后，他和汉基中校（Lieutenant Colonel M. Hankey）讨论了自己的观点，而后者是颇有影响力的帝国防务委员会的秘书。[9] 他们实际讨论的内容没有留下任何记录，但这两人似乎谈到了将履带式拖拉机改造为某种突击战车的可能性，而且斯温顿在一个月后写给汉基的信中也提及了这种车辆。[10]

更明确的讨论结果是，汉基于 1914 年 12 月在一份备忘录中描述的一种装置。据斯温顿称，该装置体现了他向汉基提出的设想。[11] 然而，汉基所提议的仅仅是一种庞大的重型压路机，它靠一条由发动机驱动的履带行走，并配有一个带装甲的驾驶室和一挺机枪。按照汉基的说明，这种装置的用途是"靠其自身的重量压倒铁丝网"。[12] 因此，他提议的是一种专门碾压铁丝网的车辆，而不是装甲战斗车辆。

汉基的备忘录被抄送给一些人，其中就包括英国海军大臣温斯顿·丘吉尔。丘吉尔在收到备忘录后就向首相阿斯奎斯（H. H. Asquith）写信说，自己同意汉基关于使用"特殊机械装置突破堑壕"的意见。但他认为这类装置在形式上可以与汉基设想的装置不同，即蒸汽牵引车可加上装甲，并配备机枪和履带。随后，首相与陆军大臣基钦纳勋爵（Lord Kitchener）商议此事，并促使陆军部成立了一个委员会，以负责考虑将履带式拖拉机改造为突击车辆的可能性。该委员会开展了多项活动，其中包括在 1915 年 2 月安排一辆霍尔特拖拉机在堑壕和铁丝网组成的障碍挑战场上进行越障试验。由于这种拖拉机是专为牵引重型拖车而制造的，它因设计上的先天不足而未能越过某些堑壕。这导致委员会得出了该提议不切实际的结论，并决定不再对其做进一步考虑。

在这次试验前，委员会曾收到斯温顿举荐的一名炮兵军官——塔洛克上尉（Captain T. G. Tulloch）撰写的一份备忘录，而这份备忘录中的方案比截至此时的其他方案都更为清晰。塔洛克所设想的配备机枪的装甲车辆能够越野行驶并越过铁丝网去攻击敌军堑壕。这类车辆是以霍尔特拖拉机为基础，并以两两成对的方式连接在一起的铰接式车辆——塔洛克似乎最早在 1911 年就有此提议，还画了一种大型铰接式装甲车辆的草图。[13] 虽然塔洛克的备忘录中的意见未被采纳，但备忘录的标题——"陆地战舰"成为英国第一批履带式装甲车辆的称号，这也反映了海军思维对当时人们思想的影响。

另一方面，丘吉尔也命令自己控制的皇家海军航空局对汉基使用大型压路机碾压铁丝网的想法进行试验。试验使用的是蒸汽压路机。结果，这些压路机连角度极小的斜坡都爬不上去。于是，这一设想被彻底放弃。丘吉尔因此将注意力转向了其他设想。这些设想是由皇家海军航空局中的军官提出的。他们希望找到比装甲汽车性能更好的车辆，因为堑壕战的开始已经使装甲汽车失去了效用。

在这类设想中，最早的一个出自赫瑟林顿飞行上尉（Flight Lieutenant T. G. Hetherington）。赫瑟林顿在 1914 年 11 月向主管皇家海军航空局的海军部航空司司长休特准将（Commodore M. Sueter）提议，制造一种配备 309.8 毫米（12 英寸）海军炮的巨型三轮装甲车。休特意识到这个提议不切实际，但他决定支持一下它的缩水版，于是在 1915 年 1 月将该方案提交给了丘吉尔。

这个方案提议的车辆仍然是个庞然大物，其三个车轮中的两个前轮的直径达 12.1 米（40 英尺）。不仅如此，这种车辆还有三个各装有两门 101.6 毫米（4 英寸）炮的炮塔，这使其全重达 300 吨。该方案将这种车辆形容为"拥有强大攻击力的越野装甲汽车"，这体现了皇家海军航空局军官们的雄心壮志。不过，他们对该方案可行性的判断就不怎么样了。因此，该方案在被丘吉尔转交给海军部时被部里的专家——珀西·斯科特上将（Admiral Sir Percy Scott）否决，也毫不意外。[14]

不过，赫瑟林顿的这个巨型三轮车的设想并非全无道理。1915 年，俄国就有人正在打造这样的车辆。这种车的两个主动轮的直径均达到 10 米，几乎和赫瑟林顿提案中的车轮一样大。提议制造这种车辆的人是俄国陆军部试验机构的负责人列别坚科（M. Lebdenko），据说他还得到了沙皇的支持。不过因为缺乏实用性，这种车在还未完工时就被放弃了。[15]

虽然方案不切实际而且被斯科特上将断然拒绝，赫瑟林顿却没有放弃自己的超大车轮装甲车的主张。他在 1915 年 2 月 14 日的一次宴会上找到机会，直接向丘吉尔进言。这一次，丘吉尔表现出了更大的兴趣，还将提案转交给了海军建设总监德英考特（E. H. T. d'Eyncourt）。后者认为提案中的车辆将重达 1000 吨，因此该提案是不切实际的。但德英考特没有否决超大车轮装甲车的概念，而是建议把赫瑟林顿的版本替换为较小的版本。[16]丘吉尔表示同意，并下令成立一个由德英考特领导的委员会，以便将设想付诸实践。该委员会于 1915 年 2 月 20 日成立，名称就叫"陆地战舰委员会"。[17]

在这些事件发生的同时，休特正在兴致勃勃地研究履带的运用。他最初打算用履带来打造像手推车一样的可以让步兵推着走的机动式装甲护盾。后来，他显然成了超大车轮装甲车的反对者，并在 1915 年 2 月开始考虑设计一种履带式装甲车辆。这种装甲车辆将有 25 吨重，并将配备一个安装 75 毫米炮（十二磅炮）的炮塔。该装甲车辆的设计是他与迪普洛克合作完成的，而且车辆将采用后者设计的链轨履带（当时唯一在英国生产的履带）。[18]

在休特与迪普洛克完成设计方案的草图时，陆地战舰委员会已经成立，并在不久后就得知了该方案。因此，有两种不同的设计方案该供委员会考虑：一种是以赫瑟林顿提出的轮式车辆为基础的装甲车辆，只不过它的车轮直径是 4.9 米（16 英尺），而不是 12.1 米（40 英尺）；另一种就是采用链轨履带的履带式车辆。陆地战舰委员会将这两种备选方案递交给丘吉尔。后者根据德英考特的建议认为这两种设计方案都是可行的，遂于 1915 年 3 月 26 日亲笔批准制造一种有 6 个车轮的车辆和一种有 12 条履带的车辆。[19]

轮式车辆的订单被发给林肯郡的威廉·福斯特公司（William Foster Company in Lincoln）。但该公司的工作从一开始就屡遭挫折。发给该公司的订单最终在 1915 年 6 月被取消，而且一辆车都没被造出来。[20] 履带式车辆的工作则取得了更切实的成果。最初主持这项工作的是当时已被任命为陆地战舰委员会顾问的克朗普顿上校（Colonel R. E. Crompton）。克朗普顿是一名经验丰富的工程师，他曾于 19 世纪 70 年代在印度为蒸汽牵引车的运用做过开拓性工作，后来又参与了南非战争，并将这种车投入实际运用。

克朗普顿与另一名工程师——勒格罗（L. A. Legros）合作，拿出了与休特和迪普洛克的构想相似的设计。不过，克朗普顿的车被设计成一种装甲输送车，它没有 75 毫米炮（十二磅炮）的炮塔，并且能够搭载 50 名乃至 70 名士兵，而这就是人们在此阶段为所谓的"陆地战舰"考虑的战术用途。除此之外，它采用了与休特和迪普洛克构想的车辆一样的奇特构造，即把一个长长的刚性底盘架在两条串联布置的宽幅链轨履带上，而每条履带又分别由一台发动机驱动。这种车辆通过履带总成相对于底盘的转动来实现转向，这就意味着它的转弯半径大得不切实际。克朗普顿甚至在该车付诸制造前就意识到了这个缺点。最终，巴思（Bath）的斯托瑟特 - 皮特（Stothert and Pitt）公司造出了一辆缩小版的这种车，但试验证明该车不尽如人意。[21]

当克朗普顿在 1915 年 4 月 21 日到法国走访了一次后，他明确地认识到了原设计的缺陷，即自己正在设计的车辆无法通过公路和乡村道路的转弯处。因此，他决定放弃原设计，转而设计铰接式车辆。这种车辆因转弯半径较小而有更好的机动性。铰接式履带车辆的概念并非全新的，因为塔洛克已经提出过一种铰接式履带车辆的设计，而迪普洛克也曾将这一概念付诸实践，并于 1913 年在伦敦展出了一辆铰接式履带卡车。[22] 除此之外，这一时期就再无人制造过铰接式履带车辆，而此类车辆要在 40 多年后才有一辆被成功研制出来。[23]

克朗普顿设计的第二种铰接式车辆，其每节仍然只有一条链轨履带。但是到了 1915 年 5 月，他意识到复杂而笨重的链轨履带缺陷颇多，并且截至此时从未被成功运用在任何车辆上，因此他建议采购装有较轻便的成熟履带的美国拖拉机。由于当时霍尔特拖拉机的所有现货都已被英国陆军采购并被用于拖曳火炮，陆地战舰委员会便向芝加哥的布洛克拖拉机公司（Bullock Tractor Company）订购了两辆与其相似的"爬行提包"牌拖拉机。[24] 在这之后，克朗普顿开始研究他的第三种设计方案。这种方案虽然与第二种设计方案相似，但把铰接式输送车设计为车的每节都装有两条布洛克履带的车辆。

除了建议采购两辆布洛克拖拉机，克朗普顿还安排采购了一辆美国基伦·斯特雷特公司（Killen Strait Company）生产的较为轻便的拖拉机。这辆拖拉机在当时几乎是独一无二的，因为它用一条短履带取代了同时代几乎所有拖拉机仍在使用的转向轮。虽然这辆拖拉机在机械设计上并无什么过人之处，但其两条主履带在当时是非常高效的。因此在 1915 年 6 月，在劳合·乔治（Lloyd George，军需大臣）、丘吉尔和其他能为陆地战舰的研发工作提供必要支持的大人物面前，这辆基伦·斯特雷特拖拉机在首次演示履带式车辆克服铁丝网和其他障碍的能力时就大获成功。[25] 随后，人们又为这辆拖拉机装上了皇家海军航空局的德洛奈 - 贝尔维尔（Delaunay-Belleville）式装甲汽车的车体，虽然这个组合起来的装甲车仅仅是试验性的，但这并不妨碍它在 1915 年 7 月成为世界上第一辆履带式装甲车。

当两辆布洛克拖拉机抵达英格兰时，它们被连接起来以验证克朗普顿的铰接式车辆的概念。1915 年 7 月，这辆连接起来的拖拉机进行了试验，而试验的结果表明铰接式车辆的研发难度将会很高。[26] 于是，陆地战舰委员会决定放弃对这种车辆的进一步研发，同时也不再让克朗普顿担任该委员会的咨询工程师。为了取代截至此时一直作为研发重点的大型铰接式人员输送车，陆地战舰委员会决定研制一种较小的车辆。这种车辆将拥有一个一体式的坚固车体和一门安装在炮塔中的火炮。研制这种车辆的订单在 7 月 29 日被发给此前曾研发轮式陆地战舰的威廉·福斯特公司。该公司的研发工作速度惊人。到 1915 年 9 月 6 日，一辆可以行驶的样车就被造了出来。

福斯特公司打造的这辆车得名于该公司的总经理特里顿（W. A. Tritton），并且它在设计上与克朗普顿设计的第三种车（即采用加长布洛克履带的铰接式输送车）有一半是相同的。为了提高速度，特里顿采用了自家公司正在生产的一种重型轮式火炮牵引车的发动机、变速箱和差速器。他还照抄了布洛克拖拉机和同时代其他拖拉机使用的转向方法，即使用一对转向轮。但他不是将这对转向轮安装在车体前方而是后方。不过，该车也能通过制动差速器的一条输出轴来实现转向——这种方法是霍恩斯比在 10 年前最早运用的。

特里顿的这辆车只是一辆实验车，它只有一个用锅炉钢板制作的箱型车体和一个固定的假炮塔。但是，它终于为陆地战舰的结构的研发提供了合理的基础。当特里顿的这辆车开始试验后，布洛克履带被证明其性能不尽如人意。于是，人们为该车重新打造了一种更长、更坚固的履带。这种新型履带是特里顿设计的，虽然他此前的履带研发经验仅限于其公司于 1913 年制造的一款名为"蜈蚣"的半履带拖拉机，但他这次设计的履带却被实践证明是非常成功的，并且这种性能良好的履带对陆地战舰的后续研发起了至关重要的作用。

经过改进并装配新型履带的特里顿装甲车后来被称为"小威利"。如今，该车仍以这个样子保存在巴温顿的坦克博物馆里。它在 1915 年 12 月成功完成演示。这是因为它采用了更长的履带而能越过更宽的壕沟，但其原版车只能越过 1.2 米（4英尺）宽的壕沟，而这样的越壕能力在 1915 年 9 月该车的首次试验中就被证明是不够的。[27]

与此同时，陆地战舰委员会与陆军部建立了联系，并在 1915 年 8 月 26 日接到后者提出的陆地战舰应该满足的一系列要求。这些要求源于斯温顿在 6 月 1 日至 15日向驻法英军总司令部提交的三份备忘录，而这些备忘录又于 6 月 22 日被转交给陆军部。[28] 在这些备忘录中，斯温顿提出了关于"依据履带原理制造的、能够引导步兵突击敌军战壕的机枪歼击车"的概念，并建议这种车辆在其所有性能中应包括越过 1.5 米（5 尺）宽的壕沟的能力。这些意见后来被纳入陆军部在 8 月 26 日向陆地战舰委员会提出的要求中。[29]

不过在 6 月 29 日，斯温顿再度向英军总司令部提议，姑且将越壕宽度从 1.5 米（5 英尺）增加到 2.4 米（8 英尺）。[30] 这个建议显然来得太晚，而没能被记入七天前发给陆军部的文件中，因此也就没有被包括在陆地战舰委员会收到的要求中。

至于陆地战舰的设计者们是否得知了斯温顿提出的 2.4 米（8 英尺）宽的越壕要求，这个问题至今没有定论。如果他们得悉此事，那也只能是在 8 月 26 日收到陆军部的越壕 1.5 米（5 英尺）宽的要求之后。但他们当时肯定已经开始考虑改进首辆陆地战舰的设计，因为在 9 月 19 日，斯温顿就首次看到了已经制作完成的第二辆陆地战舰的全尺寸木制模型。[31]

无论如何，看到第二辆陆地战舰的模型后，斯温顿就宣称它"实际体现了我的设想，也符合我定下的技术指标"。实际上，在第二辆陆地战舰的所有特性中，唯一能为这种说法提供一些依据的是它具备越过宽阔的战壕的能力。虽然这一点与斯温顿迟了一步交给英军总司令部的建议相似，但第二辆陆地战舰并未参考他的意见进行设计，并且它的整体设计理念早已在第一辆陆地战舰中有所体现，而斯温顿本人也承认，第一辆陆地战舰并非依据他提出的技术指标打造的。[32]

至于前文提到的斯温顿以坦克"发明人"自居的言过其实的主张，与坦克研制过程有着密切关系的丘吉尔作了正确评价："从来没有一个人可以让别人指着他说出'是这个人发明了坦克'。"丘吉尔还指出坦克应该算是皇家海军航空局的智慧结晶，这也有一定道理。[33] 后来，休特在一本为纪念皇家海军航空局的功绩而写的书中引用了这番话，但斯温顿拒绝放弃自己辛苦宣传多年的主张，他在自己买到的这本书的空白处写下了这样的话："不是这样的。EDS"（"EDS"是斯温顿的姓和名的首字母，该书目前被笔者收藏）。[34、35]

第二辆陆地战舰实际上是特里顿和威尔逊上尉（Lieutenant W. G. Wilson）共同设计的。威尔逊是被皇家海军航空局临时派遣到福斯特公司的工程师，他日后将凭自己设计的行星传动装置闻名于世。这辆陆地战舰的突出特征是其新颖的履带布局，而这也出自威尔逊的手笔。[36] 这一布局下的履带在前端大幅度上翘，并在高点绕回，因此整条履带包络了车体，而不是位于车体下方。前端上翘的设计是受了敌方战壕高耸的胸墙的启发。上翘的前端与履带超长的长度相结合，这就使第二辆陆地战舰不仅拥有了大大超出陆军部要求的优异的越壕能力，也使其呈现出独特的菱形轮廓。

第二辆陆地战舰因其布局而不适合安装炮塔，因此为其配备装在炮塔中的火炮的原设计也被放弃。为此，该车配备的两门火炮被安装在车体两侧凸出的炮座中——这也是同时代的大型战舰安装副炮的方式。由于陆军缺乏合适的火炮，该车安装的是57毫米口径的2.7千克（6磅）海军炮，海军军械局局长承诺这种火炮将有充足的供应。除了这两门57毫米炮，该车还配备了三挺机枪。

在其他方面，第二辆陆地战舰的设计沿袭了特里顿的原设计。特别值得一提的是，和福斯特轮式拖拉机一样，第二辆陆地战舰也采用了105马力的戴姆勒发动机和传动装置，并且在车体后方也有一对转向轮。它还安装了与其前身的履带类型相同的无簧平板履带。根据以低碳钢板模拟的结果，它的装甲厚度在6到12毫米不等，这使它的全重达到28吨。这辆车的研发速度是惊人的：模型在1915年9月制作完成，设计工作在10月结束，而且截至1916年1月26日，该车本身也制造完毕。这辆车起初被称为"威尔逊机器"，后来被叫作"大威利"和"女皇陛下的蜈蚣号陆地战舰"。最后，该车又被改名为"母亲"，这是因为它成了第一次世界大战中英国重型坦克的鼻祖。

到了1916年2月，陆军终于确定自己需要这种车辆。此时出于保密的原因，这种车辆已不再被称为"陆地战舰"，而是被叫作"坦克"（意为"水柜"），但这一决定是"母亲"于1916年1月和2月在哈特菲尔德（Hatfield）完成一系列试验后才做出的。试验中，"母亲"成功克服了所有障碍，其中包括2.7米（9英尺）宽的壕沟，尽管当时官方仍然只要求它越过1.5米（5英尺）宽的壕沟，而不是斯温顿后来提议的2.4米（8英尺）宽的壕沟。[37]"母亲"以其良好的性能使到场观摩试验的大部分军政官员都承认了它所具有的潜在价值，不过基钦纳勋爵还是戏谑地将坦克称为"漂亮的机械玩具"。

奇怪的是，投产与"母亲"类似的坦克的决定权却被交给了驻法英军总司令部。该司令部的代表在哈特菲尔德观摩了试验后建议采购坦克，但后来提出的采购数量仅仅是40辆。已在上年8月回到英国担任政府要职的斯温顿在听说了这个小得荒谬的数字后，随即说服陆军部将坦克的生产数量增加到100辆。军需部最终在1916年2月12日批准生产这些坦克。

就这样，坦克在英国的发展过程中完成了试验阶段，进入了生产和实战运用阶段。就在英国人研制坦克的同时，对英方项目一无所知的法国人也在研制坦克。这种情况的出现并非不可思议，因为英法两国面对着同样的军事难题，而且都拥有或可以获得相似的技术资源。不过令人称奇的是，某些研发步骤在两国几乎是同时实施的，就连两国决定投产坦克的时间也只相差几天而已。

法国人做的决定要大胆一些，因为他们要求生产 400 辆坦克。但当时法国坦克的原型车还没有完成，而且法国人比英国人多花了几个月的时间来履行生产订单。和英国一样，法国在开始研制坦克之前，也有一些人提出了使用特殊装置的建议。这些建议的目的都是要克服 1914 年开始的堑壕战所带来的诸多问题，尤其是如何攻击有铁丝网保护的堑壕的问题。第一个建议似乎是在 1914 年 11 月提出的，其内容是将压路机改造为碾压铁丝网的装甲车辆。这个建议被付诸实施。弗洛 - 拉夫利（Flot-Laffly）牌压路机因此接受了测试，但它就和英国人汉基与丘吉尔考虑过的压路机一样，因为不切实际而被否决。另一种被提出的铁丝网碾压车是布瓦罗（Boirault）机械。这是一种由六个长 4 米、宽 3 米的大型钢框架连接而成的奇特装置，当它在链条的带动下由发动机驱动前进时，它就像是一个六边形车轮或一条六节的履带。一个部级委员会根据法军总司令的意见断然否决了布瓦罗机械。但布瓦罗机械在五个月后进行过一次演示，这才导致它不可避免地被由陆军技术部门代表组成的另一个委员会彻底判了"死刑"。

还有一种突破铁丝网障碍的方法是使用安装在轮式农用拖拉机上的大型铁丝切割器，它是由法国国民议会中颇有影响力的议员布勒东（J. L. Breton）在 1914 年 11 月提出的。该方法在 1915 年 7 月进行了试验。虽然拖拉机穿越崎岖地形的性能不佳，法国陆军部还是下令制造 10 辆安装有"布勒东 - 普雷托"铁丝切割器的拖拉机。[38]

在临近 1914 年年底时，位于勒克勒佐（Le Creusot）的施耐德武器公司（Schneider Armament Company）开展了一个装甲汽车研发项目，并取得了实用得多的成果。截至 1915 年 1 月中旬，该项目的设计图纸已经绘制完毕。当月下旬，参与该项目的施耐德工程师布里耶（E. Brillié）前往英格兰的奥尔德肖特，以考察英军炮兵为了拖曳重炮而新采购的 75 马力的霍尔特拖拉机。在这次旅行中，布里耶还得知了一种较小的新型拖拉机——45 马力的"霍尔特娃娃"。与较重的 75 马力的霍尔特拖拉机以及同时代的其他拖拉机不同的是，"霍尔特娃娃"去掉了转向轮。由于这次访问，施耐德公司对上述两种型号的霍尔特拖拉机各订购了一辆，并在 1915 年 5 月初收到了从美国运来的两辆样车。

在勒克勒佐开展的实验表明，"霍尔特娃娃"是这两辆样车中机动性更高的那辆，因此它比轮式汽车更适合用作履带式装甲车辆的底盘。它还当着法国总统的面展示了其穿越崎岖地面和通过障碍的能力。于是，施耐德公司从7月开始基于略微加强的"霍尔特娃娃"底盘，设计一种"自带武器和装甲的牵引车"。到了9月，围绕该车的工作却因布勒东和陆军部技术部门的干预而陷入停顿。因此，施耐德公司把工作目标改为设计一种更好的车辆平台，以便用其来搭载改进的"布勒东 - 普雷托"铁丝切割器。将"布勒东 - 普雷托"铁丝切割器装在"霍尔特娃娃"拖拉机上的试验于1915年12月进行。该试验使人们对这种车辆的效能产生了怀疑，但陆军部长没等试验开始就向施耐德公司下了制造10辆搭载"布勒东 - 普雷托"铁丝切割器的履带式装甲车辆的订单。

1916年1月，搭载"布勒东 - 普雷托"铁丝切割器的履带式装甲车辆又进行了几次试验。结果表明，"布勒东 - 普雷托"铁丝切割器并不是在铁丝网上开辟通道的必要装备，因为履带式车辆凭着自身的重量就能压倒铁丝网。[39] 尽管如此，在政坛颇具影响力的布勒东还在鼓吹铁丝切割器。本来可能会有更多的时间、人力和物力被浪费在这种装备上，然而艾蒂安上校（Colonel J. E. Estienne）的出场阻止了这种情况的发生。艾蒂安将施耐德公司的工作成功拉回到了更有可能取得成果的道路上，并且还为履带式装甲车辆的研发提供了新的动力。

艾蒂安是个很有技术头脑的炮兵军官。在他的诸多成就中，他开创性地使用了飞机来引导炮兵火力。当战争爆发时，他被任命为一个炮兵团的团长，并且他在陆军部长的许可下自行组织了一个由两架飞机组成的航空小队，这使他的团成为战争头两个月中唯一拥有自己的校射飞机的炮兵团。[40]

战争开始后，艾蒂安把注意力转到了炮兵的机动性上。据说，他只打了几天仗就对自己团里的军官说，无论是哪个交战国，只要该国率先将75毫米野战炮——这是法军炮兵的骨干装备，很可能也是当时最成功的一种火炮——装到能够在各种地形中运动的车辆上，它就能赢得胜利。[41] 能够如此清醒地认识到重武器需要提高机动性，从这一点上来看，艾蒂安确实很了不起。不过直到1915年10月，艾蒂安在索姆河前线走访了友邻的一个英军师，并且目睹了拖曳着火炮的霍尔特拖拉机后，才明白该如何做到这一点。[42] 这次访问使他萌生了制造一种兼有武器和装甲的突击车辆的想法。1915年12月1日，艾蒂安向法军总司令霞飞将军（General Joffre）写信，以便为自己的这种想法寻求知音。

凭借自己因经常提出奇思妙想而获得的名声，艾蒂安在 1915 年 12 月 12 日被召至法军总司令部。在那里，他向负责陆军军需供应的雅南将军（General Janin）比较详细地说明了自己设想的车辆。他设想的这种车辆将是重 14 吨的履带式车辆。它将有 15 到 20 毫米厚的装甲，配备一门 37 毫米炮和两挺机枪，并且它将由一个四人车组来操作。[43] 艾蒂安把这种车称为"陆地铁甲舰"（cuirassé terrestre）。这个称号与第一批英国坦克得到的"陆地战舰"的称号如出一辙，并且再一次反映了当时海军思维对人们的影响。

八天以后，艾蒂安带着霞飞将军的批条开始调查谁能生产他所提议的车辆。他首先拜访了雷诺汽车公司的老板——路易·雷诺（Louis Renault），但后者因手上的军工订单已经排满而没有多余的产能了。随后，艾蒂安又会见了布里耶。布里耶正在根据订单设计搭载"布勒东 - 普雷托"铁丝切割器的车辆，而他发现自己原先构思的履带式装甲汽车与艾蒂安设想的车有颇多相似之处，因此布里耶同意研究艾蒂安的提议。既然获得了工业界的协作，艾蒂安便在 1915 年 12 月 28 日再次致信霞飞将军，建议向施耐德公司发出一份生产 300 到 400 辆战车的订单。霞飞做了积极的答复，并且建议再做进一步研究。得到艾蒂安关于研发情况的报告后，霞飞在 1916 年 1 月 31 日做出了采购 400 辆陆地铁甲舰的决定。届时，这种车辆将以一门短管 75 毫米炮来取代原提案中的 37 毫米炮。[44]

具体负责向施耐德公司下订单的是陆军的技术部门，但他们对艾蒂安绕过其官僚体制的做法大为恼火，便要求开展更多试验。尽管这些试验进行得很成功，但按照该技术部门的意思，下订单的事还要拖延。不过，艾蒂安再次向霞飞提出了申诉。因此在 1916 年 2 月 25 日，陆军部长才批准了向施耐德公司发出一份生产 400 辆车的订单，但为了保密，这些车辆在订单中被称为"拖拉机"。[45]

根据该订单生产的第一辆施耐德坦克在 1916 年 9 月初完工。和英国的"小威利"一样，施耐德坦克那简单的箱型车体依然是用低碳钢打造的。由于装甲板供应不足，施耐德坦克的后续生产遭到延误，而且早在第一辆施耐德坦克制造前，因为被排挤在其研发之外而怨恨不已的陆军技术部门就已下定决心支持另一种坦克的生产。为此，陆军技术部门找到了一个积极的合作伙伴，即施耐德公司在商界的宿敌——海洋钢铁锻造及冶炼与奥梅库尔公司 [Forges et Aciéries de la Marine et d'Homecourt，该公司总部位于圣沙蒙（Saint Chamond），因此常被称为"圣沙蒙公司"]，并且还赢得了已经成为法国军工部某发明委员会主席的布勒东的认可。因此，陆军部长迅速接受了圣沙蒙公司提交的由黎麦霍上校（Colonel Rimailho）设计的坦克方案，并在1916年4月8日向圣沙蒙公司发出一份采购400辆坦克的订单。这一切都是瞒着艾蒂安甚至霞飞进行的，而霞飞直到1916年4月27日才从陆军部长的口中得知该订单。[46]

和施耐德坦克一样，圣沙蒙坦克也以"霍尔特娃娃"拖拉机为基础，但加长了履带。它因配备一门全尺寸75毫米炮而拥有更强的火力，并且它还拥有更厚的装甲，这使它的全重达到23吨，而施耐德坦克只有13吨重。圣沙蒙坦克还有一个创新之处，那就是它采用了电传动。不过，它在设计上有严重缺陷：其车体前部超出履带的悬空部分太长，以至于它在跨越任何宽度的壕沟时都会将车头扎进土里。圣沙蒙坦克的原型车是在1916年9月初完工的，这与施耐德坦克完工的时间大致相同。因此，坦克在法国的发展不像英国那样是从一种型号起步的，而是以两种几乎同时研发的坦克为起点的。

第 3 章

第一次世界大战：初出茅庐

随着 1916 年 6 月初第一批英国坦克的交付，坦克开始出现在世界舞台上。这批坦克是根据军需大臣在仅仅四个月前下的订单生产的，它们被简单地定名为"Mk1"。它们与"母亲"几乎完全相同，只不过车体材料用的是装甲钢而非低碳钢，而且其中一半的车辆仅配备了机枪。与其前身一样，Mk1 坦克依靠一套简陋的系统来实现急转弯。之所以采用这套系统不是因为它有什么优点，而是因为利用现成的传动组件可节省时间和研制成本。[1] 这套系统在坦克转弯时需要操作人员将差速器一侧的二级变速箱挂到空挡，并对失去动力的那条履带进行制动，同时继续驱动另一条履带。这意味着需要四个人来操纵坦克的机动：车长和驾驶员在坦克前部负责控制发动机和进行制动，两名变挡员分别位于坦克后部的左右两侧。此外，两个凸出炮座各有两名炮手。因此，一个 Mk1 坦克的车组总共有八个人。

由于位于 Mk1 车体中央的发动机噪声很大，车长与变挡员、炮手的沟通十分困难，这就进一步加大了驾驶 Mk1 型坦克的难度和操纵其机动的难度。发动机还会产生热浪并释放有毒的烟气，因此 Mk1 坦克的内部环境对乘员来说也是极其恶劣的。由于没有安装弹簧悬挂系统，当坦克在崎岖不平的地面上行动时，乘员们还不得不忍受剧烈的颠簸。在平坦坚实的地面上，坦克能达到 6.0 千米 / 时的最高速度和 38.6 千米的最远行程，但在某些情况下，它们比与其协同作战的步兵还慢。

包括上述缺陷在内的种种问题自然对第一批 Mk1 坦克的性能造成了负面影响。

不过，这并没有妨碍第一批坦克被军队采用，而且这批坦克的交付也不容拖延。在订单发出后仅仅七个月，这批坦克就被投入战斗。在第一批坦克以快得惊人的速度生产的同时，英国陆军部也在 1916 年 2 月 16 日做出成立首支坦克部队的决定，并在 4 月将生产坦克的订单从 100 辆追加到 150 辆。[2] 因此到了 6 月底，计划组建的六个坦克连（每个连装备 25 辆坦克）已经有两个开始了训练。[3] 不仅如此，曾经支持生产坦克的驻法英军总司令部也热切地期待着将它们尽快部署到前线。

　　英国陆军之所以能以如此快的速度接受坦克并着手准备部署它们，这在一定程度上要归功于斯温顿。斯温顿在 1916 年 7 月回到英国后，担任了内阁所谓的"达达尼尔海峡委员会"的助理秘书，并且得知了陆地战舰委员会的存在及其关于坦克的工作。[4] 于是，他利用自己的职务之便，在当年 8 月促成了一次跨部门会议来协调陆地战舰委员会、陆军部和军需部的活动。他还努力利用每一个机会去鼓吹坦克的价值。因为这些努力，他在 1916 年 2 月如愿以偿地被任命为正在英国组建的坦克部队的指挥官。既然他得到了这个职务，那么他就应该和另一些人一起为后面这个有些莫名其妙的决定负责，即为当时生产的 150 辆坦克中的一半只配备机枪，而他们给出的理由是面对蜂拥而来的敌军步兵，这些"雌性"坦克需要被用来保护"雄性"坦克，然而后者除了有两门 57 毫米炮，还配备了四挺机枪！[5]

　　斯温顿还是英国陆军中第一个撰文论述可以如何部署坦克的人。他最初将自己的想法以"对机枪火炮歼灭车的需求"为题写在备忘录中，并在 1915 年 6 月 1 日将其提交到驻法英军总司令部。[6] 在该文中，他提出应该使用"带装甲的机枪火炮歼灭车"对敌军阵地发起突袭，以摧毁敌方的机枪，从而为进攻的步兵扫清道路。后来，他又在 1916 年 2 月写了一篇题为《关于坦克部署的说明》的文章，并详细阐述了自己的观点。[7] 在这篇文章中，他再次将坦克的主要作用定义为"通过摧毁敌方机枪为步兵突击开道"。因此在他的设想中，坦克所承担的是一种有些专门化的、有限的角色。他并没有考虑过在堑壕战的范畴之外运用坦克。

　　在这两篇文章中，斯温顿都反对过早地将少数坦克部署到前线，但他主张将 100 辆坦克集中起来进行突袭。[8] 但是早在第一批 Mk1 坦克完工前，英军总司令道格拉斯·黑格爵士（Sir Douglas Haig）就急切地想在索姆河前线即将发动的攻势中使用一些坦克了。从结果来看，能够使用坦克的最早时间是 1916 年 8 月，因为当时有两个连被派遣到法国。当这两个连刚一抵达法国，总司令部就决定使用它们，并企图以此重振当时已陷入僵局的索姆河攻势。因此，这两个连就被运到前线，并在1916年9月15日参加了对德军阵地的一次大规模进攻。此役被后世称为"弗莱尔-库尔瑟莱特之战"（Battle of Flers-Courcelette）。

这两个连的坦克以两三辆为一组被分散在10个步兵师的攻击正面上，以用于攻击敌军的坚固据点，并支援进攻的步兵。可用的坦克共有49辆，但仅有32辆到达出发阵地。随后，其中的9辆去引导步兵进攻，并用它们的火炮和机枪打击敌人，同时另外9辆以类似的方式去肃清敌军的抵抗据点。在其余的14辆中，9辆因故障而抛锚，5辆陷入了壕沟。[9]

总体而言，坦克在其首战中的表现不是非常突出，而它们为索姆河攻势的进展所做的贡献也是非常微小的。实际上，这场进攻仅仅推进了大约一千米。不过，考虑到第一批Mk1坦克本质上还很原始，又有种种缺陷，再考虑到它们从诞生到投入作战的时间充其量只有三个月，而且乘员受到的训练也不足，所以这批坦克能够参与索姆河攻势已是非常可贵的了。

尽管如此，在索姆河战役中使用坦克还是受到广泛批评。人们认为这样做过于草率，而其主要理由是如果把这些坦克的战场首秀推迟到有更多坦克可用的时候，它们有可能取得更大的战果。另一方面，为这次作战辩护的人则认为，坦克总是要接受实战考验的，让它们早一点上战场有利于积累经验。[10]然而，提前运用坦克所获得的某些教训（比如乘员需要受到充分的训练），显然并不是在弗莱尔-库尔瑟莱特之战前无法预见的。

虽然这批坦克没能取得人们所希望的成就，但在黑格看来，它们在首战中已证明了其存在的价值。因此，在这批坦克首次参战后仅过了四天，陆军部就举行了一次会议。会上，与会者一致同意再订购1000辆坦克。[11]但是，由于某些差错，该订单直到10月14日才得到确认，而且直到1917年3月，当第一批新的Mk4坦克完工时，该订单才开始交付。Mk1坦克最终生产了1015辆。[12]与此同时，为了让工厂保持开工，军方又订购了100辆与最初的Mk1坦克非常相似的Mk2坦克和Mk3坦克。

在索姆河首战过后，坦克仅限于被运用在小规模战斗中，而且这种情况一直持续到1917年4月的阿拉斯战役时才结束。此时，英军有了60辆可用的坦克。这些坦克被分散在参加进攻的步兵部队中，虽然它们在一些局部战斗中取得了成功，但其中许多都陷入了暴雨造成的泥泞地里。在坦克参加的下一次大规模战役，也就是

1917 年 7 月至 10 月的第三次伊普尔战役（也叫"帕申戴尔战役"）中，它们遇到了更恶劣的情况。这一仗是在一片由沼地改造的农田中进行的，并且炮击和暴雨将那里变成了"泥浆之海"。当时，可用的坦克已经增至 216 辆，其中包括一些新造的 Mk4 坦克。这些 Mk4 坦克以 Mk1 坦克为基础，并且进行了一系列改进，包括改进了装甲。[13] 但是这些坦克再次被分散在多个步兵师中，而它们的运动也严重受到地形的限制。敌军炮兵借助地利就击毁了许多坦克，其余的坦克则纷纷陷入泥沼。

当第三次伊普尔攻势进行到第三天时，坦克军团的指挥官埃利斯准将（Brigadier General H. J. Elles）认识到继续在此战中使用坦克是徒劳无益的，并且他还建议将剩余的坦克撤下，以便将其集中用于地形合适的区域。[14] 与此同时，他的参谋长富勒中校（Lieutenant Colonel J. F. C. Fuller）提出了"一日坦克突袭"的概念，即在不进行常规的炮火准备的情况下，坦克在经过合适的地形时可实施一次出其不意的破坏性进攻。富勒在其回忆录里暗示自己的这个点子促成了康布雷战役（Battle of Cambrai），而此战是第一次成功的大规模坦克进攻。[15] 实际上，康布雷战役是比富勒最初设想的坦克突袭战宏大得多的战役。在参与策划这场战役的人中，负责该战役所在地段的第三集团军司令宾将军（General Byng）就是其中之一。[16]

为了打这场仗，英军集中了所有可用的坦克。其中，378 辆坦克负责战斗，54 辆旧型号坦克负责运送补给，10 辆坦克负责无线和有线通信，还有 34 辆坦克负责为计划中跟进攻击的骑兵清理铁丝网和运送架桥器材。[17] 这 476 辆坦克的集结与坦克所需的燃料和弹药的供给是在严格保密的情况下完成的。当进攻在 1917 年 11 月 20 日开始时，这些坦克就在英军战壕前方 11.3 千米外排成了一列横队。接着，它们隆隆向前，压垮了掩护敌军阵地的铁丝网，并用火力压制了敌军的机枪，为身后跟进的步兵扫清了道路。为了不惊动敌人，总数达 1000 门的支援火炮直到坦克开始移动时才开火。因此，这次进攻达成了完全的突然性。

在坦克的引领下，攻击部队突破了被称为"兴登堡防线"的敌军阵地，并最远推进了 11.3 千米。因此，这次进攻比三个月的伊普尔攻势推进得远得多，而且在付出的伤亡代价上也远小于后者。虽然到战役结束时，参战的坦克有 112 辆被敌军炮火击毁，但这次进攻还是清楚地证明了，坦克作为突击车辆被大量用在合适的地形上时是多么有效。[18]

然而，初步进攻的成果并未得到利用。原因是坦克速度太慢，而骑兵面对机枪义太脆弱。而且，德军在十天后发起反击时又夺回了大部分失地。因此，康布雷战役以陷入僵局而告终。该结果使德军总参谋部低估了坦克可能带来的威胁。[19] 不过，这并未妨碍英国坦克军团从三个旅进一步扩充到五个旅。

在 1917 年年末至 1918 年年初的那个冬季，这五个旅被分散在英军战线后方约 97 千米处，并且组成了一道警戒防线，以应对预料中的德军大规模攻势。当这场攻势在 1918 年 3 月如期而至时，这些旅的坦克被零散用于御敌。在随后的撤退行动中，其中的许多坦克因机械故障或耗尽燃油而不得不被丢弃。事实证明，它们在防御战中的效能相对不高。

当时英军使用的坦克大部分是 Mk4 坦克。和 Mk1 坦克一样，Mk4 坦克是为突击敌军的战壕而设计的。由于速度太慢，最远行程太短，Mk4 坦克在德军进攻所造成的瞬息万变的局势下，无法实现有效部署。但是有一种英国坦克更适合应对这种局面，它就是 "A 号中型坦克"，也叫 "赛犬式坦克"。A 号中型坦克于 1918 年 3 月 26 日首次参战。这种坦克比先前的几种坦克都要轻，其全重为 14 吨（Mk4 坦克为 27 吨或 28 吨），最高速度为 13.4 千米 / 时（Mk4 坦克为 6.0 千米 / 时），最远行程为 128.7 千米（Mk4 坦克为 56.3 千米）。此外，A 号中型坦克也更为灵活机动，因为它只需要一个驾驶员来操纵转向，而转向的方法就是调节两台各驱动一条履带的 45 马力的发动机的转速——表面看来，这是一种让履带式车辆实现转向的简单方法，但是因为发动机很容易熄火，这种方法对驾驶员的操作水平要求非常高。

A 号中型坦克也摒弃了先前几种坦克的菱形布局。它有一个架在履带上方的固定炮塔，而炮塔内有四名乘员。它还安装了四挺哈奇开斯机枪。由于具备更高的机动性，A 号中型坦克取得了一些局部胜利，但它也和其他坦克一样，因为效果不佳的分散部署而蒙受了很大损失。

直到 1918 年 8 月 8 日亚眠战役（Battle of Amiens）打响，英国坦克军团才时来运转。这场战役是英军进行的第二次大规模坦克战。与康布雷战役相比，亚眠战役不仅规模更大，也更具决定性。此战中，除了一个仍装备 Mk4 坦克的旅，英军坦克军团悉数出战。当时，英军的其他旅已经换装了新型的 Mk5 坦克。Mk5 坦克基本上与 Mk4 坦克相似，但 Mk5 坦克安装了功率更大的发动机，而且还用行星齿轮转向系统取代了早期坦克上需要四人操作的原始转向系统。因此，Mk5 坦克只需一人就能驾驶，而且其机动能力也得到很大提高。除了 324 辆重型坦克，还有 96 辆

A 号中型坦克，再加上负责后勤运输的坦克和备用车辆，英军为此战集结的坦克总数达到 580 辆。[20]

与康布雷战役时一样，坦克在亚眠战役中也隐秘地完成集结，而且在不经炮火准备的情况下，就在 20.9 千米宽的正面上发起了集群进攻。这次出其不意的坦克突击打垮了德军的防御，实现了大规模突破。德军在此过程中损失惨重。当时实际担任德军总司令的冯·鲁登道夫将军（General von Ludendorff）将 1918 年 8 月 8 日形容为"德国陆军黑暗的一天"。[21]

不过，英军在亚眠取得的突破是以众多坦克被德军炮兵击毁为代价的。由于这些损失，到了这场战役的第二天，可以继续作战的坦克数量就减至 145 辆。不仅如此，此次初步攻击所取得的战果也没能得到利用，因为 Mk5 坦克只比 Mk4 坦克稍微快了一点，但还是太慢。A 号中型坦克虽然更快，但它们是配属给按计划要在突破后发展胜利的骑兵的。而事实证明，这一次和康布雷战役一样，骑兵在面对机枪时还是不堪一击。

尽管如此，亚眠战役还是使德军开始缓慢后撤，而且这种情况一直持续到三个月后战争结束时。在这一时期，坦克多次成功进攻，但这些进攻的规模普遍比较小，一次进攻最多只有 40 到 50 辆坦克参与，这是因为坦克在亚眠战役后出现了短缺。随着德军炮兵给英军坦克造成进一步损失，再加上作战的流动性日渐加快，这令英军当时的坦克很不适应，也使坦克短缺的问题愈演愈烈。在 1918 年 9 月底，英军为突击兴登堡防线集了大约 175 辆坦克，但在 11 月 4 日的最后一次坦克进攻中，就只能凑到 37 辆坦克了。[22]

在亚眠战役还未开始的三个星期前，法国陆军也在苏瓦松（Soissons）实施了一次大规模坦克进攻。坦克在这次进攻中也取得了重大胜利。在此次战役前，法军坦克先进行了一系列规模较小的作战。其中最早的一次发生在 1917 年 4 月 16 日，而这次作战是法军在埃纳河（Aisne）河畔发动的一次攻势的一部分。此时，在上一年下单的 800 辆坦克中已有 208 辆施耐德坦克和 48 辆圣沙蒙坦克被生产出来，而且其中的 160 辆施耐德坦克被认为是可以随时投入战斗的，不过它们并未全部加装附加装甲（在德军为了应对英军使用坦克战术而装备穿甲机枪弹后，这种加强防护的措施是很有必要的）。[23]

在法国人开始研制坦克时，他们认为坦克就是在不做炮火准备的情况下通过出其不意的攻击突破敌军防线的武器。但是当法国坦克被造出来时,英军已经开始使用坦克,而德军的对策是挖掘更宽的壕沟。这些壕沟的宽度已超出施耐德坦克的越壕能力,圣沙蒙坦克就更不必说了。因此,法国人决定不用坦克来引导步兵突击,而是让它们到支援火炮的有效射程之外的地方去支援步兵。[24] 换句话说,法国人把它们视作机动的近距支援火炮。正是本着这一思想,法军将其坦克部队称为“突击炮兵”(artillerie d'assaut)。

法军为埃纳河河畔的进攻共集结了 132 辆坦克。但这次进攻失败了,法军仅在敌军阵地上取得了有限的突破,而坦克起到的作用微乎其微。这些坦克几乎都是施耐德坦克,它们在通过壕沟和布满弹坑的地面时遇到很大困难,其中有 57 辆毁于敌军的炮火。[25]

首战失利之后,法国坦克直到 1917 年 10 月才迎来又一次作战。这就是马尔迈松战役(Battle of Malmaison),有 64 辆坦克参加了此战。这一次,这些坦克虽然仍然被分成小群,但成功地支援了步兵,只有八辆被敌军炮火击毁。[26] 下一次作战要等到 1918 年 3 月德军发起大攻势以后。预见到这次进攻的法军将坦克留在前线的后方以便反击,而此时可作战的坦克已增加到 245 辆施耐德坦克和 222 辆圣沙蒙坦克。[27] 起初,这些坦克在机动战条件下被逐次投入一系列局部反击中。虽然它们在机动性上强于 Mk4 坦克,而且只需一人操纵,还安装了弹簧悬挂装置,但它们在适应这种作战的能力上并不比同时代的英国坦克强。最重要的一次反击是在 1918 年 6 月 11 日进行的。在这次反击中,由共计 144 辆的施耐德坦克和圣沙蒙坦克以及步兵组成的一支部队在马茨(Matz)谷地成功地阻止了敌军的推进,但该部队也付出了损失 69 辆坦克的代价。[28]

另一方面,在 1916 年 6 月,法军总司令部在得知英军也在研制坦克后,便把即将受命组建法国第一支坦克部队的艾蒂安上校派到英国去调查情况。在观摩了英国的 Mk1 坦克后,艾蒂安突发奇想,认为应该再研制一种重量大大减轻的坦克。在他看来,这种坦克就像是一个身披铠甲,手持机枪,能在各种地形上作战的步兵。当年 7 月,艾蒂安把他的想法告诉了路易·雷诺。雷诺热情地接受了艾蒂安的建议,并开始根据该建议设计一种两人操作的轻型坦克。到了 1916 年 11 月,艾蒂安对雷诺的设计已有了足够的信心。像当初启动施耐德坦克项目时一样,艾蒂安这次又给法军总司令霞飞将军写了信,并在信中建议该轻型坦克的原型车一旦获得批准,就立即订购 1000 辆这种轻型坦克。[29] 霞飞很支持艾蒂安的想法，但陆军的技术部门和军工部再次从技术和官僚体制方面提出种种刁难。不仅如此，虽然雷诺公司在 1917 年 2 月接到了生产 150 辆坦克的初始订单，但后续生产 1000 辆坦克的订单却在 4 月被取消，尽管这只是暂时的。祸不单行的是，霞飞此时已被尼维尔将军（General Nivelle）取代，而后者不如前者那么青睐坦克。因此直到 1917 年 10 月，当尼维尔自己也被贝当将军（General Pétain）接替时，军方才在先前共计生产 1150 辆坦克的订单的基础上又追加了 2380 辆。[30]

好在雷诺和他的公司坚持对这款轻型坦克进行研发，并且克服了种种问题。这些问题就包括了装甲板的供应问题，因为法国国内工业产能不足，装甲板不得不从英国进口。因此，虽然原型车在 1917 年 4 月就已制成，第一辆量产型坦克却要到 9 月才完工。[31]

这种轻型坦克被称为"雷诺 FT"，或被简称为"雷诺"。与此前的法国坦克及英国坦克相比，雷诺 FT 轻型坦克有很大不同，而且在多个方面都有长足进步。特别值得一提的是，它是第一种将武器安装在旋转炮塔中的坦克。而且，它的整体布局成了从那时起直到今天的大多数坦克采用的标准布局。雷诺 FT 轻型坦克的特点包括：驾驶员位于车体前部；武器安装在位于车体中部的炮塔内；发动机舱则位于车体后部，并且通过隔板与乘员隔开；履带的主动轮位于后部，而大多数现代坦克的主动轮也位于后部。

在战斗状态下，雷诺 FT 轻型坦克全重 6.5 吨。虽然重量较轻，但该型坦克的车体装甲却有 16 毫米厚，其炮塔装甲的厚度更是达到了 18 毫米或 22 毫米厚。这样的装甲在厚度上超过了比"雷诺"重得多的英国坦克的装甲，并且足以抵挡德军机枪使用的穿甲弹。雷诺 FT 轻型坦克也略快于英国的 Mk5 坦克，能够达到 7.72 千米 / 时的最高速度，不过还是不如 A 号中型坦克快。

雷诺 FT 轻型坦克在最初被构想为一种机枪坦克。但在 1917 年 4 月，艾蒂安认为部分雷诺 FT 轻型坦克应该配备一门短管的 37 毫米火炮，而不是哈奇开斯机枪。[32] 这种 37 毫米火炮在当时被法军步兵用作近距支援武器，而它在经过改造后被成功装进雷诺 FT 轻型坦克。因此，后来生产的一部分雷诺 FT 轻型坦克就以 37 毫米火炮为武器。该火炮可发射多种弹药，其中包括穿甲弹、霰弹和高爆弹，而一辆雷诺 FT 轻型坦克最多可携带 240 发炮弹。

雷诺 FT 轻型坦克上的这门炮的口径其实是很不寻常的。后来，多国的坦克和反坦克炮也采用了这一口径。该口径源于 1868 年的《圣彼得堡公约》。该公约从人道主义出发，规定了爆炸性弹丸的最低重量。因此，法国的本杰明·哈奇开斯（Benjamin Hotchkiss）设计了一种火炮以发射该公约规定的重量的弹丸，并将其口径定为 37 毫米。[33] 这种 37 毫米哈奇开斯炮被法国海军和其他多个国家的海军采用，并被安装在大型军舰上以对抗同时代的高速鱼雷艇。一段时间后，虽然这种火炮在各国海军中开始衰落，但同口径的其他火炮却在陆地上有了用武之地。

按照原计划，雷诺 FT 轻型坦克应该在积攒到一定数量之后才投入战场。但在 1918 年 5 月，德军对法军战线的一次攻势却使法军不得不动用一切可用的资源。因此，虽然第一个雷诺坦克营在 5 月初才组建完毕，但到 5 月底，就有两个雷诺坦克营被紧急运往前线。刚一到达位于雷斯（Retz）森林地区的前线，21 辆雷诺 FT 轻型坦克就冲向正在推进的敌军，以便为当地的组织防御争取时间。在这次仓促的首战之后，雷诺 FT 轻型坦克一直通过一系列小规模反击来协助雷斯森林地区的防御。参与这些反击的三个雷诺坦克营原本共有 210 辆坦克，而其中的 70 辆在这些作战中被击毁或被重创。[34]

直到 1918 年 7 月 18 日法军在苏瓦松地区发起反攻，雷诺 FT 轻型坦克才崭露头角。法军为此战集中了所有坦克部队的坦克，包括共计约 225 辆的施耐德坦克及圣沙蒙坦克，以及六个雷诺坦克营的坦克（按照编制计算，应共有 432 辆）。也就是说，法军为此战集中的坦克总共超过了 600 辆。这甚至比四个星期后英军为进攻亚眠而集结起来的坦克还多，只不过法国坦克普遍轻于英国坦克。

和在康布雷一样，法军在苏瓦松地区也没有经过炮火准备。法军出其不意地发起了此次进攻，并成功地突破了敌军防线。法军的两个集团军参与了此战。其中一个集团军以几乎所有可用的施耐德坦克和圣沙蒙坦克为先锋，而将配属给它的三个雷诺坦克营作为预备队，以用于突破后的发展。在另一个集团军的战线上，法军的进攻则几乎完全以另外三个雷诺坦克营打头阵，这三个营的坦克总数约为 200 辆。[35]

从此以后，"雷诺"坦克被越来越多地用在一系列小规模战斗中以引导或支援步兵进攻，而不是被用于实施集群突击。虽然战斗中多有损失，但战斗中使用的雷诺 FT 轻型坦克却在迅速增多。这是因为军方订购了大量这种坦克，而订购的数量增加到了 4000 辆。截至 1918 年 11 月 11 日停战时，实际交付的雷诺 FT 轻型坦克有 3177 辆。[36] 坦克的大量生产使越来越多的坦克部队得以组建。在战争最后的四个月里，法国陆军的坦克部队以惊人的速度增长，几乎每星期都有一个新的雷诺坦克营成立。因此在战争结束时，法国陆军的雷诺坦克营已多达 24 个，这还是没有计入两个装备美国坦克的坦克营的数量。

法军在战争中使用的坦克数量之庞大与德军部署的坦克数量之稀少形成鲜明对比。造成这种差异的原因之一是德国坦克起步太晚。直到 1916 年第一批英国坦克出现后，德国才开始研发坦克。

不过，有人在 1912 年和 1913 年就先后向奥匈帝国和德国两国的军事当局演示了一种霍尔特拖拉机，而这种拖拉机与后来成为英法两国坦克研制基础的拖拉机非常相似。这两次演示都是匈牙利工程师兼地主施泰纳（L. Steiner）安排的。施泰纳在 1910 年订购了一台霍尔特拖拉机用于农场耕作。后来，他自己成了霍尔特的经销商，并向军方演示了该拖拉机能够牵引重型火炮。他的火炮牵引演示很成功，因此奥匈帝国军方在 1914 年战争爆发前采购了一些霍尔特拖拉机，但德国军方却不屑地认为施泰纳演示的拖拉机"没有任何军事意义"。[37]

直到 1916 年 11 月，也就是英国坦克在索姆河首次亮相的两个月后，德国陆军部才向奥匈陆军部采购了一辆霍尔特拖拉机，并且还邀请施泰纳到柏林与即将成为第一辆德国坦克的设计师的福尔默（J. Vollmer）讨论。[38] 在此之前的 1916 年 10 月，德国陆军部已经成立了一个委员会来拟定坦克的技术指标。该委员会随后以惊人的速度工作，并且到 12 月底就拿出了设计方案。而在同月的早些时候，德国军方已经下了生产 100 辆坦克的订单。截至 1917 年 10 月，这批订单中的首辆坦克已经做好战斗准备。

这种坦克被称为"A7V"，它得名于启动其研发工作的委员会的代号。A7V 本质上就是一个装在履带式底盘上的巨大的箱型车体，而该底盘是基于从奥地利获得的霍尔特拖拉机开发来的。A7V 的车体由装甲板铆接而成。其中，正面的装甲板厚 30 毫米，侧面的厚 15 毫米，因此这些装甲板比英国坦克的装甲板厚得多。不过，这些装甲板也使 A7V 坦克更为笨重，而 A7V 在战斗状态下全重会达到 33 吨。尽管如此，A7V 坦克还是比较快，能达到 12.9 千米 / 时的最高公路速度。不过，和法国的圣沙蒙坦克一样，A7V 坦克的越障能力非常有限。A7V 在车体前部装备一门缴获的俄制 57 毫米炮,并在左右两侧各装备两挺机枪,还在后部装备两挺机枪。除此之外,A7V 坦克最值得一提的特点是其车组乘员特别多,有 18 人之多。这个纪录至今没有被其他任何坦克打破。

随着坦克的生产,三个各装备五辆 A7V 坦克的支队成立了。这些支队参与了德军在 1918 年 3 月突破英军防线的那场攻势。其中一个支队于 3 月 21 日在圣康坦(St Quentin)首次投入战斗。在三天后的维莱布勒托讷(Villers-Bretonneux)一战中,三个支队悉数上阵。它们作为先锋,引领步兵突击,并且取得了相当大的战果。

在维莱布勒托讷,这三个支队的 A7V 坦克还在 4 月 24 日遭遇了一些英国坦克,从而被卷入历史上第一场坦克对坦克的战斗。它们起初遇到的英国坦克是两辆仅配备机枪的"雌性"Mk4 坦克。当一辆 A7V 坦克用自己的 57 毫米炮朝对方开火时,对方被迫后撤,并且在被击伤后也无力还击。但后来一辆"雄性"Mk4 坦克赶到现场,用其 57 毫米炮进行反击,这导致那辆 A7V 坦克在开到一个边坡上时翻了车。[39] 这个历史性的事件不仅早早地证明了必须为坦克配备用来与其他坦克战斗的武器,而且也反映出 A7V 坦克在不平坦的地面上性能平平。

三个 A7V 坦克支队此后继续参战,并且一直战斗到战争结束,但它们造成的影响非常有限,因为可供它们部署的坦克太少。虽然这些支队接收了德国生产的全部 A7V 坦克,但这些坦克合计起来也只有 20 辆而已,而最初计划的是生产 100 辆。由于缺乏国产坦克,德军使用了缴获的英国 Mk4 坦克。到战争结束时,德军用这些坦克组建了五个各装备六辆坦克的支队,并且还计划再组建六个支队。[40] 但是,即使这些计划得以实现,德军拥有的坦克总数可能也只会增加到 75 辆。

战后低潮

英法两国军队于首次使用坦克后，就在第一次世界大战的后半段投入相当多的人力物力以便进一步研发坦克，并且还制定了大规模生产和运用坦克的宏大计划。但在 1918 年 11 月西线战事结束后，所有这些研发项目和计划都被大幅度削减或被放弃。

在英国，这种下跌趋势非常明显地体现在 A 号中型坦克后继的各型中型坦克上。在这些坦克中，第一种是 B 号中型坦克。B 号中型坦克在 1917 年就已完成设计，而且截至 1918 年 11 月，它已获得制造 550 辆的订单。但这些订单此后就被削减，结果 B 号中型坦克只被造出了 80 辆。C 号中型坦克的订单遭遇的削减幅度更大。本来，C 号中型坦克的订单数量到 1918 年 9 月就已增至 3230 辆之多，但到战争结束时，这些订单几乎全被取消。最终完工的 C 号中型坦克至多只有 36 辆或 48 辆。[1]

B 号和 C 号两种中型坦克都采用了英国重型坦克的菱形履带布局，并且都进行了轻量化处理，而且均加装了一个内装四挺机枪的固定的上层车体或与 A 号中型坦克的炮塔相似的炮塔。这两种坦克分别重 18 吨和 19.54 吨。与 A 号中型坦克相比，它们又重又慢，但因为它们都只装了一台发动机，这使得单人驾驶起来更方便。

C 号中型坦克被认为是英国在战争期间生产的最好的坦克，也是唯一在战后继续服役了一段时间的坦克——它事实上一直服役到 1925 年。但和先前的所有英国坦克一样，C 号中型坦克还是用了不带悬挂的负重轮。因此，它在凹凸不平的硬质地面上行驶时非常颠簸，这也限制了它的最高速度。

这一缺点直到在战争期间设计的最后一种英国坦克上才得以改正，那就是"D 号中型坦克"。

D 号中型坦克源于英国坦克军团下属的一支由约翰逊少校（Major P. Johnson）指挥的工程部队进行的试验。该部队负责改进坦克，并以大幅提高它们的速度为主要目标。通过在一辆现有的重型坦克上安装功率大得多的罗尔斯 - 罗伊斯航空发动机，该部队证明了坦克即便采用无悬挂的履带，也能够达到 24.1 千米 / 时的速度，这几乎四倍于其正常速度。[2] 该试验和另一些试验促成了 1918 年 4 月 28 日在坦克军团总部召开的一次会议，与会者包括总工程师瑟尔上校（Colonel F. Searle）和参谋长富勒上校。他们在会上拟定了设计一种速度可以达到 32.2 千米 / 时的新式中型坦克的计划。研制这种坦克的任务被交付给约翰逊，而坦克的型号被指定为"D 号中型坦克"。

一个月后，富勒撰写了一篇题为《在 D 号中型坦克的速度和行程的影响下的进攻战术》的论文。[3] 富勒在文中提议，如果 D 号中型坦克的速度和行程得到充分利用，这些坦克就能突破敌军防线，直捣敌军指挥部，从而使敌方指挥系统陷入崩溃。这将给敌人造成混乱，然后失去组织的敌军部队就可被重型坦克与步兵的突击歼灭。

富勒的提案经过修改后被陆军部接受，并在 1918 年 7 月被整理成《用于 1919 年攻势的装甲打击部队的相关要求备忘录》。这份备忘录得到了帝国总参谋长的支持，并被协约国军队总司令福煦将军（General Foch）批准。该备忘录要求装备的英国、法国和美国的坦克数量至少为 10500 辆，这几乎是战时英国坦克总产量（2636 辆）的四倍。[4]

然而，这个关于大规模生产和运用坦克的宏伟计划在战争结束时被放弃了。因此，"1919 年计划"从未经过实践考验。实际上，该计划也不可能在 1919 年实现，因为其关键要素——D 号中型坦克远未达到可投入使用的地步，即使它的设计完全令人满意，考虑到研制和生产它所需的时间，它也不可能在 1919 年参战。被大加赞美的"1919 年计划"其实并不完全切合实际。

实际上，当战争结束时，D 号中型坦克的研发只走到木制实体模型的阶段。此后，军方下单制造 10 辆，但似乎只有 7 辆完工。其中，第一辆在 1919 年年中制造完成，最后一辆在1920年完工。在试验中，这些D号中型坦克超过了计划要求的32.2千米/时的速度，而且它们还可以浮在水面上。但它们也有一些存在疑问和引来麻烦的设计，其中就包括它那很不寻常的悬挂系统（以一根钢索把一侧的所有负重轮都连接到一个弹簧上），还有它那非常古怪的履带（可以根据地形旋转的木质表面的履带板）。设计者原本打算D号中型坦克的车长和驾驶员的职能由一个人来承担，但这在实践中基本上是行不通的。不过，这些坦克最终只配备了机枪，即便设计者考虑过为它们安装57毫米炮。[5]

尽管如此，在1920年1月，当时在陆军部负责坦克事务的富勒还是建议军方采用D号中型坦克，以及一种尚未制成的轻型步兵坦克。后者是D号中型坦克的轻量化版本，它全重7.5吨（D号中型坦克全重13.5吨或14.5吨），而且配备了"蛇形履带"。因为蛇形履带的履带板之间有经过润滑的球形接头，所以该履带可以实现横向弯曲。这种轻型步兵坦克在1922年接受测试时创下了当时履带式装甲车辆的速度纪录——48.3千米/时。[6]也许步兵坦克是否需要如此快的速度是值得怀疑的，但富勒提出的理由很有意思。他认为坦克必须要这么快才能保护步兵，正如海上的驱逐舰也需要高速航行才能保护运输船队。

除了轻型步兵坦克，约翰逊还设计了一种更轻的坦克，那就是计划用于印度的"5.5吨热带坦克"。这种坦克和先前按俄国人要求生产的奥斯汀装甲汽车一样，采用了两个并列且略微错开的机枪塔的奇特布局。

然而，随着以约翰逊为首的国营坦克设计和试验司在1923年关门大吉，D号中型坦克及其衍生型号的开发都宣告终止，而关于坦克的工作都被转给了产业界。无论这一政策变化的理由是什么，放弃D号中型坦克的决定都不太令人感到意外。因为就连作为其主要吹鼓手的富勒都承认，经过五年的研发之后，D号中型坦克仍然没有达到可以投入使用的地步。[7]

结果就是，如果不算战时B号中型坦克及C号中型坦克的生产计划已完成的遗留部分，那么英国在第一次世界大战结束后的五年时间里，仅仅生产了屈指可数的坦克。在这一时期，坦克部队的数量也从1918年11月的26个坦克营锐减至1920年的5个坦克营。[8]

相比之下，法国陆军倒是保留了规模较大的坦克部队。事实上，一连好几年法国陆军的坦克部队都是世界上最大的坦克力量，只不过其装备的几乎全是雷诺FT

轻型坦克。法国陆军本来已经订购了4000辆"雷诺"，又在1918年计划追加采购这种坦克，这就使"雷诺"自开始量产以来被订购的总数达到了7800辆。[9]而在1918年停战时，实际被订购的雷诺FT轻型坦克为4635辆。[10]正因如此，雷诺FT轻型坦克并未立刻停止生产，尽管在战斗中有所损失，而且还有一些被提供或销售给了别国军队，法国陆军在1921年至少还拥有3737辆"雷诺"。[11]

　　法军原本希望为"英、美、法三国重型坦克计划"提供1285辆坦克，但战争一结束，它就收回了它在该计划中所占份额的主张。[12]法军也叫停了已经订购的300辆2C重型坦克的生产。最终，这些重达68吨的坦克只有10辆在1921年完工，而它们也是从那之后将近20年的时间里全世界现役坦克中最重的一种。此时还有传言称，法军研制了更重的3C坦克（74吨重），并为其配备了一门155毫米炮。[13]该传言近年来也被人一再提起。但实际上，法军只是在1923年给那10辆2C坦克中的一辆做了用155毫米榴弹炮取代75毫米炮的试验而已。

　　因为战败，德国军队大规模生产坦克的计划在1918年戛然而止。受此影响的坦克之一就是A7V-U。A7V-U坦克以德国原有的A7V坦克的组件为基础，但采用了与英国重型坦克相似的菱形履带布局，以弥补A7V坦克低劣的越野性能。截至1918年6月，A7V-U坦克已有一辆原型车制造完成。随后，有240辆A7V-U被德国军方订购，并且预定在1919年6月交付完毕，但最终没有一辆被生产出来。[14]

　　同样，德国陆军计划使用的轻型坦克也无一推进到原型车之后的阶段。其中第一种是LK-Ⅰ。这是一种重约7吨的车辆，它以一辆大型轿车的底盘为基础，并安装了履带、装甲车体和一个小机枪塔。LK-Ⅰ于1917年9月开始研发，虽然它没能推进到原型车之后的阶段，但其原型车成为下一种轻型坦克——LK-Ⅱ的基础。LK-Ⅱ虽与LK-Ⅰ相似，但有一个安装57毫米炮的固定炮塔。军方在1918年6月订购了580辆LK-Ⅱ，但在战争结束前，只有两辆原型车完工。按照原计划，LK-Ⅱ的后继车型——LK-Ⅲ将在1919年出现，它会在前者的基础上得到进一步发展，但从未被制造出来。

　　早在1917年6月，德军总司令部还下了采购10辆代号为"K-Wagen"的超重型突击坦克的订单。这种坦克将至少重148吨，并且将配备四门安装在凸出炮座中的77毫米炮。战争结束时，这种坦克就有两辆在柏林的一家工厂内已接近完工，但最终被协约国管制委员会销毁。

44

当战争还在进行时，德军总司令部多少有些乐观地估计，1919 年德国的坦克产量将增至 4000 辆轻型坦克和 400 辆重型坦克。[15] 但是，战争的结束不仅使德国的所有相关计划和期望化为泡影，而且获胜的协约国还在 1919 年将《凡尔赛条约》强加于德国，而其中的第 171 条禁止德国拥有任何坦克。因此，德国战时坦克计划的全部成果就只有 LK-Ⅱ 轻型坦克的一些部件，而这些部件在 1921 年被安装到了瑞典生产的 10 辆 Strv/21 坦克上。有些作家宣称，一些幸存的 A7V 坦克在战后被移交给了波兰陆军，但没有任何证据支持这一说法。

美国要晚于德国开始制造坦克，但该国有一个优势，那就是当它于 1917 年春天加入战争时，与它结盟的英法两国已经在生产坦克了。因此，美国可以利用这两个国家的经验，甚至可以获得它们提供的一些坦克。所以，当美国坦克军团在 1917 年成立时，其前两个营装备了法军提供的雷诺 FT 轻型坦克，第三个营则装备了英国的 Mk5 型坦克。

美国人拟定了雄心勃勃的计划。他们打算将美国坦克军团扩充到 45 个营，并让这些军团装备雷诺 FT 轻型坦克和 Mk8 重型坦克。[16]Mk8 重型坦克是英国最后一种菱形布局的坦克，也是最重的一种坦克（37 吨重）。按照英美两国政府达成的协议，这种坦克将在法国境内一个专门设立的工厂中生产。该厂将在 1918 年总计生产 1500 辆 Mk8 型重型坦克。[17] 其中，前 600 辆将提供给美国陆军，剩下的 900 辆则由后来加入协议的法国政府认领。[18] 此外，美国国内也将生产 1500 辆 Mk8 重型坦克。[19] 但是，停战导致这些生产计划全都被放弃。最终，美国在 1920 年只组装了 100 辆 Mk8 重型坦克。同样，在英国生产 1375 辆 Mk8 重型坦克的计划也被放弃，只有 11 辆在那里完成了制造。[20]

为了满足轻型坦克营的需求，美国陆军还与三家美国公司签订了共计生产 4400 辆美国版雷诺 FT 轻型坦克的合同。[21] 到停战时，其中一些坦克已经完成制造，但没有一辆在停战前运抵法国。此后，合同要求生产的坦克数量遭到削减。结果，只有 952 辆坦克完工，而这些坦克被称为"M1917 六吨轻型坦克"。按照一份订单，本来还有 1000 辆与雷诺 FT 轻型坦克相似但重量更轻的福特 Mk1 型坦克要生产，不过最终只有一辆完成制造。[22]

除上述国家外，在战争期间开始生产坦克的国家就只有意大利了，而当战争结束时，它的坦克订单也无一例外地遭到大幅削减。意大利生产的坦克是雷诺 FT 轻型坦克的另一种版本，其名称是"菲亚特2000"。1918 年，菲亚特和安萨尔多两家公司共接到生产1400辆"菲亚特3000"的订单。不过在停战后，订单要求生产的坦克数量被削减为100辆，而这些坦克在1919年至1921年期间完成制造。[23]

主要交战国在战争后期计划生产的坦克数量之多，这证明了当时人们相当重视这种武器。同样的道理，战后坦克数量的急剧减少则反映了坦克的地位下降，以及战后经济状况和政治局势的变化。在坦克恢复其重要性之前，这样的情况将持续数年。

另一方面，坦克在世界各地引来了相当多的关注，只不过没能在军界获得同等的认可。在战争期间，坦克的使用范围仅限于西欧，仅有的例外就是英军的少量Mk1 坦克和 Mk2 坦克参与了1917年的第二次和第三次加沙战役。[24] 战争结束后，坦克的使用范围却扩展到了全世界，因为许多国家都获得了坦克，只是无一例外地限于少量采购它们。几乎所有外销的坦克都是法国的雷诺 FT 轻型坦克，这是因为该型坦克在战争期间产量最多，也是战后唯一有大量存货的坦克。雷诺 FT 轻型坦克不仅受到普遍好评，而且也很适合当时的主流战术思维，即为步兵提供近距支援。此外，它们的结构比较简单，使用成本也很低廉。

最多的一批雷诺 FT 轻型坦克去了波兰，总计约有120辆。它们成为法军在1919年组织的一个团——该团隶属于为援助刚刚独立的波兰共和国而在法国成立的一个波兰军——的装备。这些坦克参与了1920年至1921年的苏波战争，但它们并不适应这场以运动战为主的战争，而且它们打的几次小规模战斗对战局的影响甚微。[25]

法国提供给波兰的这120辆坦克一度是世界第四大的坦克力量，这凸显了第一次世界大战结束后各国坦克部队规模之小。同样可证明这一点的是意大利，该国的坦克部队规模排名世界第五，总共有100辆"菲亚特3000"。在欧洲，在排名上紧随其后的国家是拥有49辆坦克的比利时，而芬兰在1919年购买了32辆雷诺 FT 轻型坦克。[26] 此外，还有六个欧洲国家采购了数量更少的坦克，其中包括买了两辆的瑞士和买了一辆用于评估的瑞典。

还有一些坦克去了更遥远的国度。巴西在1919年订购了12辆，同时日本陆军从法国采购了数量与此相近的"雷诺"，并且还从英国采购了一些 A 号中型坦克。

苏维埃俄国通过缴获的方式也获得了一些"雷诺"（它们是法国在俄国内战中为援助反布尔什维克的军队而送出的），此后又通过令人赞叹的"逆向工程"在索尔莫沃（Sormovo）工厂制造了 15 辆仿制的"雷诺"。[27] 红军还缴获了英国援助白军的 25 辆 Mk5 重型坦克。不过，这一切仅仅使红军在 1923 年拥有的坦克总数增加到 77 辆而已。[28]

只有法国在第一次世界大战结束后一度拥有大量坦克，其剩余的雷诺 FT 轻型坦克超过 3000 辆。[29] 这比当时世界上其他国家拥有的坦克的总和还多，再加上法国陆军在战后享有的声誉，这些都使得法国坦克的设计理念一连几年都是主流。但这批战时坦克是一笔不断消耗的资产，而且一段时间之后，尽管法国以外的地方的坦克数量仍然很少，新的坦克理念还是在世界其他地方不断涌现，并逐渐发展完善。

第 5 章

英国的领先与失误

第一次世界大战结束后，人们就坦克的未来提出了各种各样的观点和意见。一种极端的观点认为，坦克再也不会有任何用处。另一种极端的观点则宣称，现有的陆军将来都会被坦克集群取代。

对于前一种态度，一段经常被引用的评论可作为其代表，该评论出自英国军械总局局长杰克逊少将（Major General L. Jackson）于 1919 年 12 月在皇家联合军种学会的发言。杰克逊说："坦克本身就是个怪胎。导致它产生的环境是异乎寻常的，也不太可能重现。"[1] 显然，在有些人眼里，坦克的用武之地就仅限于堑壕战，而堑壕战在他们的预期中是不会再出现的。

对于另一种极端观点，战争期间一篇题为《坦克军》的论文所表达的思想可作为其典型代表，而该论文的作者——马特尔上尉（Captain G. le Q. Martel）曾在英国坦克军团指挥部担任富勒上校的助手。该文描述了一支几乎完全由不同类型的坦克组成的未来的军队，而这些坦克的类型分别与当时主要的军舰分类相对应。[2] 富勒本人也接受了类似的思想。战争刚一结束，他就开始撰文论述"坦克舰队"以及未来将"越来越近似于海战"的陆地战斗。[3]

富勒正确地认识到坦克是一种机动的武器平台。考虑到军舰代表了一种更早出现的机动武器平台，他套用海战模式来论述坦克及其作战模式也是可以理解的。[4] 但是在作战环境方面，军舰与坦克显然大不一样。所以，陆军不能指望坦克在陆地上像军舰在大海上一样作战。尽管如此，直到 1931 年，富勒还是预测坦克"将会以类似于海军舰队的线列阵型作战"。[5]

各国陆军普遍采取的政策是接受坦克，但仅将其作为步兵的辅助，并让其按照步兵的步调作战。1919 年，艾蒂安将军应法军总司令的要求，撰写了一篇专题论文。在文中，艾蒂安指出当时的那种主流观念还有进步的余地，并且他还预测更强大的"战车"（chars de combat）不仅会取代雷诺 FT 轻型坦克，而且会在未来的战斗中扮演主角。[6] 两年以后，艾蒂安在布鲁塞尔的一次讲座上又进一步阐述了自己的观点，他提到未来的机械化集团军潜在的战略和战术优势，而这样的一个集团军拥有 10 万兵力（包括 4000 辆坦克和披挂装甲的步兵），并且能够在一夜之间机动 80 千米。[7] 不过，他的观点遭到了忽视。特别值得一提的是，就在艾蒂安和另几名法军军官鼓吹创建独立的坦克兵种时，曾为坦克部队提供了一定自主权的突击炮兵指挥部却在 1920 年遭到裁撤。之后，坦克部队被交给步兵部的一个下属部门管理，这使得坦克后续的战术技术发展陷入停滞。

美国也发生了类似的情况。在那里，战时的坦克军团依照 1920 年的《国防法案》被裁撤，而坦克就被分配给了步兵，并成为其附属。与这一举措一致的是，美军总参谋部在 1922 年宣布了"坦克的主要任务是为步兵在进攻中不间断地前进提供便利"。

当时除了法国和美国，只有英国拥有进一步发展坦克的条件。因此，引领坦克发展并为坦克开发出更灵活、更有效的使用方法的重任就落到了英国陆军的肩上。

英国陆军在这方面取得领先，这在很大程度上要归功于同时发生的两个事件。其一是皇家坦克军团的成立。1923 年，皇家坦克军团接替了战时的坦克军团，一个独立的坦克兵种也由此建立起来，而富勒为此出力甚多。虽然皇家坦克军团的实力仅限于四个坦克营和几个装甲汽车连，但该军团因其地位而获得了一定的自主权，这使它能够在不受步兵战术约束的条件下探索新的作战方法。

使英国陆军取得领先的另一个事件是，英国陆军获得了在多个方面都领先于同时代其他坦克且能够用于发展新型战术的坦克。这些坦克的特点之一就是它们显著快于先前的坦克，这是因为它们是作为上一章提到的约翰逊的轻型步兵坦克的替代型号而被设计出来的。1920 年，在富勒的鼓动下，约翰逊的轻型步兵坦克得到军方订单。[8] 这促使英国陆军部负责装备采购的部门向维克斯公司订购了另一种轻型坦克。截至 1921 年年底，上述两种轻型坦克的试作版都已制造完毕并接受了测试。结果证明，约翰逊的轻型坦克的速度能达 32.2 千米 / 时，甚至更高，而维克斯的轻型坦克比战时的 C 号中型坦克（其最高速度为 12.7 千米 / 时）还慢。为此，富勒还在他的回忆录里不无得意地提了一笔。[9]

虽然人们对约翰逊的轻型坦克赞誉有加，但是维克斯的轻型坦克在其他方面却更胜一筹。尤其值得一提的是，维克斯轻型坦克的整体布局更出色，更接近于后来的坦克普遍采用的布局。维克斯的轻型坦克是第一种安装旋转炮塔的英国坦克。约翰逊的轻型坦克仍然采用了与 D 号中型坦克类似的带战斗室的固定上层结构，而这个结构早就被战时的坦克军团指挥官埃利斯将军（General Elles）评价为不尽如人意。不仅如此，约翰逊的轻型坦克只配备了机枪，而维克斯的轻型坦克还有一门 47 毫米炮。此外，这两种坦克都在此前战时英国坦克的基础上有所进步，并且都用弹簧悬挂系统取代了刚性安装的履带负重轮，不过维克斯的轻型坦克的悬挂更为坚固可靠。

速度慢是维克斯轻型坦克的一大缺点，这是因为它使用了一种非常规的液压传动装置。这种传动装置曾被成功应用于军舰，但维克斯的设计师似乎没有认识到它用在车辆传动上时是多么低效——发动机的许多动力化作热量被白白消耗，因此能用于驱动车辆的动力大大减少。

由于行驶性能不佳，维克斯的原版坦克设计在 1922 年与约翰逊的坦克设计一同被废弃。但是在同一年，维克斯设计了另一种坦克。这种坦克被陆军部采用，并被称为"维克斯 Mk1 轻型坦克"，不过它后来的名称——"维克斯中型坦克"远比前者出名。

第一辆维克斯中型坦克在 1923 年交付。它全重 11.75 吨，而它看起来就像是把罗尔斯 - 罗伊斯装甲汽车的炮塔装到高速炮兵牵引车底盘上的草率之作。但是它保留了维克斯的原版坦克的最佳设计：将一门 47 毫米炮安装在一个旋转炮塔中，而且该炮塔足够大，不仅能容纳一名炮手，还能让一名坦克车长在其中自由地实施战术控制，以确保更有效地运用坦克。与此同时，维克斯中型坦克在速度上几乎与约翰逊的轻型坦克不相上下，其标称的最高速度是 29 千米 / 时，但实际上能超过 32.2 千米 / 时。

最终共有 166 辆维克斯 Mk1 和 Mk2 两种中型坦克被交付给英国陆军，它们刚够装备皇家坦克军团的几个坦克营。从第一次世界大战结束到 1929 年，这些坦克是全世界唯一成规模生产的新式坦克。在这一时期，它们也是现役坦克中无可争议的"速度冠军"，因为它们在最高时速上几乎四倍于同时代的典型坦克（仍然是雷诺 FT 轻型坦克）。皇家坦克军团因获得了这些独一无二的装备而得以开发出更灵活地运用坦克的新方法。在某种程度上，这些方法也是由该军团的坦克间接促成的。

最初，关于运用坦克的新思维主要来自富勒，他就这一课题撰写了大量文章。其中的第一篇论文写于 1919 年，并在皇家联合军种学会的竞赛中获奖。在此文中，富勒建议围绕坦克的能力建设一支"新模范军"。这支军队的每个师将下辖 12 个步兵营，每个步兵营自带一个坦克连。此外，每个师还有一个师属坦克营和两个骑兵团。这个关于未来坦克运用的渐进式提案保守得令人吃惊，不过富勒最终还是希望用坦克取代步兵与骑兵。[10]

富勒这篇论文的发表促成了他与利德尔·哈特上尉（Captain B. H. Liddell Hart）的相识，也开启了两人的长期友谊。[11]1922 年，利德尔·哈特追随富勒，撰写了关于"新模范军"的论文，不过他提出了更实用的师级编制，即这些师将下辖独立的坦克营和步兵营（后者的士兵将乘坐装甲输送车），且不设骑兵。至于对未来机械化部队的展望，他与富勒没什么大的区别，也认为地面部队最终将"主要由坦克组成"。但是，他并不打算完全取消步兵，而是建议保留一支小规模的步兵部队作为"陆战队"。[12]

和富勒一样，利德尔·哈特写下了大量关于坦克运用和相关问题的文章，而且这两人还通过私人关系和公开宣传，协助了新型坦克运用方式的发展。尤其是利德尔·哈特，他在 1925 年成为《每日电讯报》的军事通讯员之后出了很多力。富勒和利德尔·哈特的著述使他们获得了国际声誉。凭着这些作品的影响力，他们也被视作机械化战争的"传道者"。

然而，实际开发出更有效地运用坦克的新方法的是其他人。这些方法始于后来晋升为准将的皇家坦克军团总监林赛上校（Colonel G. M. Lindsay）写于 1924 年的一份备忘录，他在其中建议成立一支"试验性机械化支队"。由于这份提备忘录没有引起任何重视，林赛又在另一份备忘录中重申了自己的建议，并将这份备忘录提交给了帝国总参谋长米尔恩将军（General Milne）。为米尔恩担任军事助手的富勒则为这事起了牵线搭桥的作用。米尔恩赞同林赛的意见,因此一支"试验性机械化支队"于 1927 年在索尔兹伯里平原（Salisbury Plain）组建。[13]富勒接到了担任这支支队的指挥官的邀请，但他出于对某些行政管理安排的不满而婉言谢绝，从而失去了将他的一些想法付诸实践的机会。[14]

尽管如此，"试验性机械化支队"的组建还是反映了富勒与林赛的思想，即他们希望这是一支主要由坦克和其他装甲车辆组成的部队。因此，"试验性机械化支队"的主力是一个维克斯中型坦克营、一个装甲汽车及超轻型坦克的混成营，而该支队的支援力量是四个摩托化炮兵连、一个自行炮兵连和一个摩托化工兵连。该支队仅有的步兵力量就是一个摩托化机枪营，而且该营仅承担比较被动的阵地防守职能。

"试验性机械化支队"在一定程度上是用现有单位拼凑而成的。它装备了多种不同类型的车辆，因此它很难协调下属各部队的行动。[15]尽管如此，它仍是有史以来第一支机械化部队，它的编制和它参与的作战试验在欧洲和美国都引起了相当多的关注。

"试验性机械化支队"在1927年参与了一系列试验。到了1928年训练季，它已被更名为"装甲支队"，并且继续参与了一些试验，但此后就被解散。军方从已开展的试验中得出的结论是，该支队的无装甲单位是装甲单位的累赘。这一结论强化了机械化部队应该几乎全由坦克组成的观念。

这一观念在一本题为《机械化部队与装甲部队》（俗称"紫皮入门书"）——这是第一本装甲部队手册，它由英国陆军部在1929年发行——的装甲部队手册中得到体现。[16]这本手册由皇家坦克军团的军官布罗德中校（Lieutenant Colonel C. Broad）起草，而其中设想的未来军队将以轻型坦克旅和中型坦克旅作为主力机械化部队，并以坦克为主要装备。虽然书中建议的编制严重限制了坦克旅实施独立作战的能力，但书中设想的"全坦克"旅还是成为后续试验的基础。

当相关试验在1931年的训练季恢复时，军方临时成立了一个坦克旅。该旅下辖三个轻型和中型坦克混成营，以及一个卡登-洛伊德机枪输送车营。后者的车辆是用来替补轻型坦克的，因为轻型坦克数量不足。该旅较为统一的构成方便了该旅发展控制和调动坦克部队的新方法。这些方法包括开创性地使用从1929年起装备部队的无线电台。当1931年的训练季结束时，该旅已证明其能够将众多坦克组成一个整体实施机动，而不仅仅是让它们各自为战。[17]

坦克旅在1932年曾再度被临时组建。在解散了一段时间之后，"坦克旅"又在1934年被重新组建并成为永久性单位。在此后的四年时间里，它是英国陆军唯一的机械化部队，并占用了该国陆军的大部分坦克。在"坦克旅"存在的期间，它在机械化机动作战技术方面取得了重要的进步，但它显然还不是一支包含多个辅助兵种的、能够独立执行各种进攻和防御作战的部队。它只能执行看起来不需要经过太多战斗就能获得胜利的战略性机动。

强调战役机动性而非基于战斗能力的战术效能，这是在"坦克旅"创建和发展期间军界的主流思想，这一思想也影响了20世纪20年代和30年代英国坦克的设计。

维克斯中型坦克之后的第一种坦克是因英国陆军部明显又对堑壕战产生了兴趣（虽然只是暂时的）而出现的。英国陆军部在1922年要求维克斯公司设计一种重型坦克，以取代战时的Mk5坦克。[18]这种坦克没有炮塔，但有一门安装于车体的47毫米炮和一个安装机枪的小型凸出炮座，因此它的布局很像1917年战时设计的但从未被制造出来的Mk6坦克的布局。这表明，陆军部的思路仍然没有脱离先前的坦克类型的窠臼。相反，维克斯公司倒是提出了一种非常有独创性的替代方案。这个方案被英国陆军部接受。根据此方案生产出来的坦克被定名为"A.1"，后来又被改称为"独立"。A.1坦克的主要特点是拥有多达五个的炮塔：一个主炮塔安装了一门47毫米炮和一挺机枪，并且拥有三名操作乘员，而四个小型单人机枪塔位于主炮塔周围。A.1坦克并不是第一种拥有多个炮塔的坦克，因为法国的2C重型坦克已经在其车体后部设置了第二个炮塔，而美国的1921型和1922型试验性重型坦克都在主炮塔顶部增加了一个小型机枪塔。但是，A.1坦克是第一种拥有超过两个炮塔的坦克。因此，它引起了相当大的关注，尽管后来出现了多种带有三个炮塔的坦克，但只有一种仿效了它的五炮塔布局，那就是苏联的T-35坦克。

撇开副炮塔不谈，从其总体布局来看，A.1坦克将驾驶员座位置于车体前部，将发动机舱置于后部，因此A.1坦克与维克斯中型坦克相比有了显著进步。不过，虽然A.1坦克的全重达32吨，但其主要武器却并不比维克斯中型坦克的强，而其装甲也只是略厚于雷诺FT轻型坦克的装甲。但A.1坦克拥有较好的机动性，能达到32.2千米/时的最高速度。

实际制造完成的A.1坦克只有一辆，但当它在1926年一次供英国政府和英联邦高官观摩的大规模装甲车辆演示中出现时，它立刻吸引了全世界的注意。有人认为，它后来得到的"独立"一名暗示了它是被设计用来执行由机械化部队独立承担的战略性打击任务的。不过，没有任何证据能证明这一点。[19]

继 A.1 坦克之后，又有一种新的中型坦克被研制出来。该坦克被正式命名为"A.6"，但人们通常称它为"十六吨坦克"。A.6 坦克是维克斯公司根据皇家坦克军团的一个委员会（富勒是其成员之一）拟定的技术指标大纲设计的，不过它沿用了A.1（"独立"）坦克的总体布局。而且和 A.1 坦克一样，A.6 坦克的实际设计者是在乔治·巴克姆爵士（Sir George Buckham）的总体指导下工作的伍德沃德（C. O. Woodward）。不过，A.6 坦克只有两个副机枪塔，而不是四个。A.6 坦克的主炮塔也安装了一门 47 毫米炮，而且其空间大到不仅能容纳由车长、炮长和装填手组成的最佳规模乘员组的乘员，还能容纳一名观测员。考虑到将观测员纳入乘员组而额外增加的空间与重量，这实在是一种奢侈的做法。

A.6 坦克共有三辆原型车。其前两辆在 1928 年完成，并得到了大多数人的高度评价。事实上，英国陆军部的一份 1930 年的文件将 A.6 坦克形容为"很可能是世界上最好的中型坦克"。[20] 尽管如此，英国陆军却没有采用 A.6 坦克，而是在 1928年决定以它为基础设计一种新的 Mk3 中型坦克。这种坦克与 A.6 坦克非常相似。只不过，Mk3 中型坦克的主炮塔可容纳三名而非四名乘员，并且还增加了一个架子来容纳已在军队中得到应用的无线电台。

位于伍尔维奇的皇家兵工厂在 1929 年造出了两辆 Mk3 中型坦克，而维克斯公司在 1931 年也造了一辆。[21] 到了 1933 年，对这三辆 Mk3 中型坦克的测试已经成功完成。但 1932 年上任的机械化主任——布拉夫将军（General A. Brough）却决定放弃 Mk3 的开发，因为这种坦克被认为过于昂贵，特别是在当时严峻的经济形势下，难以进行任何规模的量产。布拉夫决定研制一种更简单、更廉价的中型坦克，以替代 Mk3 中型坦克。他的决定后来遭到严厉批评，甚至被批评为"致命的错误"。[22]但实际上，早在 1928 年，布拉夫的前任就已决定打造一种比 Mk3 中型坦克更简单且廉价的中型坦克了，而这就是 A.7 坦克。在 1929 年年底前，皇家兵工厂已经造出了两辆 A.7 坦克。

A.7 坦克非常明智地取消了副机枪塔，并以一挺简单地安装在车体前部的机枪作为替代。该机枪由坐在驾驶员旁边的机枪手操作，同时 A.7 坦克的主炮塔的乘员组仍为三人。这意味着，A.7 坦克的布局与后来第二次世界大战中多数坦克采用的布局基本相同，也就比 Mk3 中型坦克的布局更先进。而在装甲和主要武器等其他方面，A.7 坦克与"十六吨坦克"和 Mk3 中型坦克没有什么不同。因此，A.7 坦克本可以发展为一种效能不逊于 Mk3 中型坦克，但更简单轻便，而且其生产成本应该也更低的坦克。但 A.7 坦克还是没有被军方采用，只不过它的一些设计后来被整合到了其他坦克上。

做出放弃 Mk3 中型坦克的决定后，研制更简单、更廉价的中型坦克的工作在 1934 年重新开始。负责该项目的是在 1928 年收购卡登 - 洛伊德拖拉机（Carden Loyd Tractors）公司后已更名为"维克斯·阿姆斯特朗"（Vickers Armstrongs）的公司，而约翰·卡登爵士（Sir John Carden）指导了该项目的实施。作为卡登 - 洛伊德的机枪输送车和轻型坦克的设计者，卡登当时已是声名显赫。他认为，新坦克还是应该和"十六吨坦克"及 Mk3 中型坦克一样，设置两个副机枪塔。[23] 在主炮塔方面，他则比较明智地采用了与 A.7 坦克类似的三人炮塔。因此，他最终设计出的坦克在主要武器（47 毫米炮）、装甲和最高速度等方面都与 A.7 坦克相差无几，而在外观上却像"十六吨坦克"和 Mk3 中型坦克。

当新坦克的原型车在 1936 年以"A.9"之名出现时，似乎没有人喜欢它。因此，当时有充分的理由再研制另一种坦克来取代各型维克斯中型坦克。这些中型坦克虽然已经显得过时，但实际上仍是皇家坦克军团唯一配备了火炮的坦克。然而，英国军方不但没有集中力量研制一种更好的中型坦克，还根据一个将坦克部队拆分为两种不同类型的部队的决定，分散了可用的工程资源。

根据上述决定，一类部队负责为步兵提供近距支援。1934 年，皇家坦克军团的一个营被独立出来，以承担这一角色。与此同时，军方也要求维克斯·阿姆斯特朗公司制造一种专门支援步兵的坦克。最初回应这一要求而产生的坦克是 A.10。A.10 坦克与 A.9 坦克非常相似，并且取消了副机枪塔，但其装甲厚度不是 14 毫米，而是 30 毫米。尽管它的装甲比其他中型坦克的厚，人们还是认为 A.10 坦克不足以承担支援步兵的角色。考虑到这一点和当时的财政限制，卡登提出了一种很不一样的坦克。这种坦克将拥有大幅加强的装甲防护，同时造价低廉。关于这种坦克的设想在 1935 年被接受，于是 A.11 步兵坦克应运而生，其原型车在一年后完工。

A.11 步兵坦克是一种速度缓慢的、全重达 11 吨的战车。它有一个内装一挺机枪的单人炮塔，还拥有厚达 65 毫米的前装甲，这使它超越了同时代的大部分坦克。除此之外，它的设计理念却倒退到了第一次世界大战时期的设计，与雷诺 FT 轻型坦克的设计并无不同。尽管如此，A.11 步兵坦克却得到了 1934 年成为军械总局局长并有权指导坦克研发的奥利斯将军的青睐。因此，军方采用的 A.11 步兵坦克被称作"Mk1 步兵坦克"。维克斯·阿姆斯特朗公司随即生产了 136 辆这种坦克。

然而，A.11 步兵坦克的缺点很快就被暴露出来。军方在 1936 年决定设计它的后继型号——A.12。该型坦克后来被定名为"Mk2 步兵坦克"，但人们通常称它为"玛蒂尔达"。A.12 坦克由皇家兵工厂与火神铸造厂（Vulcan Foundry）协作完成设计，它以前文提到的 A.7 坦克为基础，只不过取消了车体的机枪手。因为当时英国没有马力足够强劲的发动机，所以 A.12 坦克沿用了 A.7 坦克的 A7E3 型的做法，即靠两台经过调校后输出相同功率的巴士柴油发动机来提供动力。A.12 坦克自身也有创新，例如它取消了先前其他所有英国坦克都用来固定铆接装甲板的角铁框架，而改用螺栓将铸造件与装甲板连接在一起，从而减轻了整车的重量。它的前装甲也超过了同时代其他所有坦克的前装甲，厚达 78 毫米，这使当时已有的任何反坦克炮都无法将其击穿。这些装甲又使 A.12 坦克的全重达到 26.5 吨。因此，A.12 坦克比自 A.1（"独立"）坦克以来的任何英国坦克都重，但无论是车重还是仅有 24.1 千米 / 时的最高速度，这些都不能掩盖 A.12 坦克出色的效能。事实上，如果不考虑设计用途给它带来的限制，A.12（"玛蒂尔达"）坦克是 20 世纪 30 年代英国设计的最成功的坦克。

A.12 坦克的一大短板是它的主要武器。这是一门 40 毫米口径的火炮（二磅炮），它是在研制 A.12 时就已过时的 47 毫米口径的火炮（三磅炮）的后继型号。作为一种对抗敌方坦克的武器，这门新式火炮与同时代最好的坦克炮和反坦克炮相比毫不逊色，但它只能发射实心的穿甲弹，这在对付反坦克炮、火力点和其他类似目标时就不那么有效了。对坦克来说，尤其是对用于支援步兵的坦克来说，高爆弹是必需的，尽管雷诺 FT 轻型坦克的 37 毫米炮早在 20 年前就配备了高爆弹，这门 40 毫米炮却没有配备同类弹药。

更好的解决方案是为 A.12 坦克配备口径更大的两用火炮。实际上，有一小部分被指定为"近距支援坦克"的 A.12 坦克已用一门 76.2 毫米（3 英寸）炮取代了 40 毫米炮，而且还为这门火炮配备了高爆弹，但这种火炮的主要作用却是发射烟幕弹。[24]

A.12（"玛蒂尔达"）坦克的另一个问题是负责生产它的火神铸造厂不仅缺乏坦克研发经验，而且资源有限。军方把生产任务托付给该工厂，是因为唯一有经验的坦克制造商——维克斯·阿姆斯特朗公司已被其他工作占用了所有产能。因此，直到第二次世界大战爆发，只有两辆 A.12（"玛蒂尔达"）坦克完工。

在研制用于支援步兵的 A.11 坦克和 A.12（"玛蒂尔达"）坦克的同时，作为机动装甲部队一部分的另一种坦克部队也需要坦克。截至 1937 年，机动装甲部队在英国已经以"机动师"的形式出现。机动师整合了原来的"坦克旅"，但它既不是富勒和另一些机械化部队倡导者所鼓吹的那种"全坦克"部队，也不是有效的诸兵种合成战斗部队。事实上，它仍被视作一种用于大范围侧翼包抄的机动部队，而不是能够与敌军主力正面对决的"铁拳"。从这个意义上讲，机动师可以而且也确实被视为骑兵师的后继者，其起到的作用仅限于在 19 世纪地位下降后的骑兵所起的作用。所有这一切都影响了为机动师及其后继者研制的坦克的特征。

在已经生产的坦克中，当时可用于机动师的最强的两种坦克是 A.9 中型坦克和A.10 坦克。前者被改称为"巡洋坦克"，但后者因其装甲防护而被认为作为步兵坦克仍不够格，也就成了"重巡洋坦克"，尽管它只比前者重 1.75 吨。对于机动师来说，最高速度为 40.2 千米 / 时的 A.9 中型坦克还不够快，而最高速度只有 25.7 千米 / 时的 A.10 坦克就更不用说了。但是，在没有其他候选坦克的情况下，军方选择了有限制地生产这两种坦克。其中的第一批坦克在 1939 年交付，而这两种坦克最终的产量总计为 295 辆。[25]

另一方面，当时已成为陆军部机械化副主任的马特尔（Martel）在 1936 年访问苏联后，决定再研制一种机动性能更好的巡洋坦克。在那次访问中，马特尔观摩了苏联红军的演习，对苏联的 BT 坦克，尤其是它们的悬挂系统留下了深刻印象。[26]显然，这是他第一次见识到这种悬挂，然而 BT 坦克是基于美国的克里斯蒂（J. W. Christie）打造的试验性坦克设计的，而后者早在 1928 年创造了 68.4 千米 / 时的速度纪录时就吸引了世界各地的关注。[27]因此，美国陆军在 1931 年向克里斯蒂订购了五辆坦克，并且接下了两辆由波兰政府订购但因违约而留下的这型坦克。苏联军方做出反应的时间甚至更早，他们在 1930 年就订购了两辆底盘。但是，马特尔直到八年后才注意到克里斯蒂的这种高速坦克，并主张以它为基础研制一种巡洋坦克。为了加快项目进度，马特尔安排莫里斯汽车公司（Morris car company）买下克里斯蒂手头恰好剩下的一辆样车，并让该公司的当家人——纳菲尔德勋爵（Lord Nuffield）负责研制新的巡洋坦克。[28]为此，在仍然担任军械总局局长的埃利斯将军的批准下，一家新公司——纳菲尔德机械化公司成立了。埃利斯此举的目的是为维克斯·阿姆斯特朗公司制造竞争对于，因为虽然英国有多家企业参与了坦克设计，但截至此时，坦克的生产基本上都被该公司垄断。[29]

纳菲尔德机械化公司虽然以前从未生产过坦克，却以非凡的速度工作，并在接到订单后的 12 个月内就造出了新式坦克的第一辆原型车。这种被定名为 "A.13"，后被改为 "Mk3 巡洋坦克" 的坦克与克里斯蒂的坦克有很大不同。尤其值得一提的是，A.13 坦克在布局上比克里斯蒂的坦克合理得多，而且很像先前 A.10 坦克的 A10E1 版以及几乎同时出现的 A.12（"玛蒂尔达"）坦克。除了悬挂系统，它与克里斯蒂坦克唯一的共同点就是它们都安装了 "自由" 发动机（这本是第一次世界大战时美国飞机用的航空发动机）。在纳菲尔德公司手中，这种能输出 340 马力功率的 V-12 发动机又焕发了生机，而且它比自 20 年代中叶的 A.1（"独立"）坦克以来的所有英国坦克的发动机都强，并为 A.13 坦克提供了高达 24 马力 / 吨的功重比。因此，A.13 坦克在速度上超越了先前所有的英国中型坦克或巡洋坦克，尽管其标称的最高速度为 48.3 千米 / 时，但实际最高速度几乎能达 64.4 千米 / 时。

A.13 坦克的装甲还是不比 "十六吨坦克" 或卡登的 A.9 中型坦克的装甲厚，但在第二版设计中，其最厚厚度倍增至 30 毫米。对更厚装甲的需求，促使以 A.10 坦克为开端的 "重巡洋坦克" 概念的形成。1938 年，军方下令设计两种不同版本的重巡洋坦克。其中一种是在伦敦 - 米德兰 - 苏格兰（LMS）铁路公司的合作下设计的 A.14 坦克，另一种是纳菲尔德机械化公司设计的 A.16 坦克。这两种坦克采用了不同的发动机、传动系统和悬挂系统，但采用了相同的总体布局，而且两者都和被放弃的 "十六吨坦克" 一样，除了有主炮塔，还有两个副机枪塔。显然，当初定制这些炮塔和机枪塔的人仍然对其情有独钟。

A.14 坦克和 A.16 坦克的最厚装甲厚度都是 30 毫米。在这两种坦克被制造出来时，这个装甲厚度并未超过第二版 A.13 坦克的装甲厚度。所以，就装甲防护而言，这两种坦克没有任何优势，而在火炮威力方面也是如此，因为它们的主要武器都仍然是一门 40 毫米炮。因此，这两种坦克的研发项目都被非常明智地取消了。

然而，就在 A.14 坦克被放弃之时，LMS 铁路公司被要求设计一种简化的巡洋坦克——要采用与 A.13 坦克相同的布局及克里斯蒂悬挂系统，但要把装甲增到 40 毫米厚。这种坦克被称为 "盟约者"，它装有一台 12 缸水平对置发动机，拥有明显低矮了许多的外形，但仍配备一门 40 毫米炮。纳菲尔德机械化公司设计了 "盟约者"

的炮塔，但没有参与该坦克的生产，并在1939年年中提出了自己的"重巡洋坦克"方案。而这种重巡洋坦克将以A.13坦克为基础，并将采用纳菲尔德的"自由"发动机。军方接受了该方案，并在距离第二次世界大战爆发仅有一个月的1939年8月发出生产该坦克的订单。这种坦克被定名为"A.15"，后来又被改称为"Mk6'十字军'巡洋坦克"。[30]A.15坦克很像"盟约者"，但更大，也更重（其全重为19吨，而"盟约者"为18吨重）。A.15坦克还配备了与"盟约者"相同的40毫米炮，而且仍有一个副机枪塔，因此其车组有五人。这也反映出旧习惯的消亡是个多么缓慢的过程。

从1934年到1939年，英国研制的这八种中型坦克和巡洋坦克在多个方面各有不同，但却无一例外地采用了一门40毫米炮（二磅炮）作为主要武器。由此可以看出，人们虽然在发动机、传动装置、悬挂装置和其他组件的研制中付出了种种努力，却没有花多大力气去开发更强大的武器。在此特别需要指出的是，虽然当时至少有另两个国家研制的中型坦克安装了两用的75毫米炮或76毫米炮，但英国却无人尝试为任何一种中型坦克或巡洋坦克配备与之相当的武器。

公平地说，有一部分中型坦克和巡洋坦克还是先后把40毫米炮换成了94毫米（3.7英寸）榴弹炮（原名为"十五磅迫击炮"）和76.2毫米（3英寸）榴弹炮。这些火炮虽然也配备了一些高爆炮弹，但没有配备穿甲弹。然而，正如前文论及"玛蒂尔达"步兵坦克时所提到的，这些武器用途有限，主要是用来发射烟幕弹的。因此，这些武器常被错误地与苏联和德国的坦克上安装的两用75毫米炮或76毫米炮相提并论，但前者实际上并不能与后者相比。[31]诚然，德国坦克的火炮是短身管的低初速武器，但它们仅靠其炮弹的重量就足以击碎较薄的装甲，因此也能击毁同时代的坦克。与此同时，它们也能使用高爆炮弹有效打击反坦克炮、机枪掩体和其他类似的目标。

参与研制英国中型坦克和巡洋坦克的人似乎并不担心缺少中口径两用火炮的问题，他们考虑更多的是如何让这些坦克进行大范围机动，而不是与敌方装甲部队交战，更不用说让其参与进攻作战的所有阶段了。因此，用当时某人的话来说，他们只打算给坦克配备"一门小炮和几挺机枪"。[32]正是在这种观点和另一些因素的影响下，他们才会反复尝试研制带有副机枪塔的坦克。至于坦克炮的口径，一篇得到英军总参谋部认可的1937年的"坦克旅"报告特别强调，坦克不需要比40毫米炮（二磅炮）更大的火炮。[33]

更糟糕的是，40毫米炮没有配备让它能在一定程度上有效打击无装甲的"软"目标的高爆弹。与其他国家使用的相同级别的37毫米炮形成鲜明对比的是，英国的40毫米炮配发的唯一弹种就是实心弹。这种炮弹虽然能有效地击穿敌方坦克的装甲，却无法对付其他目标。

为了保持坦克的战术机动性，同时也为了坦克模仿作为其榜样的军舰，皇家坦克军团采用了在行进中射击的做法，结果进一步降低了40毫米炮和更早的47毫米炮的效能。实际上，军舰对坦克射击学的影响处处可见。坦克部队不仅采用了海军的训练设备，还在至少一次的坦克训练演习中表演过经典的海战机动"抢T字横头"（即排成纵队，横穿敌方舰队的行进路线，以便用尽可能多的火炮瞄准敌舰），尽管后者与坦克战的关联令人怀疑。[34] 当时就有一些有识之士质疑了坦克在高低不平的地面上实施行进中准确射击的能力。[35] 尽管如此，比起停车射击，部队还是更钟爱行进中射击，然而这种做法要等到第二次世界大战以后，随着火炮稳定控制装置的研制成功才成为有效战法。

英国研发的坦克也有着完全不同的一面，那就是轻型坦克。它起源于第一次世界大战以后出现的一种主张，即使用非常轻便的装甲车辆去顶着敌方的抵抗以帮助步兵前进。法国人也是本着非常相似的想法研制了雷诺FT轻型坦克，但是在20世纪20年代初，英国就有人开始考虑使用更轻型的车辆。为了进一步研发这种车辆，马特尔少校于1925年在自己的车库里打造了一辆非常轻的单人半履带车。这种车后来还有放大的双人版。莫里斯汽车公司在1927年制造了八辆这种双人版的车辆，以供"试验性机械化支队"使用。[36]

马特尔的单人半履带车引起不少关注。受其鼓舞，当时在伦敦经营一家大型汽车修理厂的约翰·卡登和洛伊德（V. Loyd）也开展了一项私人投资项目，以便制造一种单人的轮履车。他们原来设计的车后来被放大，变为履带式双人车。同样地，"试验性机械化支队"订购了八辆这种履带式双人车。

在1927年的试验结束后，军方认为需要两种不同的轻型履带式装甲车辆。其中一种是供皇家坦克军团的坦克营使用的带炮塔的快速侦察车，另一种是供步兵使用的敞篷机枪输送车。到了1928年，卡登回应了这些要求，并设计了卡登-洛伊德Mk2轻型坦克和卡登-洛伊德Mk6装甲车。其中，前者是一种重2.5吨的双人车辆，它带一个装有机枪的炮塔；后者是一种外形低矮的、重约1.7吨的双人机枪输送车。

卡登 - 洛伊德 Mk6 装甲车最终发展为在第二次世界大战中被英国陆军大规模使用的布伦机枪输送车。20 世纪 30 年代，还有几个国家的军队也装备了卡登 - 洛伊德 Mk6 带顶盖或带加高的封闭式上层结构的改型，并将其作为特别轻的低成本轻型坦克来使用。但是，这些车的性能极其有限，只能算是合格的训练车辆。

另一方面，卡登 - 洛伊德 Mk7 成为一系列维克斯·卡登 - 洛伊德轻型坦克的先驱，而这一系列坦克是 20 世纪 30 年代中期以后数量最多的英国坦克，其商业化版本被维克斯·阿姆斯特朗公司卖给了多个国家。它们在机械设计方面很成功，有较高的可靠性，可达 56.3 千米 / 时的最高速度，并与 Mk6 装甲车一起为其设计者赢得了很高的声誉，使他成为前文提到的"约翰·卡登爵士"。但是，它们的作战能力却被其武器限制，因为在大多数情况下，它们只配备了一挺与步枪的口径相同的机枪。对于印度西北边境（有一些轻型坦克就被部署到了那里）的治安战来说，这种武器也许已经足够，但它在对付其他轻型装甲车辆时连效果都没有。

与法国当时的主流思想相反的是，设计师还意识到，原版维克斯·卡登 - 洛伊德轻型坦克的单人炮塔对其中的乘员要求过高，特别是在瞬息万变的机动作战中，乘员根本无法胜任那么多任务。因此，1934 年推出的卡登 - 洛伊德 Mk5 轻型坦克配备了一个双人炮塔，这使车长和炮长能各司其职，从而能更有效地操作坦克。卡登 - 洛伊德 Mk5 轻型坦克和与之非常相似的卡登 - 洛伊德 Mk6 装甲车不仅都配备了通常的 7.7 毫米（0.303 英寸）步枪口径的机枪，还都配备了一挺维克斯 12.7 毫米（0.5 英寸）重机枪。不过，它们的底盘都没有什么重大改进，基本上仍然与 Mk4 的底盘相同，因此加大的炮塔使卡登 - 洛伊德 Mk5 轻型坦克和卡登 - 洛伊德 Mk6 装甲车均显得头重脚轻，看起来只要轻推一把就会被推翻。马特尔当时就正确地指出，卡登 - 洛伊德 Mk6 装甲车因车身太短而没有足够长的履带接地，也不能在崎岖不平的地形中正常行驶，而且其底盘承受的负荷太大了。[37] 尽管如此，1936 年，英国陆军大臣还是在一份备忘录中宣称卡登 - 洛伊德 Mk6 装甲车"优于其他国家生产的任何一种轻型坦克"。[38] 而且，这些轻型坦克也一直在生产，到第二次世界大战爆发时，其总产量已经达到 1002 辆。[39]

事实上，卡登 - 洛伊德 Mk6 装甲车在很多方面都不如当时其他国家生产的轻型坦克。其中一种是 L.60，它是 1934 年瑞典的兰德斯维克公司（Landsverk Company）在德国工程师的协助下研制成功的。L.60 重 7.5 吨，配备一门 20 毫米炮，其样车还被销售到了奥地利、匈牙利和爱尔兰。后来，L.60 又进一步被发展为瑞典陆军的 Strv m/38 坦克——后者配备一门 37 毫米博福斯炮。到了 1935 年，捷克的 CKD（Ceskomoravska Kolben Danek）公司也开始为波斯（现在的伊朗）生产 50 辆配备 37 毫米炮的 TNH 轻型坦克。这种坦克就是 1939 年德国陆军接收的 TNHP 坦克的前身，而 TNHP 坦克被德军改名为"38(t) 坦克"[PzKpfw 38(t)]，并成功地被用于第二次世界大战初期。

不仅如此，维克斯·阿姆斯特朗公司早在 1928 年就提议过一款配备 47 毫米炮和同轴机枪的坦克，而这是该公司在收购卡登 - 洛伊德拖拉机公司及其生产的轻型装甲车辆之前自行设计的坦克。这种坦克是维克斯"六吨坦克"的"B 型"版本，它有 7.4 吨重，并且带有一个双人炮塔。而"A 型"版本坦克和某些早期的装甲汽车一样，有两个并列的单人机枪塔。"B 型"版本坦克的 47 毫米炮是短身管型的，但它在口径上与维克斯中型坦克、"十六吨坦克"和上溯至原版 A.9 坦克的所有其他英国中型坦克的主炮一样。因此，"B 型"版本坦克的火力远优于所有维克斯·卡登 - 洛伊德轻型坦克的火力。与此同时，"B 型"版本坦克的装甲也接近于同时代中型坦克的装甲，但在生产成本上显著低于后者。因此，对英国陆军来说，研制这种坦克也许是比研制所有多炮塔中型坦克和仅配备机枪的轻型坦克都更划算的投资，更何况在第二次世界大战前夕，英军缺乏火力强劲的坦克的状况经常被归咎于财政紧张。但实际上，英国陆军确实考虑过维克斯"六吨坦克"，但最终还是拒绝了它，这显然是因为它那动作迟缓的双转向架悬挂系统。[40]

然而，英国陆军对维克斯"六吨坦克"的拒绝却没有影响另外八国军队采购它。美国陆军也借用过一辆"六吨坦克"。而且在阿伯丁试验场对该坦克进行测试后，美国陆军几乎照抄其设计，在 1932 年造出了 T1E4 试验性轻型坦克，这使得美国轻型坦克的发展前进了一大步。[41] 这最终促成了 M3（"斯图亚特"）轻型坦克的诞生，而英国陆军在 1941 年兴高采烈地从美国接收了这种坦克。

有两个国家的军队在采购了维克斯"六吨坦克"后走得更远，还批量生产了其仿制版。其中一个是波兰陆军。波兰陆军在 1931 年购买了 38 辆"六吨坦克"，随后就研制出了经过改进的、配备一门 37 毫米博福斯炮的单炮塔版本，并在第二次世界大战爆发前生产了 120 辆这种坦克。[42] 另一个是苏联红军，其在 1930 年与维克斯·阿姆斯特朗公司签订了交付 15 辆"A 型"坦克的合同，并于一年后开始在苏联生产它的仿制版——T-26 坦克。到了 1934 年，苏联已生产出 1626 辆 T-26，但此后就转而生产它的单炮塔改型，并为其配备了一门显然有效得多的 45 毫米炮。截至 1939 年第二次世界大战爆发时，T-26 型坦克的总产量已有 8500 辆左右，这使苏联版的维克斯·阿姆斯特朗的"六吨坦克"成为当时世界上数量最多的坦克。[43]

第 6 章

欧洲和美洲的坦克发展

英国陆军在第一次世界大战之后开始发展更灵活有效地运用坦克的方法，而其他国家的军队连续多年都没有跟进。虽然他国军队对坦克的运用还没有超出支援步兵的范畴，但他们也在继续研发坦克，并越来越多地生产坦克。

法国坦克

这方面最好的例子就是法国陆军。截至 1926 年，法国陆军已经确定自己需要三种新式坦克。第一种是用于近距支援步兵的、重 13 吨的轻型坦克，它实际上将成为雷诺 FT 轻型坦克的"接班人"。第二种是配备一门 75 毫米炮的、重约 20 吨的"战斗坦克"，它将与较轻的坦克合作，以挫败比较强的反抗力量（包括敌人的坦克）。第三种将是重达 70 吨的重型坦克。[1]

雷诺公司预见到法国陆军的要求，于是研制了 NC 轻型坦克。这种坦克可以说是重量略微增加但加速度更快的雷诺 FT 轻型坦克。NC 轻型坦克被法军在 1923 年订购了两辆，但没有被采用，后来只有一些被卖给日本，还有一辆被卖到瑞典。但是在 1928 年，一辆经过改进的 NC 轻型坦克达到了法国陆军对于轻型坦克的要求。一年后，该坦克又被改进为 D1 轻型坦克的原型车。雷诺公司随后在 1931 年交付了 10 辆 D1 轻型坦克。后续的订单使更多的 D1 轻型坦克被生产出来。到 1935 年，D1 轻型坦克的总产量已达 160 辆。[2]

D1 轻型坦克是一种重 14 吨的坦克，它拥有最厚厚度为 30 毫米的装甲，还有一个安装了一门短身管 47 毫米炮和一挺同轴机枪的炮塔，并且配备了用于坦克间通信的无线电台。它在所有这些方面都比雷诺 FT 轻型坦克有了显著进步，但它的炮塔里仍只有一名乘员。这意味着这名乘员在指挥坦克的同时，还要负责炮塔里两具武器的装填、瞄准和射击，这就使 D1 轻型坦克在战场上的表现必然会受到负面影响。其实，D1 轻型坦克的车组比雷诺 FT 轻型坦克的车组多了一名乘员，但此人坐在车体里，并且只负责操作电台。

虽然 D1 轻型坦克的装甲比同时代大多数中型坦克的装甲要厚，但是在 1930 年，步兵部要求以 D1 轻型坦克为基础研制一种装甲更厚的坦克。1932 年，雷诺公司造出一辆装甲厚达 40 毫米的坦克原型车。两年后，军方下了生产 50 辆该型坦克的订单，并将其定名为"D2"，但此后就再没追加订单。一方面是因为这种坦克存在机械问题，另一方面是因为军方决定把产能改用于生产更强大的、配备 75 毫米炮的坦克。大约在同一时间，D2 和 D1 被重新归类为中型坦克，而步兵部要求把轻型坦克的重量减至 1926 年规定的重量指标以下，即暗示全车重量应该在 6 吨到 8 吨之间。[3]

步兵部的新要求在 1933 年颁发。在由此引发的一场竞争中，雷诺公司获胜，并于一年后造出了一辆原型车。这辆车被交给军方，以进行通常的研发测试。但是由于德国开始重整军备，尤其是莱茵河左岸的再军事化使政治局势日益恶化，法国军方不等测试完成，就在 1935 年决定采用该型坦克，并于同年下发了生产 300 辆坦克的订单。这些坦克被定名为"轻型坦克 1935 R"（Char léger modèle 1935 R），通常被简称为"R35"。此后，军方又连续追加订单。截至 1940 年 5 月，R35 的总产量约为 1200 辆。

R35 全重为 10 吨，但它拥有厚达 40 毫米的装甲，这超过了同时代大多数坦克的装甲厚度。R35 摒弃了将装甲板铆接到框架上的低效做法，而且它还是几种最早以铸造件制作大部分车体和炮塔的坦克之一。R35 不是非常快，能达到 20.1 千米 / 时的最高公路速度，但作为一种被设计用于近距支援步兵的坦克，这样的速度可以说是足够了。不过，要为 R35 的单人炮塔辩护就困难得多，人们对 NC 轻型坦克的炮塔的批评完全可以套用到它身上。而且 R35 的主要武器仍然是 17 年前雷诺 FT 轻型坦克使用的那门短身管 37 毫米炮。法国人直到 1938 年才认识到需要使用身管更长的 37 毫米炮才能有效对付敌军的装甲车辆，但此时已经来不及给

R35 换炮，不过他们还是把这种炮装到了 R35 的终极改型——R40 上。

在开始为轻型坦克安装长身管的 37 毫米炮之前，法军步兵一直认为与敌方坦克战斗的任务应该主要由"战斗坦克"来承担，而这种坦克的代表就是 Char B。研制该坦克的工作早在 1921 年就已在艾蒂安将军的指导下开始了。结果，Char B 成为第一种在研制过程中就由产业界造了五辆不同的原型车的坦克。不过这些原型车有一个共同的特点，那就是它们和先前的法国坦克一样，都有一门安装于车休的 75 毫米炮。此外，每辆原型车均有一个仅配备一挺机枪的炮塔。[4]

根据从这五辆原型车中获得的经验，设计者提出了一种同样以一门安装于车体的短身管 75 毫米炮为主要武器的新设计。1926 年，军方订购了三辆基于此设计的原型车。其中的第一辆在三年后完成。对这些原型车进行的试验很成功，但是在 1930 年，陆军部长要求研制性能更好的战斗坦克。这就使原设计发生了一系列变更，其中包括将装甲的最厚厚度从 25 毫米增至 40 毫米，以及将机枪塔换成安装一门 47 毫米炮的炮塔——实际上和 D2 坦克采用的炮塔相同。改进后的战斗坦克在 1934 年终于被采用，其型号被定为"B1"。军方发出了生产订单，但最初仅采购了 7 辆，此后又追加了一些小批量生产的订单。到 1937 年，B1 坦克的产量增加至 35 辆，而这些坦克刚够装备一个坦克营。

与此同时，进一步加强装甲防护的需求出现了，研制新战斗坦克的工作因此开始，但军方最终决定继续生产改进版的 B1 坦克。这些坦克将其装甲增至 60 毫米厚，并换装上了新的炮塔，还配备了火力更强的 47 毫米炮和功率更大的 300 马力的发动机。这些改进后的坦克被定名为"B1 bis"。军方在 1936 年订购的第一批"B1 bis"为 35 辆，但截至 1939 年第二次世界大战爆发，一共只有 137 辆"B1 bis"被生产出来。[5] 不过，"B1 bis"最终的总产量有 340 辆左右。

从某些方面来讲，Char B1 bis 是一种了不起的坦克。它在装甲防护方面尤其出色，这也反映在它重达 32 吨的车重上，这使它几乎比 20 世纪 30 年代后期的其他所有现役坦克都重。同时，它拥有非常强大的火力，但这些车载武器的效能却被其安装方式给削弱了。尤其是，那门安装在车体上的 75 毫米炮虽然可以抬高炮口，却无法独立于车体横向转动，所以要让它瞄准目标就必须转动整辆坦克。因此，驾驶员不得不兼任炮手，而且他还需要操纵固定在车体前部的一挺机枪。包括 47 毫米炮和同轴机枪在内的其他武器安装于炮塔内，而坐在炮塔里的坦克车长也和其他法国坦克的单人炮塔中的乘员一样，因为需要执行的任务太多而经常顾此失彼。除了驾驶员/炮手和车长/炮手，B1坦克和"B1 bis"坦克都还有一名75毫米炮的装填手和一名无线电操作员，但他们都坐在车体内部，只履行各自的职能。

　　法国人研制的一种带液压转向传动装置的双差动转向系统，能够对转向动作实施非常精细的控制，这大大方便了驾驶员通过转动B1坦克和"B1 bis"坦克来使其75毫米炮瞄准目标。B1坦克的转向系统实际上远领先于其他坦克的转向系统，但这并不能抵消需同时驾驶坦克和操纵75毫米炮而给驾驶员带来的困难。这样的操作在坦克低速行驶时和在一些简单的战术背景下也许是可行的，而且也符合B型坦克的设计初衷，因为在设计者的构想中，这些坦克就是被用来和步兵密切合作以突破敌军防御的。但是在机动性更强的、战况可能快速变化的战斗中，以及在面对敌方坦克之类的移动目标时，这样的操作就显得不合时宜了。

　　当然，机动作战并不是法军步兵和在1920年被分配给他们的坦克所要负责的领域。因此，对机动能力更强的坦克的研制与应用都只能由骑兵负责，尽管他们的影响本来只限于装甲汽车。

　　正如第1章所说，法军骑兵在第一次世界大战爆发后不久就与装甲汽车扯上了关系。当战争结束时，法国骑兵拥有205辆基于美国怀特卡车底盘制造的新式装甲汽车，以及共计67辆较老的雷诺和标致的装甲汽车。[6] 怀特汽车直到20世纪30年代仍是法军骑兵的主力装甲汽车，但早在1921年，用于骑兵的新装甲车辆就已开始研制。这方面的成果就有一辆四轮的"潘哈德TOE 165"或"潘哈德TOE 175"装甲汽车。这种车在1929年至1932年期间生产了50多辆，而其中的一半被送到当时的法国保护国——摩洛哥。[7]

　　另一种用于满足骑兵需求的车是1923年雪铁龙公司与施耐德公司合作设计的半履带装甲车。该车采用了法国工程师克雷塞（A. Kegresse）在俄国研制的橡胶连体履带，而此人曾经负责过沙皇的车队。截至1925年，已有16辆"雪铁龙-克雷塞-施耐德"装甲车被生产出来。这些装甲车也被送到了摩洛哥，但实践证明，克雷塞履带的性能令人失望。不过在两年前，由五辆安装克雷塞履带的雪铁龙汽车组成的车队完成了汽车首次穿越撒哈拉沙漠的壮举，这使得克雷塞履带声誉鹊起，因为它在噪声方面小于传统的金属链节履带，而且号称拥有比较长的公路寿命（大约3219千米）。[8] 所以，雪铁龙公司有充分的理由继续使用克雷塞履带，并再设计一种安装该履带的半履带装甲车。该公司在 1925 年接到了生产 100 辆这种半履带装甲车的订单，而施耐德公司成为生产该车的主承包商。最终，这批车与大约 90 辆怀特 - 拉夫利现代化版本的战时装甲车一起，成为法军骑兵在 20 世纪 30 年代初的主力装甲车。

1930 年，军方又订购了 12 辆 "P.16 施耐德" 半履带车，并于一年后追加了 50 辆轻量版 "雪铁龙 - 克雷塞" 装甲车的订单。这是最后一批安装克雷塞橡胶连体履带的车辆，因为卡登 - 洛伊德短节距金属履带已在英国出现了。一辆安装这种金属履带的卡登 - 洛伊德输送车于 1930 年在法国接受了测试。测试结果表明，该车不仅在公路上速度很快，而且在越野行驶时也优于安装连体履带的 "雪铁龙 - 克雷塞" 输送车。因此，雷诺公司依据卡登 - 洛伊德 Mk6 装甲输送车，设计了一种小型双人物资输送车（在 1931 年得到采用），以满足法军步兵对此类车辆的需求。这种雷诺 "Chenillette"[①] 是一种奇特的法国车，它的产量很大，在 1936 年已有 700 辆，其最终产量更是达到 6000 辆，以至于妨碍了性能更好的装甲车的生产。[9]

为步兵设计 "Chenillette" 之后，雷诺公司又以它为起点，为骑兵研制了一种新的装甲车。这种重 5.5 吨的车辆不仅装有卡登 - 洛伊德短节距金属履带，还采用了早期维克斯·卡登 - 洛伊德双人轻型坦克的整体布局——有一个安装一挺机枪的单人炮塔，以及一个位于驾驶员侧面的发动机舱。

当这种装甲车的研发在 1931 年开始时，法军骑兵已经决定将其装甲车辆分为三类：第一类是采用轮式底盘的、用于长途侦察的机枪探索车（AMD）；第二类是用于战术侦察的机枪侦察车（AMR）；第三类是机枪战斗车（AMC）——应具备与敌方装甲车辆作战的能力。这种分类带来的结果之一是，法军骑兵装备了他们的第一种全履带式装甲车辆——这种车辆名为 "AMR 雷诺 1933 型"，或简称为 "AMR33"。AMR33 被订购了 123 辆，并从 1934 年开始交付。

尽管被称为 "机枪侦察车"，AMR33 实际上是一种轻型坦克，只不过没有坦克之名，因为坦克应该是步兵的专有装备。其后继型号是更大更重的 AMR35。而且在生产出的 200 辆 AMR35 中，大都配备了一挺步枪口径的机枪，但有一部分配备

---

① 译者注："Chenillette" 意为小型履带式车辆。

了 13.2 毫米重机枪。AMR35 的终极版更是配备了一门高初速 25 毫米炮来取代步枪口径的机枪。

当 AMR35 的研发工作在 1933 年开始时，法军骑兵已经从仅在每个骑兵师中纳入一个装甲汽车团发展为组建一支完全摩托化的部队。一年后，该部队成为法军骑兵的第一个轻装机械化师（DLM），而该师的编制已经有了装甲师的雏形。不过，法军希望该师承担的任务仍然很有限，而且与地位已经下降的骑兵师的任务相差无几。但即便如此，DLM 仍然需要比 AMR33 和 AMR35 更强的战车，这使法军骑兵在 1934 年提出了新的要求。法国骑兵仍将新战车称为"机枪战斗车"，但要求它应装备厚达 40 毫米的装甲，还应配备一门高初速 47 毫米炮。

为了设计这种坦克，施耐德公司专门成立了一家子公司——机械设备与火炮加工公司（Societé d'Outillage Mécanique et d'Usinage d'Artillerie），简称"索玛（Somua）公司"。索玛公司设计出的一辆重 19.5 吨的坦克被定名为"S35"，它也成为同时代几款最优秀的坦克之一。除装甲和武器外，这种坦克还有多种新颖的特点，包括仅由三个铸造件组成的车体，以及带有领先于时代的机械转向传动装置的双差动转向系统。S35 的公路行驶速度也足够快，达到了 40.2 千米 / 时。但是 S35 也有着与截至此时生产的其他所有法国坦克一样的重大缺点，那就是它的单人炮塔。因此，S35 的炮塔乘员还是必须兼任炮手、装填手和坦克车长。S35 确实有第三名坐在驾驶员旁边的乘员，但他只负责操作电台。

首批 50 辆 S35 是在 1936 年下单的。之后追加的订单使 S35 的产量在第二次世界大战爆发时达到 261 辆，其最终的总产量约为 416 辆。[10] 除了 S35，法军骑兵还要求为 DLM 提供另一种轻型坦克。为了满足这个要求，法国骑兵采用了哈奇开斯公司生产的 H35 坦克。H35 原本是为步兵设计的，但法国步兵最终选择了 R35。H35 能够达到 37 千米 / 时的最高速度，因此明显快于 R35。但在其他方面，H35 却与 R35 非常相似，二者甚至采用了同样的炮塔，配备了同样的旧式短管 37 毫米炮和机枪。不过，H35 的改进版——H39 换装了身管更长的 37 毫米炮。和 R35 一样，H35 的首批订单也是在 1935 年发出的。总共有 400 辆 H35 被生产出来。此后，H35被 H39——截至 1940 年 5 月，共生产了 680 辆——取代。[11]

法军骑兵还采购了另一种坦克。这种坦克是雷诺公司为满足与 S35 相同的要求而设计的，它就是"AMC35"。AMC35 在武器和机动能力上与 S35 相同，但其装甲的最厚厚度仅为25毫米。不过，AMC35有一个优于S35的地方，那就是它的双人炮塔使其车长不必兼任炮手，从而能更有效地指挥坦克。雷诺公司的装甲车辆制造厂在1936年被国有化，由此引起的问题延误了AMC35的生产。因此，首辆AMC35直到1938年年底才完工，而且在最终制造的100辆这种坦克中有25辆被交付给了比利时陆军。

除AMC35外，炮塔乘员多于一人的法国坦克只有在第一次世界大战期间设想的重达68吨的2C坦克。这种坦克在1921年生产了10辆。到1940年时，仍有6辆2C坦克在服役，但改进它们的工作早在1932年就已停止。它们没有参加战斗，并且最终都被其乘员炸毁，以免落入德军之手。

美国坦克

和法国陆军一样，美国陆军在第一次世界大战结束后，将战争期间设计的重型坦克又保留了好几年。这些坦克就是最后一种菱形坦克——Mk8。这种坦克在1921年共制成100辆，并且服役到1932年才退役。[12]美国陆军还和法军一样，继续使用仿制的雷诺FT轻型坦克，而其中的952辆是在1918年至1919年期间制造的。

根据美国陆军部让坦克给步兵"打下手"的政策，美军的坦克被分散到十个坦克连（每个连被分别分配给不同的步兵师）和三个坦克营中。[13]但是在1928年，美国陆军部长戴维斯（D. F. Davis）在观摩了英国"试验性机械化支队"的演习后，就指示美国陆军也发展一支机械化部队。于是，这支部队的各部分在米德堡（Fort Meade）正式集结，而其中的核心部分是一个雷诺FT型M1917轻型坦克营和一个Mk8重型坦克营。然而，当时美军因拥有的坦克速度太慢而无法模仿英军的试验，所以几个星期之后，在米德堡组建的这支部队就被解散了。[14]

米德堡试验唯一的积极成果是，促成了两年后另一支小规模机械化部队在尤斯蒂斯堡（Fort Eustis）的组建。除10辆装甲汽车外，这支部队的装甲车辆还包括一个连的轻型坦克，其中有11辆仍是M1917轻型坦克，而另外4辆是新式的T1E1轻型坦克。[15]这些新式坦克在速度上三倍于其他坦克，这反映出美军正在研制更好的坦克，尽管它们被投入服役尚待时日。

美国陆军实际上在1919年就上马了新式坦克的研发项目。其最初的目的是研制一种与英国 D 号中型坦克类似的中型坦克。该项目的最初成果是在 1921 年完工的、重 18.6 吨的 M1921 中型坦克。M1921 中型坦克没有 D 号中型坦克那么快，只达到 16.1 千米 / 时的最高速度，但拥有更合理的总体布局——包括设置于车体前部的独立驾驶员工作站，以及一个装有一门短身管 57 毫米炮和一挺同轴机枪的三人旋转炮塔。M1921 中型坦克还有第二挺机枪——安装在主炮塔顶上的小炮塔中。这个设计虽然有些问题，但也算是一个有特色的原创设计。

在设计第二种中型坦克之前，美国人得到英国的 D 号中型坦克采用了一种钢索连接的单簧悬挂系统的情报，便决定将这种悬挂系统与约翰逊的带回转式木蹄片的奇特履带结合起来，以设计出 M1922 中型坦克。在 1923 年开始的测试中，这种悬挂系统和履带都不出意料地表现不佳。于是，美国人放弃了 M1922 中型坦克，转而研发第三种原型车，并将其定名为"T1 中型坦克"。这种坦克在 1927 年完成，它因重拾了更坚固耐用的多转向架悬挂系统而在外观上很像 M1921 坦克，但它采用了更可靠的发动机和更先进的骨架型履带。在试验过程中，T1 中型坦克于 1928 年将其 57 毫米炮换成了短身管的 75 毫米炮。如果这样的 T1 中型坦克能服役，那么当时美军在坦克火力方面将遥遥领先于别国军队。[16] 但 T1 中型坦克最终被与其大不相同的、采用前置发动机的 T2 中型坦克取代，而后者是一种外观丑陋且类似于英国维克斯中型坦克的坦克。与维克斯中型坦克一样，T2 中型坦克有一门安于炮塔的 47 毫米炮，但设计者显然认为这样的火力还不够，因为它还有一门安装于车体前部的、与驾驶员并列的 37 毫米炮。根据步兵的要求，设计者将 T2 中型坦克的重量控制在 14.2 吨重，并将 Mk8 重型坦克的 338 马力的发动机作为 T2 中型坦克的发动机。因此，T2 中型坦克拥有高达 24 马力 / 吨的功重比，能达到 40.2 千米 / 时的最高速度。但除此之外，它就乏善可陈了，其研发工作也在 1932 年前后被放弃。

另一方面，原本同意研制中型坦克的步兵却对轻型坦克产生了更大的兴趣。这促成了 1927 年 T1 轻型坦克原型车的诞生。在得到步兵首长的认可后，又有四辆与该原型车相似的 T1E1 坦克被造出。T1 轻型坦克是一种发动机前置且车重 7 吨的双人坦克，它看起来就像一辆加装了炮塔的农用拖拉机，其主要武器是一门短身管的 37 毫米炮——与 M1917 轻型坦克上使用的火炮相同。但是 T1 轻型坦克的最高速度为 28.2 千米 / 时，这明显快于前文提到的 M1917 轻型坦克的车速。

此后的研发几乎没有什么进展。直到 1932 年，研发才有了进展。这一年，美国人在阿伯丁试验场测试过维克斯"六吨坦克"之后，就以这种坦克为蓝本，将一辆 T1E1 坦克改造为 T1E4。这些改造包括将发动机重新布置到车体后部，以及改用了维克斯式转向架悬挂系统和短节距履带。T1E4 成为美国轻型坦克后续研发的基础，但这类坦克的研发被拆开并分给了步兵和骑兵，而且还受到了独立装甲车辆开发者——克里斯蒂所造车辆的挑战。

在此之前，骑兵仅仅参与过装甲汽车的研发。但是由于美国陆军总参谋长麦克阿瑟将军（General D. MacArthur）在 1931 年决定解散尤斯蒂斯堡的机械化部队，并把发展机械化装备的任务分配给骑兵，骑兵也插手了坦克的研发。其实按照法律规定，坦克仍然是步兵的专有装备，而骑兵可以使用"战车"，但不能使用坦克，尽管这些战车可能与步兵使用的坦克是同一种车辆。

克里斯蒂早在 1918 年就开始从事履带式车辆的研制，当时他的公司为一种 203.2 毫米（8 英寸）的榴弹炮打造了一辆"机动炮车"。[17] 该车也是他研制的第一种"轮履两用"车。它既能用履带行驶，也能在拆除履带后用其负重轮行驶，因而有着美好的应用前景：它在公路上可以靠负重轮行军，直到即将投入战斗时，它才装上履带越野行驶。原则上，这样的设计解决了当时困扰履带式车辆的一大问题，即可以减少履带的磨损。

克里斯蒂的第一种轮履两用车辆的性能令人鼓舞。这使克里斯蒂接到了设计一种轮履两用坦克的订单。他将这种坦克定名为"M1919"，但直到这个名称所暗示的年份的两年后，他才将该坦克完成。经过测试，这种坦克被证明并不成功。因此，克里斯蒂自己出资，将它改进成 M1921 型坦克。其改进工作包括给两个前轮加装弹簧，去除炮塔，以及将炮塔中的 57 毫米炮和同轴机枪转移到车体前部——这种武器安装方式后来成了克里斯蒂的偏好。但试验证明 M1921 型坦克并不比其原版成功，因此它在 1924 年被放弃。

克里斯蒂毫不气馁，他锲而不舍地继续研发，终于在 1928 年又造出一种轮履两用车。该车凭借其出色的性能吸引了全世界的关注。这是一种无炮塔的、重 7.8 吨的车辆，因此它比克里斯蒂先前设计的各型车辆都要轻。但它采用了比先前的发动机强大得多的 338 马力的"自由"发动机，这为它提供了异乎寻常的高功重比，即 43.3 马力 / 吨。因此，这种车以车轮行驶时可达 112.7 千米 / 时的速度，以履带行驶时可达 68.4 千米 / 时的速度，这两个速度都大大超越了截至此时全世界制造的任何一种坦克的速度。这种车还采用了一种新颖的独立悬挂系统——车体两侧各有四个大型负重轮，并且每个负重轮都分别安装了螺旋弹簧。因此，当这种车在非常崎岖的地面上行驶时，车轮可从正常位置向上抬 280 毫米，从而保证该车能以更高的速度通过。

经过漫长的谈判，克里斯蒂的 M1928 型车辆被美国陆军的军械局接受，而克里斯蒂也接到了制造七辆类似车辆的订单，其中的最后一辆由他的公司在 1932 年交付。在这七辆车中，三辆配备了短身管的 37 毫米炮，并以"T3 中型坦克"之名被分配给了步兵；其余四辆仅以 12.7 毫米（0.5 英寸）机枪为主武器，并以"T1 战车"之名被分配给了骑兵。这七辆坦克都把武器安装在单人炮塔中，而且都重 9.5 吨，因此步兵将它们归类为中型坦克。

从克里斯蒂的 M1928 型车辆衍生出的这七辆车表明坦克的机动性取得了重大进步，但这些车在其他方面仍有缺陷，例如其单人炮塔。为了克服部分缺陷，步兵要求对 T3 中型坦克进行改进——换装双人炮塔，并在车体前部设置一挺由第四名乘员操作的机枪。由此诞生的 T3E2 坦克在 1932 年被订购了五辆，但其生产商不是克里斯蒂的公司，因为军方又与克里斯蒂发生了纠纷。三年后，后续研发工作在罗克艾兰兵工厂（Rock Island Arsenal）展开了，新的 T4 中型坦克由此诞生。这种坦克保留了克里斯蒂的独立悬挂系统和轮履两用功能，但它和 T3E2 一样采用的是节距更短的履带，而这种履带比克里斯蒂的原版平板履带产生的震动和噪声都要轻。T4 中型坦克为 12 吨重，并由一台 268 马力的"大陆"发动机提供动力，因此它拥有 22 马力 / 吨的出色功重比和 38.5 千米 / 时的最高速度。和 T3E2 坦克一样，T4 中型坦克配备一个四人车组，并拥有最厚厚度为 16 毫米的装甲。

在所有这些方面，T4 中型坦克与同时代的其他轻 / 中型坦克相比都处于很高的水平。它本可以成为后续研发的良好基础，而且美国陆军如果能够放弃它的车轮行驶能力，着眼于克里斯蒂设计的"精华"（独立悬挂系统）的话，还能取得更加丰硕的成果。其实，这就是英国陆军在当时将要做的事，也是苏联红军在几年以后做的事。但是，由 T4 中型坦克发展出的唯一型号，就只是将 T4 的双人炮塔换成一种粗陋的、四面都装有机枪的盒状上层结构（或者叫"炮台"）而已。因此，这种改型共有六挺机枪，而其中的一挺是 12.7 毫米（0.5 英寸）的机枪。在基础的炮塔版 T4 中型坦克上，美国人没有安装过任何更强大的武器，这使得这种坦克的巨大潜力宗全没有得到发挥。尽管如此，T4 中型坦克还是制造了 16 辆，而带有原始"炮台"的 T4E1 也造了 3 辆。[18]

T4 中型坦克是最后一种基于克里斯蒂的设计为美军步兵制造的中型坦克。不过，美国人也为骑兵制造了一些以克里斯蒂的设计为基础的车辆。这些车辆，除了有 T1 战车，还有 T2 战车。T2 战车是美军骑兵在克里斯蒂 1928 年的演示之后要求制造的，但克里斯蒂却不同意打造它们。因此，该车的原型车于 1931 年在罗克艾兰兵工厂制造，但试验证明其性能不能令人满意。T4 战车与步兵的 T4 中型坦克非常相似，而且与后者一样，前者中的一些最终也把炮塔换成了"炮台"。

美国坦克的发展之路在 1933 年发生了新的转折。当时，美国陆军部长要求未来的战车及轻型坦克均不应超过 6.8 吨重，而且至少要达到 48.3 千米的时速。罗克艾兰兵工厂照此打造的 T2 轻型坦克和 T5 战车，于 1934 年在阿伯丁试验场进行了演示。这两种车辆非常相似，不仅都采用了四人车组，也采用了相同的武器——安装在炮塔中的 12.7 毫米（0.5 英寸）口径机枪和步枪口径机枪，以及另一挺安装于车体上的、与驾驶员并列的机枪。这两种车辆还有着相同的动力传动系统。二者的主要区别是，T2 轻型坦克不仅有一个双人炮塔，而且和 T1E2 坦克一样，采用了与维克斯"六吨坦克"相似的悬挂系统和短节距履带；而 T5 战车和不太成功的维克斯"六吨坦克"的改型一样，有两个并列的单人炮塔。T5 战车还采用了新型的悬挂系统（车体两侧各有四个负重轮，而这些负重轮两两成对地通过蜗卷弹簧减震）和一种新型履带（带有橡胶块、双销履带节和橡胶衬套履带销）。试验证明，T5 战车在悬挂系统和履带方面都优于其他车辆。因此从那时起直到第二次世界大战结束，T5 战车成为美国制造的大部分坦克的范例。

在 T5 战车完成演示之后，将其两个炮塔替换为原始的"炮台"（盒状上层结构）的版本又出现了。但设计者的理智最终占了上风，T5 战车的终极版采用了一个双人炮塔。这种车辆在被骑兵采用后于 1935 年投产，并被定名为"M1 战车"。截至 1937 年，共 89 辆 M1 战车被生产出来，它们成为美军第一支永久性机械化部队——第 7 骑兵旅，于 1938 年在肯塔基州的诺克斯堡（Fort Knox）成立——的基本装备。

在此之前，美军骑兵还做了最后一次研制克里斯蒂式轮履两用轻型坦克的尝试，这是因为其较强的越野能力和出色的公路速度对骑兵很有吸引力。于是，一辆 M1 战车在 1938 年被改造为 T7 战车——其车体两侧各有三个带充气轮胎的负重轮。试验证明，T7 战车快于 M1 战车。但后者可达 72.4 千米 / 时左右的最高公路速度，其战役机动性足以达到骑兵的要求，而且其生产和使用成本都更低。因此，T7 战车的研发在一年后被放弃。[19]

由于 T5 战车的悬挂和履带具有出色的性能，美国人又将它们改装到 T2 轻型坦克上，这就使这两种车辆更为相似。由 T2 轻型坦克改进来的 T2E1 得到采用，并以"M2A1 轻型坦克"为名投产。但这种坦克在 1936 年只造了九辆，因为当时步兵出人意料地决定为其坦克换装两个并列炮塔，尽管在 T4 战车上做过这种尝试的骑兵已经放弃了这种炮塔布局。不仅如此，当时双炮塔布局在其他地方也因被认为不如单炮塔布局而遭到抛弃：苏联红军已经停产其双炮塔版的 T26 轻型坦克；波兰陆军也在 1937 年停止研制双炮塔版的维克斯"六吨坦克"，并专心开发单炮塔型号。

除有两个炮塔外，因美军步兵的这一决定而诞生的 M2A2 轻型坦克与 M2A1 轻型坦克非常相似。二者大致都为 8.7 吨重，而它们的最厚装甲厚度都是 16 毫米。在1935 年至 1937 年期间，M2A2 轻型坦克共生产了 237 辆，并成为第二次世界大战爆发前数量最多的美国坦克。1938 年，M2A2 轻型坦克的后继型号——M2A3 轻型坦克出现了。M2A3 轻型坦克与其前身相差无几，但将装甲增至 22 毫米厚，这使它的车重增加到了 9.5 吨重，但它的最高公路速度仍能达到 57.9 千米 / 时。但是这种坦克的产量仅为 73 辆。

从 T5 战车到 M2A3 轻型坦克，美国人就是在一种稳定的设计基础上持续小幅改进，并造出了这些可靠、耐用且机动能力出色的车辆。但是他们在一个方面没有取得任何进步，那就是这些坦克的武器——其中最强的武器仍然只是 12.7 毫米（0.5英寸）机枪。而在世界上的其他地方，同类坦克已经配备了高初速的 37 毫米炮。直到 1939 年年初，美国人才把一辆 M2A3 轻型坦克改进为 M2A4 轻型坦克，并为它配备了那样的火炮。但 M2A4 轻型坦克直到 1940 年 5 月才开始量产，因此在第二次世界大战爆发时，这种坦克没有一辆可用。

轻型坦克火力不足的缺陷也并未被火力更强的中型坦克弥补，因为后者的研发工作直到 1937 年才恢复。一年后，美国人造出了 T5 中型坦克的原型车，进而将其发展为 M2 中型坦克——有 18 辆在 1939 年夏天开始制造。在机械设计方面，M2中型坦克实际上就是成功的 M2 轻型坦克的放大版。M2 中型坦克加长了车体，并将每侧的负重轮由四个增至六个。然而，它的上层结构却是由一个"炮台"（这种结构对美国的坦克设计者仍然有着奇怪的吸引力）与一个安装于"炮台"上方的双人炮塔组成的奇特结构。该炮塔装有一门高初速37毫米炮和一挺同轴机枪,而"炮台"四角的小型凸出炮座各安装一挺机枪,再加上固定在车体前部的两挺机枪,这就使该坦克的机枪总数达到了创纪录的七挺。在全副武装并带有五人车组乘员的情况下,M2中型坦克的全重为17吨,这与同时代其他中型坦克的全重持平。但M2中型坦克的研制工作尚未完成就赶上了二战爆发,最终这种坦克的唯一贡献只是为其他坦克提供了一种底盘而已。

意大利坦克

和美国一样,在第二次世界大战前夕,意大利也在研制一种中型坦克。但是该坦克的背景不像美国M2中型坦克的背景那么复杂,而且它在后续发展上也不像美国坦克那么意义重大。不过,该坦克的前身是第一种在意大利量产的坦克——仿制版雷诺FT轻型坦克,正如M2中型坦克的前身是在美国生产的M1917轻型坦克。

前文第4章已经提到,意大利仿制的"雷诺"被称为"菲亚特3000",这种坦克有100辆在1921年完成制造。意大利坦克此后一直没有什么发展,直到1929年或1930年,有48辆坦克被改造为Model 30型。这种坦克用了一门中初速的37毫米炮,而不是Model 21型坦克的双联机枪。意大利坦克在其所承担的角色方面也没有什么变化,始终和同时代的法国及美国的坦克一样,仅限于为步兵提供近距支援。

为有效运用坦克而做的第一次试探是在皮埃蒙特（Piedmont）的演习期间进行的。当时,意军尝试将"菲亚特3000"用于山地,虽然这些坦克最高能达22.5千米/时的公路速度（几乎两倍于雷诺FT轻型坦克的最高公路速度）,但试验结果还是毫不意外地表明,它们的机动性不能满足山地战的要求。意军随后将注意力转向了英军的维克斯·卡登-洛伊德Mk6超轻型坦克,并认为它们因其具有足够的机动能力而能适应意大利北部地区的作战,而这正是意大利陆军特别关注的问题。因此在英国军方的同意下,一辆维克斯·卡登-洛伊德Mk6超轻型坦克在意大利进行了演示。随后,意大利陆军在1929年向维克斯·阿姆斯特朗公司订购了4辆维克斯·卡登-洛伊德Mk6超轻型坦克,后来又追加采购了21辆。[20]

这25辆维克斯·卡登-洛伊德Mk6型车辆在被意大利陆军采用后,被定为"Carro

Veloce 29"①，或被简称为"CV29"。以它们为基础，安萨尔多公司和菲亚特公司又研制了一种改进型。这种改进型坦克在 1933 年被意军采用，并被定名为"CV33"。意军随后订购了大约 250 辆 CV33，又在 1935 年追加了约 500 辆的订单。因此，CV33 成为 20 世纪 30 年代中叶意军的主力坦克，实际上也是唯一的意大利坦克，因为除了它，意军当时装备的坦克只有已经过时了的"菲亚特 3000"。

CV33 是一种无炮塔的车辆，它仅有 1.28 米高、3.4 吨重。CV33 由一个双人车组操作，配备一挺机枪或后来的双联机枪，但其方向射界有限。从机械设计的角度讲，CV33 是维克斯·卡登 - 洛伊德 Mk6 的各种衍生车辆中最成功的一种，但在作为战斗车辆时，它的性能极其有限。而且将 CV33 用作山地战的车辆，这也是个非常值得怀疑的选择，因为在车载武器方向射界有限的情况下，CV33 要有效发挥火力就需要进行各种机动，而在山地环境中通常没有什么机动的机会。这种选择的恶果在 1935 年的埃塞俄比亚战争中显现出来。当时，一个装备六辆 CV33 的战车排在登伯吉纳山口（Dembeguina Pass）遭到伏击，并且因其无法机动而被埃塞俄比亚军队全歼。[21]

一些 CV33 被分配给骑兵，并作为快速战车被用于支援骑兵。但 CV33 并不是特别快，其最高速度不过 41.8 千米 / 时。还有一些被配发给坦克团的、用于支援步兵的 CV33 被称作"突击坦克"，然而由于它们的装甲只有 13.5 毫米厚，这些 CV33 只有在特别适合发挥其车身低矮和速度快的优势的情况下才能起到作用。而且无论被分配到哪一种部队，CV33 都没有与其他坦克交战的能力。奇怪的是，意大利陆军当时似乎并没有考虑过这一点。[22]

在 1935 年至 1936 年的埃塞俄比亚战争中，CV33 无法与其他坦克作战的缺点并不是问题，意军最终在这场战争中部署了 498 辆 CV33。[23] 但是在 1936 年至 1939 年的西班牙内战中，对这种缺点的忽视导致支援国民军的意大利军团虽有两个营的 CV33，却没有任何坦克能够与共产党军队配备 45 毫米高初速火炮的苏制坦克对抗。

尽管如此，意大利陆军还是订购了一种新版的 CV33——在 1936 年投产时的型号为 CV35。最终，这两种坦克分别被定名为"L3/33"和"L3/35"，而为意大利陆

① 译者注："Carro Veloce"，意大利文，意思是快速战车。

军生产的这两种坦克共有 1395 辆。[24] 还有约 400 辆被生产出来用于出口，买家包括 11 个不同的国家，其中不仅有匈牙利，还有遥远的巴西和中国。

意大利人在 1935 年迈出了研制更有效的坦克的第一步。当时，安萨尔多公司打造了一款 8 吨重的无炮塔坦克，并为其配备了一门安装于车体的短管 37 毫米炮，企图取代当时已尽显老态却仍然毫无道理地被称作"突破"的"菲亚特 3000"。[25] 安萨尔多公司的这种坦克因设计异常拙劣而理所当然地没有被采用，但是它的行走机构被用在了下一款坦克的原型车上。该原型车在 1935 年开始接受测试，并且经过进一步研发后，在 1939 年以"M11/39 中型坦克"之名被采用。

M11/39 中型坦克的主武器仍然是一门安装于车体的 37 毫米炮，但这门炮加长了身管，因而可以更有效地对付装甲车辆。此外，M11/39 中型坦克还有一个安装双联机枪的单人炮塔。主武器有限的方向射界也符合这种坦克承担的突破职能——引导步兵攻击敌军阵地。但在机动战中，这是一个严重的缺陷。从这个意义上讲，M11/39 中型坦克在设计理念上有些类似于法国的 Char B，但是远不如后者强大。在其他方面，它与美国的 M2 中型坦克相当，而且二者都是在第二次世界大战爆发时开始量产的。但是当意大利在 1940 年 6 月参战时，已经完工的 M11/39 中型坦克仍然只有区区 70 辆。

苏联坦克

在坦克发展取得的进步上，苏联使意大利和美国都相形见绌，事实上其他任何国家在 20 世纪 30 年代都无法与苏联相比。苏联红军最初拥有的坦克只有内战时缴获的英制坦克和法制坦克，以及第 4 章提到的 15 辆仿制版雷诺 FT 轻型坦克。但是在 1928 年，第一种由苏联设计的坦克开始生产，它就是"T-18"（又名"MS-1"）。这种坦克重 5.2 吨，并且使用了韧性更好的悬挂系统。T-18 其实是雷诺 FT 轻型坦克的又一种轻量化版本，不过它是苏联第一种批量生产的国产坦克，截至 1931 年停产时，其总产量达到 959 辆。此外，当生产还在进行时，由于一场因中东铁路而起的冲突，有 9 辆 T-18 在 1928 年被派到中国东北边境与中国的军队作战。[26]

当 T-18 轻型坦克的研发工作在列宁格勒（Leningrad）启动后不久，苏联红军就认识到需要一种更重的坦克，便于 1927 年在哈尔科夫（Kharkov）成立了一家机构来研制这种坦克。该机构推出的第一款坦克是 T-12。这是一种重 20 吨的坦克，它基本上就是 T-18 的放大版，但用的是一门 45 毫米炮而不是 37 毫米炮。而且和美国的 M1921 及 M1922 两种中型坦克一样，T-12 在主炮塔顶上加装了一个小机枪塔。T-12 的一辆原型车在 1929 年完工，但在测试后被放弃，而取代它的是经过大幅度重新设计的 T-24。T-24 的整体布局与 T-12 的相同，包括都有一个位于主炮塔顶上的小机枪塔。但 T-24 在车体前部增设了一挺机枪，该机枪由与驾驶员并排而坐的机枪手操纵，因此该坦克的乘员组有五人而不是四人。T-24 于 1931 年完成首辆，同年又有 24 辆被造出来。[27]

T-24，其设计基本合理，但其性能显然不尽如人意。苏联红军为此放弃了 T-24，转而采购国外型号的车辆。这一转变的起因是，红军制定了快速且大规模地采购坦克的宏大计划，而且有关部门在 1929 年认为，利用国外的专业技术可以更成功地实现这类计划。因此，红军机械化与摩托化部的哈列普斯基（I. A. Khalepskii）部长于 1930 年前往欧洲和美国，进行了一次"购物旅游"。此行的结果是，红军向克里斯蒂购买了两辆坦克底盘（它们是以"农用拖拉机"的名义从美国进口的）。此外，经英国政府批准，红军还从维克斯·阿姆斯特朗公司采购了多种车辆，其中包括 15 辆维克斯中型坦克、15 辆维克斯"六吨坦克"、8 辆维克斯·卡登 - 洛伊德水陆两用轻型坦克和 26 辆维克斯·卡登 - 洛伊德 Mk6 超轻型坦克。

在这些车辆被采购时，维克斯中型坦克即使没到该淘汰的地步，也已显得陈旧，所以它们很快就被移交给训练单位。不过令人惊讶的是，其中有一些曾在 1941 年的苏芬战争中参战。[28] 而其他几种坦克都成了为红军大规模生产的装甲车辆的原型。

其中的第一种是以维克斯·卡登 - 洛伊德 Mk6 超轻型坦克为基础研发的 T-27。T-27 于 1931 年开始量产，到 1934 年停产时，其总产量已达 3328 辆。[29]T-27 是一种重 2.7 吨的无炮塔双人战车，其武器为一挺机枪。和其他所有以维克斯·卡登 - 洛伊德 Mk6 超轻型坦克为基础的车辆一样，T-27 在作为战斗车辆时其效能极其有限，不过在作为训练车辆时，它还是可以发挥作用的。

被以"T-26"之名仿制的维克斯"六吨坦克"则是一种有效得多的战车。不过，红军采购的 15 辆"六吨坦克"是带两个并列炮塔的原始型号。但在 1931 年至 1934 年期间制造了 1627 辆带并列双炮塔的 T-26 之后，苏联人改为生产性能好得多的单炮塔版。单炮塔版的 T-26 配备一门高初速 45 毫米炮，重 9.6 吨。这种坦克成为红军的标准步兵支援坦克，并且为了满足步兵对这种坦克的需求，其以每年数百辆的速度被持续生产至1941年。截至此时，因T-26的总产量达到11218辆，这种坦克也成为当时生产的数量最多的坦克。[30]

更为成功的采购就是那两辆克里斯蒂坦克底盘。它们成为一系列"快速"（быстроходный）坦克的基础，而这些"快速"坦克在机动性能上超越了同时代大多数的对手坦克，并且大幅提升了红军的机动性。这两辆克里斯蒂坦克底盘也成为日后更成功的坦克的研发基础。第一种基于克里斯蒂底盘的苏联坦克于1931年研制完成，并被定名为"BT-2"。BT-2重11.3吨，并且与其原型（克里斯蒂轻型坦克）一样，它既能以履带行驶（最高速度可达52.3千米/时），也能在拆除履带后以车轮行驶（最高速度可达72.4千米/时）。[31]不过处于轮式状态时，BT-2不能在松软的地面上行驶，也不能越过障碍，这是因为它只靠两个后轮驱动，而且其负重轮安装的是比较窄的实心橡胶轮胎。用汽车业的行话来说，BT-2在轮式状态下只不过是一辆8×2的车。另一方面，在保留履带的情况下，BT-2的克里斯蒂式独立悬挂系统使该型坦克能以高于其他坦克的速度通过崎岖不平的地面。

从1933年起，BT-2的后继型号——BT-5开始生产。BT-5保留了包括双人炮塔在内的BT-2原有的整体布局，但它用了一门45毫米炮，而不是根据莱茵金属（Rheinmetall）公司的许可生产的37毫米炮。换装高初速的45毫米炮使BT-5拥有了领先于同时代坦克的火力。BT系列后续发展出的型号包括于1934年开始生产的BT-7——这种坦克用焊接装甲取代了铆接装甲。BT-7还安装了节距大大缩短的履带，而这种履带在给坦克造成的震动与噪声上要轻于克里斯蒂式行走机构。此外，有155辆BT-7A用了短身管76毫米炮，而非45毫米炮。该系列的终极版本——BT-7M，后来被改名为"BT-8"。BT-7M没有采用先前坦克使用的汽油发动机，而是采用了新研制的V-2柴油发动机，这使其最远行程增加了一倍以上。所有这些改进使BT-7M的全重增加到了14.65吨重，但在履带状态下，BT-7M仍然能达到62.8千米/时的公路速度。[32]BT-7M的原型车早在1938年就已制成，但直到第二次世界大战爆发后，BT-7M才开始量产。当BT-7M在1940年停产时，BT系列坦克的总产量已达到8122辆，因此它们是数量第二多的苏联坦克。[33]

虽然20世纪30年代在苏联大规模生产的坦克是以外国的设计为基础的，但这并没有妨碍苏联国产坦克的进一步发展。这方面的成果之一便是T-28中型坦克。T-28在某些方面很像英国的"十六吨坦克"（A.6），而在另一些方面则延续了

T-24 的成果。和英国坦克一样，T-28 有三个炮塔：一个大型的三人炮塔和两个分别位于驾驶员位置左右两侧的小型单人机枪塔。T-28 的原型车的大炮塔安装了一门 45 毫米炮，就口径而言，这门火炮与"十六吨坦克"的 47 毫米炮处于同一水平。但是当该原型车在 1932 年完成时，正在苏联境内秘密测试的德国中型坦克已配备了 75 毫米炮。因此，苏联也模仿德国，为 T-28 的量产型配备了 76 毫米炮。T-28 原本安装的是一门短身管火炮，但是这门火炮在 1938 年为身管更长的型号所替换，这提高了 T-28 作为反坦克武器的效能。T-28 在生产过程中也改进了装甲防护——装甲厚度从 30 毫米增至 80 毫米，其车重也随之从 28 吨增至 32 吨。[34]T-28 在 1940 年停产，估计截至此时的总产量为 600 辆。[35]

在研制 T-28 的同时，新生的苏联坦克工业还研制了 T-35 重型坦克。有关 T-35 的工作始于 1929 年至 1930 年之间，T-35 在设计上似乎受到了英国 A.1（"独立"）坦克的启发，因为它采用了与后者相同的五炮塔的总体布局。不过，英国坦克的主炮塔仅配备一门 47 毫米炮，而 T-35 的主炮塔拥有一门 76 毫米炮。不仅如此，T-35 的两个副炮塔不仅安装了机枪，还先后安装了 37 毫米炮和 45 毫米炮；它的另两个副炮塔则和"独立"坦克的四个副炮塔一样仅配备机枪。为了操纵所有这些武器，T-35 需要一个多达 11 人的车组。

T-35 的原型车在 1931 年研制完成，而 T-35 的量产则始于 1933 年。此后，T-35 被小批量生产并被持续生产至 1939 年，共计约有 60 辆被生产出来。在生产过程中，由于装甲增厚和其他改进，T-35 的车重从原型车的 42 吨增至 50 吨，最终达到了 55 吨。[36] 这使得 T-35 成为第二次世界大战爆发时第二重的现役坦克（仅次于已经过时的法国 2C 坦克）。但是 T-35 因其形体庞大而很难做机动，并且由于其履带接地长度相对于履带间距显得太长，它甚至无法在原地转向。

除了上文提到的这几种坦克，苏联坦克工业还生产了数量可观的两栖坦克和其他轻型坦克。这些坦克与维克斯·卡登 - 洛伊德双人轻型坦克一样仅配备机枪，而二者的战斗效能也基本上一样低下。

苏联坦克工业从 1932 年起开足马力，生产各种坦克，并且基本上以每年至少生产 3000 辆的速度持续生产到了 1939 年。只有 1937 年除外，这一年的坦克产量陡降至其他年份的一半，因为这一年是斯大林的"大清洗"的开端之年，而这场运动导致红军五位元帅中的三位以及众多其他军官和各色人员被处决。遇害者包括曾引进国外坦克来加快苏联坦克发展的哈列普斯基、主持设计了第一种血统纯正的苏联坦克的扎斯拉夫斯基教授（Professor V. I. Zaslavsky），以及菲尔索夫（A. O. Firsov）——哈尔科夫坦克设计局的领导人，被指控给 BT 坦克传动装置造成了种种问题。[37]

尽管如此，当红军在 1937 年要求哈尔科夫厂再设计一种轮履两用坦克来替代 BT 系列坦克时，有关人员还是克服了"大清洗"造成的混乱和有经验的人员缺乏的问题，开始了新坦克的研发。A-20 由此诞生。这是一种仍然在双人炮塔中安装 45 毫米炮的、重 18 吨的坦克，而且和 BT 系列坦克一样，A-20 能够使用车轮或履带行驶。但是与先前采用克里斯蒂式 8×2 车轮传动装置的坦克相比，A-20 不仅提高了轮式状态时的越野性能，还能够作为一种 8×6 的车来行驶，这是因为其八个车轮中的六个配备了新型的轴传动装置。但是，这个旨在延续克里斯蒂的轮履两用坦克设计思想的终极尝试注定要失败，因为 A-20 的负重轮仍然使用的是比较窄的实心橡胶轮胎，这严重限制了 A-20 在松软地面上行动的能力。不仅如此，哈尔科夫设计局的领导人——科什金（M. I. Koshkin）还主张采用另一种只用履带行驶的坦克的设计。这个名为"T-32"的替代方案，因其取消了轮履两用设计而简化了结构，降低了生产难度，而且这种坦克在不需要显著增重的情况下就能配备更厚的装甲。实际上，T-32 在车重 19 吨的情况下不仅将装甲厚度从 20 毫米增加到 30 毫米，还用 76 毫米炮取代了 45 毫米炮。截至 1939 年年中，A-20 和 T-32 的原型车都已完工。而在当年年底，进一步加厚装甲的 T-32 被军方采用，并被定名为"T-34 中型坦克"。T-34 的原型车在一个月后被制造出来，而到了 1940 年年底，已有 115 辆 T-34 被生产出来。[38]

T-34 代表了坦克发展史上的一个重大进步，但它的许多特点并不像通常所说的那样是原创设计的。不过，这并不能掩盖 T-34 的总体设计的成功。实际上，T-34 的成功在很大程度上要归功于许多已经成熟的、可供设计者选择的功能或组件，而这些功能或组件之所以能够运用到这辆坦克上，是因为苏联坦克工业一直坚持了渐进发展的特色。

T-34 的某些特点可通过 BT 系列坦克一直追溯到十年前克里斯蒂在美国打造的车辆上，尤其是其独立悬挂系统和它采用的通过导突而非链齿轮驱动履带的方式。为 T-34 提供动力的是性能卓越的 500 马力的 V-2 柴油发动机，而该发动机之前已在

BT-7M 上得到应用。在其他国家的中型坦克仍然配备 37 毫米、40 毫米或至多 47 毫米口径的火炮的情况下，T-34 采用了 76 毫米口径的火炮作为主要武器，这是沿袭了先前不仅在 T-28 中型坦克和 T-35 重型坦克上，而且在 BT-7A 乃至部分 T-26 上使用该口径火炮的做法。这一切都是因为苏联人很早就认识到了火力的重要性。

T-34 的倾斜装甲是一个经常被提及和受到称赞的特点，仿佛那是一种新奇乃至革命性的设计。实际上，先前的多种车辆——包括 BT 系列的一些试验型号和某些装甲汽车，以及德国在 1932 年至 1937 年期间生产的 SdKfz 231（六轮）装甲汽车——都采用了倾斜装甲来提高装甲的有效厚度。[39]T-34 的装甲无疑很有效，但这是因为它不仅是倾斜的，还拥有可观的厚度。特别是，T-34 的车体前装甲有45 毫米厚，并与垂线形成 60 度夹角，因此其水平等效厚度达到了 90 毫米。另一方面，虽然 A-20 有非常相似的倾斜装甲，但该装甲的厚度仅为 20 毫米。因此，A-20 的倾斜装甲的水平等效厚度仅为 36 毫米，这与其他同时代坦克的装甲的水平等效厚度相近。

在拥有多个优点的同时，T-34 也被一些缺陷所困扰。一个主要的缺陷是 T-34 的炮塔的内部空间颇为狭小，而以 76 毫米炮取代 45 毫米炮的做法使得该问题更加突出。T-34 的炮塔乘员为两人。其中，车长要兼任炮手，这妨碍了他有效指挥坦克，而坦克内部糟糕的视野又使这一问题雪上加霜。

在下发促成 T-34 "诞生"的要求后不久，红军又提出了围绕一种新的重型坦克开展竞争性研发的要求。按照设想，这种坦克仍然是一种多炮塔坦克，因此设计人员提出了两种重量超过 50 吨的大型坦克的方案。这两种坦克各自的两个炮塔都是以非常奇特的方式布置的，其中配备一门 45 毫米炮的炮塔被安装在驾驶员位置的上方，而另一个明显更大的、搭载一门 76 毫米炮的炮塔被安装在第一个炮塔的后方且高于它的位置上，因此这两种坦克的整体高度均超过了三米。这两种坦克的原型车（名称分别是"T-100"和"SMK"）都在 1939 年制成，但设计者又提出了SMK 的单炮塔版——它显然是这三种坦克中设计得最合理的，并且最终以"KV-1重型坦克"之名被军方采用。[40]

KV-1 和 T-34 一样于 1940 年开始量产，它配备了和后者相似的 76 毫米炮，并且采用了和后者一样的但额定输出功率更大的 V-2 柴油发动机。KV-1 重达 43 吨，这明显重于 T-34（26 吨）。而且 KV-1 的前装甲也更厚，但因其只是小角度倾斜，所以在防护性能上并不比 T-34 的前装甲强。实际上，KV-1 相对于 T-34 的唯一优势就是它有更大、更宽敞的三人炮塔。除此之外，T-34 在各方面都使 KV-1 显得多余。KV-1 本有可能像几年后的后继型号那样成为一种"通用"坦克，但在当时，苏联红军仍然抱着坦克应该分为中型坦克和重型坦克的观念，而且认为还需要第三个类别——轻型坦克，以用于近距支援步兵或用于侦察。

德国坦克

当时，英国和法国也采取了将坦克分为三个不同类型的类似做法，但德国陆军在 20 世纪 20 年代中叶重新开始发展坦克时，却没有沿袭这一思路。虽然被《凡尔赛条约》禁止拥有坦克，德国陆军还是在 1927 年与三家公司——戴姆勒·奔驰、克虏伯和莱茵金属——签订了合同，要求每家公司秘密设计并制造两辆车重为 16 吨级的、配备 75 毫米火炮的坦克。为了掩人耳目，这些研发项目被称为"大型拖拉机"（Grosstraktoren）。一年后，军方又与克虏伯公司和莱茵金属公司另外签订了合同，要求每家公司研制两辆重 8 吨至 9 吨的、配备 37 毫米炮的轻型坦克，并在合同中将它们称为"轻型拖拉机"（Leichttraktoren）。[41]

虽然这些坦克可以在德国秘密设计和制造，但如果它们也在那里进行测试，那就不可能不引起英国或法国当局的注意。不过由于德国与苏联已恢复邦交，德国人发现了一条变通之道，从而在苏联境内建立了一个苏德联合测试训练中心。该中心位于喀山（Kazan）附近的卡马（Kama），六辆"大型拖拉机"都在 1929 年被运到那里，而对它们进行的测试一直持续到了 1932 年。

这些"大型拖拉机"因配备了安装在双人炮塔中的 75 毫米炮而火力强大，此外它们还像法国的 2C 重型坦克一样，在车体后部设有一个单人机枪塔。"大型拖拉机"也效仿了当初英国重型坦克的做法，将坦克的车长布置在车体中，与驾驶员并排而坐，但这严重限制了车长的视野，所以该做法此后未在任何其他坦克的设计中重现。"大型拖拉机"还比较快，其最高公路速度为 40.2 千米 / 时。而且因为其尺寸相对于其 16 吨的车重而言显得比较大，所以"大型拖拉机"在水中具有充足的浮力，可以凭借两个螺旋桨以最高 4.0 千米 / 时的速度航行。但是"大型拖拉机"能够浮在水上也意味着，其装甲并不厚重（最厚厚度不过 14 毫米，与同时代其他坦克的装甲厚度持平）。[42]

从 1930 年起，"轻型拖拉机"也被送到卡马进行试验。前置发动机的布局使这些"轻型拖拉机"看起来有些老派，并且很像第一次世界大战结束时原本要在德国投产的 LK-Ⅱ轻型坦克。"轻型拖拉机"最为优秀的特点是一个装有一门高初速 37 毫米炮的双人炮塔，这与后来兰德斯维克公司在瑞典为 L30 轮履两用坦克制造的炮塔非常相似。和"大型拖拉机"一样，"轻型拖拉机"在使用无线电台实现坦克间的通信方面也走在了前列，而且也把电台操作员的位置设在了驾驶员旁边。[43]

被送到卡马的这 10 辆坦克全都在 1933 年被运回德国。[44]与此同时，与已在着手研制 T-28 中型坦克的苏联人进行的讨论，使德国人决定在"大型拖拉机"之后研制一种"新式装备"（Neubaufahrzeug，简称"NbFz"）。NbFz 重 20 吨，而且仍配备一门低初速 75 毫米炮，但同时还加装了一门高初速 37 毫米炮。[45]这种车辆还有两个副机枪塔，它们分别位于"三人主炮塔"的前方和后方。与"大型拖拉机"的主炮塔相比，NbFz 的"三人主炮塔"有了大幅度改进，因为它将车长布置在了其内部，而且还配备了一个观察塔。研制 NbFz 的合同在 1933 年被交给克虏伯公司和莱茵金属公司。截至 1936 年，NbFz 的两辆低碳钢原型车和三辆装甲钢原型车已完成，但是它们在试验之后都被转为训练用途的车辆。不过在 1940 年德国入侵挪威期间，三辆装甲钢制作的 NbFz 曾被运到奥斯陆，而它们在当地的出现引发了谣言。人们说德军装备了 36 吨重的新式重型坦克，并且这些配备了 75 毫米炮或 105 毫米炮的坦克，被分别称为"5 号坦克"和"6 号坦克"。这种说法被写进了美英军队在 1940 年和 1941 年下发的敌情手册里，也曾在其他书刊中长期流传。[46、47]实际上，NbFz 的研发在五辆原型车完成之后就再未推进。

军方在"轻型拖拉机"之后也提出了新的要求。这一次，他们要的是一种发动机后置的轻型车辆。1931 年，克虏伯公司获得研制这种车辆的合同。这种被称为"小型拖拉机"（Kleintraktor）的车辆，将仅有 3.5 吨重。[48]为了节省时间，"小型拖拉机"是以英国的卡登 - 洛伊德轻型坦克为基础设计的，为此德国人在 1932 年从维克斯·阿姆斯特朗公司采购了三辆底盘。[49]结果，克虏伯公司设计的"小型拖拉机"底盘被军方接受，而该公司在 1935 年就得到了生产 135 辆这种底盘的合同。同时，军方还给了另外五家公司各生产三辆这种底盘的合同，以便这些公司积累生产坦克的经验。这些底盘被冠以掩人耳目的"农用拖拉机"（Landwirtschaftlicher Schlepper，简称"LaS"）之名，并在后来装上了装甲上层结构和炮塔。当 1934 年年底将至时，亨舍尔（Henschel）公司已经造出三辆完整的坦克。在希特勒于1935年撕毁《凡尔赛条约》后，这些坦克成为"一号坦克"（PzKpfw Ⅰ）。德国军方在原来要求生产135辆"一号坦克"的订单基础上，很快又追加了450辆。到1937年6月停产时，"一号坦克"的总产量为1493辆。[50]

按原定计划，"小型拖拉机"将配备一门20毫米炮。但是在1932年，摩托化部队总监卢茨将军（General O. Lutz）决定给这种日后将成为"一号坦克"的车辆仅配备机枪。这一决定也许方便了坦克的大规模生产，也加快了部队装备坦克的速度，但使得"一号坦克"的效能不是非常高。多年后，卢茨的参谋长——古德里安将军（General H. Guderian）在其回忆录中为这个决定辩解说，"一号坦克"只是一种"训练坦克"，而对它的采用是在更有效的车型被研制出来之前的权宜之计。[51] 不过，没有任何证据能证明人们当时是这样看待"一号坦克"的。

按照古德里安的说法，到了1934年，卢茨将军似乎认识到了"一号坦克"的缺陷，并且决定订购另一种配备20毫米机关炮的轻型坦克，以作为临时替代品。[52] 德国陆军的军械局因此发出了生产这种坦克的订单。这种坦克就是重7.9吨的"二号坦克"（PzKpfw Ⅱ），其第一辆于1936年完工。当时，同类的其他坦克已配备了37毫米炮，而苏联的T-26甚至配备了45毫米炮。20毫米炮使"二号坦克"至少能够击穿敌方轻型坦克的装甲，甚至能击穿一些中型坦克的装甲，但在对付其他坦克时就"力不从心"了，特别是在第二次世界大战前夕各国坦克的装甲都开始加厚的背景下。尽管如此，"二号坦克"还是被大量生产。截至1936年战争爆发时，"二号坦克"已经有了1223辆，几乎与"一号坦克"一样多。[53]

卢茨和古德里安真正想要的坦克是"三号坦克"（PzKpfw Ⅲ）和"四号坦克"（PzKpfw Ⅳ）。与之前的NbFz相比，"四号坦克"也配备一门安装在三人炮塔中的低初速75毫米炮，但它非常明智地取消了副机枪塔，以及与75毫米炮并列安装的37毫米炮。同时，"四号坦克"还在驾驶员旁边布置了一名兼任无线电操作员的机枪手。也就是说，"四号坦克"的总体布局与1929年英国的试验性A.7中型坦克原始设计的布局相同。这种布局在当时仍是坦克选择的最佳布局，而它在第二次世界大战期间被广泛采用并大获成功就是证明。虽然初版的装甲只有15毫米厚，"四号坦克"还是成了战前德国装甲兵配发的最强大的坦克。研制这种坦克的合同在1935年被交给了克虏伯公司，其中首批35辆的生产始于1937年。军方后来又订购了

176 辆"四号坦克"。因此截至战争爆发时，德国陆军共有 211 辆"四号坦克"。[54]

"三号坦克"与"四号坦克"大致在同一时间开始生产，但前者的生产速度更慢。"三号坦克"采用了与"四号坦克"相同的总体布局，但其主要武器是一门高初速 37 毫米炮，而不是低初速的 75 毫米炮。按照设计，"三号坦克"是 15 吨级的坦克，但在开始量产后，它的车重却接近"四号坦克"的车重，这使得这两种坦克除主武器之外非常相似。因此，同时生产这两种坦克的决定是非常值得质疑的，从后勤角度来看更是如此。不过古德里安还是认为，"三号坦克"这样的坦克是坦克营下辖的三个轻型坦克连的合适装备，"四号坦克"则适合装备坦克营下辖的中型坦克连。[55] 而德国人将"四号坦克"分配给坦克营的中型坦克连的事实再次证明了，"四号坦克"并不像许多作家所说的那样，与英国的近距支援坦克属于同一类别。实际上，"四号坦克"在通用性上要强得多，在作战效能上也高得多。它能够打击的目标包括了敌方的坦克，而这是近距支援坦克从来都做不到的。

"三号坦克"最初在 1937 年只生产了 10 辆。当二战在 1939 年爆发时，德国陆军仍然只有 98 辆这种坦克。不过，由于在 1939 年吞并了捷克斯洛伐克，德国陆军此时已经获得多种配备 37 毫米高初速火炮的其他坦克。德军获得的捷克坦克的数量常常被夸大，但捷克陆军总计拥有的 469 辆各色装甲车辆就包括了 298 辆配备 37 毫米高初速火炮的 LT vz35 坦克。这些重 10.5 吨的坦克在被德国陆军接收后被更名为"35(t) 坦克"[PzKpfw 35(t)]——德军在二战开始时总共拥有 202 辆这种坦克。[56] 此外，捷克也为 TNHPS 新式坦克配备了 37 毫米炮，并且在其被吞并后继续生产这种坦克。截至二战爆发时，约有 100 辆 TNHPS 以"38(t) 坦克"之名完工。

波兰坦克和瑞典坦克

在第二次世界大战爆发前，其他研制坦克的国家除日本外，就只有波兰和瑞典了。上一章已经提到，波兰以维克斯"六吨坦克"为基础生产了 120 辆 7TP 坦克，此外还生产了 440 辆以卡登 - 洛伊德 Mk6 为基础研制的 TK3 和 TKS 两种无炮塔超轻型坦克。1936 年，波兰陆军还开始研制采用克里斯蒂式行走机构的轮履两用坦克，这促成了 10TP——一种重 12.8 吨的坦克，拥有与 7TP 一样的双人博福斯炮塔和 37 毫米炮——的诞生。[57] 但 10TP 的研发工作在刚刚进行到造出一辆原型车时，就因为德国对波兰的入侵而终止了。

瑞典坦克的发展得益于瑞典工业界与德国工业界的关系，尤其是德国好希望冶铁（Gute Hoffnungs Hutte）公司对瑞典兰德斯维克公司的收购。因为这次收购，兰德斯维克公司在 1928 年开始研制装甲车辆，而由于《凡尔赛条约》的限制，此类研发当时在德国是不能开展的。兰德斯维克公司的第一个成果是一种不同寻常的车辆——它能够以车轮或履带行驶，但它并不像克里斯蒂的轮履两用坦克那样用同一套行走机构在两种运行模式间切换，而是装有可交替使用的、独立的履带机构和轮式机构。这种车辆是福尔默——此人曾是第一次世界大战中的德国坦克的设计师，他还监督了第一种瑞典坦克（Strv/21，以德国 LK-Ⅱ 轻型坦克的原型车为基础）的制造——的创意。兰德斯维克公司的这种轮履两用坦克被定名为"兰德斯维克 5"，简称为"L5"。L5 坦克重 7 吨，配备一门 37 毫米炮。1930 年，好希望冶铁公司将 L5 送到卡马的苏德测试中心，同时福尔默企图劝说红军采用它。[58] 但是经过三年的谈判，苏联人还是在 1930 年拒绝了这笔交易。[59]

这种轮履两用坦克的研发并没有因此而停止，因为瑞典陆军在 1931 年订购了它的改进版。兰德斯维克公司将这种改进版坦克的名称指定为"L30"，军方则将该坦克定名为"Strv fm/31"。Strv fm/31 在 1935 年交付，虽然试验证明它在轮式状态下能达到 75.6 千米 / 时的速度，在履带状态下也能达到 35.4 千米 / 时的速度，瑞典陆军在试用之后却并没有继续采购它。不过，军方在 1931 年订购的三辆"L10"（又名"Strv m/31"）陆续于 1934 年和 1935 年交付。与 L30 相比，L10 在设计上要合理得多，而且仅用履带。[60]L10 重 11.5 吨，有一门安装在双人炮塔中的 37 毫米博福斯炮。这种武器以及车辆的整体布局使 L10 与当时一流的同类坦克相比毫不逊色。

另一方面，兰德斯维克公司还研制了 L60。L60 在布局上与 L10 相似，但采用了带扭杆弹簧的独立悬挂系统——从车辆设计的角度来讲，这是更为先进的悬挂系统。配备 20 毫米炮的 L60 的样车曾被销售到奥地利、爱尔兰和匈牙利。后来，匈牙利按许可证生产了 200 辆 L60。在瑞典，L60 又被发展为 Strv m/38——一种重 8.7 吨，拥有三人车组，配备一门高效且设计现代的 37 毫米博福斯炮的坦克。瑞典陆军在 1937 年订购了 16 辆 Strv m/38，但直到二战爆发后才追加订购了与之非常相似的 Strv m/39 和 Strv m/40。

第 7 章

装甲部队的创建

当坦克速度缓慢，数量稀少——这些也是坦克在 20 世纪 20 年代的普遍状况——的时候，它们仅限于在面对敌方的机枪火力时引导小规模步兵进攻，并用自身火力压制敌机枪。但随着坦克的速度越来越快，坦克的数量也有可能越来越多，以坦克为基础创建新型装甲部队的前景便浮现出来，而这样的部队将比由步兵和骑兵组成的现有军队更灵活，更有效。

以英国的富勒和利德尔·哈特以及法国的艾蒂安为代表的一些人，在 20 世纪 20 年代初就预言了以坦克为基础的军队。不仅如此，在此后的岁月里，英国和另几个国家以坦克为基础，先后开展了创建机动部队的尝试。但大多数国家的军队依然认为坦克只不过是步兵的辅助武器，其作用无非就是为步兵提供近距支援。这种观念深深植根于他们的军事学说之中。

这类学说的主要倡导者就是法国陆军。法国陆军的坦克既是步兵部队的一部分，又被纳入一个个独立的坦克营。在装备轻型坦克的情况下，这些坦克营会在进攻作战中按每个师一个营的比例被分配给步兵师，而其装备的这类坦克就被称作"伴随坦克"（chars d'accompagnement）。更强大的坦克则被称为"集群机动坦克"（chars de manoeuvre d'ensemble），其作用是在步兵师或步兵军的主要进攻正面上展开，以引导规模更大的进攻。但是在 1931 年首辆 D1 坦克被生产出来之前，法国陆军只有雷诺 FT 轻型坦克——这种坦克只适合用于近距支援步兵。因此，法军没有任何条件来实现，乃至探索坦克的其他用法。

结果就是，直到1932年，法军才开展了探索坦克其他可能性用法的演习。[1] 但只要法国人还认为坦克是给步兵使用的，这类探索就不会带来任何显著的进步。另一方面，骑兵在更灵活地运用坦克方面却取得了重大进展。

五年前，法国骑兵开始将自身的一些骑马部队摩托化，也就是将其改编为"车载龙骑兵"（dragons portés），即搭乘无装甲的"雪铁龙 - 克雷塞"半履带车的步兵。因此，法军的每个骑兵师不仅有四个营级规模的骑兵团，还有了一个车载龙骑兵营。而在更早的1923年，曾有人提议为骑兵配备轻型坦克，并且在1931年，军方正式下发了对骑兵轻型坦克的要求。后来，根据该要求研制出来的坦克就是"AMR33"。接着，在1934年，骑兵组建了一个"轻装机械化师"（division légère mécanique，简称"DLM"），而该师成为同类部队中最早形成永久性编制的部队。

组建完毕的DLM下辖一个坦克旅、一个三营制的车载龙骑兵团、一个炮兵团以及其他一些支援部队。截至1939年，该师最终装备了220辆坦克，其中包括80辆S35（索玛）中型坦克、80辆H39（哈奇开斯）轻型坦克，以及隶属于车载龙骑兵营的60辆AMR33或AMR35两种轻型坦克。[2] 但是，该师最初只有AMR33——这种坦克是从1934年开始装备的。

DLM的编制表明，该师已经具备了装甲师的要素，但并没有被视作装甲师。相反，法军认为DLM只是骑兵师的后继者。所以DLM也继承了骑兵的有限任务，即为支援步兵部队而执行侦察、掩护作战和迟滞作战的任务，而这就是到20世纪初骑兵仅能起到的一些作用。所以说，从骑兵发展而来的DLM"背上了历史的包袱"。只有"甩掉这一包袱"，DLM才会成为能够独立遂行进攻作战的装甲师。

事实上，许多骑兵强烈反对将骑兵部队改编为坦克部队，他们仍然相信骑兵的效用，并且对于放弃战马颇有怨言。[3] 除了步兵总监等人，反对创建DLM的还包括骑兵总监。[4] 在这种大环境下，坦克部队的组建基本上无法继续取得进步。

与主流态度背道而驰的一个人是夏尔·戴高乐上校（Colonel Charles de Gaulle），他在1934年出版的《走向职业军队》（Vers l'Armée de Metier）一书中主张建立一支10万人的职业军队。这支军队的核心将是六个机械化师或装甲师，而每个师将下辖一个坦克旅、一个步兵旅和两个炮兵团。这样的编制原则上与DLM和德国装甲师已经采用的编制相似。但戴高乐的著作没对法国装甲部队的发展造成任何影响，也没在其他国家引起任何波澜。这与众多资料的说法刚好相反。但是，戴高乐的思想促使后来成为总理的保罗·雷诺（Paul Reynaud）于 1935 年在法国国会下议院鼓吹建立能够实施进攻作战的装甲部队。不过陆军部长莫兰将军（General Maurin）对此的答复是，建立这样的部队将是"无用且不可取的"。[5]

一年后，法军总司令甘末林将军（General Gamelin）也反对创建装甲师。[6]他认为最好的做法是成立第二个 DLM。这一建议在 1937 年得以实行，而第三个 DLM 直到第二次世界大战爆发后的 1940 年才创建。不过在 1936 年 10 月国防委员会的一次会议上，甘末林承认法国陆军缺少德国装甲师拥有的那种不可或缺的进攻能力，因此他建议对这个问题进行研究。[7]由此产生的结果是，陆军委员会在 1938 年 12 月同意建立两个装甲师。[8]但这两个师的下属部队直到二战爆发时才开始组建，因此这两个师要到 1940 年 1 月才正式成立。

每个装甲师（division cuirassée，通常被缩写为"DCR"）包括两个共装备 68 辆 B1 坦克的坦克营、两个装备 98 辆 H39 轻型坦克的坦克营、一个摩托化步兵营、一个炮兵团，以及一些支援分队。[9]因此，这两个师具备了诸兵种合成装甲师的一些要素。但法国陆军的军事学说并不打算将 DCR 作为独立的机动打击部队。DCR 仅承担有限的进攻任务，即在步兵军或其他上级部队的控制下，按照连贯战线和系统性作战的主流理念遂行进攻作战。实际上，DCR 的主要意义在于把步兵的重型坦克集中起来使用，但这类坦克并不适合机动作战，而且相对于 158 辆坦克而言，DCR 的步兵所占的比例太小了，这限制了 DCR 独立作战的能力。

因此，DCR 并不是为法国陆军提供能够实施攻势机动作战的装甲师。而且和 DLM 一样，DCR 只是用途有限的部队。同时，法军的大部分坦克依然被分散在各个用于近距支援步兵的坦克营中。

从某些方面来讲，法国陆军在第二次世界大战前夕所达到的状态与英国陆军如出一辙。尤其值得一提的是，和法国陆军一样，英国陆军也将其坦克分为两类：一类负责支援步兵，一类承担先前由骑兵承担的任务。但法国陆军只保留了传统军队的步兵与骑兵的划分而已，英国陆军却在尝试了发展更有效地运用坦克的方法之后又拾回了"老传统"。

这方面的转折点出现在 1934 年。这一年，在更灵活地运用坦克方面开展过开拓性试验的"坦克旅"成为永久编制。同年晚些时候，英军还决定将其坦克分别整编为若干个陆军坦克营和一个机动师。其中，前者将被分配到步兵师，以便像法军的"伴随坦克"一样为步兵提供支援；后者则像法军的 DLM 一样，被视作骑兵师的后继者。

不过，英军的机动师在构成上与法军的 DLM 有很大不同。英军的机动师的一个主要支柱是"坦克旅"，而旅长霍巴特准将（Brigadier P. C. Hobart）希望该旅主要由坦克组成。[10]但是另一些人，尤其是在促成"坦克旅"成立的一系列事件中起到推动作用的林赛准将，主张机动师再编入一个摩托化步兵旅。1934 年的演习对这样的机动师进行了试验，但试验结果却是一场灾难，因此机动师的编制里就没了步兵。[11]另一方面，英军的机动师曾计划包含一个骑兵旅，以构成其另一大支柱。这个骑兵旅将下辖一个轻型坦克团和三个乘坐卡车机动的团——后者将和法国的车载龙骑兵一样，为机动师提供所需的摩托化步兵。但这并不是骑兵愿意承担的角色，他们即使非常不情愿地放弃了战马，也希望能乘坐轻型坦克作战。[12]将骑兵改编为摩托化步兵的做法在 1935 年就已开始进行小规模实验，但是到了 1937 年，当英军的机动师最终建立时，这种做法却被放弃，最后的决定是让该师的骑兵团装备轻型坦克。[13]

英军的机动师在成立时保留了"坦克旅"，但其下辖的坦克营由原来的四个减为三个。另一方面，该师的骑兵部队增至两个旅，每旅下辖三个团——这些团实际上是轻型坦克营。也就是说，英军的机动师总共有九个坦克营，而这些营按照编制有 500 多辆坦克。因此，该师的各个单位很不平衡。相对于其他单位，尤其是两个摩托化步兵营来说，坦克营的坦克太多了，更何况其中的大部分坦克都是只配备机枪的轻型坦克。

英军机动师的一些缺陷在 1939 年得到弥补。这一年，该师被改名为"装甲师"，其所辖的旅也减至两个。其中一个旅叫作"轻装甲旅"，下辖三个混装巡洋坦克和轻型坦克的团（营）；另一个旅叫作"重装甲旅"，下辖三个装备巡洋坦克的团。两个旅合计有 108 辆轻型坦克和 213 辆巡洋坦克。这样的坦克数量比原方案中的坦克数量更实际，但该师的其他部队也被缩减为一个摩托化步兵营和一个小炮兵团。因此，尽管坦克营的数量从九个减至六个，但相对于坦克的数量，步兵所占的比例反而更小了，这几乎是"全坦克"理念的再现。尽管如此，英军总参谋部还是在 1939 年计划组建三个这样的师，以及五个由陆军坦克营组成的旅。

这计划还没怎么执行，战争就爆发了。因此，当英国陆军参战时，其装甲部队被分为两个装甲师（尚在组建中），以及大约三个由陆军坦克营组成的旅。这种把坦克分别编成两种部队的做法在英军中长期存在，即使在未做如此划分的德国装甲部队于1940年5月在法国取得辉煌胜利后也仍然如此。德国人的成功只是使得英国陆军制定了一个再组建七个装甲师的计划，而该计划在1940年9月至1941年8月实施。[14] 但这些装甲师仍沿袭了机动师的基本编制，而且从其预定承担的任务来看也带有机动师作为骑兵师继承者的痕迹。事实上，直到1944年5月，还有一本陆军训练手册宣称装甲师只是"为了在敌军阵地被突破后发展战果而设计的"。[15]

不过在实践中，无论是在1941年和1942年的利比亚，还是在1944年的诺曼底，英军的装甲师并不局限于发展战果，而是充当了万能的作战部队。装甲师的编制也在1942年发生了变化——把继承自机动师的两个装甲旅改为一个装甲旅（下辖三个坦克营和一个步兵营）和一个为装甲旅提供支援的三营制步兵旅。这一改变使每个师的坦克数量从1941年的386辆减少到大约一半，但同时使摩托化步兵的数量增多，并使其所占比例变大。这表明军方终于认识到步兵与坦克相互配合的重要性，即便是被视作"全坦克"理念主要倡导者的富勒也早在七年前就认识到了这一点。[16]

在战争即将结束时，英军的装甲师已减至5个，不过此时每个师已合计有294辆中型坦克和轻型坦克。[17]（英国陆军）坦克旅的数量也有所减少，不过减少的数量不多。换句话说，英国陆军仍保留了8个坦克旅，而在1942年最多有11个坦克旅。[18] 因此直到第二次世界大战结束，英国陆军还在按照传统军队的步兵与骑兵的划分法，将其装甲部队分为两种不同的类别，而别国军队此时都已经不再这么做了。

与英军和法军一样，苏联红军也曾将其坦克分为支援步兵的坦克和用于机动作战的坦克。但是在第一次世界大战结束后的好几年里，红军只有内战时缴获的英国和法国的坦克，以及少数雷诺FT轻型坦克的国产仿制版。这些坦克几乎无人关注，甚至有一些在1922年被送到乌克兰用于协助农业生产。[19] 但是，红军中以卡利诺夫斯基（K. Kalinovskii）和特里安达菲洛夫（V. Triandafillov）为代表的一些人已经开始考虑坦克的未来，而他们的思考促成了1929年的《PU-29野战勤务手册》的出版。该书成为苏联坦克学说连续多年的主要宣言，它宣称坦克的主要作用是为步兵开路，同时又认为应该把坦克分为PP（近距步兵支援）坦克和DD（远程）坦克——后者的任务是突入敌军阵地，以攻击敌炮兵，并击溃其后方梯队。[20]

DD 坦克的概念成为苏联坦克学说的一大特色，并在后来被发展为以机械化部队遂行纵深突击的思想。该思想在被详细论述后又成为"大纵深战斗"和"大纵深战役"这两个理念。大纵深战役的理念曾被认为是图哈切夫斯基元帅（Marshal M. Tukhachevski）发明的，但它的提出也有其他人的贡献，其源头甚至可以追溯到几个世纪前骑兵部队在东欧平原上实施的各种攻势袭击战斗。[21] 其中，距该理念提出的时间最近的一场战斗是 1919 年俄国内战期间白军骑兵在马蒙托夫将军（General K. K. Mamontov）的率领下实施的奇袭。此战启发了红军骑兵后来的一系列作战，其中包括 1920 年苏波战争中布琼尼（S. Budennyi）率领的红军骑兵第 1 集团军队对波军防线的突破。[22]1920 年，当图哈切夫斯基的部队从华沙城下撤退时，甚至有一支由装甲汽车和卡车搭载的步兵和炮兵组成的波军部队发动了奇袭——该部队在一天内深入敌方控制区域 60 多千米，并夺取了位于敌后的重要铁路枢纽科威尔（Kowel），可谓是摩托化部队纵深突击的先驱。[23]

运用机械化部队和 DD 坦克实施纵深突击并不容易实现，尽管历史上已有多个先例。为了试验纵深突击理念的某些方面，红军在 1929 年决定成立一个机械化团。该机械化团很快就扩编为一个旅，而该旅下辖一个两营制的坦克团（共 60 辆坦克）、一个步兵营和一个炮兵连。[24]1930 年的演习对该旅进行了检验，但该旅的表现令人失望，部分原因在于该旅使用的 MS-1（即 T-18）坦克太慢，尤其是在其承担 DD坦克的角色时。

以 BT 系列坦克为代表的机动性更强的坦克要到一年后才开始生产。不过由于斯大林的第一个"五年计划"包括了自 1927 年启动的大规模生产计划，可装备部队的坦克越来越多。斯大林的计划还要求红军大量采购最新式的装备，而军方的回应是请求采购约 1500 辆坦克。政治局又把这个数量增加了两倍。[25] 之所以要求采购如此多的坦克，部分原因是苏联人严重高估了他国军队拥有的坦克数量，尤其是被其视为主要敌人的波兰陆军所拥有的坦克数量。[26]

随着大量坦克源源不断地从工厂开出，红军已有条件建立越来越多的装甲部队。因此在 1932 年，红军决定组建两个机械化军，而每个军由两个机械化旅和一个摩托化步兵旅组成。每个机械化旅又下辖三个坦克营、一个机枪营和一个炮兵连。在两个机械旅中，一个旅装备 T-26 坦克，另一个旅装备 BT 坦克。[27] 每个军共有 490辆坦克。除了机械化军，每个步兵师也将得到一个由 57 辆坦克组成的营以用于近距支援，而每个骑兵师将得到一个由 64 辆坦克组成的团。此外还有由最高统帅部掌握的独立坦克旅。

1934 年，又有两个机械化军成立，而这两个军成为红军赖以实施所有纵深作战的机动打击力量。其中一个军在 1935 年的基辅演习——据说共有 1000 多辆坦克参加了这次演习——中做了令人钦佩的演示。这表明红军在装甲部队规模方面已经远远领先于其他国家的军队。实际上，红军的坦克数量已经比其他所有国家军队加起来的坦克数量还多。这次演习还表明，红军在建立机械化部队或装甲部队方面已领先于他国军队。

不过在如何运用机械化部队的问题上，人们还在争论不休。已有的机械化军又被认为不够灵活。面对种种批评，每个机械化军都削减了坦克数量。[28] 此外，这些机械化军还把它们的 T-26 坦克都换成了 BT 坦克。这个决定非常明智，因为 BT 坦克远比 T-26 更适合这些部队。但是，在如何运用承担 DD 角色的坦克方面，尤其是在这些坦克与其他兵种的配合上，红军仍然没有发展出完善的理论。不仅如此，由于实现难度太大，对于机械化军所依存的整个大纵深战斗的理念，不满的意见也越来越多。[29]

没等任何问题得到解决，图哈切夫斯基和其他许多参与苏联装甲部队发展的人就在 1937 年因为斯大林的"大清洗"而被处决。这不可避免地对与被处决者有关的机械化部队机动进攻作战的理念造成了负面影响。

大约在同一时间，苏联坦克被运用于实战。这些坦克先参与了西班牙内战，后来又在中国东北与蒙古边境上卷入了与日本军队的冲突中。它们在西班牙的部署始于 1936 年 7 月西班牙内战爆发只过去三个月的时候——当时有 50 辆 T-26 及其苏联乘员被运抵该国。之后，又有几批坦克被运到了西班牙。到了 1936 年年底，负责指挥共和军装甲部队的苏联将军——巴甫洛夫（D. Pavlov），已经能组织起一个下辖四个坦克营的、共可装备 230 辆 T-26 的装甲旅。十个月后，他又组建了一个装甲师，而该师下辖两个 T-26 坦克旅和一个装备 50 辆新运抵的 BT-5 的团。[30]

被运到西班牙的苏联坦克总共有 331 辆。[31] 按照当时的标准，这是一支庞大的坦克力量，苏联坦克不仅在数量上超过了德国援助弗朗哥将军的国民军的"一号坦克"（106 辆），还在火力上也压倒了后者。[32] 然而，共和军却没能利用好自身的坦克优势。例如，为了准备 1937 年 7 月的布鲁内特战役（Battle of Brunete），共和军集结了 130 辆坦克，但这些坦克因被分散使用而蒙受了惨重损失。在其他战斗中，共和军的坦克也是被三三两两地投入战斗，而且与其他兵种的协同很差。[33]

一年后（1938 年），苏联红军在距离海参崴 112.7 千米的张鼓峰与日本军队交战。虽然日军最终被迫撤退，但苏联红军因在正面进攻中协同很差而蒙受了较大的损失——参战的 257 辆 T-26 坦克损失了 85 辆。[34]1939 年 8 月，又一场苏联红军和日军的冲突——苏方资料将这场冲突称为"哈勒欣河事件"，日方则称之为"诺门坎事件"——在即将爆发第二次世界大战之时发生了。此战中，苏联红军部署了由未来的苏联军队副统帅——朱可夫将军（General G. K. Zhukov）指挥的一支部队。这支部队包括的机械化旅和坦克旅共计六个，而这些旅共有 500 多辆坦克（以 BT-5 和 BT-7 为主）。朱可夫按照先前为机械化军设想的理论，将这些旅作为机动打击部队，并让其通过一次两翼合围击败了日本军队。

然而，此战的胜利并没有恢复苏联红军领导人对于大纵深战斗和独立运用机械化部队的理念的信心。这主要与从西班牙内战得出的观点有关，即坦克在反坦克武器面前已经变得非常脆弱——各国军界当时也普遍认同该观点。因此有人认为，坦克必须得到步兵和炮兵的支援，并且坦克要取得胜利，就只有与步兵和炮兵密切配合，而不是自己去实施更为独立的机动作战。在装甲部队的前两任负责人被处决后，从西班牙返回的巴甫洛夫成了该部队的负责人。他甚至更为激进地宣称，关于 DD 坦克的整个概念都是大有问题的。[35]

所有这一切都促使苏联红军在 1938 年开始改编装甲部队。四个机械化军失去了其下属的摩托化步兵旅和支援部队，并被更名为"坦克军"。同样，坦克旅也失去了原来编制中的机枪营。因此，坦克军几乎成为"全坦克"部队，而且再也没有了独立遂行机动作战的能力。但是这些改动却并不能让巴甫洛夫这样的人感到满意，因为他认为坦克军的存在也是毫无意义的。[36] 于是在 1939 年 11 月，也就是德国入侵波兰两个月之后，苏联红军中央军事委员会决定解散坦克军。与此同时，该委员会还指示坦克旅要更密切地配合步兵师和骑兵师。这意味着，就运用坦克的理念而言，苏联红军退回到了十年前的水平，也就是将坦克作为步兵的附属武器来使用。

在这次改编开始前，除了配属给步兵师的 T-26 坦克营和配属给骑兵师的 BT 坦克团，苏联红军还有 4 个坦克军、24 个独立坦克旅和 11 个坦克团。所有这些部队的坦克总数仍然大于其他各国军队的坦克数量之和。但是苏联红军已经不再处于机械化部队或装甲部队发展的最前沿了。

虽然在十多年的时间里被《凡尔赛条约》禁止拥有任何坦克，德国陆军还是在20世纪30年代中叶取得了这个领域的领先地位。《凡尔赛条约》并不能阻止这支军队研究坦克的未来。这类研究是在德国所处的战略背景下开展的，因而德国陆军需要考虑两线作战的可能性以及在《凡尔赛条约》限制下的较小的军队规模。因此，德国陆军的领导人冯·塞克特将军（General H. von Seeckt）采取的政策是，让这支小规模军队保持高度机动性并追求进攻作战。冯·塞克特起初认为骑兵要在机动作战中承担重要角色，但后来他和另一些德国军官对机械化部队和坦克产生了越来越大的兴趣，并逐渐意识到在机动战中运用坦克的可能性。有两件事先后在一定程度上启发了冯·塞克特他们：一是1924年维克斯中型坦克在英国的出现，因为相对于先前型号的坦克，维克斯中型坦克不仅很具代表性，而且在速度方面取得了显著进步；二是1927年试验性机械化部队在索尔兹伯里平原进行的演习。[37]

这种新兴的运用坦克的观点在一本虽罕见却被广泛参考的书中得到体现。这本书是奥地利军官海格尔上尉（Captain F. Heigl）在1925年撰写的，作者认为当时不断出现的更快速的坦克特别适合机动战，而不应只跟随步兵的节奏去作战。[38]一年后，在海格尔出版的第二本书中，他进一步提出，与其将坦克用于通常的正面进攻，以支援步兵，不如将其用于机动作战，以打击敌人的侧翼和后方。他的结论是，未来的军队应该以坦克为主力，并辅以乘坐轻型装甲车辆的步兵和装备履带式自行火炮的炮兵。[39]

类似的观点逐渐被其他人接受，而这些人中就有古德里安上尉（后来成为少校）。古德里安在20世纪20年代初对坦克产生兴趣，并在坦克的战术和组织的发展中发挥了主导作用。在这些活动过程中，他成为机动运用坦克的主要倡导者，并积极主张将坦克集中在大规模的独立装甲部队中。

据古德里安的回忆录所述，他在1929年得出结论：坦克要想充分发挥效能，就必须得到其他兵种的支援，但这些兵种的机动能力应该提高到与坦克的机动能力相当的水平。[40]这一观点可能在一定程度上受到兵种间协同思想的影响，而这种思想是冯·塞克特灌输给德国军队的，它与当时英国流行的"全坦克"观点形成了鲜明对比。[41]正因如此，德国装甲师形成了包含各个兵种的平衡编制，这就使其在编制方面优于他国的装甲部队。

成为机械化部队总监的卢茨将军任命古德里安为自己的参谋长，并在1932年以后的德国陆军演习中采纳了这种诸兵种合成的思路。这些演习仍然是用假坦克进行的，但卢茨在次年就主张应该把坦克集中在大规模的独立机械化部队中，以使其成为承担进攻任务的打击部队的核心。[42]1934年，作为希特勒掌权后德国扩军行动的一部分，创建三个装甲师的提案得到批准，因此卢茨的这个目标"向着实现迈出了重要步伐"。接着，在1935年年中，一个临时组建的装甲师开展了演习。当年10月，三个装甲师就正式成立，而古德里安成为第2装甲师的师长。

德国装甲师的编制是在1934年拟定的。师的主力是一个坦克旅（下辖两个二营制的坦克团），而支援力量包括一个摩托化步兵旅（下辖一个二营制的卡车搭载步兵团）、一个摩托车营、一个装甲侦察营、一个反坦克营、一个炮兵团、一个工兵连以及若干支援分队。[43]每个师的16个坦克连应各装备32辆轻型坦克。这些坦克再加上指挥坦克，每个师共有坦克561辆。[44]

如此众多的坦克会使这种师显得过于臃肿而不便指挥，但这是关于装甲部队编成的早期思想的共同特点，英国的机动师和苏联早期的机械化军也是如此。另一位奥地利军官——冯·艾曼斯贝格尔将军（General L. von Eimannsberger）在一本书中提出了关于坦克师编制的详细提案，而该提案中的坦克师也有多达500辆的坦克。这本书出版于首个德国装甲师成立的前一年，并且为当时的常见思维提供了又一例证。[45]和德国装甲师一样，冯·艾曼斯贝格尔的坦克师也将坦克旅与摩托化步兵旅和炮兵团结合在一起。而且他还以非凡的先见之明预见到，炮兵团既可以承担防空任务，也可以承担对地打击任务——日后德国的88毫米高射炮在从西班牙内战开始的一系列战争中就有效地证明了这一点。

随着德国装甲师正式成立并开始接收比"一号坦克"（轻型）更为有效的装备，它们的坦克数量也减少到了更容易管理的水平。具体说来就是，每个营下辖的连减少到三个，而每个连的坦克也减至22辆或19辆。因此到了1939年，每个师按照编制拥有324辆或328辆坦克。这些坦克应该包括更强大的"三号坦克"和"四号坦克"——虽然这两种坦克的配发数量还不算少，但前者的数量还是不能满足装甲师的需求，特别是在装甲师增加到六个（1938年成立了两个，1939年也成立了一个）的情况下。

不过，虽有中型坦克短缺的问题，德军这六个装甲师还是构成了一支高度有效的机动力量。这支机动力量的效能在很大程度上是基于装甲师的均衡编成和各兵种之间的密切协同，及其优于同时代其他机械化部队的指挥和控制方法的。在指挥和控制方面，这些装甲师首次大规模使用无线电台来实现坦克间的通信：从"二号坦克"开始的其他坦克都兼有发射机和接收机，即便是双人的"一号坦克"（轻型）也配备了无线电接收机。电台的广泛使用有时被归功于古德里安，因为他在第一次世界大战中曾担任通信军官，但实际上"轻型拖拉机"和"大型拖拉机"就已经配备了电台，而它们都是在古德里安参与坦克发展之前设计的。

德国装甲师汇聚了德国陆军拥有的绝大多数坦克，以使它们能够像古德里安反复倡导的那样被集中使用。唯一的例外是四个轻装师，而建立它们的德国骑兵和其他国家的军队一样，先是反对机械化，后来却发展了自己的机械化部队。由此产生的轻装师每个都包含一到两个坦克营、三到四个实际上的摩托化步兵营，以及通常的师属部队。[46]古德里安认为与其创建这种部队，还不如增加几个装甲师。不过在1939年的波兰会战中，这些轻装师被发现进攻能力不足，于是后来它们就被改编成了装甲师。但是由于德国中型坦克短缺，被改编为第6装甲师的第1轻装师部分装备了原捷克陆军的"35(t)坦克"，而分别成为第7和第8装甲师的第2和第3轻装师部分装备了新近生产的捷克"38(t)坦克"。所有这些坦克都配备了与德国"三号坦克"的火炮相似的37毫米炮。

在意大利创建的装甲部队在中型坦克短缺的问题上还要严重。实际上，直到1940年6月意大利参战前不久，这些装甲部队才有中型坦克可用。

发展意大利装甲部队的第一步是在1936年迈出的。当时，一个摩托机械化旅（Brigata Motomeccanizzata）——下辖一个坦克营、一个二营制的狙击兵（轻步兵）团和一个炮兵连——在锡耶纳（Sienna）成立了。一年后，该旅被更名为"装甲旅"（Brigata Corazzata），并成为意大利陆军的第一支全机械化部队。第二个装甲旅大约在同一时间于米兰（Milan）成立。1939年，这两个旅又分别被改编为"半人马座"装甲师和"公羊"装甲师。同年晚些时候，又有一个装甲师由"利托里奥"步兵师改编而来。

这三个装甲师的编制都沿用了首个装甲旅在1937年采用的编制。也就是说，每个师有一个坦克团、一个狙击兵团（下辖一个摩托车营和一个卡车搭载步兵营）、一个炮兵团和一个工兵连。[47] 坦克团按编制应该下辖四个营，但实际上只有两个。

理论上，这三个装甲师拥有均衡的诸兵种合成编制。但是直到 1940 年，能够提供给这三个师的最强大的坦克也只是 50 辆已经过时的"菲亚特 3000B"坦克（只不过配备了高初速的 37 毫米炮）。除此之外，这三个师能够装备的装甲车辆只有以机枪为武器的 CV33 或 CV35 这两种无炮塔超轻型坦克。因此，这三个师并不能有效实施机动进攻作战，或者实施被墨索里尼宣扬并在 1938 年成为正式条令的"快节奏作战"（Guerra di rapido corso）。[48]

如果意大利装甲师把自身的一些小坦克换成 1939 年开始生产的 M11/39 中型坦克，它们的作战效能也不会有大幅度提高，因为这种中型坦克有着上一章提到的种种缺陷。直到 1940 年年中，当配备安装于炮塔的 47 毫米炮的 M11/39 改进型开始生产时，意大利装甲部队才终于得到一种性能接近于国际标准的坦克。

与此同时，一些意大利坦克部队已经参与了实战——先是在埃塞俄比亚参战，接着是在西班牙。在西班牙，两个坦克营被派到该国去支援内战中的国民军。在对西班牙的干涉中，意大利人派出的 149 辆 CV33 或 CV35 超轻型坦克，最终损失了 56 辆。[49] 这些坦克曾多次引导意大利远征军（意大利志愿军团）的进攻，但是在面对火力占压倒优势的苏联 T-26 坦克时，它们是束手无策的。在这些坦克参加的战斗中，有一场特别值得一提，那就是 1937 年 3 月意大利志愿军团在瓜达拉哈拉（Guadalajara）失败的进攻。当时，人们普遍认为这一战证明了机械化部队的低效。实际上，这次进攻并不是由机械化部队实施的，而是由四个步兵师实施的，并且这四个师只得到了四个连的超轻型坦克的支援。[50]

尽管如此，对西班牙战事的错误认识还是成为多国人士反对发展机械化部队的论据。这种情况也发生在美国。美国机械化部队的发展主要由骑兵主导，而比较保守的骑兵军官们也和其他国家的同行一样，主要把机械化部队视作对骑兵的威胁。[51] 受 1927 年英国试验性部队的启发，美军于次年在米德堡也组建了一支短命的试验性机械化部队，并开始了相关的发展。接着在 1930 年，美军又在尤斯蒂斯堡组建了另一支试验性部队，但一年后就将其解散，转而决定将一个骑兵团机械化。但该团直到 1933 年从得克萨斯州转移到肯塔基州的诺克斯堡，才终于装备了"战车"（轻型坦克），从而有了使用坦克进行训练的条件。另一方面，美军在 1932 年还成立了一个机械化骑兵旅，但直到 1938 年决定让第二个骑兵团机械化以后，该旅才正式成型。

美国骑兵的许多机械化工作要归功于后来成为将军的霞飞上校（Colonel A. R. Chaffee）。霞飞成了机械化旅的旅长，并说服骑兵领导在1937年向美国陆军部提议成立一个机械化骑兵师。但是直到第二次世界大战爆发，全名为"第7骑兵（机械化）旅"的这支队伍（下辖两个骑兵团，按编制共有112辆战车）仍然是美国陆军唯一的机械化部队。

直到1940年，美国骑兵的机械化工作才有了新的进展。这一年，骑兵旅按照霞飞长期以来的呼吁，增加了一个摩托化步兵团，从而提高了独立作战的能力。接着，在同年于路易斯安那州开展的陆军演习中，这个骑兵旅与一个装备步兵用坦克的暂编坦克旅组合，形成了一个临时的装甲师。[52] 不久以后，受到德国装甲师在法国刚刚取得胜利的刺激，美国陆军部在1940年7月决定以第7骑兵旅和那个步兵的暂编坦克旅为基础，创建一支包含两个装甲师的装甲部队。[53]

此时，美国陆军共有464辆坦克，其中包括18辆陈旧过时的T4中型坦克。[54] 但按照计划，美国陆军的装甲师每个都应该有一个装甲旅。这个旅下辖两个轻型坦克团和一个中型坦克团，共有273辆轻型坦克和108辆中型坦克。此外，这个旅还要包含一个炮兵团，并由一个二营制的装甲步兵团、另一个炮兵营、一个工兵营以及一个侦察营提供支援。美国陆军装甲师的这种编制显然是以第7骑兵旅为基础的，但在1941年的演习中，这种编制被发现过于臃肿。因此在1942年3月，也就是在美国参战后不久，这些装甲师在投入战斗前改变了编制。这包括取消旅级梯队，以及在师长以下设立两个战斗指挥部，以便能够控制任意组合的该师中的部队。此外，装甲团的数量也减至两个，但此时每个团都有两个中型坦克营和一个轻型坦克营，因此全师的坦克的总数基本不变，但其轻型坦克与中型坦克的数量发生了逆转，即有143辆轻型坦克和232辆中型坦克。与此同时，步兵团得到第三个营，从而增大了步兵对坦克的比例，并且炮兵也被改编为三个营。

在改进编制的同时，美国陆军装甲师的数量也有所增多，又有三个师在美国参战前被组建起来。[55] 按照当时一本装甲部队手册的定义，这些装甲师的作用是"以具有强大战斗力和机动力的独立作战部队遂行高度机动的地面战，而这些战斗主要为进攻性质的"。[56] 毫无疑问，美国陆军装甲师仅限于发展战果或承担其他有限的任务，尽管那本手册认为它们"特别适合"这类任务。[57]

第 8 章

二战德国坦克及其对手

随着第二次世界大战在 1939 年 9 月 1 日爆发，有大量坦克立刻参与到战斗中，因为德国所有的六个正规装甲师、一个暂编装甲师，以及四个轻装师都参与了入侵波兰的行动。这 11 支部队共有坦克 2682 辆[1]，而当时德国陆军拥有的坦克总数不过是 2980 辆（不计指挥坦克）。[2]

虽然德军几乎将所有可用的坦克都集中在其装甲部队里，但装甲师却被分散到了主要由步兵师组成的各个军中。不过，这些装甲师仍然在快速突击中充当了先锋，并使德军在不到四个星期的时间里就合围并歼灭了战略态势暴露且武器不足的波兰军队。这场会战因实施速度之快而被冠以"闪电战"（Blitzkrieg）之名。从此，这个名词被广泛用于描述某种特定的战法。然而，"闪电战"并不是德国的军事术语，而只是一个被西方新闻界偶然发现并且在这场会战结束前就开始使用的流行语。[3]

德国装甲部队在这场会战中付出的代价是损失了 231 辆坦克。[4] 这些坦克大多是"一号坦克"和"二号坦克"，但实战证明，即使是"三号坦克"，在波军的 7.92 毫米反坦克枪以及波兰制造的 37 毫米博福斯反坦克炮面前也是不堪一击的。[5] 难怪古德里安认为，唯有"四号坦克"是一种应该被大量生产的高效武器。[6] 另一方面，"二号坦克"的车长们纷纷抱怨自己车上仅有的一具蔡司潜望镜不能提供足够的视野，尽管这种潜望镜是可旋转的，而且当时许多其他坦克也有同样的配置。因此，后来的"二号坦克"在车长舱舱盖周围一圈安装了八个固定潜望镜，这就为坦克内的全向视野设定了新的标准。

德军的坦克基本上没有遇到波军坦克的抵抗，因为后者的数量很少，而且波军可用的坦克也没有得到有效运用。波军最大的几支坦克部队是三个坦克营，其中的两个营各装备 49 辆 7TP 轻型坦克。这两个营被拆分为若干个连并投入战斗，而且没有得到足够的后勤支援，因此其不少坦克在耗尽燃油和弹药后就被乘员损毁。第三个营装备 49 辆 R35 坦克——这是波兰陆军在战前能够从法国采购到的所有坦克。该营被留作预备队，并且最终在一炮未发的情况下奉命越过国界，进入罗马尼亚。[7]讽刺的是，波兰坦克最后得到应用是在战斗结束之后。当时，德国人翻新了缴获的21 辆 7TP 坦克，并用它们装备了希特勒的警卫营。[8]

波兰会战还产生了一个完全不同的"副产品"，即波军骑兵迎着德军坦克发起冲锋的传说。该传说源于波军某个骑兵团的两个中队在战争第一天发起的一次冲锋，而这次冲锋在一些德方资料中被误传为是针对坦克的。[9]实际上，这次冲锋的目标是步兵，但关于骑兵冲击坦克的错误说法一直流传到了 21 世纪。[10]

虽然在波兰与德国坦克对抗的坦克很少，但当红军在 1939 年 11 月入侵芬兰时，与红军对抗的坦克甚至更少。实际上，芬兰陆军当时只有 26 辆维克斯"六吨坦克"，而且这些坦克并未全部配备 37 毫米博福斯炮。[11]另一方面，入侵的苏军部队有大约1500 辆坦克。[12]但是苏军在对卡累利阿地峡（Karelian Isthmus）发动的正面强攻中却失败了，并且在前线其他地段的进攻中也没能得手，而且其坦克损失惨重。不过在初次进攻失败后，苏军部队重整旗鼓，对芬军防线发起了又一次突击。这一次，苏军动用了大约 1330 辆坦克，并且通过这些坦克与步兵的密切配合打垮了芬军的抵抗，最终在 1940 年 3 月迫使对方签了城下之盟。[13]

苏军的坦克主要是 T-26。实战证明，T-26 在芬军的 37 毫米博福斯反坦克炮面前不堪一击，这与三年前在西班牙面对德国的 37 毫米反坦克炮时如出一辙，原因在于 T-26 不仅装甲较薄，而且运用不当。几乎所有被用于对芬兰作战的 BT 系列坦克也是如此。苏军还使用了 T-28 中型坦克，其中有 97 辆被击毁。此外，有五个炮塔的 T-35 重型坦克也被击毁多辆。

在第一次进攻中，红军还试用了两辆新式的 KV-1 重型坦克及其不成功的多炮塔竞品——T-100 和 SMK。实战证明，芬军的 37 毫米反坦克炮对这些坦克全都无效。

在第二次进攻中，红军又部署了新近研制的配备一门152毫米榴弹炮的、重52吨的KV-2坦克。[14]新式的T-34中型坦克本来也要在芬兰前线接受检验，但该型坦克直到停战后才抵达。此外，芬兰陆军总共缴获约600辆装甲车辆，其中被修复的T-26成了它的主力坦克。

只有一方部署大量坦克，这是德国入侵波兰时和苏联进攻芬兰时的特有局面。但这种局面在1940年5月10日就宣告结束，因为德军在这一天对荷兰、比利时和法国发动了攻势。德国装甲部队在波兰会战之后经过改编，已使四个轻装师被改为装甲师，所以德军此时共有十个装甲师。不仅如此，这些装甲师还被集中编成装甲军，而且有两个装甲军被合在一起，组成了一个装甲集群。

然而，德军的坦克总数仅仅小幅增至3379辆，而且十个装甲师实际部署的坦克有2574辆，这比攻打波兰时的坦克还要少。[15]在这些坦克中，有523辆仍然是仅配备机枪的"一号坦克"，它们已经在波兰和西班牙被证明性能不足。而且即使有前文提到的古德里安的建议，"四号坦克"也仅仅增加了69辆。数量唯一显著增加的是"三号坦克"——从98辆增至329辆。

在德军的进攻中，首当其冲的法国陆军拥有和对手大致一样多的坦克（约为3650辆）。[16]不过，德国坦克被集中在装甲师里，而三分之一的法国坦克（主要是R35轻型坦克）却被编入25个独立坦克营，并被分散在从瑞士边境延伸至英吉利海峡的法军前线上。重型的B1坦克和"B1 bis"坦克（二者在数量上大致与德国的"四号坦克"相当）被分配给法国陆军的三个装甲师（DCR），但其中的前两个师在八个月前战争爆发时才开始组建，而第三个师是在德军进攻前不到两个月时成立的。因此，这些DCR的建制并不完整，而且它们的部队没有多少合练的机会，更不用说练习机动作战了。除有比较现代化的坦克外，法军还有七个营装备了老旧的雷诺FT轻型坦克，有一个营装备了六辆重达68吨的2C重型坦克——在1940年，这些重型坦克的"归宿"本该是博物馆。

在法国陆军中，编制完整而且训练有素的机械化部队只有三个轻装机械化师（DLM）。其中，两个DLM组成了由普里乌将军（General R. Prioux）指挥的一个骑兵军，以负责为进入比利时中部的法军部队提供传统的骑兵掩护，因为法军预计德军的主要突击将发生在那里。在执行任务的过程中，普里乌的这个骑兵军遭遇到两个正在进攻的德国装甲师，并与后者展开了第二次世界大战中第一场坦克对坦克的战斗。这一仗发生在让布卢（Gembloux）的东面，因而也通常被称作"让布卢之战"。大约有 400 辆法国坦克和 600 辆德国坦克参与了这场战斗，而前者就包括了 160 辆左右的 S35（索玛）中型坦克。S35 中型坦克的正面装甲不仅厚于德国坦克的装甲，而且对德国坦克的火炮来说几乎是无法穿透的。同时，S35 中型坦克的 47 毫米炮在穿甲能力上也优于德国的"三号坦克"和"四号坦克"的 37 毫米炮及 75 毫米炮，只不过它没有达到某些资料所宣称的那种穿甲能力。[17] 但是和其他法国坦克一样，S35 中型坦克的单人炮塔使乘员负担过重，这严重妨碍了该型坦克发挥战斗力。雪上加霜的是，S35 中型坦克在车内视野方面也和其他法国坦克一样糟糕，这限制了乘员感知战场态势的能力。再加上其他法国坦克没有电台，S35 中型坦克与其他坦克的协同作战也很难实现。以上种种原因导致法国坦克普遍结成小群，各自为战。德国坦克的乘员也注意到了这一点，并往往借此智胜法国坦克。

不过，法国骑兵军虽然付出了 105 辆坦克的代价并不得不后撤，但还是完成了自己的任务。然而在这之后，该军的坦克就被分散在由步兵师建立的一道防线上，尽管普里乌将军对此反复抱怨，也无济于事。与此同时，法军总司令部完全没有料到由德军的五个师组成的装甲集群竟然穿越阿登森林发起进攻，因为他们认为那里对机械化部队来说是一道天堑。包括古德里安指挥的一个军在内的德军装甲集群越过默兹河（River Meuse），并在色当（Sedan）突破了法军防线，同时另两个装甲师——其中一个师的师长是隆美尔将军（General E. Rommel）——也在装甲集群的北面越过默兹河。完成突破后，这几个装甲师就向英吉利海峡快速挺进，并切断了比利时境内英法军队与其他友军的联系。

在更北面，德军剩下的一个装甲师入侵了荷兰。没有一辆坦克的荷兰军队只战斗了四天就宣告投降。

在法军这边，分散的 R35 坦克营在德国装甲师的猛攻下只能提供微弱的抵抗。另外，R35 坦克营不仅被分散使用，而且它们的坦克也和其他大多数法国轻型坦克一样，配备的是 1918 年设计的短身管、低初速的 37 毫米炮——这种火炮被对手形容为"一文不值"。[18] 法军的三个 DCR 在沙隆（Chalons）地区的战线后方被留作预备队。为了应对德军的攻势，第一个 DCR（第 1 装甲师）被派往比利时的沙勒罗伊（Charleroi），并在那里与隆美尔的第 7 装甲师发生激战。战斗中，该 DCR 的一些 B1 坦克在加油时遭到突袭，而另一些在耗尽燃油后被抛弃。因此，该 DCR 是被零散地投入战斗的，又是被零散地歼灭的。第二个 DCR（第 2 装甲师）因被分散成小队乃至单车，以守卫瓦兹河（Oise River）的渡口，而被白白地浪费。第三个 DCR（第 3 装甲师）本来要攻击古德里安的军的南翼，却被分散到各个防御阵地上，随后又被零散地投入到斯托讷（Stonne）的防御战中。[19]

法军还有第四个在会战期间匆忙组建的 DCR（第 4 装甲师）。在戴高乐上校（后来晋升为少将）的指挥下，该 DCR 在蒙科尔内（Montcornet）和拉昂（Laon）攻击了正从南面推进过来的德国装甲师，随后又攻击了索姆河河畔阿布维尔（Abbeville）附近的德军桥头堡，但这几次进攻仅仅取得了局部的战术胜利。两天前，刚刚在法国登陆以保护英国远征军侧翼的英国第 1 装甲师也派出两个旅攻击过这个桥头堡，而这两个旅在没有步兵和炮兵支援的情况下被投入战斗，并在损失了许多坦克后被击退。此时，除七个装备 Mk6 轻型坦克的师属骑兵团外，英国远征军能够动用的坦克部队就只有第 1 陆军坦克旅了。第 1 陆军坦克旅下辖两个营，共装备 58 辆 Mk1 步兵坦克和 16 辆 Mk2（"玛蒂尔达"）步兵坦克。在两个步兵营的支援下，该旅会同法国第 3 轻装机械化师在阿拉斯（Arras）附近攻击了隆美尔的装甲师。由于德军的 37 毫米反坦克炮对"玛蒂尔达"坦克的厚重装甲毫无效果，这次进攻给德军造成了相当多的伤亡，而德军在动用了师属炮兵和 88 毫米高射炮之后才阻止了英军的推进。[20]

在阿拉斯的进攻是英国远征军打的规模最大的一场坦克战。此后，英军远征军的大部分部队就放弃了剩余的坦克，并与法国第 1 集团军和第 7 集团军一起从敦刻尔克（Dunkirk）撤退。在撤退进行时，德国装甲师重整旗鼓，并在攻下敦刻尔克后再度大举进攻，突破了接替甘末林将军担任法军总司令的魏刚将军（General M. Weygand）沿索姆河和埃纳河（Aisne）建立的防线。为了恢复部分装甲部队，法军利用从敦刻尔克经英国撤至后方的人员重建起三个 DLM，甚至还组建了两个新的 DLM（第 4 和第 7 轻装机械化师）。在德军突破后，法军第 7 轻装机械化师的坦克与第 3 装甲师的残部一起在瑞尼维尔（Juniville）地区进行了顽强战斗。但和其他 DLM 一样，第 7 轻装机械化师此时只剩 20 辆左右的坦克，已无力挽回法国陆军的败局。[21]

在 1940 年 6 月 22 日签订停战协定后，一些骑兵团在法国未被占领的地区重建起来。但是，按照德国当局与维希政府的协定，这些骑兵团的装备仅限于 64 辆"潘哈德178"装甲汽车，以及作为储备的28辆该型装甲汽车，而且这些装甲汽车在拆除了25毫米炮后，就只剩下机枪作为武器。[22]

除指挥车辆外，德国装甲部队在法兰西会战期间共损失770辆坦克，其中大部分（611辆）是在会战的头一个月被击毁的。德国人发现"三号坦克"和"四号坦克"的装甲防护不够，而且逊于法国坦克的装甲，但德国坦克通过机动灵活的战术减小了被法军火炮击中的概率，从而提高了生存能力。事实证明，德国坦克的火炮——尤其是被视为主力反坦克武器的"三号坦克"的37毫米L/45炮——火力不足，不仅对付S35坦克的前装甲效果不佳，而且对付"B1 bis"坦克更是无力。在这种情况下，"四号坦克"的75毫米L/24炮虽然是短身管、低初速的火炮，却成了对付法国坦克最有效的武器。[23]

法兰西会战不可避免地使德军要求为"三号坦克"换装口径更大的火炮。实际上，此前已有人预见到了这一点，并开始研制50毫米L/42炮。根据古德里安在其回忆录中的说法，他早在1932年就要求研制这种火炮，但当时的军械局长和炮兵总监认为37毫米炮已足够，而且还能保证与同期步兵所用的37毫米反坦克炮通用。[24]

结果就是，第一辆安装50毫米L/42炮的"三号坦克"直到1940年7月才被生产出来。不过，德国人此时已研制出了另一种效能强得多的50毫米炮——身管更长、炮口初速更高的L/60——来取代37毫米反坦克炮。希特勒看到了这种火炮，并下令为"三号坦克"配备它。但是在1941年4月，他发现自己的命令没有被执行，于是坚决要求立即执行。按照古德里安的说法，这道命令本可使"三号坦克"领先于同时代的大多数坦克。[25]但实际情况是，第一辆配备50毫米L/60炮的坦克直到1941年12月才被生产出来，而配备身管较短的50毫米L/42炮的坦克却一直生产到了1942年。此外，虽然L/24炮在穿甲能力上不仅落后于50毫米L/60炮，而且也不如50毫米L/42炮，但德国人直到1941年11月才决定在"四号坦克"上安装比L/24炮更强大的75毫米炮。其实，莱茵金属公司早就按照军械局1934年下发的命令造过三辆不同的试验车，而这三辆试验车全都配备了一种火力更强的长身管75毫米炮。[26]

法兰西会战结束后不久，希特勒下令将装甲师的数量增加一倍。因此截至1941年年初，德军又有10个新的装甲师组建了起来，但其装甲师数量的增加是以每个师的坦克数量减少为代价的。因此，当改编完成时，德军装甲师的编制内再也没有二团制的坦克旅，而只有一个辖两个或三个营的团。每个营又有一个中型坦克连。该连通常装备 20 辆 "四号坦克"，但有的装备了 30 辆乃至 36 辆 "四号坦克"。此外，还有两到三个轻型坦克连——主要装备 "三号坦克" 或 "38(t) 坦克"。因此从实力来看，各师拥有的坦克在 145 辆到 265 辆不等。[27]

当改编基本完成时，德国六个装甲师作为先锋在 1941 年 4 月入侵了南斯拉夫和希腊。它们再次为德军的速胜立下大功，而南斯拉夫军队仅仅战斗了 11 天就宣告投降，希腊军队也在八天后步其后尘。在德军这六个装甲师中，五个师报告的损失合计为 56 辆坦克。[28]

另一方面，利比亚的意大利军队显露出染指埃及的意图，因此驻埃及的英军部队对其发动了进攻。参与此次进攻的英军部队有一个装备 45 辆 "玛蒂尔达" 步兵坦克的营，该营引导一个步兵师突击了意军在初期推进后建立的一系列筑垒营地。大约于同一时间，混装 A.9、A.10 和 A.13 等巡洋坦克以及 Mk6 轻型坦克的英国第 7 装甲师也攻击了其他目标。英军部队共有 275 辆坦克。事实证明，"玛蒂尔达" 坦克对意大利的反坦克武器 "完全免疫"，而且在性能上全面压倒意军的 M11/39 中型坦克——后者有 23 辆在一个营地里被击毁。[29]1941 年 2 月，在这次进攻的最后阶段，第 7 装甲师的巡洋坦克攻击了败退的意军部队（其装备包括了新式的 M13/40 坦克）。与 M11/39 中型坦克不同的是，M13/40 坦克拥有安装于炮塔的 47 毫米炮（这种炮在火力上与英国巡洋坦克的 40 毫米炮大致处于同一水平），而且拥有更厚的装甲。但这些 M13/40 坦克都是被零散投入战斗的，而且到了当天黄昏时，已有 112 辆被击毁或被其乘员放弃。[30]

此战导致昔兰尼加的意大利军队被全歼。这促使希特勒向利比亚派出由隆美尔将军指挥的第 5 轻装师和第 15 装甲师，以支援的黎波里塔尼亚（Tripolitania）的意军。第 15 装甲师已经得到 "公羊" 装甲师的增援，随后在德国第 5 轻装师到达后又得到进一步加强。一个月后，第 5 轻装师在的黎波里（Tripoli）全部下船，此时其拥有的坦克已达到 151 辆（包括 61 辆 "三号坦克" 和 17 辆 "四号坦克"）。[31] 隆美尔不等第 15 装甲师到达就决定发动进攻，并在两个星期之内就将英军部队赶回埃及边境，还歼灭了英军的第 2 装甲师。

随着一支来自英国的船队带来了包括 135 辆 "玛蒂尔达" 坦克和 82 辆巡洋坦克在内的增援，英军部队在 1941 年 6 月发动了代号为 "战斧" 的反攻。这些增援的坦克包括了首次用于实战的"十字军"巡洋坦克——其装甲比先前的巡洋坦克的装甲更为厚重。德军的实力也因为第15装甲师的到达而得到增强。英军的反攻在英军损失了92辆坦克后被击退,而德军仅损失了12辆坦克。英军反攻失败的主要原因是英军制度化地将坦克的职能划分为"步兵支援"和"机动作战"两种职能,从而导致坦克部队不仅被分散使用,而且"倾向于单打独斗"。这与德军坦克和反坦克炮(包括用于对地的88毫米高射炮)的有效配合形成鲜明对比。

1941年11月,番号已改为"英国第8集团军"的英军部队,以"十字军"为代号发动了又一次攻势。为此,该集团军集结了756辆配备火炮的坦克,而且还将259辆坦克作为预备坦克,将231辆装备了两个尚在训练中的装甲师。为此战集结的坦克包括336辆巡洋坦克。此时,这些巡洋坦克有大半已是"十字军"坦克,但仍有一定数量的A.13,甚至还有26辆A.10。此外,参战部队还有225辆步兵坦克,其中不仅有"玛蒂尔达",还有"瓦伦丁"。[32]

"瓦伦丁"坦克是二战前设计的最后一种英国坦克。与其他坦克不同的是,"瓦伦丁"坦克不是按照英国陆军部的技术指标设计的,而是维克斯·阿姆斯特朗公司主动设计的。"瓦伦丁"坦克基于原A.10步兵坦克的成熟底盘,但拥有60毫米至65毫米厚的前装甲,因此它在装甲方面仅次于"玛蒂尔达"坦克,并与法国B1坦克持平。为了避免底盘负荷过大,"瓦伦丁"坦克将车重控制在16吨,因此其炮塔仅有两名乘员,而其他英国坦克和德国坦克的炮塔乘员都是三人。[33]英国陆军部虽然反对这种炮塔设计,但还是下令让"瓦伦丁"坦克投产。第一辆"瓦伦丁"坦克在英国急需坦克的1940年5月完成。"瓦伦丁"坦克最终制造了8275辆,其中包括在加拿大制造的1420辆。"瓦伦丁"坦克的这个产量超过了第二次世界大战中其他任何一种英国坦克的产量。除了数量众多,"瓦伦丁"坦克在可靠性上也强于同时代的英国坦克,这要归功于它的开发者是唯一拥有多年坦克设计和生产经验的英国公司。

与同时代的其他英国坦克一样,"瓦伦丁"坦克配备了40毫米炮(二磅炮)。在"瓦伦丁"坦克被部署到利比亚之后,有评论认为这种火炮不如德国的坦克炮,并暗示这是英国坦克部队遭到逆转的原因。实际上,40毫米炮(二磅炮)在穿甲能力上不仅强于"四号坦克"的75毫米L/24,也略强于"三号坦克"的50毫米L/42炮。[34]但是从37毫米炮开始,德国坦克炮发射的穿甲弹都带有使用延时引信的爆炸装药，因此其在穿透装甲后的杀伤效果上要好于 40 毫米炮（二磅炮）发射的实心弹。而所有关于北非战斗的论述几乎都忽略了这一点。

为"十字军"行动集结的坦克还包括 195 辆美制 M3 轻型坦克。这些 M3 轻型坦克是第二次世界大战期间第一种大量供应给英国陆军的美国坦克，而英军以美国内战时南方邦联军骑兵名将的名字将这些坦克称为"斯图亚特"。M3（"斯图亚特"）轻型坦克在设计上有些过时，并且有一个内部空间狭窄的双人炮塔，但其 37 毫米炮在穿甲能力上略强于德国的 50 毫米 L/42 炮。此外，M3 轻型坦克不仅速度很快，而且非常可靠，这要归功生产前所做的大量研发工作。与此同时，它在装甲防护以及火力水平上均与英国巡洋坦克相当。因此，M3 轻型坦克被视作一种"轻巡洋坦克"。有一个英国装甲旅全部以 M3 轻型坦克为装备。

当"十字军"行动开始时，番号已经改为"非洲军"的德军部队拥有两个装甲师。这两个装甲师总共只有 145 辆"三号坦克"和 38 辆"四号坦克"，而意大利装甲部队有 146 辆 M13/40 坦克。然而，它们还是成功击退了英国坦克部队最初的几次进攻，因为这几次进攻分散而杂乱，完全没有发挥出英国坦克部队在坦克数量上的总体优势。相比之下，德军部队在作战时更有章法，而且和先前一样，它们的坦克和反坦克炮进行了非常有效的配合。但是最终，隆美尔的部队因为消耗过大而不得不后撤到的黎波里塔尼亚边境。然而只过了两个星期，隆美尔的"非洲军"——在得到增援后，该军实力重新增至 77 辆"三号坦克"和 10 辆"四号坦克"——就转入进攻，并将英军赶回了昔兰尼加的贾扎拉（Gazala）一线。在此后四个月的间歇期中，双方都在积聚坦克实力。在德国一方，其"三号坦克"（包括首次来到利比亚的 19 辆配备长身管 50 毫米 L/60 炮的"三号坦克"J 型）增至 242 辆，"四号坦克"增至 38 辆，同时意大利的坦克也达到了 230 辆（M13/40）。在英国一方，坦克总数增至 850 辆，还有大约 120 辆作为预备队的坦克和 300 辆留在埃及的坦克。[35] 英军部队获得的坦克第一次包括了 167 辆美制"格兰特"坦克。"格兰特"坦克配备的一门中初速 75 毫米炮在穿甲能力上优于大多数德国坦克炮，而且只有 50 毫米 L/60 炮与之相当。除了能发射穿甲弹，这种 75 毫米炮还能发射高爆弹，这使英军的坦克部队第一次能够对付反坦克炮的威胁。

"格兰特"坦克的 75 毫米炮没有安装在炮塔中，而是安装于车体内，这限制了这门炮的方向射界，也在一定程度上削弱了它的战术效能。"格兰特"坦克确实有一个炮塔，但只在炮塔中安装了它的副武器——37毫米炮。正因为"格兰特"坦克将75毫米炮安装在车体内，所以一些亲法的历史学家暗示，它是受到了法国B1坦克的启发而设计的。实际上，"格兰特"坦克与B1坦克毫无关系，而是源于1939年美国最新的中型坦克（试验性T5E2改型，该型坦克将一门75毫米榴弹炮安装于车体里，而不是将37毫米炮安装在炮塔内）。[36]后来，由于德军在1940年的法兰西会战中使用了装有75毫米炮的"四号坦克"，美国陆军急需一种拥有类似火炮的坦克，而T5E2的设计方案是唯一可以快速投产的75毫米炮中型坦克的现成方案。因此，美国人以T5E2为基础研制出了新的M3中型坦克。1940年，不仅美国陆军下单订购了M3中型坦克，而且英国陆军也订购了这种坦克的改进版。英军将自用版的M3中型坦克称为"格兰特将军"，而美国版的M3中型坦克按南方邦联军统帅之名被称为"李将军"。[37]M3中型坦克的原型车在1941年5月完成。仅仅两个月后，M3中型坦克的量产版就开始交付。最终，美国版和英国版的M3中型坦克的产量共计达到6352辆。

无论存在什么缺点，"格兰特"坦克比英国第8集团军先前拥有的任何一种坦克都更好。而且"格兰特"坦克还拥有数量优势。尽管如此，当德国的"非洲军"攻击贾扎拉防线时，英国第8集团军还是被逐次击败，并在损失了大部分坦克之后不得不退入埃及。该集团军一直败退到距亚历山大港（Alexandria）96.6千米的范围内，才在阿拉曼（Alamein）通过一连串反击阻止了敌军推进。三个月后，阿拉曼又爆发了一场大战，而这场大战彻底扭转了北非战争的进程。

另一方面，德军在1941年6月22日入侵苏联。这次入侵行动以四个装甲集群作为前锋。这些装甲集群（每个集群包含3到5个装甲师）合计有17个装甲师，而德国当时共拥有20个装甲师。这些装甲集群深入苏联领土，并在一系列合围战中给苏联军队造成巨大损失。直到1941年冬季，由于受到自身的损耗、苏军的反击和天气等因素的综合影响，这四个装甲集群才在莫斯科近郊、列宁格勒城下和乌克兰腹地停止前进。

当入侵开始时，苏联装甲部队正处于起伏不定的状态。德国装甲部队在波兰和法国的成功，促使苏军在1940年7月推翻了先前解散大规模机械化部队的决定。这一次，苏军决定组建8个机械化军。到了1941年2月，苏联最高统帅部又要求再组建21个机械化军。按照计划，每个机械化军应下辖两个坦克师和一个摩托化步兵帅，并且应拥有 1031 辆坦克。每个坦克师应下辖两个共装备 375 辆坦克的坦克团、一个摩托化步兵团，还有一个侦察营、一个反坦克营、一个防空营、一个工兵营和一个通信营。[38]

苏军新部队的编制还没有确定，德军就"打上了门"。此外，苏联装甲部队的领导层也没有从四年前的血腥清洗中恢复过来。而且根据报告，许多苏联坦克还需要大修，或者至少需要零配件才能继续使用。然而，按照斯大林本人对美国总统私人代表哈里·霍普金斯（Harry Hopkins）的说法，尽管红军的装甲部队有着种种缺陷，红军还是拥有总计达 24000 辆的坦克。[39]战后苏方资料提供的坦克总量要稍少一些，为 22600 辆。但无论如何，截至 1941 年年底，苏军已损失了 20500 辆坦克。这意味着在苏德战争的第一阶段，苏联战前的坦克实力已经几乎消失殆尽。[40]

如此惊人的战绩主要是由德国 17 个装甲师取得的。在对苏战争开始时，德国装甲师总共只有 3266 辆坦克（包括指挥坦克在内），其中数量最多的是"三号坦克"。此时，"三号坦克"已有 707 辆配备了 50 毫米 L/42 炮，但仍有 259 辆配备的是已经在法兰西会战中被证明火力不足的 37 毫米坦克炮。此外，还有 625 辆"38(t) 坦克"和 155 辆"35(t) 坦克"配备的是与 37 毫米坦克炮相似的捷克造 37 毫米炮。最强大的坦克仍然是"四号坦克"——该型坦克仍然配备短管的 75 毫米 L/24 炮，但总共不过 439 辆。[41]

苏联坦克大部分是 T-26 和 BT 系列坦克——它们配备的 45 毫米炮在性能上不逊于德国的 50 毫米 L/42 炮，但它们的装甲比较薄弱。而且在这些坦克的炮塔中，乘员只能通过一具可旋转的潜望镜观察，因此车长对态势的感知能力受到限制，以至于一年前和这些坦克作战的芬兰人就发现它们像"瞎子"。使这一问题进一步恶化的是这些坦克采用了双人炮塔的设计，并且车长在这样的炮塔中必须兼任炮手，而在其他采用双人炮塔的坦克（例如英国的"瓦伦丁"坦克）上，车长兼任的是装填手，因此他有更好的机会来观察周围发生的情况。

由于采用了三人炮塔，并且其车长可以自由地观察战术形势，德国的"三号坦克"和"四号坦克"就可以"依靠计谋"战胜苏联坦克，而事实证明后者确实不是前两者的对手。

不过，在入侵的第一天，一些德国装甲师还遭遇了苏联的 KV 坦克和 T-34 坦克。这两种坦克完全出乎德国人的意料，而且由于德国坦克炮对它们几乎毫无效果，这使德国人感到相当恐慌。其实，这两种苏联新式坦克至此已经投产一年多。在苏联被入侵时，已有多达 636 辆 KV 坦克和 1215 辆 T-34 坦克驶下生产线。[42] 而且苏联当局并没有特别费心地隐藏 T-34 的存在，因为在苏联遭到入侵的一个月前，他们就曾允许著名的美国摄影师——玛格丽特·伯克-怀特（Margaret Burke-White）对莫斯科郊外的一所坦克兵学校进行采访并拍摄 T-34 的照片。随后，这些照片就发表在读者众多的美国《生活》杂志上。

然而，尽管 KV 坦克和 T-34 坦克给德国装甲师带去了意外打击，而且在装甲防护与火炮威力方面都优于德军的坦克，红军对 KV 坦克和 T-34 坦克的运用却没有给会战的总体进程造成任何影响。当时，苏联通过宣传将这一事实掩盖了多年，该国谎称 T-34 是在德军部队兵临莫斯科城下时才被投入战场的，而且这些 T-34 为击退德军立下了大功。

T-34 的出现使德国坦克兵不可避免地要求更强大的新式坦克。因此，由德国一流的坦克设计师组成的一个特别委员会在 1941 年 11 月走访了古德里安的装甲集群，以便对当时的情况进行第一手的评估。不久以后，自 1938 年起就做过 20 吨级坦克预研工作的戴姆勒·奔驰和曼恩两家公司接到合同——要求它们研制一种配备一门身管非常长的 75 毫米 L/70 炮的、30 吨级的新坦克。1942 年 5 月，希特勒选择了曼恩公司的设计。经过原型车的试验之后，曼恩公司设计的首批两辆量产车于 1943 年 1 月完工。[43]

这种名叫"黑豹"的新式坦克在火力上超过苏联的 T-34，在装甲厚度上也强于后者。"黑豹"坦克还有乘员更多的五人车组，再加上其厚重的装甲，这导致它的重量也更重，达到了 43 吨。尽管如此，由于使用的宽履带和带有交错负重轮的悬挂系统将载荷分散到了地面，"黑豹"坦克在松软地面上行驶时性能良好，而且从后来所谓的"战斗能力"的角度来看，它在设计上也非常出色。事实上，"黑豹"坦克被广泛认为是第二次世界大战中最优秀的中型坦克，不过由于研制仓促，它最初曾饱受机械问题的困扰。

在生产"黑豹"坦克之前，德国人还生产出另一种强大的坦克，它就是重达 57 吨的、配备一门 88 毫米 L/56 炮的"虎"式坦克。研制这种重型坦克的项目并不像某些资料所称的那样，是为了应对 T-34 的出现而启动的。实际上，该项目可以追溯到 1935 年。当时，德国军械部第一次考虑研制一种配备 75 毫米炮的、能有效对付法国 2C、3C 和 D 式等重型坦克的 30 吨级坦克。[44] 设定这一目标的人显然消息不够灵通,因为 2C 重型坦克已经过时,而 3C 和 D 式两种重型坦克从未存在。但是在 1937 年,亨舍尔公司还是接到了设计一种 30 吨级的 DW(突破)坦克的要求。到了 1940 年,费迪南德・保时捷(Ferdinand Porsche)也设计出了一种 30 吨级的坦克。接着在 1941 年,克虏伯公司得到研制一种炮塔——这种炮塔要安装已在西班牙和法国被证明对地效果极其出色的坦克版的 88 毫米 L/56 高射炮——的合同。此后,在入侵苏联的一个月前,保时捷公司和亨舍尔公司都接到了研制一种 45 吨级坦克的订单。于是,两家公司在各自先前的 30 吨级坦克的设计基础上开始了研发。保时捷公司热衷于采用新颖但不一定非常实用的设计,而其生产出的坦克在电传动装置和新式悬挂系统上问题频出。因此,亨舍尔公司的坦克被军方选中,并以"虎"之名投产。

"虎"式坦克刚生产出来,希特勒就愚蠢地下令将其中的四辆用于列宁格勒前线,因此这些"虎"式坦克于 1942 年 10 月就在那里首次参加了战斗。这些"虎"式坦克被用于不合适的沼泽地形上。其中一辆在陷入泥炭沼泽后不得不被放弃,结果它在 1943 年 1 月被苏军完整缴获。因此,苏军不仅早早地得知了这种新式坦克的存在,还能细致地评估其特点。[45] 尽管有这次不吉利的首秀,"虎 1"坦克(E 型)还是一度成为全世界火力最强的坦克,而且它在装甲厚度上也超过了英国的"玛蒂尔达"坦克和苏联的 KV 坦克。生产出的 1354 辆"虎 1"坦克也给敌方坦克造成了严重损失。

在生产"虎 1"坦克和"黑豹"坦克的同时,德国人还找到了应对苏联新式坦克的更立竿见影的方法——给"四号坦克"换装长身管的 75 毫米 L/43 炮,以取代其原有的 75 毫米 L/24 炮。因此,"四号坦克"不仅在火炮口径方面赶上了两年前换装 76 毫米炮的苏联坦克,而且由于 75 毫米 L/24 炮为 41.5 倍口径,"四号坦克"在火炮性能上也大大超越了火炮为 30.5 倍口径的对手坦克。首辆换装火炮的"四号坦克"在 1942 年 3 月被生产出来。直到战争结束时,这种"四号坦克"仍是一种有效武器,而且此时其产量已经达到 7419 辆。

1941 年 11 月,在做出为"四号坦克"配备 75 毫米 L/43 炮的决定的同时,希特勒还决定为突击炮(Sturmgeschutz)也配备这种火炮。突击炮简称"StuG",最初研制它们是因为德军总司令部接受了卢茨和古德里安在战前鼓吹的主张,即所有可用的坦克都集中于机动部队,而不承担任何步兵支援任务。因此,步兵要求研制一种能为其提供近距支援突击和具备反坦克炮功能的装甲车辆。于是，军方在1936年发出研制此类车辆的订单。此类车辆的第一辆在1940年生产，它以"三号坦克"的底盘为基础，并且配备了与"四号坦克"相同的75毫米L/24炮，只不过这门炮被安装在车体内。

StuG实际上是一种"无炮塔坦克"。正因为没有炮塔，所以StuG拥有比较低矮的外形和相对于其重量可以更厚的装甲，而且在生产成本上也低于坦克。由于武器方向射界有限，StuG不太适合机动作战，但在配备75毫米L/43炮的情况下，它被证明是一种非常有效的反坦克车辆，以至于人们认为截至1944年，被它击毁的敌方坦克已达到20000辆。[46]在入侵苏联前期，德国陆军拥有391辆StuG。此后，StuG的数量一直稳步增长。到战争结束时，StuG共生产了9409辆，虽然其损失很大，但有3831辆仍在使用，这使得StuG成为当时德军数量最多的装甲战斗车辆。除了在战争后期坦克短缺的时候，StuG不配发给装甲团，而是被编入独立的主要用于支援步兵师的突击炮营。

随着先后换装上75毫米L/43炮和75毫米L/48炮的StuG和"四号坦克"在1942年春开始装备部队，继而"虎"式坦克和"黑豹"坦克也先后列装，德国陆军扭转了自入侵苏联并遭遇新式苏联坦克以来所面临的器不如人的局面。从此，德国陆军拥有了一直持续到战争结束的坦克质量优势。

相比之下，苏联红军一度没有对其已经研制出的坦克进行任何重大改进，而是一心一意地、尽可能多地生产它们，以求弥补其在1941年遭受的损失并夺回坦克的数量优势。特别值得一提的是，苏联人在已经认识到T-34的缺陷的情况下，仍然继续生产基本未作任何改进的T-34。在1940年夏天，苏联和德国仍然保持着友好关系的时候，苏方购买了两辆"三号坦克"，以对其进行评估。他们发现与"三号坦克"相比，T-34在装甲和武器上都占优，但其狭小的双人炮塔不仅明显不如德国坦克的三人炮塔，而且没有后者可提供良好全向视野的车长指挥塔。他们还发现"三号坦克"的扭杆悬挂也优于T-34的克里斯蒂式螺旋弹簧悬挂。[47]因此，苏联人匆忙设计了采用三人炮塔和扭杆悬挂的新型T-34M坦克。1941年3月，T-34M的两辆原型车开始组装。但三个月后，苏联就遭到入侵，于是在所有关于T-34的著作中都很少提及的T-34M就停止了后续研发。[48]

T-34继续被大规模生产，尽管其出现过一次暂时的产量下滑。这是因为当时最早生产该坦克的哈尔科夫工厂受到德军进攻的威胁，所以苏联人在1941年9月决定将该工厂和另一些工厂（包括列宁格勒生产KV重型坦克的工厂）一起疏散到乌拉尔。这一度导致斯大林格勒（Stalingrad）的工厂成为T-34唯一主要的生产厂家，但工业界超凡卓越的努力使乌拉尔早在1941年12月就产出了第一辆T-34。[49]

虽然坦克生产出现暂时的中断，并且苏联在战争头六个月又遭受了惊人的损失，红军在1941年年底仍然有7700辆坦克。[50]这个数量与当时德国陆军总共拥有的5004辆坦克相比，是占优的。虽然一部分苏联坦克在远东应对日军的潜在威胁，一部分德国坦克也被派到了北非，但无论如何，红军相对于德军仍然拥有显著的坦克数量优势。这个优势在1942年更加显著，因为苏联工业共生产了24668辆坦克，其中就包括了12527辆T-34。因此，尽管又遭受了严重的损失，但到当年年底，红军已拥有20600辆坦克，而德国人的坦克仅仅增加到5931辆，不过StuG也增至1039辆。[51]1943年，红军损失的坦克数量与苏联当年产出的坦克和突击炮的数量几乎相等，即24000辆坦克和突击炮（包括15833辆T-34）。但是次年，苏联坦克的产量超过了损失的坦克数量，而在这年年底，红军的坦克和突击炮的数量已增至35400辆。德军的坦克也有所增多，但仅仅达到12451辆，而且此时它们不仅要面对苏联坦克，还要在西欧面对成千上万的美国和英国的坦克。

1942年5月，坦克数量的劣势并没有阻止德国装甲部队先后在哈尔科夫和勒热夫（Rzhev）的反击中继续歼灭苏军的大部队。但是当这些装甲部队在6月参与德军的攻势时，希特勒将它们兵分两路，并让其中一路突击工业城市斯大林格勒，让另一路同样错误地以高加索油田为目标，这就导致它们的兵力不敷使用。苏联红军趁此机会，在1942年11月突破德军战线并包围了斯大林格勒。在包围圈中，包括三个德国装甲师在内的第6集团军残部在1943年1月投降。但一个月后，冯·曼斯坦因元帅（Field Marshal E. von Manstein）指挥的装甲部队在顿涅茨盆地和哈尔科夫打出了一场成为经典战例的机动战，粉碎了苏军的另一次攻势。

随后，德军总司令部筹划了一次代号为"城堡"的攻势，旨在攻击库尔斯克（Kursk）周围的苏军突出部，并用恢复元气的装甲部队歼灭大量苏军部队，从而削弱苏军的进攻能力。古德里安和另一些将军反对这个计划，甚至希特勒也对它抱有疑虑，但这次攻势还是在1943年7月实施了。[52]德军为此集结了17个装甲师。这些装甲师共有约2450辆坦克和突击炮[53]，其中包括133辆"虎"式坦克[54]和184辆全新的"黑豹"坦克。[55]但是这次进攻没有发挥德军装甲部队的机动战特长。相反,这些装甲部队被用于强攻红军预先料到的防御地段,而红军在那些地段准备了大量雷场和其他防御工事,并有约2950辆坦克提供支援。[56]因此,德国装甲部队陷入了一场消耗战,它们虽给苏军部队造成严重损失,却没能实现合围对手的计划。

特别激烈的战斗在普罗霍罗夫卡(Prokhorovka)铁路枢纽站附近发生了。此战历来被称为"规模最大的坦克战"。实际上,它是党卫军第2装甲军与近卫坦克第5集团军之间的遭遇战。其中,前者拥有294辆坦克和突击炮(包括14辆"虎"式坦克),后者拥有大约850辆坦克。苏军的坦克主要是T-34,但也包括260辆T-60轻型坦克。它们在德军的火炮面前是不堪一击的,而且T-34因在有效射程上完全不如"虎"式坦克,而只能冲到近距离处与之缠斗。[57]无论如何,在这一天的战斗结束时,近卫坦克第5集团军损失的坦克多达600辆,其中的334辆被完全摧毁,而党卫军第2装甲军彻底损失的坦克和突击炮共计只有36辆。[58]这些数字推翻了某些关于普罗霍罗夫卡之战的书籍中描写的德国装甲师"死亡冲锋"之说。[59]实际上,在整个库尔斯克突出部,德军共损失278辆坦克和突击炮,其中包括13辆"虎"式坦克和44辆"黑豹"坦克,而红军共损失了1254辆坦克。[60]

然而,德军的进攻行动在普罗霍罗夫卡之战后就被希特勒叫停,因为他此时开始关注英美军队刚刚在西西里实施的登陆,并决定撤下党卫军装甲军,将其调往西线。留在苏联的德国装甲部队仍然拥有坦克的质量优势,能够获取战术胜利并给敌人造成严重损失。但"城堡"行动是它们在东线的最后一次大规模攻势。在此之后,战略主动权就转移到红军手中,红军变得越来越善于实施进攻作战,而且还主导了战争后期东欧和中欧的战局。

在战争开始时,红军拥有30个在1940年开始组建的机械化军,但这些机械化军大多被迅速歼灭,并在1941年7月被正式解散。[61]红军剩余的坦克部队都被改编为独立的坦克旅——其用途仅限于为步兵提供近距支援。每个旅拥有的坦克在46至93辆不等,其中包括KV坦克、T-34坦克和任何可用的轻型坦克。但是当红军开始恢复元气时,它就在1942年3月重建了四个坦克军。每个坦克军最初下辖两个坦克旅和一个机械化步兵旅,但后来增加了第三个坦克旅,因此坦克军的实力增强,其拥有的坦克增至98辆T-34和70辆轻型坦克。[62]与此同时,这些坦克军撤装了对它们来说机动性不足的 KV 坦克，并将其编入独立的坦克团以支援步兵。

到了 1942 年年底，红军已经拥有 28 个坦克军。红军还组建了八个机械化军。每个机械化军拥有一个坦克旅和三个机械化旅（下辖三个摩托化步兵营和一个坦克团），并且共有 100 辆 T-34 坦克和 104 辆其他坦克。[63] 坦克军和机械化军因其编制而非常适合规模有限的机动作战，但要对敌军防线实施更大规模的突破和包围战，就需要把多个这样的军组合起来。因此，苏军在 1942 年 5 月首次成立了两个坦克集团军——这些坦克集团军对应德国的装甲军，正如苏联的坦克军对应德国的装甲师。

装甲部队的改编没能防止苏联装甲部队在 1942 年 5 月的哈尔科夫战役中遭受失败。但这些部队在斯大林格勒包围战中发挥了重大作用，并且在库尔斯克战役之后，它们更是在多次攻势中担当主力，帮助苏联收复了乌克兰、白俄罗斯和波罗的海诸国。在这一时期，一些新式的装甲车辆也被投入使用。首先投入使用的是 1943 年推出的 SU-122——它就是一种在 T-34 车体上安装了一门 122 毫米榴弹炮的坦克，也是一种与德国突击炮属于同类的"无炮塔坦克"。由于其效能比较低下，SU-122 很快就被与其非常相似的 SU-85 取代，只不过后者把武器换成了一门长身管的 85 毫米炮。采用 85 毫米炮是因为苏联人对列宁格勒前线缴获的"虎"式坦克进行了射击测试，而且测试结果表明，他们需要比当时苏联坦克的 76 毫米炮更强的火炮才能击穿"虎"式坦克 100 毫米厚的前装甲。截至 1944 年秋季，SU-85 大约生产了 2050 辆，此后它就被 SU-100 取代。SU-100 与 SU-85 相差无几，只不过配备了一门长身管的 100 毫米炮。SU-100 的火炮是由海军炮修改而来的（一如 SU-85 的 85 毫米炮由高射炮修改而来），这加快了 SU-100 的研发速度，也促使 SU-100 的产量在战争结束时约有 1200 辆。[64]SU-85 和 SU-100 因它们使用的火炮而成为高效的坦克歼击车，而它们所用的 T-34 底盘也为它们提供了跟随装甲部队作战所需的机动能力。

在研制 SU-85 和 SU-100 之前，苏军还在库尔斯克战役中少量使用了另一种无炮塔的突击炮。这就是重达 45.5 吨的 SU-152，它是设计者第二次尝试将 152 毫米榴弹炮装上 KV 坦克底盘的结果，而且这次尝试比第一次要合理得多。在第一次尝试时，设计者给 KV 坦克底盘装上了一个巨大的炮塔，由此产生的 KV2 曾在 1940 年被用于突击芬军防线。但事实证明，KV2 不适合机动性较强的作战。因此在 1941 年德国入侵后不久，KV2 就消失了。

1943 年，苏联人还研制了几种新式坦克。其中一种是挫装三人炮塔并采用 85 毫米炮的新版 T-34，其第一辆在 1944 年 3 月被配发给了苏军坦克部队。[65] 就火炮性能和前装甲而言，新版 T-34 仍然不如德国的"黑豹"坦克，但它在数量上超过了后者——到战争结束时，前者共生产了 18000 辆，而后者只有 5966 辆（而且这些坦克还没有全部用于东线）。苏联新的重型坦克也被研制出来。第一种重型坦克是给 KV 坦克换上最初用于 SU-85 的 85 毫米炮而产生的 KV-85——在 1943 年仅仅制造了 130 辆。第二种是"约瑟夫·斯大林"坦克（简称"IS"）。IS 采用了进一步加强装甲的 KV 底盘，并取消了第五名车组乘员（车体机枪手）。IS-1 的武器是一门 85 毫米炮，但 IS-2 配备了一门 122 毫米炮。[66] 这门 122 毫米炮也是改造而来的，其前身是一种炮兵的压制火炮。凭借 122 毫米炮，重达 46 吨的 IS-2 可在火炮威力上与"黑豹"坦克和"虎"式坦克匹敌，不过 IS-2 射速很慢，而且只携带 28 发炮弹。IS-2 在 1943 年年底前开始生产，于次年春天被配发给独立重型坦克团，以便为中型坦克提供火力支援。

为对抗 IS-2，德国陆军推出了重达 68 吨的"虎 2"坦克以及无炮塔的"猎豹"坦克。这两种坦克都配备一门 88 毫米 L/71 炮。与"虎 1"坦克的 88 毫米 L/56 炮相比，88 毫米 L/71 炮不仅身管更长，而且火力更强。"虎 2"坦克最终生产了 489 辆，但是它们在数量上被 IS-2 完全压倒，后者的产量到战争结束时达到 3207 辆。[67] 德军还有配备长管 128 毫米炮的"猎虎"坦克歼击车。首辆"猎虎"在 1943 年 10 月被造了出来，但"猎虎"的生产因空袭而被打断。因此，部队在 1944 年 6 月只有 5 辆"猎虎"。重达 70 吨的"猎虎"是第二次世界大战中火力最强且装甲最厚（前装甲厚达 250 毫米）的车辆，但其一共只生产了 77 辆。[68]

红军充分利用自身的坦克数量优势，在东线不同地段同时发动了多场进攻，并将德军部队各个歼灭。在此过程中，希特勒灾难性的战略也"帮了红军的忙"，因为他要求德军部队坚守阵地，而不允许其更自由地实施作战。他还特别要求德军部队固守被指定为"要塞"（Feste Platze）的城镇，以求遏制苏军的猛烈攻头。但这反而使德军部队被分散在孤立的据点中，从而使其更容易被苏军包围并逐次歼灭。[69] 这种做法加上其他因素，导致了 1944 年 6 月中央集团军群在白俄罗斯的覆灭。对德军来说，此战遭受的失败比在斯大林格勒遭受的失败更加惨重。

红军在 1945 年 4 月发动攻势并冲至柏林城下，随后攻克该城，给了希特勒的帝国以"最后一击"。攻击柏林的部队包括四个坦克集团军，并且共有 6250 辆坦克和突击炮。对苏军装甲部队来说，在城市地区压制敌军的坚决抵抗远不如在东欧平原上的作战得心应手，因此这些部队总共损失了1997辆坦克和突击炮，这比柏林战役开始时德国守军拥有的1519辆还多。[70]

在东线兵败如山倒的同时，德军部队在西线也被逐渐压垮。这一过程始于1942年10月的第二次阿拉曼战役。当时，蒙哥马利将军（General B. Montgomery）指挥下的英国第8集团军攻击了已推进到埃及境内的德意军队。后者包括两个当时共装备211辆"三号坦克"和"四号坦克"的德国装甲师，以及两个共装备280辆M13/40的意大利装甲师。其当面的英国第8集团军拥有三个装甲师（其中两个各加强了一个装甲旅）和两个独立装甲旅。所以该集团军共有7个装甲旅和1441辆坦克，而且其在埃及的仓库、修理厂和训练部队里还储备有1230辆坦克。[71]因此，双方的物力差距悬殊甚至比这些数字反映的还要大，因为在德国坦克中，只有30辆是配备长身管75毫米L/43炮的"四号坦克"，而英国第8集团军部署的坦克不仅包括170辆"格兰特"，还有252辆新近运来的美制M4中型坦克（英军称其为"谢尔曼"）。

"谢尔曼"坦克的75毫米炮在穿甲能力上略强于"格兰特"坦克的75毫米炮，不过不如"四号坦克"的75毫米L/43炮。但是与"格兰特"坦克安装于车体的火炮不同的是，"谢尔曼"坦克的火炮安装在炮塔中，因此这种火炮在战术效能上更高，而且它们除了能发射穿甲弹还能发射高爆弹，不像大多英国坦克仍配备的是只能发射实心弹的40毫米炮（二磅炮）。

英国第8集团军利用新接收的坦克及其数量优势，通过一系列进攻消耗了德意军队的坦克。在战役都打到第13天，德意军队被迫撤退时，其意大利坦克已全部损失，而德国坦克也只剩10辆。

由英军最初用于阿拉曼战场的M4（"谢尔曼"）中型坦克是美国陆军早在1940年8月——当时，美军打算在M3中型坦克之后尽快推出一种也配备75毫米炮但将其安装于炮塔中的坦克，而M3中型坦克及其英国版（"格兰特"）甚至还没有完成设计——就决定研制的。为了不耽误生产，M4中型坦克使用了与M3中型坦克基本相同的底盘，只不过在总体布局上模仿了德国的"四号坦克"。M4中型坦克在1941年9月完成一辆样车，并于1942年2月开始量产。[72]除了轻型坦克，M4中型坦克几乎成为美国陆军截至第二次世界大战结束时使用的唯一一款坦克，并且到停战时共生产了49234辆。[73]M4中型坦克也成为英国陆军的主力坦克。

"谢尔曼"坦克在阿拉曼战役之后被英国陆军越来越多地使用。这不是因为英国坦克数量不足，而是因为它们有各种缺陷。事实上，英国在1940年生产的坦克与德国生产的一样多。而在1941年，英国生产的坦克数量（4811辆）就超过了德国生产的坦克数量（3114辆）。1942年，英国坦克进一步增加，其年产量达8611辆，是同年德国坦克产量的两倍还多。[74] 不幸的是，英国可观的产能有相当一部分被用错了方向，甚至被白白浪费了。最极端的例子就是"盟约者"巡洋坦克，这种坦克生产了1365辆，但没有一辆被认为适合作战。

　　"盟约者"坦克的失败在很大程度上要归结于负责生产它的公司缺乏坦克设计经验。其他坦克也存在类似的情况，例如A.13和"十字军"两种巡洋坦克，它们在被用于北非战场后就得到了"不可靠"的恶名。由于"盟约者"和"十字军"等坦克被匆忙投产，一些问题又被进一步放大，而且由于1940年英国远征军在法国的败仗中损失了约700辆坦克，并且纠正这些问题会导致坦克的生产跟不上需求，因此这些问题迟迟得不到解决。军方出于对坦克短缺的认知，要求业界尽可能多地生产坦克，而丘吉尔又对这种认知做了夸大——两年后，他竟在议会下院声称："我们……在英国国内的坦克不到100辆。"[75] 实际上，从后来公开的生产记录可以看出，虽然英国坦克在法国损失了很多，并且又有大约300辆被运给了埃及的英军部队，但当时英国国内肯定还有至少700辆坦克。[76]

　　还有一种观念认为英国坦克的火力不如德国坦克的火力。实际上，英国坦克的40毫米炮（二磅炮）在穿甲能力方面比大多数德国坦克的37毫米L/42炮和50毫米L/42炮都强。直到1942年，德国推出的长身管50毫米L/60炮，才胜过40毫米炮（二磅炮）一筹。英国坦克一贯的缺陷在于，没有一种火炮既能发射穿甲弹，又能发射高效的高爆弹。而这一点，"四号坦克"的75毫米炮就能做到，即使是"四号坦克"最初配备的短管L/24型火炮也能做到。当英国坦克终于"突破了40毫米炮的天花板"时，其取得的进步也仅限于在1942年给"十字军"巡洋坦克换装57毫米炮（六磅炮）而已。"57毫米炮（六磅炮）"是一种非常有效的反坦克武器，它在穿甲能力上不逊于"四号坦克"的长身管75毫米L/48炮，但作为一种发射高爆弹的武器，它却被形容为"毫无用处"。[77] 因此直到1942年，随着配备75毫米炮的美制"格兰特"坦克和"谢尔曼"坦克先后到来，英国装甲部队才装备了既能发射穿甲弹，又能发射有效的高爆弹的坦克。

然而在 1943 年乃至 1944 年，英国总参谋部和陆军部还是无法或不愿接受每种坦克都应该发射且能够发射两种弹药的观点。他们相当不情愿地同意为部分英国坦克配备"两用"火炮，但还是认为其他坦克炮只能在两种功能中专精一种。[78] 他们顽固坚持的就是在英国坦克的发展中阴魂不散的专门化思想。这种思想体现在他们对步兵坦克和巡洋坦克的划分上，以及为坦克配备只能有效对付其他坦克的 40 毫米炮（二磅炮）的决定上。直到战争的最后两年，这种过度专门化的倾向才开始消退。

与此同时，英国第 8 集团军将德国"非洲军"的残部逐出埃及，并且乘胜追击，使其穿越昔兰尼加，进入了的黎波里塔尼亚。在那里，"非洲军"得到了一个剩下的意大利装甲师——"半人马座"师的增援。但是该师仍然只装备 M13/40 坦克或与其非常相似的 M14/41 坦克，而这些坦克此时在火力上已经完全被"谢尔曼"之类的坦克压倒。经过一些迟滞作战，德意军队退入突尼斯，一口气撤到了第二次世界大战前法军为抵御利比亚意军入侵而修建的马雷特防线处。

在两个月前，也就是 1942 年 11 月，英美联军在当时属于法属北非的摩洛哥和阿尔及利亚海岸登陆，并且在克服了一些法军的抵抗后向突尼斯进军。德军总司令部的反应是将一个装甲师以及其他部队——这些部队拥有一些"虎"式坦克——投放到突尼斯。在积聚起足够的实力后，德军在突尼斯迎头痛击了从西边推进至卡塞林山口（Kasserine Pass）的美国第 1 装甲师，并摧毁该师 100 多辆坦克，其中包括英军的"格兰特"坦克的美国版——"李"式坦克，以及"谢尔曼"坦克。[79] 随后，德军调头攻击了英国第 8 集团军，但在梅德宁（Medenine）被击退。接着，英国第 8 集团军就突破了马雷特防线——"瓦伦丁"坦克在此战中发挥了突出作用。但在突尼斯又经过一场大战后，装备"瓦伦丁"坦克的部队就换装了"谢尔曼"坦克。"十字军"坦克是在阿尔及利亚登陆的英国第 6 装甲师的部分装备，它们此时也被"谢尔曼"坦克替换。

突尼斯的会战随着 1943 年 5 月德意军队的投降而结束。在此战临近尾声时，英军得到两个旅的增援，或者说得到约 300 辆"丘吉尔"步兵坦克的增援。这些重 39 吨的坦克是在 1940 年法国沦陷前的"静坐战争"期间设计的，当时其设计者预计坦克将会与第一次世界大战时一样，需要在布满弹坑的地面上作战。"丘吉尔"坦克虽然速度较慢，但在装甲防护上强于"玛蒂尔达"步兵坦克。尽管有如此重的车重，"丘吉尔"坦克最初只有 40 毫米炮（二磅炮）作为武器，只不过其 Mk1 版还有一门用于取代车体机枪的76.2毫米（3英寸）榴弹炮。在部署到突尼斯之前，"丘吉尔"坦克换装了57毫米炮（六磅炮），再加上它们通过困难地形作战的能力，这使它们在突尼斯战场的多山地形中具有很高的效能。另一方面，德军总司令部派到突尼斯的52辆"虎"式坦克却被用错了地方，它们本来更适合用于苏联前线，因为那里开阔的原野可以大大提高它们的88毫米炮的效能。[80]

在突尼斯获胜之后，英美联军登陆西西里岛，随后又沿着意大利半岛缓慢北上。意大利半岛的地形普遍限制了部队离开公路实施机动，所以那里的坦克战的规模很有限，而坦克通常在小规模战斗中只能为步兵提供近距支援。出于同样原因，虽然盟军拥有相当数量的装甲部队，但坦克与坦克之间发生战斗的机会却很少。盟军的装甲部队包括美国第5集团军的一个装甲师和八个独立坦克营、英国第8集团军的三个装甲师和两个独立坦克旅。与其对垒的德军部队有时有一个装甲师，有时有两个装甲师，还有一个装备多达45辆"虎"式坦克的独立重坦克营，以及一个装备76辆"黑豹"坦克的营——该营最初是在1944年2月抗击盟军的安齐奥登陆时参战的。[81、82]

在意大利的所有英美坦克部队基本都装备的是"谢尔曼"坦克。除此之外，只有一些美制M5轻型坦克（直接由先前的M3轻型坦克发展而来）和两个英国独立坦克旅的"丘吉尔"步兵坦克。1944年6月，在诺曼底登陆的盟军部队使用的也是这几种坦克，只不过有些英国装甲部队装备了一种新式巡洋坦克——27.5吨重的"克伦威尔"坦克，以取代"谢尔曼"坦克。

"克伦威尔"坦克的研发工作起源于1941年。当时，英国人先后设计了非常相似的"骑士"和"半人马座"两种巡洋坦克。这两种坦克都是作为"十字军"巡洋坦克的后继型号来设计的，它们拥有更厚重的装甲，但仍采用原"十字军"坦克的纳菲尔德"自由"发动机，以及与"十字军3"型坦克配备的相同的57毫米炮（六磅炮）。但"半人马座"坦克后来换上的更强劲的600马力的流星式发动机，是皇家空军"飓风"和"喷火"两种战斗机使用的罗尔斯-罗伊斯"梅林"航空发动机降低了出力的无增压版本。该发动机与已在"丘吉尔"坦克上得到验证的梅利特-布朗变速器结合后，"半人马座"坦克摇身一变，就成为"克伦威尔"坦克，并一举摆脱了英国坦克此前得到的"不可靠"的恶名。除了早期版本仍然配备57毫米炮（六磅炮），"克伦威尔"坦克还把武器换成了75毫米炮，而这门炮发射的弹药与"谢尔曼"坦克的 75 毫米炮发射的弹药相同。

　　与先前的英国坦克相比,"克伦威尔"坦克在多个方面都有显著进步。但是就其主要特征——火炮和装甲——而言,"克伦威尔"坦克并不比三年前出现的苏联 T-34 坦克强。当笔者在若干年后指出这一点时,英国巡洋坦克的创始人——马特尔将军很不以为然,他无视事实地宣称 T-34"远不如'克伦威尔'"。[83] 然而苏联人并不这么看,因为当英国人在 1943 年根据军援计划提议向苏联援助"克伦威尔"坦克时,苏联人婉言谢绝了。[84] 相反,他们要求英国提供更多的"瓦伦丁"坦克——这种坦克被红军当作轻型坦克使用。共有 2394 辆"瓦伦丁"坦克从英国运往苏联。此外,在加拿大生产的 1420 辆这种坦克(除 30 辆外)也全都援助了苏联,不过约有 300 辆在北冰洋随运输船队沉没。

　　和"谢尔曼"坦克一样,"克伦威尔"坦克在火力上也不如德国坦克。但是对英美军队来说,当时面对的更迫切的问题是它们要在敌方重兵把守的滩头登陆,然后突破其沿岸防线。这就要求坦克能够从运输船上下水并浮渡上岸。这种功能在 1924 年美国海军陆战队的一次演习中就曾被演示过。当时,克里斯蒂制造的一辆装甲两栖车从一艘战列舰上下水,接着浮渡到了波多黎各的海滩。[85]1931 年,维克斯•阿姆斯特朗公司制造了两辆两栖轻型坦克的原型车,即最早研制成功的 A4E11 和 A4E12,而它们在苏联的仿制版被称为"T-37"和"T-38"(这两种车辆在 1933 年至 1939 年为红军生产了约 4000 辆)。[86] 但它们都是 3 吨重的小型双人坦克,都仅配备一挺机枪,而且只能在风平浪静的内陆水域浮渡。比它们更重的坦克必须加装大型浮筒才能浮在水上,但这种方法不是很实用。曾为皇家空军和荷属东印度群岛驻军设计过装甲汽车的匈牙利工程师——施特劳斯勒(N. Straussler)在英国发明了一种巧妙的系统,才最终解决了更重的坦克浮渡的问题。

　　施特劳斯勒的系统使用了一种帆布浮幕。这种浮幕在张起时可以提供必要的浮力,而在折叠起来时又可使坦克照常作战。坦克在水里时可通过以履带驱动的两个螺旋桨达到 9.7 千米 / 时的速度,而这种驱动方式被叫作"复合驱动"(简称"DD")。因此,后来加装施特劳斯勒的浮渡系统的坦克一般就被称为"DD 坦克"。一辆重 7.5 吨的"领主"轻型坦克最早被改造成 DD 坦克,并在 1941 年接受了测试。此后,大约 600 辆"瓦伦丁"坦克也被改造为 DD 坦克,它们仅被英国陆军用于试验和训练。接着,更重的"谢尔曼"坦克(30 吨)也接受了改造,它们的 DD 改型装备了预定参与诺曼底登陆的美军（三个）、英军（三个）和加军（两个）的坦克营或坦克团。但最终，在这八支部队中有四支因为遇到恶劣海况，没有浮渡上岸，而是由登陆艇直接送到了滩头上。另外四支部队的命运有很大差异：美军一个营的 30 辆坦克从登陆艇上下海，除一辆外，全部都登上了犹他海滩，但美军另一个营的 29 辆坦克在下水后，就有 27 辆在离预定登陆的奥马哈海滩很远的地方沉没了。[87]

与美军不同的是，英军还大量使用了经过改造的坦克来执行特殊的任务，而这些坦克与 DD 坦克一起组成了第 79 装甲师。该师有三个团装备"谢尔曼"坦克（它们因配备扫雷具而被称为"螃蟹"），还有三个团装备皇家工兵突击车（AVRE）。其实，AVRE 就是换装超口径迫击炮（此炮能够发射大型爆破弹）的"丘吉尔"坦克。AVRE 还能搭载大型柴捆——这种材料在第一次世界大战时就被用于填平壕沟，以便车辆通过。此外，AVRE 还搭载了架桥器材和粗麻布卷，后者被用于铺在小块松软地面上，以方便车辆通行。

第 79 装甲师的坦克在英军负责的地段担任开路先锋，它们在滩头压制了敌军火力，并使后续步兵以较小的代价实现了作战目标。但这类特种坦克也有例外，那就是三个营的探照灯坦克，这种代号为"运河防御灯"（CDL）的坦克在诺曼底战役中没有发挥任何实际作用。探照灯坦克在二战前很早就已开始研制，并且设计它们最初是为了用其灯光使敌人目眩，用富勒将军的话来说就是"照明攻击"，而且富勒还有些天真地认为它们是克敌制胜的"法宝"。[88] 实际上，CDL 坦克只在二战的收尾阶段被用过一两次，其用途也只是夜间照明。美国陆军也效仿英军组建了六个 CDL 坦克营，但这些营的 CDL 坦克与英军的 CDL 坦克几乎都落得同样的下场。事实证明，研制CDL 坦克是一场灾难，花在 CDL 坦克上的资源本可在其他地方得到更好地利用。

英美军队在诺曼底建立起桥头堡后，就遭到德军，尤其是驻扎在法国的德国装甲部队的反击。后者共有 1673 辆坦克和突击炮，其中包括 758 辆"四号坦克"、655 辆"黑豹"坦克、102 辆"虎"式坦克和 158 辆 StuG。[89] 所有这些车辆在火力方面都强于英国和美国的坦克，而盟军方面只有一些配备英制 76 毫米炮（十七磅炮）的"谢尔曼"坦克——其火炮在有效射程上超过"四号坦克"的 75 毫米 L/48 炮，并与"黑豹"坦克的 75 毫米 L/70 炮相当——是例外。[90] 但是，德国坦克的优势在一定程度上被诺曼底乡间的树篱削弱，因为这种障碍限制了德国坦克射击目标的距离。德国装甲部队的总体效能也因逐次部署和希特勒不合理的作战命令而降低。

尽管如此，德国装甲部队还是给盟军造成严重损失，并阻止了英军三个装甲师共 700 辆左右的坦克从桥头堡发起的、代号为"古德伍德行动"的攻击。但最终，德国装甲部队还是被盟军的坦克数量优势以及大规模航空兵轰炸压倒。在美军地段，共有约 1500 辆坦克的五个装甲师在圣洛（St Lô）取得突破，同时在它们的左翼，英国第 2 集团军以三个装甲师和两个装甲旅的 1000 多辆坦克发起攻击。一个星期后，加拿大第 1 集团军也以两个装甲师和两个装甲旅加入攻击。此时，希特勒发布命令，要求对美军进攻部队的侧翼实施反攻。事实证明，这是个灾难性的决定，因为它使参与进攻的德军部队陷入包围，并且被困在"法莱斯口袋"中。虽然许多德军部队都成功逃脱了，但其大部分装备都损失了。七个德国装甲师的残部在冒着空袭撤过塞纳河时又损失了更多装备，以至于这些部队最后只能凑出 100 到 120 辆坦克。[91]

　　11 个或 12 个盟军装甲师冲出诺曼底桥头堡，再快速横穿法国，并冲向比利时和德国的边境。在这些装甲师中，除英国第 7 装甲师几乎清一色地装备了"克伦威尔"坦克，还有两个英国装甲师和一个波兰装甲师为三个团装备了"谢尔曼"坦克，同时为一个团装备了"克伦威尔"坦克外，其余的装甲师全部装备了"谢尔曼"坦克和 M5 轻型坦克。"谢尔曼"和"克伦威尔"两种坦克使用的都是 75 毫米炮。这种炮即使在极近的距离上也无法击穿德国的"黑豹"坦克和"虎"式坦克的前装甲，而"黑豹"坦克和"虎"式坦克却能在 2000 米距离上击穿"谢尔曼"坦克和"克伦威尔"坦克。盟军坦克可以利用自身的数量优势和机动性，攻击德国坦克较为脆弱的侧面，从而在一定程度上扳回劣势。但德国坦克在质量上确实占优。

　　早在两年前，英国人就认识到需要火力更强的坦克，并为此研制了配备 76 毫米反坦克炮（十七磅炮）的"挑战者"坦克。这种新坦克实际上就是拉长的"克伦威尔"坦克，它不仅有一个庞大而笨重的炮塔，而且不能完全令人满意。尽管如此，军方还是在 1943 年订购了 200 辆"挑战者"坦克，而其中的一些后来被装备"克伦威尔"坦克的团当作"坦克杀手"使用。与此同时，设计人员发现可以把 76 毫米炮塞进"谢尔曼"坦克的炮塔——事实证明，这是运用这种火炮的更好的方法。因此，76 毫米炮被集中用于"谢尔曼"坦克，而这些改装后的坦克被称为"萤火虫"。这种配备 76 毫米炮的坦克按一辆搭配三辆配备 75 毫米炮的坦克的比例被配发给了英军坦克部队。英军最初只部署了 84 辆"萤火虫"坦克，而两个月以后，前线也只有 235 辆这种坦克。[92] 但是到战争结束时，英国第 21 集团军群已经拥有 1235 辆配备 76 毫米炮的"谢尔曼"坦克，还有 1915 辆仍然配备 75 毫米炮的其他坦克，而这些坦克使英军有了至少在火力上与"黑豹"坦克旗鼓相当的坦克。[93]

在战役接近尾声时，脱壳穿甲弹（APDS）的配发使 76 毫米炮（十七磅炮）的效能进一步提升。脱壳穿甲弹有一个硬质的高密度次口径钨质弹芯——该弹芯嵌在罐状的铝质弹托（软壳）中。当这种炮弹飞出炮口时，其弹托就会与弹芯分离，虽然火炮赋予炮弹的部分动能会随着分离的弹托损失，但大部分动能仍然保存在弹芯中。而且与常规的全口径炮弹相比，钨质弹芯因其截面积更小，而能够击穿更厚的目标装甲。

实际上，早在 1940 年的法兰西会战中，德国坦克的 37 毫米炮就配发了钨芯弹，但这种炮弹的软壳不会与弹芯分离，因此随着距离增加，炮弹的速度会迅速下降，其穿甲能力也会迅速减弱。这种叫作硬芯穿甲弹（APCR）的炮弹，在 1940 年后也在东线和北非被德国坦克炮使用，但由于钨短缺，这种炮弹的使用范围有限。

脱壳穿甲弹优于硬芯穿甲弹，因为其穿甲能力不会随距离增加而快速减弱。脱壳穿甲弹最初在诺曼底被配发给仍然安装于部分"丘吉尔"坦克上的 57 毫米炮（六磅炮）。但大部分"丘吉尔"坦克此时已配备了 75 毫米炮，因此这种炮弹没有对战局造成什么影响。脱壳穿甲弹直到被配发给"萤火虫"坦克的 76 毫米炮（十七磅炮），才开始显现出其威力。实际上，在 1000 米距离上，脱壳穿甲弹的穿甲能力比常规被帽风帽穿甲弹（APCBC）的穿甲能力高出 40%。不过，脱壳穿甲弹的散布较大，因此精度的损失又限制了它的有效射程。

尽管如此，为"谢尔曼"坦克换装 76 毫米炮（十七磅炮），只是在拥有同样出色火力的新式坦克研制成功前的临时解决方案，但"挑战者"也没能成为那样的坦克。在做另一次研发尝试前，英国总参谋部选择了又一个权宜之计——给"克伦威尔"坦克的一种衍生型号配备降低威力的新版 76 毫米炮。而这种被称为"彗星"的坦克装备了四个团，并且还在第二次世界大战的收尾阶段参与了一些战斗。另一方面，在 1944 年 5 月，军方终于决定再研制一种配备 76 毫米炮（十七磅炮）的巡洋坦克。这种重 42 吨的坦克被称为"百夫长"，其六辆原型车在 1945 年 5 月被匆匆运到德国，但还是没能赶上任何一场战斗。不过，"百夫长"坦克成了英国制造的几种最成功的坦克之一。

大约就在 1942 年英国开始研制"挑战者"坦克时，美国军械局也认识到需要给坦克配备比"谢尔曼"坦克的75毫米炮更强的火炮，因而开始研制这种火炮。由此产生的一种76毫米炮因其炮口初速更高而拥有更强的穿甲能力。但美军却丝毫没有采用这种火炮的紧迫感，这主要是因为麦克奈尔将军（General L. J. McNair）掌管的陆军地面部队司令部一手把持着装备采购，而该司令部认为装甲部队无非是19世纪骑兵的再生部队，还认为这些部队应被用于在其他兵种赢得胜利后发展战果，而不是与敌方装甲部队交战，因此坦克不需要配备与其他坦克战斗——这类战斗应该由坦克歼击车部队来完成——的武器。坦克歼击车的代表就是M10。M10坦克歼击车以削弱装甲的M4中型坦克底盘为基础，并在其上设置了一个敞篷炮塔，还在炮塔中安装一门火力更强的76.2毫米（3英寸）炮。麦克奈尔将军非常青睐坦克歼击车。而且在诺曼底登陆前夕，美国陆军的一些高级指挥官也和麦克奈尔一样，认为坦克部队的作用仅限于发展战果。巴顿将军（General G. Patton）就是其中之一，他认为配备75毫米炮的M4中型坦克完全能胜任发展战果的任务。[94]

最终，美国陆军同意给三分之一的M4中型坦克配备76毫米炮，以取代75毫米炮，但第一辆安装76毫米炮的坦克在诺曼底登陆的五个月前才生产出来，因此这种坦克没有一辆参与此战。但是在与德国坦克遭遇后，美国装甲部队发现坦克显然必须与其他坦克交战，因而急需火力比配备75毫米炮的M4中型坦克更强的坦克。于是，配备76毫米炮的M4中型坦克被紧急运往欧洲，而且美国第12集团军群的指挥官甚至请求后方提供安装英国76毫米炮（十七磅炮）的坦克。[95]然而后方无法提供，当第12集团军群打到比利时边境时，该集团军群的1579辆M4（"谢尔曼"）中型坦克中仍然只有212辆配备了76毫米炮。不过在战争结束时，在德国作战的美军部队总共有4123辆"谢尔曼"坦克，而其中配备76毫米炮的"谢尔曼"坦克增加到了2151辆——这个数量刚好占到总数量的一半多一点。[96]

"谢尔曼"坦克的76毫米炮在穿甲能力上仍然显著弱于英国的76毫米炮（十七磅炮）和"黑豹"坦克的75毫米L/70炮，但至少略强于"四号坦克"的75毫米L/48炮。不过在战争的最后几个月，76毫米炮的威力随着硬芯穿甲弹或高速穿甲弹（HVAP）的配发而有所增强，而且与标准穿甲弹相比，硬芯穿甲弹或高速穿甲弹在1000米距离上的穿甲能力高出46%乃至53%。

导致配备76毫米炮的"谢尔曼"坦克姗姗来迟的观点，也延误了美国配备90毫米炮的、更强的新式坦克的研发。美国军械局在1942年就开始考虑给"谢尔曼"

坦克安装 90 毫米炮，而美军装甲部队司令部于一年后就请求给 1000 辆 "谢尔曼" 坦克安装这种火炮。但是美国军械局拒绝了装甲司令部的请求，并主张研制一种仍然配备 75 毫米炮或 76 毫米炮的新式坦克。陆军地面部队司令部也对这一请求表示反对，其理由是强大的火炮会鼓励坦克与其他坦克交战，从而耽误它们完成发展战果的任务！[97]

结果，美国人造出了一系列安装 75 毫米炮或 76 毫米炮的试验坦克。与此同时，美国陆军地面部队司令部继续支持配备 75 毫米炮的 "谢尔曼" 坦克。到了 1943 年 5 月，美国军械局建议给一些试验坦克装上 90 毫米炮。虽然该建议遭到美国陆军地面部队司令部的反对，但还是有 50 辆配备这种火炮的坦克于一年后被制造出来，并被定名为 "T25E1" 和 "T26E1"。不久以后，美军装甲部队在诺曼底登陆，而其坦克的 75 毫米炮的缺陷也暴露无遗。因此，美军装甲部队司令部请求大大提高 T26E1 的生产优先级，并建议制造 500 辆 T26E1。美国陆军地面部队司令部拒绝批准这个请求，但最终还是订购了 250 辆 T26E1。在首批生产的 40 辆中，有 20 辆在 1945 年 1 月以 "M26 '潘兴'" 之名被运至欧洲，并在二战的最后两个月参与了一些战斗。而截至二战结束时，又有 270 辆 "潘兴" 坦克运抵欧洲。重达 41 吨的 "潘兴" 坦克一直生产到了 1945 年年底——此时，其总产量已达 2428 辆。[98]

"潘兴" 坦克的 90 毫米炮与 76 毫米炮相比有了重大进步，而与 "谢尔曼" 坦克的 75 毫米炮相比进步更大，但是它在穿甲能力上仍然没有完全达到英国 76 毫米炮（十七磅炮）或德国 75 毫米 L/70 炮的水平，更是被一年前参战的 "虎 2" 重型坦克的 88 毫米 L/71 炮完全压倒。不过在 1944 年 12 月半途而废的阿登攻势中，德军只能凑出大约 100 辆 "虎" 式坦克，而这场攻势也是德国装甲部队在西线的最后一次大规模进攻。在 1945 年 3 月，德军总司令部还能集结 10 个装甲师对在匈牙利的苏军发动反攻，但由于德国坦克的生产规模较小，这几个师所能动用的坦克普遍少于敌人的同类部队所能动用的坦克。

这种差异可从二战期间不同国家生产的坦克总数上清晰地看出，而坦克被使用的规模也可从这场战争中看到。从 1939 年到 1945 年，在德国生产的坦克总数为 24242 辆。[99] 同一时期，英国生产的坦克为 30396 辆。[100] 苏联对应的数量为 76186 辆。[101] 美国生产的坦克甚至更多，达到 80140 辆。[102] 因此，与德国交战的这三个国家总共生产了 186722 辆坦克，这几乎是德国坦克产量的 8 倍。

第9章

冷战中的五大坦克强国

坦克在第二次世界大战中崛起，并成为地面部队首屈一指的主力装备。但是它们的地位并非始终稳如泰山，这主要是因为在战争后期，发射聚能装药弹的武器开始发展。聚能装药形成的速度极高的金属射流能够穿透非常厚的装甲，这就使得步兵能以较轻便的武器击毁坦克，从而降低坦克的效能。

当聚能装药炮弹在 1943 年进入德国炮兵使用的炮弹行列时，它们的破甲能力就使希特勒相信坦克的重要性将会因此而降低。[1] 但是，聚能装药并未对坦克构成严重威胁，直到它们被做成能够从简单的管状轻型发射器中射出的火箭弹的战斗部。最初以这种形式使用聚能装药弹的发射器是一种 60 毫米（2.36 英寸）口径的火箭筒，美国陆军在 1942 年首次将其用于北非战场。人们根据一种管状乐器的名称将这种发射器叫作"巴祖卡"。从此以后，"巴祖卡"就成为同类武器的俗称。

1944 年，德国陆军推出了另一种更简单的聚能装药发射武器——"铁拳"。"铁拳"不是用火箭推进的方式来发射榴弹，而是将榴弹从一次性的无后坐力发射管中射出。尽管射程只有 30 到 60 米，"铁拳"却在二战的最后阶段击毁了相当数量的坦克。到战争结束时，美国陆军研制出的更强的 89 毫米（3.5 英寸）"巴祖卡"，能够穿透 280 毫米厚的装甲，这超过了同时代任何一种坦克的装甲厚度。美军还先后研制了发射聚能装药炮弹的 75 毫米和 105 毫米的无后坐力炮。与"巴祖卡"不同的是，这些无后坐力炮无法由单兵携带，但可以安装在吉普车或其他轻型卡车上。

这类武器的发展使一些人认为坦克的装甲可以被轻易击穿，因此坦克的效能也将会大大减弱。持这种观点的人在美国特别多，例如战时美国科学研究与开发局的领导人——范内瓦·布什博士（Dr. Vannevar Bush）就是其一，他在 1949 年出版了颇有影响力的《现代武器与自由人》（*Modern Arms and Free Men*）一书来鼓吹这一观点。[2] 美国陆军部长佩斯（F. Pace）也持类似观点，他在 1950 年朝鲜战争爆发前不久，曾在西点军校宣称坦克已是"明日黄花"。[3]

苏联

与美国和其他国家的流行观点形成对比的是，苏联红军（1947 年更名为"苏联武装力量"）仍然把坦克视作地面部队的主力装备。红军保留了大量坦克，并不断采购新式坦克，这使得其自身的坦克实力大大超过二战结束时外界估算的 25400 辆的水平。[4] 因此，苏联坦克主导了战后格局，而苏联咄咄逼人的姿态也推动了其他国家发展坦克来进行应对。

苏联的新式坦克起源于二战期间制造的多种试验性车辆。其中，最早的一种实验性车辆是 T-43。前文第 8 章曾提到，T-34 的改进版（T-34M）的研发项目因 1941 年德国的入侵而被放弃，而 T-43 就是为复活该项目所做的一次尝试。但是，当 T-43 的原型车在 1943 年完工时，人们却认为它的 76 毫米炮已不能满足需求。因此，苏联人放弃了 T-43 的研制，转而研制火力大大加强且在其他多个方面都更为优秀的 T-44。T-44 所做的改进之一就是将其柴油发动机改为横置的，这就使 T-44 的发动机舱和车体变得更为紧凑，尽管 T-44 的发动机与 T-34 的相同。与 T-43 一样，T-44 采用了扭杆悬挂而不是克里斯蒂式螺旋弹簧悬挂，也放弃了 T-34 的克里斯蒂式长节距履带。因为预见到坦克发展的大趋势，T-44 还取消了车体机枪的射手，从而将其车组乘员减至 4 人，这就使其变得更加紧凑。

T-44 的原型车早在 1944 年就已制造完成，并且配备了 122 毫米炮和 85 毫米炮。不过，人们发现口径较大的那门炮与这种 32 吨重的坦克不相容。因此，在 1945 年投产的 T-44 是安装 85 毫米炮的版本。首批 T-44 坦克一生产出来就被送往远东，它们刚好赶上了 1945 年 8 月苏军对中国东北的日军发动的攻势。[5]

T-44 的生产并没有持续多久，但 T-44 成为后续的 T-54 坦克的原型。T-54 和与其非常相似的 T-55 一起成为 20 世纪中叶苏联的主力坦克。T-54 和 T-55 还成为有史以来生产数量最多的坦克，如果将波兰和捷克生产的这两种坦克以及在中国以"59式"之名生产的 T-54 计算在内，这两种坦克的总产量共计约有 10 万辆。T-54 和 T-55 也是使用最广泛的坦克。从 1956 年苏军使用 T-54 镇压匈牙利暴动开始，T-54 和 T-55 被用于 1967 年的阿以"六日战争"、越南战争的收尾阶段、20 世纪 80 年代阿富汗和安哥拉的战争，以及 2003 年的第二次海湾战争。

T-54 最初的两辆原型车是在 1945 年制造的。两年后，T-54 开始量产。T-55 则于 1958 年开始量产，并且一直持续生产到 1980 年左右。不过，此时生产的 T-55 只是为了出口，其买家包括大约 40 个苏联附庸国和中立国。T-54 和 T-55 这两种型号的坦克与其前身（T-44）的主要差别在于，它们采用了口径更大的 100 毫米炮，并将其安装在前装甲厚达 200 毫米且防弹外形更好的半球形炮塔中。虽然装甲厚重，但由于设计非常紧凑，T-54 和 T-55 均仅重 36 吨，不过它们的车内空间也因此颇为狭窄。

T-54 和 T-55 的装甲实际上比苏联的 IS-2 重型坦克的装甲还要厚，并与战时最重的坦克（德国的"虎 2"坦克）的装甲旗鼓相当。不过，苏军继续研制了装甲更厚的重型坦克。其中最重要的一种当属 IS-3，它源于苏军从 1943 年库尔斯克战役中得到的经验。这场战役凸显了前装甲的重要性，并促使苏联人设计出了 IS-3。实际上，IS-3 就是换装了防弹外形大大改进的炮塔和前部车体的 IS-2。IS-3 的车体前部装甲实际为 120 毫米厚，但由于采用了斜角布置，它在应对常规穿甲弹的防护能力上相当于约 330 毫米厚的装甲，这就超过了在其之前生产的任何一种坦克的装甲。

IS-3 于 1944 年开始研制，并在 1945 年年初以惊人的速度投产。但在二战结束前，仅有少量 IS-3 完工。因此，没有一辆 IS-3 在这场战争中参与实战。IS-3 持续生产到 1959 年，其总产量为 2311 辆。[6]

1945 年 9 月，52 辆 IS-3 在柏林参加了"同盟国胜利大阅兵"，这使外界得知了它的存在。据说在这场阅兵之后，苏联驻德部队总司令朱可夫元帅告诉斯大林，IS-3 令西方观察者们深感震撼。[7] 实际上，IS-3 在冷战初期被西方军队视作主要威胁，并且作为"斯大林坦克"，IS-3 成了西方人眼中的某种怪物。实际上，IS-3 有着包括装甲板焊缝开裂在内的各种缺陷，而且其中一些缺陷是因仓促投产而造成的。因此，对 IS-3 的各种改进一直持续到 20 世纪 50 年代后期。而当 IS-3 最终被用于实战时，事实也证明了它们并不像人们所预期的那样可怕。例如在 1956 年，就有一些 IS-3

在匈牙利事件中被摧毁于布达佩斯的街头；在1967年的"六日战争"期间，埃及军队使用的100辆IS-3中有73辆被以色列军队摧毁或缴获。

在第二次世界大战以后，苏联继IS-3之后又研制了其他几种重型坦克。第一种就是IS-4。IS-4也配备了一门122毫米炮，但拥有厚的前装甲，因此它有60吨重，比重达46.5吨的IS-3还重。IS-4是在1947年到1949年之间生产的，但据信只造出了200辆左右。第二种是IS-6。IS-6与IS-4基本相同，只不过用了电传动而非机械传动，但事实证明这种坦克的设计失败了。第三种是IS-7。IS-7配备基于海军炮修改而成的火力更加强劲的130毫米炮。IS-7重达68吨，因此它成为苏联制造的最重的坦克。IS-7于1945年开始设计，并在1948年连续制造完成四辆，但在试验期间发生一些事故后，IS-7的后续研发就被放弃了。[8]

还有一种更重的坦克，原被命名为"IS-8"，但在1953年斯大林死后就被改名为"T-10"，从而切断了重型坦克与苏联独裁者的关系。T-10实际上是IS-3的改进版，它配备一门与IS-3相似的122毫米炮，但拥有更厚的装甲，因此其车重也增加到50吨重。T-10从1950年开始生产，到1957年停产。同年，T-10的改进型——T-10M开始生产，并持续生产至1962年。此时，T-10和T-10M的产量总共约为8000辆。

截至1957年，苏联又研制了四种重型坦克。其中，有三种配备了130毫米炮，而且它们的车重均在55吨至60吨之间。但是这些坦克无一被采用，而且重型坦克的后续发展在1960年因尼基塔·赫鲁晓夫的反对——由于反坦克导弹的出现，20世纪50年代中期掌权的赫鲁晓夫对坦克的未来很是怀疑——而停止。

赫鲁晓夫的观点并未使其他类型的坦克停止研发，但其中一些坦克的研发因此转到了新的方向。这体现在1957年起出现的各种坦克的设计方案中——它们都用导弹取代了火炮。与别国生产的导弹不同的是，苏联最早的几种反坦克导弹都不适合装到坦克上，这主要是因为它们的尾翼太大。因此，这些反坦克导弹最初被安装在BRDM轮式侦察车的顶部。但随着更小巧的新式导弹研制成功，一辆T-62坦克被换上了一个外形低矮的从中可弹出一具3M7"龙"式导弹发射架的新炮塔。这种导弹坦克早在1952年就已开始相关的研发工作，并在1968年至1970年期间以"IT"（"IT"代表"坦克歼击车"）为型号生产了一定数量。有两个营装备了"IT"坦克歼击车，但这些车辆在1970年就退出了现役。[9]

到了1961年或1962年，苏联人又研制出的两种导弹坦克都以当时新造的T-64

为基础，都只有两名车组乘员。其中的一种叫作"287 工程"。"287 工程"的两名车组乘员坐在车体前部，并通过遥控的方式操作无人炮塔，而一具发射 3M15"台风"式导弹的弹出式发射架被安装在了该炮塔里。另一种坦克叫作"775 工程"。"775 工程"的两名乘员坐在炮塔中，而一门能够发射无制导火箭或"红宝石"式导弹的短身管 125 毫米炮也被装在这个炮塔内。"287 工程"和"775 工程"以不同的方式体现了它们与传统坦克设计的重大背离。在某些方面，"775 工程"与美德两国于 1964 年开始设计的 MBT-70 一样具有创新性。特别值得一提的是，"775 工程"与 MBT-70 一样，其驾驶员也坐在旋转炮塔中，不过 MBT-70 的炮塔里仍有三人，而"775 工程"的炮塔内只有两人。"775 工程"也是几种最早安装可调式液气悬挂系统的坦克之一，而该系统下坐时可使"775 工程"已经很低的整车高度（1.65 米）进一步降低。[10]

"775 工程"的 125 毫米火炮导弹发射器在概念上类似于大约同一时期的美国 M551"谢里登"轻型坦克和 M60A2 主战坦克采用的 152 毫米 XM81 火炮 / 发射器，但前者因拥有自动装弹系统而更为先进。不过，"775 工程"也有一些严重的问题，其中有些问题与它的导弹无线电指令链路有关，而且将驾驶员置于旋转炮塔中也不可避免地使传动控制复杂化。这些问题最终都没能得到解决，"775 工程"的研发也就被放弃了。不过，"775 工程"将火炮与通过火炮身管发射的导弹结合在了一起，这预示了一种后来在苏联坦克中得到广泛应用的系统。

与此同时，T-62 坦克的设计又使苏联的坦克发展前进了一大步。T-62 是 T-55 的衍生型号，但它安装了一门 115 毫米滑膛炮，以发射箭形的炮弹，而不是传统的全口径炮弹——截至此时一直被作为苏联坦克的标配穿甲弹。这种箭形炮弹被称为"尾翼稳定脱壳穿甲弹"（APFSDS），其 1680 米 / 秒的炮口初速（这高于当时使用的其他任何坦克炮弹的炮口初速），再结合这种炮弹的细长外形，就大大提高了其穿甲能力。

T-62 的研发始于 1958 年。几乎在同一时间，美国也在为 T95 坦克研制发射尾翼稳定脱壳穿甲弹的 90 毫米和 105 毫米的滑膛炮。[11] 但是美国的研发结果不能令人满意，T95 项目也在 1961 年被终止。同年，T-62 却研发成功，并被军方采用。T-62 的原始型号生产到了 1972 年，其改进型号则一直生产到 1983 年。此时，据信已经造出的 T-62 多达两万辆。这些坦克大部分装备了苏军，但也有相当一部分被交付给埃及和叙利亚的陆军，并在 1973 年的阿以战争中被首次用于实战。T-62

还被提供给伊拉克和朝鲜，并在这两个国家得到进一步发展。

T-62 是第一种配备发射尾翼稳定脱壳穿甲弹的高膛压滑膛炮并投入使用的坦克，它还在全世界引领了采用这两种武器的浪潮。20 世纪八九十年代，高膛压滑膛炮和尾翼稳定脱壳穿甲弹几乎取代了其他所有类型的坦克炮和动能弹。在已经拥有先进火炮的情况下，T-62M 又在 1983 年配发了能通过其火炮发射的导弹，这进一步增强了 T-62M 的火力。而这种导弹就是 9M117"堡垒"式激光驾束制导导弹，它与 T-55M 的 100 毫米炮发射的导弹相同，二者都各自大大增加了 T-62M 和 T-55M 这两种坦克射击目标的距离。但是 T-55M 和 T-62M 并不是最早在传统弹药之外配发炮射导弹的坦克。这一荣誉属于 T-64 坦克，该坦克在 1976 年推出的改型——T-64B 就能从其 125 毫米滑膛炮中发射 9M112"眼镜蛇"导弹。

两年后推出的 T-80B 坦克也能发射"眼镜蛇"导弹。这种导弹的半自动制导系统采用了无线电指令链路，而 1988 年推出的 9M124"阿戈纳"导弹在其系统中仍然使用了这种易受干扰的链路，但是这种链路被 20 世纪 80 年代推出的新型炮射导弹采用的激光驾束制导取代。这些新型炮射导弹不仅包括"堡垒"，还包括 9M119，而后者是 T-80U 和 T-90 上安装的"反射"系统以及 T-72B 和 T-72S 安装的"斯维里河"系统的一部分。所有这些导弹都是在 1983 年至 1993 年之间推出的。[12]

最早安装炮射导弹的 T-64 是 1954 年启动的一个研发项目的成果，而该项目的目标是研制一种采用更加紧凑的动力包的新式坦克。为了实现这个目标，T-64 的设计者没有按照其他设计者的惯例，将分别研制的发动机和变速器组合起来，而是利用苏联制度为他们提供的资源，设计出一种高度一体化的新型"发动机 - 变速器总成"。他们选择的发动机是一种二冲程的对置活塞柴油发动机，这种发动机类似于 20 世纪 30 年代德国研制的以热效率高而著称的容克"尤莫"航空柴油发动机。[13] 这种对置活塞柴油发动机为横置的，而且它与众不同的地方在于，汽缸体从侧面直接连接到一个多速行星传动装置。这就省去了传统安装方式所需的多套轴和齿轮，因此 T-64 的发动机舱只比 T-54 的发动机舱的一半稍大一点。此外，T-64 的发动机装置还采用了一种新颖的冷却系统。这种冷却系统使用废气引射器吸入冷却空气，并使冷却空气经过散热器，从而省去了冷却风扇，还简化了发动机装置。这种对置活塞柴油发动机的原版为四个汽缸，其输出功率为 580 马力，但大部分 T-64 的发动机是输出功率为 700 马力的五缸发动机，而 T-64 的终极版用的是输出功率为 1000 马力的六缸发动机。

虽然代号为"430工程"的原版设计有不少潜在优势,但"430工程"配备了和T-55的火炮相同的100毫米炮。作为一种战斗车辆,"430工程"相对于T-55优势还不够大。因此,"430工程"最初只造了三辆试验车就下马了。在1961年恢复研发时,T-64配备了与当时T-62的主炮相似的115毫米炮。但由于T-64的战斗室尺寸较小,其车组乘员无法将T-62使用的大号整装弹搬运进去。因此,T-64配发了分装弹和一个安装于炮塔下方的转盘型自动装弹系统,这不仅解决了弹药搬运问题,还省去了装填手,而该坦克的车组乘员也减为三人。

T-64还配备了光学测距仪,从而提高了命中目标的概率。不过,T-64最重要的特色是其大大加强的新式装甲防护。在这方面,T-64摒弃了传统的均质钢装甲,并在车体正面使用了钢板与玻璃纤维塑料复合材料制成的"三明治"结构夹层,还在炮塔空腔内填充了陶瓷材料。因此在应对动能弹和聚能装药弹时,T-64的正面防护水平提高到与约400毫米厚的钢装甲相当的水平,且两倍于T-55和T-62等先前的苏联坦克的装甲防护水平。[14] 此外,T-64还配备了由吸收核辐射的材料制成的衬里。

T-64在1963年开始生产。不过不出一年,其改型——配备一门125毫米新式滑膛炮的T-64A就出现了。这门125毫米炮发射的尾翼稳定脱壳穿甲弹的初速达1715米/秒,这高于当时其他任何一种坦克炮的初速。因此,当T-64A在1968年服役时,它为苏军提供了一款不仅在火炮威力上遥遥领先于其他对手,而且拥有出色的装甲防护,却只有38吨重的坦克。

T-64A和与之非常相似的T-64B成为T-64系列的主要坦克。T-64B的生产一直持续到1987年。虽然具体生产数量不详,但在苏联解体前的1990年,苏联当局根据《欧洲常规军事力量条约》的规定报告说,在乌拉尔山脉以西有3982辆T-64系列坦克。无论总产量是多少,与其他苏联坦克不同的是,所有T-64都装备了苏军,没有一辆出口。

T-64A虽然拥有各种优点,但也饱受批评。这主要是因为它的发动机不仅造价高昂,而且在寒冷的天气中起动困难,还不够可靠。这促使苏军在1967年决定为T-64研制另一种发动机——它将是输出功率为1000马力的燃气轮机。[15]

早在1949年,苏联就有人开始考虑使用燃气轮机作为坦克的动力。这可能和英国同期开展的坦克用燃气轮机的研制工作一样,是受到了第二次世界大战末期德国在这方面的探索性工作的启发。不过直到1955年,苏联才开始研制两款输出功率为 1000 马力的燃气轮机，并计划用它们作为某种重型坦克的动力系统。但是由于赫鲁晓夫决定停止重型坦克的研发，这种坦克从未被制造出来。不过在 1963 年，苏联人开始将直升机使用的燃气轮机安装到 T-62 和 T-64 两种坦克底盘上进行试验。结果令人气馁，这主要是因为燃气轮机的油耗不出意料地太高了。尽管如此，苏联人还是决定生产一种以燃气轮机提供动力的坦克，它就是 T-80。

与大约同一时间为美国 M1 主战坦克研制的阿芙科·莱康明 AGT-1500 燃气轮机相比，苏联的 GTD-1000T 燃气轮机不仅结构更简单，也更耐用。GTD-1000T 燃气轮机用了一台二级离心式压缩机，而不是多级轴流式压缩机，而且因为没有热交换器（其作用是从废气中回收一部分热量，从而提高发动机的热效率），这种燃气轮机整体上也更加紧凑。传统观点认为，热交换器对于实用的车用燃气轮机来说是必不可少的。但 T-80 的开发者后来为自己不使用热交换器的决定辩解说，在发动机为坦克提供动力时，其输出功率经常上下波动，而在这种情况下，热交换器的工作效率并不非常高。他们还宣称，省去热交换器可使燃气轮机的体积减小，而且由此节省的重量可在一定程度上减少油耗，以抵消因省去热交换器而增加的油耗，因此无论坦克使用的燃气轮机有无热交换器，其总体油耗都是一样的。[16]

即便他们的话有道理，事实也证明了 T-80 在每 1.6 千米（1 英里）的油耗上还是两倍于采用常规四冲程柴油发动机的类似坦克。与此同时，GTD-1000T 燃气轮机的生产成本几乎是柴油机的生产成本的 11 倍。[17] 但另一方面，GTD-1000T 燃气轮机提供了更高的功重比，因此 T-80 在机动性方面好于采用 750 马力 5TDF 二冲程柴油机的 T-64，虽然后者最终换装了 1000 马力的 6TD 发动机，但 T-80 的燃气轮机也发展为 1250 马力的 GTD-1250。燃气轮机的其他优点包括：大大提高了低温条件下起动的可靠性，省略了水冷装置，以及降低了润滑油的消耗。

在得到采用前，GTD-1000T 燃气轮机被装在基于 T-64 坦克底盘的 60 多辆试验车辆上，并在各种气候条件下接受了广泛测试。由这种燃气轮机提供动力的坦克最终在 1976 年被苏军接受，并以 "T-80" 之名服役。同时，T-80 也开始量产，并一直持续生产到 1987 年。

除发动机外，T-80 与作为其研发基础的 T-64A 非常相似。二者采用了相同的总体布局和相似的带转盘型自动装弹系统的 125 毫米滑膛炮，并拥有水平相当的装甲防护。两者唯一主要的差异是 T-80 的机动性更好，但这很难作为研发 T-80 的理由，更何况它的生产成本更高，而且它也为后勤带去了额外的负担。

比生产 T-80 合理得多的举措是另外研制一种 T-64 的变型，而这种坦克将由升级版的 12 缸柴油机提供动力——自 1939 年的 BT-7M 以来，大部分苏联坦克都是依靠这类柴油发动机提供动力的。通过增加机械增压器，这类耐用性出色的柴油发动机的输出功率就从 580 马力（T-62 上使用的 V-55 型发动机）提高到 780 马力（V-46 型发动机），这使 V-46 型发动机成为替代 T-64 的二冲程发动机和 T-80 的燃气轮机的潜在选择。

苏联人早在 1961 年就开始考虑使用 V-46 型发动机作为 T-64 的备用发动机，并在 1966 年至 1969 年进行了这方面的研发。而他们最后得出的结论是，采用这种发动机的 T-64 在机动性方面与标准版的 T-64 一样出色。[18] 经过一些改进，尤其是改进了悬挂系统和自动装弹机后，换用 V-46 型发动机的 T-64 在 1973 年被接受，并被定名为 "T-72"。[19]T-72 在投产后就被大规模制造。据其生产厂家称，T-72 的产量超过 3 万辆。[20] 但是在 1990 年，根据《欧洲常规军事力量条约》的规定所做的报告称，T-72 在乌拉尔山脉以西只有 5092 辆，此外还有 6000 辆出口至多个国家。[21] 还有多个国家也生产过 T-72，有的还给它指定了不同的名称，这些国家包括印度、伊朗、波兰、斯洛伐克和南斯拉夫。

在生产过程中，T-72 与 T-64、T-80 一样，对多个方面进行过改进。这包括了防护方面的改进，而其中最重要的改进是增加了爆炸反应装甲（ERA）。（有关细节请参见附录 2。）爆炸反应装甲显著增强了苏联坦克对聚能装药反坦克武器的防护能力，因此它曾在北约内部引发恐慌，因为北约在很大程度上要依靠聚能装药反坦克武器来对抗苏联装甲部队可能在中欧发动的猛攻。

最早使用爆炸反应装甲的是以色列军队——在 1982 年的"加利利和平"行动期间，配备爆炸反应装甲的以军坦克首次亮相。在这次行动中，以色列军队侵入黎巴嫩，并与叙利亚军队发生多次交战。一种流传很广的说法是，叙军缴获了一辆带爆炸反应装甲的以军坦克并将其移交给了苏联，而苏联随即仿制出了这种坦克的装甲。在此之前，苏联人实际上已对爆炸反应装甲研究了多年，但由于意外爆炸和其他问题，他们迟迟没有做出使用爆炸反应装甲的决定。直到在以军坦克上看到爆炸反应装甲，苏联人才重拾研发这种装甲的工作。[22] 他们很快就做出使用爆炸反应装甲的决定，并在 1983 年开始生产使用它的 T-64BV，而这种坦克的全重也因此从 40

吨左右增至 42.4 吨。两年后，爆炸反应装甲也开始被装到 T-72 和 T-80 上。

除了大规模采用爆炸反应装甲，苏联人又在只能有效应对聚能装药弹的原版（或"轻"型）爆炸反应装甲的基础上，进一步研发出也能应对尾翼稳定脱壳穿甲弹的长杆弹芯的"重"型爆炸反应装甲，并将其定名为"接触5"。这两种型号的爆炸反应装甲的根本差别在于，原版或"轻"型爆炸反应装甲的"钢板 - 炸药 - 钢板"夹层结构采用的钢板只有 2 到 3 毫米厚，而"重"型爆炸反应装甲的钢板要厚得多，通常为 15 毫米级别。

苏联人还率先开发了一种复杂得多的防护系统——"鸫"式主动防御系统——来对抗反坦克导弹。"鸫"式主动防御系统于 1983 年首次出现在一辆 T-55AD 坦克上，该系统包括一台用于探测来弹威胁的毫米波雷达和四具分别置于炮塔四周的 107 毫米火箭发射器，而每具火箭发射器都会在系统计算机确定的合适时机向带来威胁的导弹开火，并用密集的弹片毁伤导弹。[23] 与若干年以后其他国家研制的、提供全方位防护的主动防御系统不同的是，"鸫"式主动防御系统的火箭发射器只能覆盖正面 80 度的扇区，不过对用于正面突击的坦克来说，这已足够。除了 T-55AD，"鸫"式主动防御系统还被安装在一些 T-62D 坦克上，不过它的使用范围很有限，因为其他苏联坦克还是依靠爆炸反应装甲来增强自身的被动装甲防护能力。

当苏联坦克"三剑客"中的最后一种（T-80）在 1976 年被采用时，T-72 已经投产，而 T-64 已被生产了更多。这就造成了一种很尴尬的局面，因为苏军有了三种坦克，而这些坦克都配备一样的 125 毫米炮，具备基本相同的战斗能力，但采用了不同的发动机，还有着不同的车体、行走机构和火控系统。这些差异必然造成作战问题以及后勤问题，而且这些坦克的生产成本也相差很大——T-80 的造价几乎是 T-72 的造价的两倍。对这些坦克进行合理化地取舍是不可避免的。最终，苏联人非常理智地决定，集中力量生产和使用成本最低的 T-72。不过，这种集中措施是过了一段时间才落实的。

T-80U 继续小规模生产，部分原因是为了让生产它的鄂木斯克（Omsk）工厂有活干。T-80U 的新型号——T-80UD 在 1985 年被采用，而它采用了更强的 1000 马力 6TD 柴油发动机，而不是燃气轮机。但因为 T-80UD 是在乌克兰生产的，所以在苏联解体后，俄罗斯陆军就再也无法获得它了。

苏联解体也带来了处置苏军拥有的庞大装甲车队的问题。在解体前期，苏联曾向联合国报告说，它在 1990 年 1 月 1 日拥有 63900 辆坦克。1990 年，苏联又根据《欧洲常规军事力量条约》宣布，它在乌拉尔山脉以西有 21296 辆坦克。而根据报道，截至 1997 年，俄罗斯陆军剩下的坦克总数是 5546 辆。其余的坦克则去向不明，不过 1992 年在塔什干进行的谈判曾将 6400 辆苏联坦克分配给了俄罗斯，将 4080 辆分给了乌克兰，将 1800 辆给了白俄罗斯，还有四个新独立的共和国各分到 200 辆左右的坦克。[24] 但这些坦克加起来也只有 13150 辆。包括 T-34-85 在内的一些老旧车型无疑已被拆解，但肯定还有许多坦克被保存在乌拉尔山脉以东，而据称，俄罗斯陆军在 2006 年拥有大约 20000 辆坦克。[25]

在苏联解体前后，T-80 和 T-72 坦克又得到一些发展，并进行了小规模生产。尤其是，T-72 得到不少改进，这些改进包括安装已用于 T-80 的更先进的火控系统和"窗帘"红外干扰或导弹干扰系统，以及安装经典的 V-54 型发动机的升级版——840 马力的 V-84 型发动机。改进后的 T-72BU 还没完成测试，就在 1992 年被俄军接受，并以"T-90"之名服役。四年后，T-90 又被确定为唯一为俄军生产的坦克。不过，厂家继续交付了一些用于出口的 T-80U，并将少数卖到了塞浦路斯和韩国。

为俄军供应的 T-90 一直在缓慢生产，据信到 2006 年只生产了 300 辆左右。[26]但是在 2001 年，印度陆军订购了 310 辆出口版的 T-90S，这些 T-90S 在 2004 年开始交付。此后，俄印两国达成在印度按许可证生产 1000 辆 T-90S 的协议。在 2007 年，两国又签订了以套件形式追加提供 347 辆 T-90S 的合同。因此，在所有这些坦克都被制造出来以后，印度陆军应该拥有 1657 辆 T-90S。

印度陆军的 T-90S 坦克保留了以 125 毫米滑膛炮发射导弹的 9M119"反射"导弹系统，但采用了 V-46 型发动机的涡轮增压升级版——V-92S 型发动机来提供动力。V-92S 型发动机的输出功率达 1000 马力，因此提高了 T-90S 这种重达 46.5 吨的坦克的机动性。

机缘巧合是，印度之所以会采购 T-90S 坦克，是因为它的宿敌——巴基斯坦采购了另一种苏联血统的坦克（T-80UD）。T-90S 和 T-80UD 都是 T-64 的衍生型号，并且除了发动机，二者非常相似。不过，T-90S 是在俄罗斯的下塔吉尔（Nizhny Tagil）生产的，而 T-80UD 是在乌克兰的哈尔科夫制造的。因此，在苏联解体后，T-80UD 的生产与俄罗斯联邦的坦克生产分道扬镳，这帮助了巴基斯坦采购 T-80UD。1996 年，巴基斯坦下单采购了 320 辆 T-80UD，并且截至 2002 年，这些坦克已全部交付。

T-80UD 在哈尔科夫被设计它的莫洛佐夫设计局进一步发展为 46 吨重的 T-84。T-84 与其原版相差无几，只不过加强了防护，并且将原版的二冲程柴油发动机换成了更强劲的 1200 马力的 6TD-2 发动机。后来，莫洛佐夫设计局又把 T-84 发展为 T-84-120。T-84-120 放弃了 30 多年来苏联/俄罗斯/乌克兰坦克的两大标准特色：一个是苏联设计的 125 毫米炮，它被发射北约标准弹药的 120 毫米滑膛炮替换；另一个是位于炮塔下方的转盘式自动装弹机（苏联设计的坦克的标准特色），它被尾舱式自动装弹机取代，而这也是采用 120 毫米滑膛炮的必然结果，因为这种火炮的整装弹无法放入转盘。不过，尾舱式自动装弹机也提高了 T-84-120 的生存能力，因为它将大部分炮弹挪到了炮塔尾舱中，并用隔板将炮弹与乘员隔开，就像美国 M1 坦克上的尾舱一样，能够在弹药殉爆时保护乘员。

20 世纪 90 年代中期，俄罗斯也做了类似的改变。试验性的 T-80UM2 "黑鹰" 坦克也装上了一个尾舱式自动装弹机以替代转盘式装弹机，不过它保留了其前身配备的 125 毫米炮。还有一种先进得多的坦克叫作 "T-95"。T-95 于 20 世纪 90 年代中期就在俄罗斯开始研制，不过在 2010 年被放弃了。

美国

与苏军对坦克的一贯重视形成鲜明对比的是，美国陆军对坦克的态度一直摇摆不定。在第二次世界大战结束时，美国陆军拥有 16 个装甲师（下辖 52 个坦克营）和 65 个非师属的独立坦克营。但是战争结束后不出三年，仓促的遣散和对于坦克未来的疑虑就使美国装甲部队减少到 1 个师。[27] 这些装甲部队不仅在绝对数量上锐减，而且在相对数量上也大幅减少了。这是因为当时美国陆军的其他部队包括 9 个步兵师，而战时美国陆军装甲师的数量与步兵师的数量的比例大约是 1 : 5。相比之下，苏军不仅保留了大规模的装甲部队（估计当时有 35 到 70 个师），而且这些部队的数量相对于其他部队的数量的比例也显著提高。[28]

美国保留的这个装甲师按照编制拥有 373 辆坦克。美国陆军的其他坦克都装备了步兵师的师属坦克营和团属坦克连。按照编制，每个步兵师共有 147 辆坦克。美军此时没有独立坦克营，也没有坦克歼击车营。后者在战争期间曾经增加到 106 个，但是在坦克歼击车司令部被裁撤后就消失了。该司令部的裁撤倒是不值得惋惜，因为在战争期间，它的存在本身就对美国的坦克发展造成了很坏的影响。

1950 年 6 月，戏剧性的变化发生了。拥有大约 140 辆苏制 T-34-85 坦克的朝鲜军队几乎席卷韩国，这彻底改变了美国人对坦克的观念。当时，美军迅速做出反应，将可抽调的美国坦克部署到该地区，但这些坦克只包括在日本承担占领军义务的美军步兵师下属的四个 M24 轻型坦克连的坦克。而且，配备中初速 75 毫米炮的 M24 轻型坦克根本不是 T-34-85 的对手。直到 8 月，五个装备"谢尔曼"坦克和 M26"潘兴"坦克的坦克营从美国赶到韩国，双方的实力平衡才被改变。

大约与此同时，美军装甲师的数量增加到六个。不过，其中的四个只是训练部队，而另两个达到战备状态的师，有一个在 1951 年被派到德国，以应对苏联在欧洲可能的发难。在此之前，驻德美军的机动部队仅包括三个装备了一些轻型坦克的保安旅。

朝鲜战争的爆发也加快了新式坦克的研发。美国在二战刚要结束前组成的装备委员会要求研制三类坦克，即轻型、中型和重型三类坦克。但是，美国陆军能够动用的资金很有限，因为国防预算主要被核武器及其投送系统占用了。在这样的大环境下，开发者认为比起研制新式坦克，研制新型子系统更容易出成果。这个政策促成了新型的发动机、传动装置和其他子系统的诞生，而等到美军终于认识到苏联坦克构成的威胁时，这些成果就被用于改进美国既有坦克中作战效能最强的一种坦克——M26"潘兴"坦克。换装发动机后，这些坦克就成为 M46"巴顿"坦克。到了 1949 年，M46"巴顿"坦克在数量上已经足够装备一年后被派到朝鲜支援当地美军的五个营之一。

由于可用于改装的"潘兴"坦克的数量有限，美国还新造了一些 M46"巴顿"坦克，但在朝鲜战争爆发后，军方还需要更现代化的坦克。新式 T42 中型坦克实际上在 1949 年就已开始设计，但在 1950 年还没达到可以投产的地步。美军因此启动了一个应急项目，并由此产生了 M47 坦克。将 T42 的新式炮塔与已经成熟的 M46 底盘结合起来的 M47 坦克，在 1951 年生产出了第一批。M47 坦克从总体特征来看与 M46 并没有很大差异，但它拥有火力更强一些的 90 毫米炮，而且它是美国第一种配备光学（立体）测距仪——提高了火炮命中目标的概率——的坦克。M47 有45.5 吨重，比 M46"巴顿"坦克重了 2 吨，但 M47 采用了与后者的发动机相似的810 马力 V-12 风冷汽油发动机，而且两种坦克的最高公路速度都是 48.3 千米 / 时。

M47 以很高的速度持续生产到 1953 年，其总产量此时已达 8576 辆。[29]M47 因其最远行程极短（即使在公路上也只有 112.7 千米）和立体测距仪难以使用而饱受批评。不过美国陆军并不需要长期使用 M47，因为几年后，当一种新式美国中型坦克出现时，大部分 M47 就被移交给了盟国军队。M47 的主要接收者是德国陆军（在 1956 年获得第一辆）和法国陆军。随着另一些盟友相继接收这种坦克，M47 几乎成为 20 世纪 50 年代末至 60 年代初西欧的制式坦克。

新的美国中型坦克是 M48。M48 在机动性能上与 M47 基本相同，而且也配备了与后者相似的 90 毫米炮。但是 M48 因取消了车体机枪手而将车组乘员减至四人，而且它还有了防弹外形更好的椭球形车体。M48 还有一个接近半球形的炮塔和更低矮的轮廓。M48 的生产始于 1952 年，这只比它开始设计时晚了两年。截至 1959 年停产时，M48 已经生产出 11703 辆。大部分 M48 装备了美国陆军，但也有相当数量的 M48 被提供给盟国军队。特别是，德国陆军自 1957 年年底起接收了 1666 辆 M48。[30] 八年后，其中的一些被移交给了以色列。

因为投产仓促，早期的 M48 受到多种问题的困扰，其中的许多不得不经过返工才能配发给装甲部队。但是在这些问题得到解决后，M48 就成为一种优秀而可靠的坦克。M48 虽然配备的是 90 毫米炮而非 100 毫米炮，却足以与其潜在对手——苏联的 T-54——抗衡。

就火炮威力而言，美国坦克部队应该有一种火力更强的重型坦克来支援 M48。这类坦克的一个代表是 1940 年设计的、重达 56.5 吨的 M6——先后配备了 76.2 毫米（3 英寸）炮和 105 毫米炮。因为美国陆军偏爱中型坦克，而且还因为每辆重型坦克占用的运输船空间相当于两辆中型坦克占用的空间，所以 M6 虽然制造了 43 辆，但没有一辆被送到前线。[31]

尽管如此，当第二次世界大战临近尾声时，美国还是开始研制其他重型坦克。第一种是无炮塔的 T28 突击坦克，它拥有 305 毫米厚的前装甲，并且重达 84.8 吨。但是这种坦克在战后仅仅完成了两辆。而其他试验性重型坦克都是有炮塔的。这些坦克在整体布局上类似于 M26 "潘兴" 坦克，而且有些坦克的子系统也与后者的相同。不过，其中代号为 "T29" 的两辆坦克配备了 105 毫米炮，两辆 T30 则配备了 155 毫米炮，而后续的 T34 配备了经过改造的 120 毫米高射炮——这门炮在穿甲性能方面凌驾于其他火炮之上。这几种坦克的重量非常相近，都在 63 吨到 64 吨之间。

美国重型坦克的研制是受了德国 "虎 2" 重型坦克的启发，而美国军方一度计划采购的 T29 多达 1200 辆。[32] 但是最终在战后的两三年里，T29 只造了 8 辆。而此时，苏联 IS-3 重型坦克已经带来新的威胁。在此刺激之下，美国又进行了其他重型坦克的研发。

当时唯一可用的设计是 T34，但其 64 吨的重量让军方颇为嫌弃。因此，研发人员设计了较轻的版本。这种坦克重 56 吨，并以"T43"之名得到采用，后来又被定名为"M103 重型坦克"。M103 重型坦克在 1951 年完成原型车，并在 1953 年至 1954 年期间生产了 300 辆。但奇怪的是，只有 80 辆给了美国陆军，而其中的 72 辆就装备了一个营——该营在 1958 年被部署到德国。其余的 M103 重型坦克都装备了美国海军陆战队，并被使用到了 1973 年。[33]

M103 重型坦克有个不同寻常的特点，那就是它硕大的炮塔。该炮塔内的乘员为四人，其中包括了两名搬运沉重炮弹（M103 重型坦克的 120 毫米主炮的炮弹，一发就重达 48.8 千克）的装填手。相比之下，虽然拥有一门 122 毫米主炮，苏联的 IS-3 重型坦克却按惯例将炮塔乘员定为三人，这是因为它采用了将弹丸与发射药分开的做法，也接受了这门火炮较慢的射速。

对于如何搬运沉重弹药的问题，法国的 AMX-13 轻型坦克首创了摇摆式（耳轴安装）炮塔来解决，并且它的一辆原型车于 1950 年就在美国接受了测试。此后，美国在 1951 年至 1957 年期间制造了两辆在 T43 坦克底盘上安装摇摆式炮塔的试验性重型坦克。其中，T57 配备一门 120 毫米炮，T58 配备一门 155 毫米炮，而且这两辆坦克的火炮都是自动装填的。但这两辆坦克都没有被军方接受，而它们也成为美国制造的最后两种重型坦克。

美国陆军在战后设想的第三类坦克是 M41 轻型坦克。该坦克有 22.9 吨重，拥有一个四人的车组，并且配备一门 76 毫米炮。M41 轻型坦克是美国战后出现的第一种坦克，而它的研发工作早在 1946 年就开始了，但一直进展缓慢。直到朝鲜战争爆发后，M41 轻型坦克才匆忙投产，到 1954 年停产时，共生产了 3729 辆。[34] 仓促投产在初期造成了不少问题，不过 M41 轻型坦克的整体设计还是很合理的。然而，M41 轻型坦克作为侦察车辆就会显得过大，而且它也不足以成为高效的战斗车辆，尽管它的 76 毫米炮在发射的炮弹的初速上快于战时的 M4 中型坦克。因此对美国陆军来说，把战后初期分到的有限预算用于发展这种最初被定名为"T37"，后来又被改名为"M41"的轻型坦克并不是十分划算的。

中型坦克当然是更好的投资，但是要想在若干年内保持高效能，它们就需要不断发展。截至 20 世纪 50 年代中期，美军一直把研究重点放在 M48 上，并对它逐步进行了改进。美军先是给 M48 换装从原来的汽油发动机衍生而来的柴油发动机，这就将它的公路最远行程从 112.7 千米左右增加到 482.8 千米；接着，把它的立体式测距仪也换成了更容易操作的合像式测距仪；最后在 1959 年左右，又把它的 90 毫米炮换成威力大大增强的 105 毫米炮。与此同时，M48 的车重仅仅从原版的 44 吨增加到最终版（M48A5）的 48 吨。

增强 M48 火炮威力的尝试早在 1951 年就已开始，而最初的成果是两辆安装 105 毫米炮的 T54 试验车。但这两辆试验车都没有被采用，尽管其中的一辆使用了摇摆炮塔和自动装填的火炮。后来的另一次尝试产生了配备一门自动装弹的 120 毫米炮的 T77，但 T77 也在 1957 年被放弃。[35]

1954 年，美国陆军决定不再尝试增强 M48 的火炮威力，而是研制一种全新的 T95 坦克。这种坦克将配备一门 90 毫米或 105 毫米的滑膛炮，以便发射当时出现的前所未有的新型弹药——尾翼稳定脱壳穿甲弹，这种穿甲弹与传统的动能弹相比能够穿透更厚的装甲。因此，T95 被认为可以同时作为美国的重型坦克与中型坦克的"后继者"。首批 9 辆 T95 试验车是在 1957 年制造的，但是它们的滑膛炮出了问题，而且它们发射的尾翼稳定弹散布过大。1958 年，美国陆军一群高级军官经过研究后认为，T95 与 M48A5 相比只进行了微不足道的改进，而且只要给 M48A2 升级火炮并将其汽油发动机换成柴油发动机，即可以更低的成本将火力和机动性提高到原计划的水平。[36] 这一结论被当局接受，于是关于 T95 和滑膛炮的研发工作就终止了。如果这些研发工作持续下去，美国陆军本可以率先使用滑膛坦克炮。事实上，这一荣誉被苏联军队摘得。正如本章前文所述，苏联军队大约在同一时间开发滑膛坦克炮，并在 1961 年生产了第一辆配备这种火炮的坦克——T-62。

T95 的位置被一种"过渡性主战坦克"取代，这就是 M60 坦克。M60 实际上就是 M48A2，只不过换装了美国版的英国 105 毫米 L7 火炮（M68），并采用了 AVDS-1790 柴油发动机。M60 在 1959 年被采用，并于一年后开始生产。之后，包括各种改型在内的 M60 一直持续生产到 1987 年——总产量达到 15221 辆——并装备了美国陆军和多个亲美国家的军队。

为 M60 采用 105 毫米 M68 炮的决定非常合理，因为 M68 炮的原版——L7 火炮很可能是 1959 年美军能够选用的最优秀的火炮，而这要归功于其脱壳穿甲弹的出色性能。与此同时，美国陆军放弃研发滑膛炮的决定却是鼠目寸光的，因为事实证明，这种火炮从长远来看优于线膛坦克炮。实际上在 1960 年，美国陆军正处于成功研制出一款滑膛炮的边缘，而这款火炮就是 120 毫米的"德尔塔"炮。"德尔塔"炮发射的尾翼稳定脱壳穿甲弹的速度达到 1615 米/秒，并且高于任何线膛炮发射的脱壳穿甲弹所能达到的速度。[37] 好在"德尔塔"炮被德国人作为仿效的榜样——莱茵金属公司成功为"豹 2"坦克研发出一款相似的 120 毫米滑膛炮。大约 20 年后，德国的这种 120 毫米滑膛炮也被美国陆军用在其 M1 坦克上。

美军没有继续研发"德尔塔"炮的一个原因是，当时负责美国坦克研发的人迷信导弹的性能。这种迷信在 1957 年就表露无遗。当时，美国陆军总参谋长建立的 ARCOV（"未来坦克及类似战车用武器"）委员会在审查坦克研发时就建议，未来的坦克应该配备导弹，而这一建议被接受了。1959 年，福特汽车公司的航空（Aeronutronics）分部就开始研制半自动瞄准线指令制导（SACLOS）的"橡树棍"导弹，以及既能发射这种导弹，又能发射普通中初速炮弹的短管 152 毫米火炮发射器。

按照预想，152 毫米火炮发射器将作为主要武器安装于主战坦克以及可空运的轻型装甲侦察车上，而后者有望取代比较传统的轻型坦克。美国人决定先将这种发射器安装在一些 M60 坦克上。为此，他们对 M60 进行了改造——给它配上一种新型的低正面投影炮塔，意在减少其暴露于敌军火力下的面积。但是这种坦克的正面投影却被新增加的超大指挥塔毁了。因此，M60 的整车高度增加到 3.3 米，并比同时代苏联坦克的整车高度足足高出 1 米。

按照原来的设想，在 M60 上安装 152 毫米火炮发射器是件比较简单的事，无非就是为现有的成熟坦克升级火力。但事实证明，这带来了不少问题，也延迟了由此产生的 M60A2（最终只生产了 540 辆）的部署。M60A2 的原型车在 1967 年就已制成，但首批装备 M60A2 的六个营（每营装备 59 辆）直到 1975 年才被部署到欧洲。在最终投入使用后，M60A2 也因其复杂且难以维护而不受部队欢迎，并在几年后就退出现役。[38]

除了用作主战坦克的武器，152 毫米火炮发射器似乎还是与轻型车辆相结合的强力武器。因此，它也被用作装甲侦察车或空降突击车的武器。配备 152 毫米火炮发射器的车辆于 1959 年开始研发，并在后来被定名为"M551'谢里登'"。与 15.8 吨的车重相比，M551"谢里登"这种轻型坦克却配备了火力堪称惊人武器，但它也受到多种问题的困扰，例如其常规炮弹的可燃药筒会在炮膛里留下阴燃的残渣，而且这种炮弹在发射时会使全车剧烈震动，这不仅会造成导弹系统无法运行，还会伤及乘员。尽管如此，M551"谢里登"坦克还是在1966年开始生产。1969年，两个中队的"谢里登"坦克(共64辆)在拆除导弹系统之后被派往越南。那里的实战证明，"谢里登"坦克因装甲轻薄而容易遭到地雷毁伤，所以不如M48坦克受部队欢迎。还有一些这种坦克装备了驻欧的美军部队，以替换M41轻型坦克。但在1978年，大部分"谢里登"坦克退出了现役。[39]"谢里登"坦克生产了1662辆，但只有一个装备了这种坦克的营作为第82空降师的一部分而被保留下来。在1991年的第一次海湾战争中，该营的56辆"谢里登"坦克先被C-5"银河"式运输机空运到沙特阿拉伯，然后又由6架C130"大力神"运输机穿梭接送到战场，但是在作战中，它们只对伊拉克军队发射过一枚"橡树棍"导弹。[40]

就在美军决定未来坦克应该配备导弹后不久，美国就开始与德国讨论联合研制一种新式主战坦克。这个项目是当时的美国国防部长麦克纳马拉（R. S. McNamara）提议的，旨在通过分摊成本节省资金。两国最终在1963年达成协议。一年后，概念性研究开始了。中选的设计方案被称为"MBT-70"——其首批6辆原型车在1967年制成。[41]

按照计划，重50吨的MBT-70几乎要在所有方面促进最尖端的技术发展。因此，MBT-70采用了多种相对而言未经试验的新式子系统和部件，而其中最新颖的就是炮塔。MBT-70整个车组的三名乘员（包括驾驶员在内），都将坐在炮塔中。乘员们在炮塔中可避免核辐射和化学污染，而且驾驶员被安排在炮塔中也有助于缩小该坦克的外形，但这样一来就必须为他提供一个与炮塔反向旋转的荚舱，这不仅会使操控复杂化，而且无法彻底防止驾驶员迷失方向。

为了与当时M60A2和"谢里登"坦克采用152毫米火炮发射器和"橡树棍"导弹的决定保持一致，美国陆军希望MBT-70也采用类似的武器，但德国陆军却明智地主张配备发射高初速动能弹的火炮。这一分歧通过研制新版的152毫米火炮发射器得到解决。该发射器从原来的17.5倍口径加大到30.5倍口径，它能发射初速达1478米/秒的尾翼稳定脱壳穿甲弹，同时仍能发射"橡树棍"导弹。

各种新式子系统的研制以及这些子系统在MBT-70上的集成带来了种种问题，并显著提高了MBT-70的成本。到了1969年，MBT-70的造价据估计已高达100万美元，并且相当于 M60A1 的造价的四倍。如此高的成本引来了美国国会的关注。美国国会便强迫美国陆军终止了 MBT-70 的研发。与此同时，德国也退出了这个联合项目。美军企图继续研制一种"简化版"（代号为"XM-803"），并且声称其造价只有 60 万美元。但是美国国会认为这种车辆每辆的造价仍然会超过 100 万美元，并且还怒斥 MBT-70 或 XM-803"复杂得毫无必要，而且过分精密又过度昂贵"。[42]因此，美国国会在 1971 年叫停了 XM-803 的后续研发。作为一个被麦克纳马拉吹嘘为"省钱高招"的坦克项目，竟落到如此下场，这颇具讽刺意味。

美国国会虽然不愿为 MBT-70 或 XM-803 的后续研发拨款，但也承认美国陆军需要一种新式坦克。于是，美国国会在 1972 年批准设计一种造价不超过 50 万美元的坦克。美国陆军的一个专案组随后拟定了一套设计标准。1973 年，克莱斯勒公司和通用汽车公司获得制造用于竞争性评估的原型车的合同。两家公司在 1976 年分别完成一辆竞标的 XM1 坦克。当年晚些时候，克莱斯勒公司的设计被选中并可进行后续研发，这似乎是因为该公司开出的价格较低。

这两辆 XM1 原型车采用了相同的常规布局和四人车组，而且都配备了在 M60上使用了多年的 105 毫米 M68 线膛炮。不过，这种 105 毫米炮又焕发了新生，因为使用滑动弹带防止炮弹随膛线旋转的方法被研究了出来。滑动弹带使 105 毫米炮能够发射包括尾翼稳定脱壳穿甲弹在内的尾翼稳定炮弹，而这类炮弹在穿甲性能方面比 105 毫米炮先前使用的脱壳穿甲弹更强。提升性能后的 105 毫米炮足以与口径更大的英制火炮和德制火炮竞争。不过，美军虽然优先采用了 105 毫米炮，却还是决定日后为 XM1 配备德国莱茵金属公司研制的 120 毫米滑膛炮。

在 MBT-70 的技术指标中，火力和机动性排在比生存性更重要的位置。与此形成对比的是，XM1 坦克在设计时将生存性作为关键问题优先考虑。这是因为 XM1是在 1973 年阿以战争之后设计的，而那场战争暴露了坦克在面对反坦克导弹时的脆弱性，这使人们对坦克的未来产生了怀疑。但对 XM1 来说幸运的是，为其制定性能指标的专案组负责人——德索布里将军（General W. R. Desobry）碰巧在 1972年走访了英国战车研究发展院（FVRDE），并且得知该机构已经研制出一种新型装甲。这种装甲因机构所在地而得名"乔巴姆"——它针对聚能装药弹的防护能力大大强于钢装甲。[43]因此，美国陆军决定采用"乔巴姆"装甲。1973 年，克莱斯勒和通用汽车两家公司的工程师都走访了英国战车研究发展院。随后，他们分别修改了各自的 XM1 原型车的设计——以"乔巴姆"新型装甲取代了原计划采用的简单间隔装甲（相互隔开的多层钢板）。在此之前，间隔装甲是业界研究出的针对聚能装药弹的最佳防护装甲。

两辆 XM1 原型车的主要差别在于发动机。通用汽车公司的原型车采用了 1500 马力的泰莱达因"大陆"AVCR-1360 发动机，而该发动机与 MBT-70 使用的其中一种发动机相似。泰莱达因"大陆"AVCR-1360 发动机是基于英国人的某些研究成果设计的一款非常规可变压缩比风冷柴油机，它与同体积的常规柴油发动机相比，能输出更大的功率。但是这种发动机比较复杂，而且难以在其整个工作过程中实现充分燃烧，因此它有时会排出浓浓的黑烟。克莱斯勒公司的原型车采用了 1500 马力的阿芙科·莱康明 AGT-1500 燃气轮机，这种发动机本来也是为 MBT-70 设计的，但从未被装到该坦克上进行测试。[44] 已有证据表明，阿芙科·莱康明 AGT-1500 燃气轮机在油耗上将明显高于柴油发动机，而且在生产成本上也显著高于后者。这样一来，克莱斯勒的工程师为了将整车成本控制在目标水平以内，就不得不在其坦克的火控系统和其他组件上精打细算。但是，燃气轮机在美国坦克研发界有不少拥趸，他们宣称其油耗只会略高于柴油发动机的油耗。[45] 笔者也曾被卷入相关的争论中。而根据笔者的估算，以 AGT-1500 燃气轮机提供动力的坦克在油耗上将比由优秀的柴油发动机驱动的坦克高 60% 到 70%，可惜 AVCR-1360 发动机并不优秀。[46] 实际情况比这个估算结果更糟，因为若干年后，以燃气轮机驱动的 M1 坦克在竞争瑞典陆军的订单时败于以柴油机驱动的德国"豹 2"坦克，而且在行驶同样远的里程后，M1 坦克消耗的燃油是后者的两倍。[47]

尽管如此，克莱斯勒公司设计的坦克还是在 1979 年被批准投产，并于次年以"M1'艾布拉姆斯'"之名开始生产。但是在 1982 年，克莱斯勒公司的防务部门被卖给了通用动力公司，因此大部分 M1 坦克都是后者生产的。当配备 105 毫米炮的原版 M1 坦克的产量在 1985 年达到 2374 辆后，通用动力公司改为生产配备了美国版莱茵金属 120 毫米滑膛炮的 M1A1 坦克。从 1988 年开始，M1A1 被配发给了驻德美军的装甲师和步兵师。M1A1 一直持续生产到 1993 年，而此时共有 8141 辆装备美国陆军的 M1 系列坦克已完成制造。此外，M1A1 还有 221 辆是为美国海军陆战队生产的，有 315 辆和 218 辆分别是为沙特阿拉伯和科威特生产的。埃及订购了 555 辆 M1A1 并自行生产了一部分，这使该国拥有的 M1A1 坦克总数最终达到 1055 辆。

M1 坦克在第一次海湾战争中首次被用于实战。为此，有多达 3113 辆的 M1 坦克从美国被运至中东。[48] 在持续 100 小时的地面战中，M1 坦克摧毁了不少苏制 T-72 坦克，而自身无一被击毁，部分原因是它们拥有热像仪的优势，能在对手无法发现自己的时候就探测到目标。在 2003 年入侵伊拉克的行动中，美军使用的 M1 坦克要少得多。这些 M1 坦克再一次用火力压倒了敌方的 T-72 和 T-55 坦克，但也常常被近距离发射的 RPG-7 反坦克火箭弹毁伤。在这两场战争中，M1 坦克对燃油的巨大需求都通过美军极为庞大的后勤支援组织得到满足。但是在 1997 年，通用动力公司在尝试销售更多 M1 坦克时，意识到客户反感 M1 坦克的燃气轮机。于是，该公司将 M1 坦克的燃气轮机替换为德国基于 MTU MT 883 柴油发动机开发的"欧洲动力包"（Europack）。此举显著降低了 M1 坦克的油耗，但其应用没能超出原型车的范畴。

关于 M1 潜在后继型号的研究在 M1 开始生产后不久就启动了，但这只产生了一连串半途而废的研发项目。其中最早的一个项目被称为"未来近战车辆计划"。该项目在 1981 年启动，目标是研发出基于一种通用底盘的装甲车族。如果该项目成功，那将带来很多好处，例如步兵战车就可以使用与主战坦克相同的底盘。但是，该项目仅仅产生了根据"重装部队现代化"和"装甲部队现代化"两个计划进行的后续研究项目。随着苏联的威胁不复存在，其中的最后一个研究项目到 1993 年就已缩水为"M1 的升级计划"。

与车辆研发项目同时开展的子系统和组件的研发项目则产生了更具实质性的成果。其中之一就是"坦克试验车"，该试验车包括一个 M1 坦克底盘和一个无人的低正面投影炮塔。而该炮塔安装了一门自动装填的 120 毫米炮，并由三名坐在车体前部的车组乘员对其进行遥控。关于这种试验型车辆的工作在 1981 年开始，并于五年后宣告完成。但令人吃惊的是，该项目没有得到充分研发就被放弃了。另一个重要的发展成果是 140 毫米滑膛炮。140 毫米滑膛炮在 1985 年开始研发，最后与一台尾舱自动装弹机一起被装到了一辆经过改装的 M1 坦克上。与之类似的 145 毫米口径的火炮已被"未来近战系统车辆计划"指定为坦克的主炮，而 140 毫米 XM 291 火炮成为与英国、法国和德国合作的"未来坦克主要武器计划"的一部分。140 毫米 XM 291 火炮在 1987 年开始试验，而试验表明其发射的尾翼稳定脱壳穿甲弹的炮口动能是 120 毫米炮弹的炮口动能的两倍，但是这种火炮被认为不是击败敌方坦克的必要装备，因此没有得到采用。

1973 年，美国国防部先进研究项目局（DARPA）还启动了一系列完全不同的研发项目，而这些项目是由两个因素促成的。[49] 其中的一个因素是，当时发射尾翼稳定脱壳穿甲弹的滑膛炮的研究取得了进展。这种滑膛炮在效能方面正在超越使用脱壳穿甲弹的制式 105 毫米坦克炮，而且在采用了较小的 75 毫米甚至 60 毫米的口径后似乎就能取代后者，并且还可被安装在较轻型的车辆上。另一个因素是，当时坦克的生存性受到普遍担忧，于是就有一些人相信可以通过提高坦克的机动性来改善其生存性。出于以上种种原因，美国人制造并试验了"高机动性和敏捷性"（HIMAG）试验车——该车配备一门可发射尾翼稳定脱壳穿甲弹的高初速 75 毫米 ARES 速射炮。基于 M1 坦克底盘制造的 HIMAG 试验车，其车重可在 29.5 吨到 38.1 吨之间变动，因此其功重比可以高达 50.8 马力 / 吨，而 M1A1 的功重比只有 26 马力 / 吨。在敏捷性方面，HIMAG 试验车也超越了同时代的其他履带式装甲车辆。

笔者作为 DARPA 顾问团的一员，得以密切跟踪 HIMAG 试验车的测试。该车从 1977 年一直测试到 1981 年，却未能解决功重比的问题，而该车配备的 75 毫米 ARES 火炮也被德国莱茵金属公司研发的低后坐力版的 105 毫米 L7 火炮赶超——后者能够在仅重 14 吨的车辆上开火。与此同时，用于 105 毫米炮的尾翼稳定脱壳穿甲弹也研制成功，这使莱茵金属公司的火炮在效能上超过了 75 毫米 ARES 火炮。实际上，尾翼稳定脱壳穿甲弹成了其他搭载火炮的轻型装甲车辆选用的武器。

在 1978 年伊朗国王被推翻后，中东政局的变化带来了对部队快速部署的需求。因此，美国陆军拟定了一项对可空运"机动防护火炮系统"的要求，后来又将该系统改称为"装甲火炮系统"。多家公司对此作出响应，但该武器系统没有得到拨款支持，因此在 20 世纪 80 年代中期提出的多种车辆设计无一被采用。这些车辆都配备莱茵金属公司的轻型坦克用 105 毫米火炮，只有 AAI 公司的方案除外——作为 HIMAG 计划的分支，该方案中的车辆仍将配备 75 毫米炮。

1992 年，美军重提对可空运火炮系统的要求。经过又一次竞标后，联合防务公司（United Defense LP）提出的车辆——被定名为"M8 装甲火炮系统"或"M8 AGS"——方案被采用，而该方案是联合防务公司在 1985 年为上一次竞标设计的方案的基础上修改而来的。M8 AGS 配备乘员为三人的车组和一门自动装填的 105 毫米炮。根据安装的附加装甲数量，M8 AGS 在 18 吨到 23.6 吨重不等，而且它和其他所有候选方案的AGS一样，可通过洛克希德C-130运输机空运。1994年，M8 AGS完成首辆车的制造，而当时计划的是生产237辆。但一年后，在仅仅造出6辆原型车的情况下，M8 AGS的研发被终止，因此美国陆军失去了一种适合空降作战的装甲车辆。

另一方面，对M1坦克的潜在替代者的研究在1993年重启。这一项目的名称是"未来主战坦克"（FMBT）。研究人员设想的这种坦克有一门安装在遥控无人炮塔中的120毫米炮，而它的三名车组乘员则坐在车体内。这种布局早在十年前研制"坦克试验车"（Tank Test Bed）时就被预见到了，只不过"未来主战坦克"的发动机是前置的。到了1997年，"未来主战坦克"的研究被"未来战斗系统"（FCS）的概念取代，而且后者已推进到了全尺寸模型的阶段。从模型来看，"未来战斗系统"也是一种配备遥控无人炮塔的坦克，不过它仅有的两名车组乘员都坐在车体前部，而它的发动机位于后部。"未来战斗系统"有36吨重，但研究人员还是考虑用燃气轮机而不是柴油发动机来为它提供动力，尽管各种证据都证明燃气轮机并不适合作为它的发动机。[50]

这些研制新型主战坦克的探索在1999年全都成了一场空。这一年，时任美国陆军总参谋长的新关将军（General E. K. Shinseki）宣布了他的陆军转型计划——要把这支军队打造为战略机动性更强的军队。这些计划包括采用大大轻于M1坦克的轮式装甲车辆，这是因为当时人们错误地认为轮式车辆在总体机动性方面要强于履带式车辆。最初采用的轮式装甲车辆将是现成的"过渡性装甲车辆"（Interim Armoured Vehicles）。但在此之后，一个成熟的轮式装甲车族就应被研制出来，而它们将构成"未来战斗系统"的一部分，并且这个车族的所有车辆都必须能用C-130"大力神"运输机进行空运。

最终被选为基本"过渡性装甲车辆"的是瑞士的莫瓦格公司设计的"食人鱼"八轮装甲输送车——由通用汽车公司在加拿大以"轻型装甲车辆"（LAV）的名义按许可证生产。之所以选择"食人鱼"这种轮式车辆而非履带式车辆，原因之一是新关将军和美国陆军中的另一些人迷上了轮式车辆无疑优于履带式车辆的战役机动性，而且1999年的科索沃危机也生动地证明了轮式车辆的这个优点。当时，俄军一支装备八轮装甲输送车的部队从波斯尼亚出发并进行急行军，从而抢在行动迟缓的北约部队之前控制了普里什蒂纳（Pristina）机场。事实上，"向普里什蒂纳的战役行军"

成为美军挑选轮式车辆的标准，这就使得以下事实被无视了：履带式车辆拥有更强的战术机动性，而且它们与同等性能的多轮装甲车辆相比必然更轻，也更小。

美军在 2000 年采用了 LAV，并将其定名为"斯特瑞克"。2003 年，美军在入侵伊拉克后不久，就开始将"斯特瑞克"部署到该国。在那里，这些"斯特瑞克"被卷入一场场城市治安战，然而它们并不是为这类作战而设计的，而且它们因装甲轻薄而极易被摧毁。为了提高防护水平，它们被匆忙装上了可部分抵挡武装分子广泛使用的 RPG-7 反坦克火箭弹的栅格装甲，又在车底加装了厚钢板来防范简易地雷的爆炸。但是这些防护改进措施也使"斯特瑞克"的重量远超过 17 吨，而如果要由 C-130 运输机在有作战意义的距离上空运，17 吨已经是这种车辆可以达到的最重重量。

计划作为"斯特瑞克"后续的"未来战斗系统"车辆在 2000 年开始预研。三年后，"未来战斗系统"的研制工作正式启动。这类车辆按最初计划为轮式的。但真正开始研发后，常识占了上风，于是"未来战斗系统"变成了履带式车辆。其中最具挑战性的车辆是将要取代坦克的"骑乘战斗系统"（MCS）。和同时代的坦克一样，MCS 将配备一门 120 毫米炮，而它的整体布局综合参考了自 20 世纪 80 年代初的"坦克试验车"以来提出的各种概念。因此，和 FMBT 一样，MCS 有一个无人的遥控炮塔，而且也把乘员设置在发动机后方，但是它的车组只有两人，这一点又和 20 世纪 90 年代末的 FCS 如出一辙。

因为 MCS 和其他 FCS 都要有可被 C-130 空运的能力，所以它们不能配备很厚的装甲。它们将转而依靠融入联网系统来确保其生存性，而该系统的作用在于通过情报优势抢先发现和消除威胁。但是伊拉克的战斗再次证明，短兵相接的战斗无法避免，而态势感知能力无论有多强，都无法替代装甲防护。因此，MCS 被加强了装甲，不过这也使其车重超过了原先定下的 18 吨重。事实上，美国人在研发 MCS 的初期就认识到加强装甲的必要性，并认为必须允许 MCS 的重量增加到 22 吨。实际上，这也意味着他们放弃了让 MCS 可被 C-130 空运的想法。到了 2008 年，MCS 又进一步加强了装甲，这使其车重也增至 24.5 吨重。然而，即便是这样加强防护，MCS 也被认为不能满足需求。2009 年，MCS 和其他作为"未来战斗系统"组成部分的"有人地面车辆"（Manned Ground Vehicles）的研发都被放弃，以让位于更切合实际的、也不可避免的更沉重的"地面战斗车辆"（Ground Combat Vehicle）。

英国

当第二次世界大战的硝烟散去时，和美国陆军一样，英国陆军也把自己的装甲部队削减到一个装甲师，不过让该师驻扎在了受苏联入侵威胁最大的德国。不仅如此，英国陆军还在战争末期几乎不间断地研发着新式坦克。

不过，英国坦克研发的基本思想此时也在改变——从不切实际、流毒甚广的步兵坦克和巡洋坦克之分转向单一类型战斗坦克的理念。这一理念的最重要的倡导者就是后来成为元帅的蒙哥马利将军。在单一类型战斗坦克理念的问题上，根据成为蒙哥马利的主要论敌的马特尔将军称，早在 1943 年，蒙哥马利在指挥第 8 集团军横扫北非的成功进军中就根据自己的观察倒向了这种理念。[51] 后来，蒙哥马利于 1945 年在伦敦的一次讲座中概括了自己关于发展单一类型坦克的观点，并且他还将这种坦克称为"主力坦克"。而在他成为帝国总参谋长之后，研制这种坦克就成了官方政策。[52]

当然，这种改变并没有立刻得到普遍认同。在二战临近尾声时，英国陆军部开展的研究仍然认为需要区分步兵坦克和巡洋坦克。直到 1950 年，富勒和马特尔等将领还在给《泰晤士报》写信，以支持那两种功能不同的坦克的研发。英军总参谋部也迟迟不愿接受"两用"坦克炮的理念，总是煞费苦心地思考以反坦克武器为主的坦克和主要发射高爆弹药的坦克要按什么比例分配——仿佛高初速的坦克炮无法兼顾高爆弹和穿甲弹的发射。[53]

诡异的是，单一类型坦克的实际研发始于 1944 年的 A.45。A.45 是一种重 55 吨的步兵支援坦克，按计划它要与原本被视作巡洋坦克的 A.41（"百夫长"）坦克搭配使用。A.45 始终没有被造出来，但是它在 1946 年被修改为一种"万能坦克"——设计者希望它除了能承担作为火炮坦克的基本职能，还能方便地进行适应性改造以承担各种专门化职能。这一设计灵感主要来自为 1944 年诺曼底登陆而组建的第 79 装甲师的各类特种坦克。基本型 FV201 火炮坦克的原型车在 1948 年开始接受测试。但试验证明，给该车集成各种特殊功能的想法并不实用，而且在它已有了主要功能的前提下，这些特殊功能无论如何都显得多余。因此，"万能坦克"的概念在 1949 年被放弃了。[54]

上述项目遗留的成果就是基本型的 FV201 火炮坦克。这种坦克原计划配备新研制的 83.8 毫米炮（二十磅炮），但英国军方很快就认为这种火炮威力不足，无法击败 IS-3 和预计苏军将会部署的其他重型坦克。更大口径的 120 毫米炮被认为是必需的，但它因太重而无法被装在"百夫长"坦克上，于是英国军方决定将它装到 FV201 火炮坦克上，而后来又将该坦克修改为 FV214。由于此时英国尚未研制出 120 毫米坦克炮，英国军方决定使用美国制造的该口径火炮。美制 120 毫米坦克炮是从高射炮发展而来的，它原本被用于 1945 年设计的美国 T34 重型坦克。不过，该火炮的英国版配备了两种新型弹药：一种是代替传统的全口径穿甲弹的钨芯脱壳穿甲弹，另一种是代替常规高爆弹的碎甲弹。

重达 65 吨的 FV214，被定名为"征服者"。"征服者"坦克在 1952 年开始其原型车试验，并于三年后开始交付英军装甲部队，以搭配"百夫长"坦克的重炮来使用。但是"征服者"坦克总共只生产了 180 辆左右。尽管一直服役到 1966 年，但在此之前，"征服者"坦克早就因"百夫长"坦克换装 105 毫米 L7 炮而成了多余的角色。

当"征服者"坦克的研发还在进行时，英国人已经在 1950 年开始研究一种火力更强的坦克——FV215。FV215 计划配备一门 183 毫米炮，以发射 160 千克重的大号碎甲弹，而这门火炮也是世界上口径最大的坦克炮。FV215 仅仅完成了一个全尺寸木制模型，就在 1957 年终止了研发。不过，183 毫米炮不仅被造了出来，还在一辆"百夫长"坦克底盘上成功完成试射。如今，这门炮就保存在巴温顿的坦克博物馆里。[55]

与此同时，"百夫长"坦克几乎成为英国陆军唯一的坦克。虽然"百夫长"坦克是在二战期间作为"重巡洋坦克"被构思的，而且它在后来又被定型为中型火炮坦克，但在其大部分服役生涯中，它都是一种火力非常出色的通用坦克。"百夫长"坦克最初小批量生产的型号仍配备战时的 76 毫米炮（十七磅炮），但是在 1948 年，其 Mk3 版则配备了威力大大加强的 83.8 毫米炮（按照英国陆军部当时仍在使用的陈旧火炮定名法，也叫"二十磅炮"）。83.8 毫米炮在设计上很大程度是受到了德国 88 毫米 KwK 43 炮——被安装在"虎 2"重型坦克上，而且很可能是第二次世界大战中最高效的坦克炮——的影响。而且与后者一样，83.8 毫米炮也是为发射传统的全口径穿甲弹而设计的，但它还配备了炮口初速达 1465 米/秒的脱壳穿甲弹，而这种炮弹在炮口初速上高于在此之前生产的其他任何一种坦克炮弹药，这就大大加强了 83.8 毫米炮的穿甲能力，并使它成为当时最高效的坦克炮。

1951 年，配备 83.8 毫米炮的"百夫长"坦克在朝鲜战争中被首次用于实战，并且表现出色。20世纪50年代，三个装备"百夫长"坦克并驻扎在德国的英国装甲师是对抗当时集结在东德的苏军装甲部队的最有效的力量。"百夫长"坦克的性能得到很高的赞誉。因此在20世纪五六十年代，至少16个不同国家获得了"百夫长"坦克。其中，瑞典、瑞士和以色列等国的"百夫长"坦克是直接采购的，荷兰和丹麦等国的"百夫长"坦克是通过美国军事援助计划获取的。实际上，总计生产的4423辆"百夫长"坦克的大半都被出口了。

继成功研制83.8毫米炮及其脱壳穿甲弹后，英国又在此基础上发展出更为成功的105毫米炮。这种炮最初的试验版出现在1954年，而它就是通过将83.8毫米炮扩膛至105毫米而制成的。随着新型脱壳穿甲弹在20世纪60年代研制成功，105毫米炮已能在1830米的距离上击穿倾角为60度的120毫米钢装甲，这样的穿甲能力大约两倍于发射旧式全口径穿甲弹的同口径火炮的穿甲能力。

凭借强大的性能，105毫米L7炮从1959年开始替代英国陆军的"百夫长"坦克的83.8毫米炮。1958年，105毫米L7炮又在美国陆军的竞标中战胜两款美国火炮，成为20世纪五六十年代美国M60主战坦克的主要武器。这种火炮的原型和改型还被用于其他多种坦克，其中包括德国的"豹1"坦克、瑞典的S坦克、瑞士的Pz 61坦克、印度的"胜利"坦克、日本的"74式"坦克、以色列的"梅卡瓦"坦克，甚至还包括20世纪70年代中叶设计的美国M1坦克的原版，以及更晚设计的韩国的K-1坦克和中国的80式坦克。合计约有35000辆不同型号的坦克采用的是105毫米L7炮及其衍生型号，这使其成为二战后苏联阵营之外使用最广泛的坦克炮。

继研制"百夫长"坦克之后，英国又研制了"酋长"坦克。"酋长"坦克原计划成为又一款中型坦克，但却成了一款主战坦克，因为美英加三方在1957年的魁北克会议上决定采用主战坦克的概念，以取代先前分别研制中型坦克和重型坦克的政策。"酋长"坦克的预研始于1951年，但其原型车直到1959年才被制造出来。"酋长"坦克具有多种新颖的特色，其中之一便是驾驶员以仰卧姿势开车。此举降低了车体高度，进而也降低了整车高度，还提高了敌军火炮击中这种坦克的难度。降低车体也有助于控制重量，因此"酋长"坦克只有55吨重，尽管其正面装甲比重达65吨的"征服者"坦克的前装甲还厚。实际上，"征服者"坦克的正面装甲水平等效厚度为258毫米，而"酋长"坦克的正面装甲水平等效厚度是388毫米，这大于北约军队在20世纪80年代前装备的其他任何一种坦克的正面装甲水平等效厚度。

当时，"酋长"坦克也是北约火力最强的坦克，因为它配备了一门120毫米线膛炮。这种火炮使用的是分装弹，而发射药采用了海军火炮习惯使用的药包形式，这是因为设计者认为在坦克装甲被敌军武器击穿的情况下，这种形式的发射药与传统的黄铜药筒相比不容易引发火灾。而且比起黄铜药筒，药包形式的发射药更轻，搬运起来也更方便，但是它们导致弹药的操作和后勤复杂化，并且每发炮弹还被分成三个部分，而不是两个部分，其中第三个部分是独立的底火（信管）。

"百夫长"和"征服者"两种坦克的发动机都是基于罗尔斯-罗伊斯"梅林"航空发动机设计的V-12流星式汽油发动机，而"酋长"坦克的发动机是一台六缸对置活塞柴油发动机，其设计基础是德国人在二战前为飞机研制的容克"尤莫"发动机。今天保存在伦敦科学博物馆的一台容克发动机，实际上就是英国人在设计"酋长"坦克的发动机时参考的蓝本。之所以要以这种发动机作为模仿对象，是因为它在原理上特别适合使用多种燃油，而1957年北约制定的一项政策就要求作战车辆采用可适应多种燃油的发动机。

研制"酋长"坦克的发动机的命令在1958年下达。该发动机的研制工作进展神速。一年后，首台发动机就开始运转。负责研制该发动机的利兰汽车（Leyland Motors）公司是英国常规四冲程卡车柴油发动机的一流制造商，但该公司以前并没有制造容克类型的发动机的经验。因此，他们最初造出的发动机的输出功率只有585马力，而不是预期的750马力。虽然预期的输出功率最终达到了，但这种发动机还是留下不少隐患。发动机的问题也延迟了"酋长"坦克的服役——"酋长"坦克虽然在1963年就完成小批量生产，但直到1966年才进入部队。供应英国陆军的"酋长"坦克持续生产到了1971年。此时，"酋长"坦克已产出810辆。伊朗就在这一年又订购了780辆"酋长"坦克，并于1975年还追加了150辆，而科威特也在1975年订购了150辆。[56]

尽管有不少新特色，"酋长"坦克仍然采用了传统单炮塔坦克的整体布局，配备了四人的车组。不过早在原型车完成之前，负责设计"酋长"坦克以及其他战后英国坦克的战车研究发展院就开始研究迥然相异的坦克。其中设计最为激进的一种坦克被恰如其分地称为"抬杠"（Contentious）。"抬杠"的研发始于1956年，旨在应对当时被称为"核战争"——这种战争对机动性的强调提高到了前所未有的程度——的潜在战争形式。因此，坦克要做得更小更轻，还要把重量控制在20吨到

30 吨之间。这样就叮以空运，甚至伞降坦克，同时也使坦克有了针对核武器以及常规威胁的高水平防护能力。为此，"抬杠"坦克将车组乘员减至两人，而且取消了炮塔，并将火炮安装在车体上。这样一来，火炮具备了有限的方向射界（20 度），但无法俯仰，只能靠一套可调节的悬挂装置来倾斜整个车体，以改变火炮的俯仰角。以上所有这些特色都体现在一辆试验车上。虽然试验一直持续到 20 世纪 60 年代中期，但"抬杠"坦克的研发工作没有继续推进。

英国战车研究发展院进行的另一项离经叛道的探索是将火炮安装在基座上，而不是炮塔内。这方面的预研早在 1951 年就已开始，目的是减轻坦克的重量。初期的设计研究促成了"酋长"坦克的诞生。战车研究发展院当时没有将火炮安装在基座上，但在 20 世纪 60 年代又重拾了这一安装方式，因为这种安装方式具有缩小坦克正面投影面积的优势（尤其是坦克在半埋阵地内进行防守时），而且还把乘员集中在了防护更好的车体内。但在基座上安装火炮，这就要求有合适且高度可靠的自动装填系统，而且这些火炮比较容易遭到毁伤，所以采用人工装弹也是不切实际的。战车研究发展院经过持续研究，在 1968 年造出一辆名为"COMRES 75"的试验车，而这辆试验车就成为第一辆在基座上安装火炮的坦克。

"英德'未来主战坦克'（FMBT）"计划在初期就采用了以基座安装火炮的坦克的概念。这个计划是英德两国政府出于分摊成本和共同研制主战坦克的美好愿望而商定的，尽管就在此前不久，抱着同样目的的"美德联合 MBT-70"项目刚刚失败。不过在 1972 年英德两国的专题研讨会之后，以基座安装火炮的、重量适中的坦克的概念就被放弃，而且英国在 FMBT 计划中担负的主要任务也改为研究一种采用半固定火炮的无炮塔坦克。

当时，人们对无炮塔坦克产生的兴趣在很大程度上要归结于瑞典研制的 S 坦克。S 坦克是第一种，也是迄今为止仅有的一种将火炮与车体固定在一起的坦克，它与先前的无炮塔及有炮塔坦克相比具备多种优势。因此，S 坦克在 20 世纪 60 年代初一出现，就吸引了大量关注。由此产生的一个结果就是，两辆 S 坦克在 1968 年被运到英国进行测试。之后，英国陆军又在 1973 年租借了 10 辆 S 坦克，并由当时驻扎在德国的一个英军装甲团对它们进行战术试验。但是所有这些试验的结果都表明，英国陆军并不合适发展无炮塔坦克。

尽管如此，在 1973 年至 1974 年期间，英国人还是造出了一辆名为"炮台试验车"（CTR）的无炮塔试验坦克。与 S 坦克不同的是，CTR 的火炮在安装方式上类似于德国的突击炮，这就使其能够独立于车体进行一定幅度的俯仰和转动。因此，CTR 不需要可调节的悬挂装置，也不必完全依靠转向系统来调整火炮的方向射角。CTR 还拥有厚重的装甲，其全重估计为 54 吨重，相比之下，S 坦克只有 39 吨重。但是在 1976 年，由于英德两国军队都拒绝了各种违反常规的设计提案，英德联合的 FMBT 计划寿终正寝，而 CTR 的研发也就没有继续下去。

当时在英国，由于一种针对聚能装药武器的、防护效果大大加强的新型装甲研制成功，常规设计的坦克的后续研发大受鼓舞。其实，聚能装药武器在英国起初并不受重视。直到 20 世纪 50 年代末，第一批采用聚能装药战斗部的反坦克导弹出现后，英国人才认识到聚能装药武器对坦克构成重大威胁。于是，战车研究发展院在 1963 年启动了针对聚能装药弹的装甲的研究计划，并于两年后研制出一种新型装甲——这种装甲根据战车研究院所在地的地名而被命名为"乔巴姆"。在应对聚能装药弹时，"乔巴姆"装甲的防护效果比同等重量的均质钢装甲的防护效果高出一倍多。时至今日，"乔巴姆"装甲的具体构造仍被英国国防部列为机密，不过其原理已被广为人知。显然，"乔巴姆"装甲是一种非金属材料与钢板相结合的间隔装甲。关于"乔巴姆"装甲在坦克上的应用研究始于 1968 年。两年后，英国军方决定制造一辆使用"乔巴姆"装甲的试验坦克。战车研究发展院以出色的速度在 1971 年完成了一辆名为"FV4211"的样车，而这辆样车也是第一辆采用"乔巴姆"这种新型装甲的坦克。

由于英国和美国在军事与政治方面的密切联系，英国政府的首席科学顾问早在 1964 年就将"乔巴姆"装甲的研制进展告诉了他的美国同行。此后，英国人又向参与美国坦克研发的人员做了技术演示，但后者表现出的兴趣出奇的小，这似乎是因为他们认为"乔巴姆"装甲不仅体积过大，而且不实用。因此直到 1972 年，在德索布里将军偶然造访了战车研究发展院后（本章前文已提到），美国陆军才接受了"乔巴姆"装甲。此后，"乔巴姆"装甲被用于美国 M1 坦克的原型车。当这种坦克在 1980 年投产时，美国陆军便先于英国陆军拥有了装备"乔巴姆"装甲的量产型坦克。

伊朗陆军原本也有可能赶在英国陆军之前获得采用"乔巴姆"装甲的坦克。这种可能性源于前文提到的伊朗对"酋长"坦克的大量采购。伊朗在 1975 年追加了"酋长"坦克的订单，并且还要购买换装更强劲的发动机的新型号坦克。后来，伊朗又订购了另一种型号的坦克，这种坦克不仅配备新的发动机和液气悬挂系统，还配备"乔巴姆"装甲。以上两种型号的坦克分别被称为"狮1"和"狮2"。其中，前者被订购了125辆，后者被订购了1225辆。伊朗这两次订购的坦克不仅数量很多，还为英国带去了可观的经济效益。但出口这些坦克也造成了匪夷所思的情况，因为这意味着英国政府同意出口的坦克采用了新型装甲，而这种装甲要过好几年才能被英国陆军用上，并且在30多年后还被英国国防部视作高度机密，而且这些坦克的出口对象——伊朗的政局稳定性很成问题，其政权就曾被与英国为敌的势力推翻过一次。[57]

最终的结果是，没有一辆"狮2"坦克被交付给伊朗。这是因为没等"狮2"坦克研发完成，伊朗国王就在1978年被推翻，而后来的新伊朗政权也取消了"狮2"坦克的订单。但此时，五辆"狮2"坦克的原型车（英国人给它们的代号是"FV4030/3"）已被造出，而首批为英国陆军生产的、采用"乔巴姆"装甲的坦克就是以这些原型车为基础的。

原本英军的第一种"乔巴姆"装甲坦克应该是MBT-80，它的研发在1976年英德联合的FMBT计划告吹后就开始了。按照计划，MBT-80应该是一种比较重的常规炮塔布局的坦克。MBT-80约有55吨重，并且是以FV4211为基础设计的。但在伊朗国王倒台时，MBT-80尚未做好投产的准备。另一方面，受伊朗革命的影响，位于利兹的英国主要的坦克工厂在完成"酋长"坦克的订单后，将面临多年没有坦克生产任务的前景。为了防止这种情况发生，并且保护英国坦克工业的就业人员，英国国防部在1980年7月决定放弃近期无法投产的MBT-80，转而订购数量有限的FV4030/3的衍生型号，并将其定名为"挑战者"。于1981年下单的首批240辆"挑战者"坦克在次年年底就以令人称许的速度交付完毕，而后续订单使"挑战者"坦克的生产总量增加到420辆，其中最后一辆在1990年完成制造。"狮1"（FV4030/2）坦克的生产也帮助利兹坦克厂和另一些工厂延续了业务。后来生产的274辆"狮1"坦克被出售给约旦，并被该国改名为"哈立德"。

凭借"乔巴姆"装甲和功率更强、问题更少的1200马力的罗尔斯-罗伊斯柴油发动机，"挑战者"坦克在生存性和机动性方面比起"酋长"坦克有了长足进步。但是在其他方面，"挑战者"坦克实际上就是"酋长"坦克的翻版。特别是，它的主炮仍然是120毫米的L11线膛炮，而该火炮在威力上不如已被德国"豹2"坦克和美国 M1 坦克（第二版）选用的 120 毫米滑膛炮。笔者和另一些人曾建议让"挑战者"坦克也采用 120 毫米滑膛炮。但该建议被否决，而反对者的理由是需要对"挑战者"坦克和"酋长"坦克（它将继续与"挑战者"坦克共同服役，以使英军保持约 1200 辆坦克的规模）的炮塔做重大修改。反对者的另一个理由是，为了在发射穿甲弹的同时兼顾碎甲弹或其他高爆弹，必须保留 120 毫米线膛炮。然而，这并不符合事实。

不仅如此，英国陆军还迟迟不愿承认长杆弹芯的尾翼稳定脱壳穿甲弹与脱壳穿甲弹相比有天然优势。然而在 1973 年就有证据表明，尾翼稳定脱壳穿甲弹相对于脱壳穿甲弹的优势不亚于后者相对于普通穿甲弹的优势。[58] 尽管如此，笔者在当时提出这一观点时，却发现官方的看法是脱壳穿甲弹优于尾翼稳定脱壳穿甲弹。[59] 这也许在一定程度上要归咎于英国坦克炮系统的研发者通过脱壳穿甲弹取得的巨大成功，他们因此不愿意承认另一种弹药能做得更好。等到他们终于认清现实，英国已经失去了因为研制出 83.8 毫米炮和 105 毫米炮及其脱壳穿甲弹而取得的世界领先地位。

为了"赶上使用尾翼稳定脱壳穿甲弹的潮流"，英国国防部批准研发"可操作应急"炮弹，并在 20 世纪 80 年代中期就将这种炮弹投入服役。这种炮弹填补了截至此时英国在尾翼稳定脱壳穿甲弹方面的空白，但它的应用被"挑战者"坦克的火控系统拖累，因为这种系统与 30 年前为"酋长"坦克设计的火控基本上是一样的。想要知道"挑战者"坦克的火控系统与后来设计的其他火控系统有多大差距，只需看一看"挑战者"坦克在北约主办的 1987 年加拿大陆军杯竞赛上取得的糟糕成绩。这次竞赛涉及射击移动目标，而"挑战者"坦克在这一项的得分上远远落后于美国 M1 坦克和德国"豹 2"坦克。[60]

这次竞赛的结果对英国国防部触动不小，他们终于制定出一项新的要求——该要求提出的坦克将替换在英国陆军中仍有 700 多辆的"酋长"坦克。为此，当时已从皇家兵工厂手中收购了利兹坦克厂的维克斯防务系统公司提出了"挑战者 2"的改进方案，并建议给这种坦克配备新炮塔、新火控系统和一门新的高膛压 120 毫米 L30 线膛炮。如果英国军方仍然需要"酋长"坦克和"挑战者 1"坦克，这门线膛炮也可以用于这些坦克的改装，而且它将继续使用分为三部分的弹药。但是，由于英国军方对"挑战者 1"坦克实在不满，采购美国 M1A1 坦克和德国"豹 2"坦克也就作为候选方案被纳入考虑，而且英国军方于 1989 年在皇家装甲兵中心就对那两种坦克进行了广泛试验。最终，英军还是选择了"挑战者2"坦克，但与此同时发生的苏联解体和随后的英国陆军的裁减使这种坦克在1991年仅被订购了127辆。英军起初还曾计划升级"挑战者1"坦克，但后来决定放弃，反而在1994年另采购了259辆"挑战者2"坦克。这些"挑战者2"坦克中的最后一辆在2002年交付，而被换下的"挑战者1"坦克大多按照一份政府间协议被移交给约旦陆军，"酋长"坦克则在解除武装后报废。

决定采用"挑战者2"坦克的原因之一是，军方认为"挑战者1"坦克在1991年的海湾战争中表现不错。虽然由于可靠性不佳的历史问题，几乎每一辆参战的"挑战者1"坦克都在这场短暂的海湾战争中更换过动力包，但据称这种坦克实现了很高的妥善率。而"挑战者2"坦克也成功参与了2003年入侵伊拉克的行动。为此，和先前的"挑战者1"坦克一样，"挑战者2"坦克也加装了被称为"多切斯特"的第二代"乔巴姆"装甲和爆炸反应装甲，因此其车重也从62.5吨增至66吨。在作战过程中，"挑战者2"坦克表现出相对于旧型号坦克的全面优势。在巴士拉（Basra）附近，14辆"挑战者2"坦克遭遇伊拉克军队同样数量的T-55坦克的反击，却在自身无一损失的情况下全歼了对手。

英美两国的坦克在伊拉克遇到过比T-55更现代化的苏制坦克，但这些苏制坦克也没有对前者的主炮构成重大挑战。从1982年开始，英国就在研究未来苏联坦克可能达到的装甲防护水平。然而，在这些研究中遇到的挑战要比海湾战争时遇到的严重得多，这就促使英国军方提出了对140毫米坦克炮的要求。美国和其他国家也开展了类似的坦克炮的研究。因此，正如本章前文所述，英、美、法、德四国曾达成了研制140毫米炮并将其作为未来坦克的主要武器的协议。按照该协议，英国设计出一款140毫米炮，并在1993年对其原型进行了试射，而其中一些试射是将其装在"百夫长"坦克底盘上进行的。但是在20世纪90年代末，英国和另一些国家的军队都对140毫米炮失去了兴趣，并且决定继续使用120毫米炮。

既然英国坦克要继续使用120毫米炮，那么这些坦克就有可能进行延宕已久的换装，即把它们的线膛炮换成已经被美国、欧洲的所有主要国家以及其他多国军队采用的莱茵金属公司"Rh 120"炮。如果采用了这种火炮，英国坦克的主炮就终于能与盟友的坦克炮实现统一，并能得到性能更好的尾翼稳定脱壳穿甲弹（因为它的整装弹能容纳更长的弹芯，从而省去了三节式弹药带来的麻烦）。

实际上，英国在2004年就已开始研究"Rh 120"炮的应用。到2006年，已有一门"Rh 120"炮被装到"挑战者2"坦克上。2010年以后，采用这种火炮的理由变得更加充分，因为在英国政府实施国防审查后，英国陆军的坦克部队被削减到只剩三个团（总共只有168辆"挑战者2"坦克），这就使英国陆军继续发展120毫米线膛炮及其弹药变为不折不扣的浪费行为。

法国

在第二次世界大战中，英国和其他主要参战国的坦克发展都是连续的。相比之下，法国坦克的发展却因为1940年的战败而中断，而且直到四年后才得以继续。但是，早在法国全境解放之前，法国政府就决定要生产一种比美国制造的M4"谢尔曼"坦克更强的坦克，以装备重建的法军装甲师（当时三个法国装甲师装备的都是"谢尔曼"坦克）。

这种坦克的研发在1944年年底前开始，并且利用了在德军占领期间开展的秘密研究的成果。这种坦克的首辆因1946年在吕埃公司（Atelier de Rueil）的兵工厂制成而被定名为"ARL 44"。ARL 44原计划生产600辆，但实际上在1947年到1949年之间仅仅造了60辆。1950年，有一个团装备了ARL 44。但实践证明，这些坦克不太令人满意，所以其服役生涯也很短。实际上，这种坦克是用新旧组件匆匆拼凑而成的。其中，新组件主要是一门改造过的90毫米高射炮——它使50吨重的ARL 44具有出色的火力；而旧组件的突出代表就是与20世纪30年代的Char B采用的类似的过时的行走装置——它使ARL 44的外观带有明显的旧时代烙印。但无论如何，作为一款"过渡坦克"，ARL 44起到了重启法国坦克工业的作用。[61]

以下事实凸显了ARL 44的临时过渡性质：没等第一辆ARL 44的样车制造完成，法国人就开始研制一种远比它现代化的强大坦克——AMX-50。AMX-50的相关工作始于二战结束的前两个月。AMX-50还被纳入法国陆军的战后换装计划，而且它是该计划中唯一的主战坦克。因此，法国的这一计划领先于苏联、美国和英国的军队采取的政策，而后面三国的军队要到好几年以后才不再将其坦克划分为中型和重型两种坦克。

AMX-50在设计上深受德国的"黑豹"和"虎2"这两种坦克的影响。AMX-50的目标是要在机动性上与"黑豹"坦克持平，要在火力上至少不亚于"虎"式坦克。

AMX-50甚至采用了德国人为"黑豹"和"虎2"这两种坦克研制的发动机和传动装置等组件。而且AMX-50还能通过"黑豹"坦克积累更多经验,这是因为大约在1946年至1950年之间,法军的一个坦克团就装备了"黑豹"坦克。但是,AMX-50至少有一个重大创新,那就是它的摇摆式(或通过耳轴安装的)炮塔。与传统的整体式炮塔不同,摇摆式炮塔分为上下两部分。其中,上半部分安装在下半部分的耳轴上,并与主炮固定在一起,所以主炮是与上半部分一同俯仰的。这不仅大大简化了火炮瞄准装置,还允许将比较简单的自动装填系统安装在炮塔尾舱中,因为尾舱与炮架之间没有相对运动。

AMX-50的首辆原型车——配备一门火力与"虎2"坦克的88毫米炮相当的90毫米炮——在1949年完成。但一年后,该车和AMX-50的第二辆原型车都换上了100毫米炮。接着在1951年,法国人决定给AMX-50配备120毫米炮。此时,在已完成的三辆AMX-50的原型车中,有一辆就换装了这种120毫米口径的火炮,而该火炮能够发射与美国M103重型坦克发射的炮弹相同的炮弹。此后,法国人又造出两辆配备120毫米炮的AMX-50的原型车。其中的一辆大大加强了装甲,这使其车重也增加到70吨重,而标准版AMX-50的车重为59吨重。[62]

法国人原计划生产100辆左右的AMX-50,但是到了20世纪50年代中期,AMX-50的研发却被放弃,这主要是基于财政原因。此外,因为聚能装药武器的发展降低了重型坦克的厚重装甲的价值,法国人对于这类非常沉重的坦克的热情也已消退。法国陆军于是按照美国军援计划,开始接收数百辆M47坦克。因此从1952年起,M47坦克逐步替换了法国装甲部队仍然装备的M4"谢尔曼"坦克,尽管此时的M4"谢尔曼"坦克已经是装备76毫米炮的改进版,而不是装备75毫米炮的原版。

虽然AMX-50被放弃,但是它的原创设计(即摇摆式炮塔和尾舱式自动装弹机)却在同样按照法军战后换装计划研发的AMX-13轻型坦克上得到延续。AMX-13是在1946年设计的一种火力出色的轻型坦克,而且法军要求它能在必要时搭乘计划中的"鸬鹚"运输机,以便被空运到法国的海外领地。结果,"鸬鹚"运输机始终没有被造出来,因此空运部署AMX-13的设想就显得不太现实。但是强大的火力结合轻量级的车重使AMX-13成为20世纪50年代的优秀坦克之一。装备75毫米炮的AMX-13在威力上实际与德国"黑豹"坦克相当,但AMX-13只有14.5吨重,远轻于重达43吨的后者。而且因为采用了包含两个六发弹鼓的自动装弹机，AMX-13 只需要一个二人的车组，而不是五人的车组来操作。

AMX-13 的首辆原型车是在 1949 年完成的。第二辆原型车在一年后完成，并被送到美国进行试验。在那里，这辆原型车的炮塔引来不少关注，并在后来启发了采用类似炮塔的试验型坦克的设计。在美国的财政支持下，AMX-13 于 1950 年投产。首批 23 辆 AMX-13 在 1952 年上半年完成。这是一个很了不起的成就，尤其是考虑到经历二战浩劫后法国工业的状况和 AMX-13 新颖的特色，这就更是难能可贵。[63]

AMX-13 刚一出现就吸引了全世界的目光。在此后的 20 年里，有十几个不同的国家都采购了 AMX-13。其中，第一个买家是瑞士，该国没等 AMX-13 正式投产就订购了 200 辆。最终，为法国和其他国家的军队生产的 AMX-13 达到 2800 辆。

以色列在 1955 年获得 60 辆 AMX-13，并在 1956 年的苏伊士战争中成功使用了它们。但在 11 年后的"六日战争"中，当以色列人再次使用 AMX-13 时，他们却发现 AMX-13 的 75 毫米炮无法击穿当时埃及陆军获得的苏制 T-54 坦克的装甲。法国陆军在 1954 年就考虑过换掉 AMX-13 仍然发射传统全口径穿甲弹的 75 毫米炮，代之以更有效的 105 毫米炮。这种 105 毫米炮能发射新研制的 Obus G 炮弹——这种炮弹内部的聚能装药战斗部被安装在滚珠轴承上，以防止射流因火炮膛线给炮弹带来的旋转而被分散。一辆配备 105 毫米炮的 AMX-13 的原型车在 1958 年被制造出来，但法国陆军没有采用这种版本的 AMX-13。不过，荷兰陆军接受了这种 AMX-13。因此，这种配备 105 毫米炮的 AMX-13 从 1963 年开始生产，并在后来又被厄瓜多尔、阿根廷和秘鲁等国采购。[64]

法国陆军在 1964 年决定，为其 AMX-13 换装发射尾翼稳定聚能装药弹的新型 90 毫米炮。换装这种炮的 AMX-13 被分配给机械化步兵部队，以增强这些部队的反坦克能力。同时，装甲部队的每个坦克团增加一个装备 AMX-13 改型的中队（连），而这种改型在其炮塔前部安装了四枚 SS-11 反坦克导弹。这是最早以反坦克导弹作为坦克武器的实例，尽管这些部队装备的反坦克导弹相当简陋。

一部分换装了 90 毫米炮的 AMX-13 被法国陆军一直使用到 1987 年，而仍然配备原版 75 毫米炮或 105 毫米炮的 AMX-13 则被其他国家的军队——其中，印度尼西亚和新加坡的军队成为这种坦克最大的用户——使用到了 21 世纪。此外，

AMX-13 最重要的特色——带自动装弹火炮的摇摆式炮塔，也被奥地利生产的 SK 105 "胸甲骑兵"坦克继承。

"胸甲骑兵"坦克的研制是第二次世界大战以后施加于奥地利的和平条约造成的。该条约的规定包括禁止奥地利获得反坦克导弹，这使得该国陆军不得不寻求其他方式来提高自身的反坦克能力。因此,奥地利陆军决定研制一种"坦克歼击车"。在对卓郎（Saurer）公司已在奥地利生产的一种装甲人员输送车底盘进行大幅度修改，并把 AMX-13 的炮塔及 105 毫米炮装到该底盘上之后，由此发展出了重 17.7 吨的 SK 105 "胸甲骑兵"坦克。这种坦克在 1965 年开始生产，而其首批预生产车辆在四年后交付。此时，卓郎公司已被斯太尔 - 戴姆勒 - 普赫公司收购，而后者为奥地利陆军生产了 286 辆"胸甲骑兵"坦克。为突尼斯、摩洛哥、阿根廷、玻利维亚和博茨瓦纳生产的 "胸甲骑兵"坦克则更多。直到 2000 年，巴西海军陆战队还订购了 17 辆"胸甲骑兵"坦克。这就使该坦克的总产量有 700 辆左右。

在生产"胸甲骑兵"坦克的同时，斯太尔公司开始考虑把该坦克继承自 AMX-13 的主炮换成威力更大的火炮。莱茵金属公司为此研制了被广泛使用的 105 毫米 L7 坦克炮的低后坐力版本。这种火炮配有炮口制退器，而且其后坐行程是标准版火炮的后坐行程的两倍。因此，这种火炮不仅在后坐力上比其原版减少了三分之二，还可以和"胸甲骑兵"这样的轻型坦克相容。于是，一辆新改型 SK 105 A3 "胸甲骑兵"坦克的试验车装上了这门低后坐力炮，并在 1988 年制造完成。但是，SK 105 A3 "胸甲骑兵"坦克没有投产。不过受莱茵金属公司研制的低后坐力 105 毫米炮的启发，在 20 世纪八九十年代，多种试验性轻型坦克都配备了类似火炮。

另一方面，法国陆军获得了另一种坦克。这种坦克源自法国与德国在 1957 年达成的研制一种标准欧洲坦克的协议。该协议制定了一项技术指标，并设想了一种配备 105 毫米炮的、重 30 吨的坦克。两国还在该协议中决定根据各自的设计制造原型车——两种原型车在 1961 年和 1962 年参加了竞标试验。但在 1963 年，两国都决定生产自己设计的车辆，而法国这边的原型车就发展为 AMX-30。

最初的两辆 AMX-30 在 1965 年完成。之后，AMX-30 开始量产。最终，该型坦克在 1967 年开始服役，以替换直到此时仍是法军装甲部队主力装备的美制 M47 坦克。AMX-30 一直持续生产到 1977 年，而此时为法国陆军生产的 AMX-30 已有 1084 辆。AMX-30 还有 600 多辆是为沙特阿拉伯、希腊、委内瑞拉和其他阿拉伯及南美国家生产的，而西班牙按许可证又生产了399辆。

全重36吨的AMX-30虽然轻于苏联的T-54坦克，但在装甲防护方面不如后者。与AMX-50和AMX-13不同的是，AMX-30用了常规炮塔，而没用摇摆式炮塔。这是因为法国人此时认为，摇摆式炮塔因难以密封而无法防止放射性粉尘、空气传播的化学毒剂以及潜渡江河时的河水进入车内，并且该缺陷是其重量轻的优点所无法弥补的。AMX-30的炮塔装有一门105毫米线膛炮。这门炮发射的Obus G足以穿透同时代的主战坦克的装甲，并且在远距离的射击精度上又高于美国研制的尾翼稳定聚能装药弹（破甲弹）。不过，Obus G这种炮弹的生产成本高昂，而AMX-30又没有配备任何动能穿甲弹，尤其是没有脱壳穿甲弹（因为这种炮弹被法国人认为没有必要，而且因其要求的膛线缠距较短而与Obus G不适配）。

当AMX-30服役时，其传动装置暴露出缺陷。这一问题与另一些问题，促使法国人研制出了AMX-30的改进型。这种改进型配备了新的变速箱和集成式火控系统，并采用了激光测距仪，而不是传统的光学测距仪。此外，这种改进型的火炮配备了当时被认为最有效的穿甲弹种——炮口初速达1525米/秒的尾翼稳定脱壳穿甲弹。首辆改进型（AMX-30B2）在1982年交付。AMX-30B2共有166辆为全新制造的，同时先前制造的AMX-30坦克也按照B2的标准逐步进行了升级。[65]

为了提高防护水平，尤其是针对聚能装药武器的防护水平，一些AMX-30B2在20世纪90年代中期配备了爆炸反应装甲。这包括安装了112个爆炸反应装甲块，以及增加了1.7吨的车重。但是只有一个团的AMX-30B2坦克接受了这一改进，而改进后的坦克就被定名为"AMX-30B2布伦努斯"。

为了提高AMX-30的效能，法国人还在若干年前做了一次另辟蹊径的尝试，即给AMX-30换装新炮塔，再为其配备一门短身管的142毫米火炮发射器，以发射ARCA反坦克导弹和尾翼稳定多用途弹。这样的AMX-30可以和同时代美国研制的、配备152毫米火炮发射器的M60A2坦克相提并论。不过，ARCA反坦克导弹本质上优于美国的"橡树棍"导弹，因为前者使用的是激光驾束制导，而不是瞄准线指令制导。然而，ARCA反坦克导弹和142毫米火炮发射器在1972年停止研发，原因是它们过于复杂且成本高昂，而且随着火炮系统精度的提高，它们作为坦克武器的吸引力也不像它们在20世纪60年代中期开始研发时那么大了。[66]美国人也得出了类似的结论，不过苏联人明显不以为然。

当将 AMX-30 改造为 AMX-30B2 的工作尚在进行时，法国人又在 1975 年开始研究进一步改进 AMX-30 的设计的可能性。由此诞生的 AMX-32 瞄准了出口市场。AMX-32 类似于 AMX-30B2，但有多项改进。其中，最重要的改进是以更有效的间隔装甲取代了实心钢装甲。因此，AMX-32 的车重增至 38 吨重。AMX-32 在 1979 年完成首辆原型车，在 1986 年又有三辆被造了出来。但没有任何一国军队采用 AMX-32。

另一种为出口而改进的 AMX-30（名为"AMX-40"）也落得同样的下场。AMX-40 的主要特色是一门 120 毫米滑膛炮——这门炮发射的尾翼稳定脱壳穿甲弹与德国"豹 2"坦克和美国 M1 坦克的主炮发射的弹药相似。AMX-40 的另一个特色是它拥有功率更强的 1100 马力的发动机，这足以补偿 AMX-40 因车重增至 43 吨重而消耗的功率。但是，火炮威力和机动性都有所加强的 AMX-40，在 1983 年到 1985 年期间造出了四辆原型车后就没有了下文。不过，AMX-40 使法国坦克技术在 AMX-30 的基础上得以继续发展，并在某些方面为下一款法国坦克铺平了道路，但 AMX-30 比 AMX-40 取得的进步要大得多。[67]

关于下一款坦克的研究始于 1975 年，其中包括对坦克未来的角色的关键分析。结果是，这些分析重申了坦克作为"主力战车"（EPC）的地位。为了探索各种可能性，四种不同的坦克在 1977 年被设计了出来。这些坦克均为 40 吨左右重，并且都采用了三人车组和一门自动装填的 120 毫米滑膛炮，但这门滑膛炮要么被安装在前置发动机底盘上的炮塔中，要么被安装在后置发动机底盘上的炮塔中。但两年后，法国和德国当局开始讨论研制一种共用的坦克，并将其称为"坦克 90"或"拿破仑"。为此，两国又进行了两年的研究，但最终再度分道扬镳。这主要是因为该项目所提议的坦克没有太多法国元素。

因此，为了研制一种血统纯正的法国坦克，法国人又开展了更多研究。这些研究包括采用顶置安装火炮的设计，以及将车组置于车体内的设计。但到头来，他们还是肯定了早在 1983 年就已做出的选择。由此产生了一款重 56 吨的坦克——它采用常规布局，但带有双人炮塔和备弹 22 发的尾舱自动装弹机。这种坦克在 1986 年完成设计，同时被定名为"勒克莱尔"，并且其首批六辆原型车在三年后完工。[68]

"勒克莱尔"坦克投产后，开始于 1992 年交付法国陆军。到 2006 年为止，共有 406 辆"勒克莱尔"坦克完成制造。在首辆"勒克莱尔"坦克交付法国陆军的一年后，阿拉伯联合酋长国采用了"勒克莱尔"坦克，并订购了388辆。与法军自用的"勒克莱尔"坦克不同，阿联酋订购的"勒克莱尔"坦克采用的是1500马力的MTU MT 883柴油发动机，而不是同样功率的SACM V8X发动机。其中，前者是20世纪70年代以来研制得最成功的坦克用涡轮增压柴油发动机，而后者虽然在紧凑性方面不亚于前者，但拥有更复杂的结构，因为它带有Hyperbar增压系统，这相当于为它增加了一台小型燃气轮机，并使其油耗显著增加。

相对于同时代的西方坦克，两种版本的"勒克莱尔"坦克都拥有自动装填系统——这种优势在行进中射击时尤其突出。比起苏联坦克的转盘式自动装弹机，这两种"勒克莱尔"坦克的自动装弹机能容纳更多弹种（包括拥有更长弹芯的炮弹），而且还可容纳更大口径的弹药。这一点在1996年就得到证明：由于先前判断可能需要140毫米炮才能击败未来的敌方坦克，一辆经过成功改造的"勒克莱尔"就装上了这种口径的火炮，并且在其自动装弹机中甚至装下了与标准版本的120毫米炮一样多的炮弹。[69]

苏联解体带来的政治形势变化使法国军方不再需要140毫米炮，这就使"勒克莱尔"坦克在火炮方面的优势无从发挥。不过为应对2003年美国入侵伊拉克所带来的城市地区坦克作战的问题，"勒克莱尔"坦克的制造商——法国地面武器工业集团（现已更名为"奈克斯特集团"）又做了不少工作。因此，"勒克莱尔"坦克对全方位观察与防护做了改进，尤其是提高了应对近距离攻击的能力，而由此产生的改型被称为"城市战型"（AZUR）。

法国陆军保有的"勒克莱尔"坦克也因政治形势的变化而被削减至208辆。这些坦克装备了法国陆军剩下的四个坦克团。

德国

法国坦克的发展因第二次世界大战而中断了四年，而德国坦克在二战结束后整整11年里都没有发展。直到1956年，随着重建的西德陆军为一种高机动性的30吨级的坦克拟定了要求，德国坦克工业才开始复兴。一年后，这些要求被整合到德国与法国商定的标准欧洲坦克的技术指标中，并且两国分别着手设计和制造了这种坦克的原型车。但是正如前文所述，经过竞标试验后，两国在1963年双双决定采用本国的设计。

在被定名为"豹1"的德国坦克投产前，德国人制造了多达26辆原型车来进行工程试验和部队试用，接着又造了50辆预生产批次坦克，以便做进一步试验。这些措施预防了"豹1"坦克在生产和使用过程中出现问题，并最终帮助这种坦克赢得了高可靠性的声誉。"豹1"坦克的首批原型车配备的是莱茵金属公司制造的90毫米炮。莱茵金属公司还研制了一种105毫米炮，但这种火炮的性能不能完全令人满意。因此，"豹1"坦克最终采用了英国的105毫米L7炮。这种火炮确保了"豹1"坦克不仅拥有出色的火力，还能使用与盟友的M60和"百夫长"等坦克使用的弹药相同的弹药。"豹1"坦克早期的原型车安装的660马力的V-8柴油发动机在研发过程中被换成830马力的V-10柴油发动机，因此这种坦克虽然从原型车的34.8吨重逐步增加到最终版的42.4吨重，却依然拥有很高的机动能力。[70]在生产过程中，"豹1"坦克又进行了多项改进，其中包括给炮塔安装附加装甲。但是在装甲防护方面，"豹1"坦克仍然逊色于同时代的其他坦克，例如美国的M60和苏联的T-55及T-62。

量产后的首辆"豹1"坦克在1965年被交付给德军。之后，"豹1"坦克开始替换德军先前购买的部分美制M48坦克。1967年，比利时陆军决定采用"豹1"坦克。一年后，荷兰和挪威陆军也做出了同样的决定。1970年，曾经参与制定1958年欧洲坦克技术指标的意大利订购了200辆"豹1"坦克，并最终采购了920辆。"豹1"坦克还在1975年被奥地利陆军采用，又在两三年后被加拿大陆军选中——在这两国，"豹1"坦克都被用于替换英国制造的"百夫长"坦克。1974年，丹麦也订购了"豹1"坦克。之后，土耳其和希腊分别于1980年和1981年订购了"豹1"坦克。

各国的订单使"豹1"坦克的生产持续到了1984年。此时，"豹1"坦克的总产量已达4744辆，而其中的2237辆是为德军制造的。除了配备火炮的"豹1"坦克，"豹1"坦克还有相当数量的衍生车型被生产了出来，其中包括自行高射炮、救援车、工程车和架桥车。在国际局势随着苏联解体和苏军撤出东欧而缓和后，多个北约国家都削减了各自的坦克部队，并将各自的部分"豹1"坦克转给了其他国家，从而使这种坦克的使用范围进一步扩大。比利时将自己三分之一的"豹1"坦克出售给了巴西，而荷兰将其近一半的"豹1"坦克卖给了智利。德国也将自己的许多"豹1"坦克转给了土耳其和希腊，并在2003年解散了最后一个"豹1"营。

40年前，当"豹1"坦克即将开始量产时，德军初步开展了研制另一种更强大的坦克的工作。这包括与美国签订协议，以联合研制一种供两国装甲部队使用的坦克。这种坦克将由两个国家分别设计，但两国的设计必须有一些共同的特征，其中包括能容纳车组全部三名乘员的炮塔，配备 152 毫米火炮发射器，并且拥有 30 马力 / 吨的高功重比。两国在 1967 年分别组装出首批机动性试验车，接着共造出七辆原型车。一年后，这些原型车开始试验。但是先进的功能和设计的复杂性使得 MBT-70（德国的是"KPz 70"）的研制难度和成本都过高，因此德国在 1969 年退出了这个联合项目。[71]

早在退出该项目之前，为给自己在研制 KPz 70 失败后留好退路，德国就已开始研究"豹 1"坦克可能的后续改进，并在 1971 年又造出配备新式 105 毫米滑膛炮的试验车。该车的基本设计被用于新坦克，同时新坦克还计划安装德国 MBT-70 的 1500 马力的动力包。由此产生的坦克被命名为"豹 2"。"豹 2"坦克的首批 16 辆原型车在 1972 年完成。其中，10 辆仍然配备 105 毫米炮，但其余的安装了莱茵金属公司的新型 120 毫米滑膛炮，并最终成为"豹 2"坦克的正式版本。[72]

然而，生产"豹 2"坦克的决定直到 1977 年才做出。延期的原因起初是这种坦克在德国、加拿大和美国进行了广泛的工程试验和部队试用，后来则是德国与美国又开展了关于两国装备同一型号坦克的谈判。德国人为此提供的候选方案是"豹 2AV"（"AV"代表"简化版"）。从 1977 年到 1978 年，这种重 54.5 吨的坦克有两辆原型车搭乘美国空军的 C-5"银河"运输机飞过大西洋，并与美国的 XM1 原型车展开了竞标试验。[73]但最终两国都决定生产自己设计的坦克。于是，"豹 2"坦克的首辆生产型在 1979 年交付德国陆军。

在研制"豹 2"坦克的同时，德国还对常规炮塔布局的坦克的替代方案进行了广泛的探索性研究。在这些研究中，最重要也绝对最有趣的成果是一种无炮塔坦克。这种坦克可通过齐射其配备的两门火炮来确保命中目标，而且还能通过坦克自身不断做"之"字形运动来避免被敌方击中。在制造这种车辆之前，德国人曾造出多种试验平台车，例如遥控的 TVR-02。TVR-02 以美国 M41 轻型坦克底盘为基础，但装有一台 1800 马力的发动机，这就使它达到了 82 马力 / 吨的超高功重比，而这一功重比几乎四倍于机动性最好的常规坦克的功重比。因此，TVR-02 能够以非常快的速度做"之"字形运动，以避免被反坦克导弹击中。[74]在 TVR-02 的试验完成之后，德国人在 1972 年造出了试验性的 VT 1-1 坦克。VT 1-1 坦克配备两门可独立于车体进行俯仰，但不能横向转动的 105 毫米炮。接着，德国人又造了一辆与 VT 1-1 坦克相似但配备的是两门 120 毫米炮的 VT 1-2，以及另外五辆配备激光火炮模拟器的车辆，并对它们进行了战术试验。相关试验持续到了 1980 年，而试验结果证明这种双炮坦克在做"之"字形运动时，只要开火的时间与炮长用独立稳定瞄准镜捕获目标的时间重合，就能击中目标。但后续的研发被放弃了，因为在欧洲中部能让坦克做任何距离的"之"字形运动的区域很有限，而且对做"之"字形运动的坦克进行战术控制被认为是很困难的。此外，当时以"乔巴姆"为代表的新型装甲的发展使靠机动来躲避导弹的方式变得不那么重要，而坦克火炮系统射击精度的提高也使双炮齐射不再是必要的。

无炮塔的双炮坦克最初是英德"未来主战坦克"计划的一部分。但是在该计划于 1976 年终止后，无炮塔双炮坦克的相关试验仍然继续了一段时间，而按照另一种新概念制造的 VTS-1 坦克也是在此时开始接受评估的。VTS-1 由基座安装的 105 毫米炮和"黄鼠狼"步兵战车的底盘组成。VTS-1 的试验持续到了 1983 年。但最终，这种"将火炮安装在车体顶部的基座上，并将乘员全部置于车体内"的坦克概念还是被放弃了。这与早先在英国出现的此类坦克的提案的命运一致。

接着，在 1979 年启动的"法德联合 KPz 90"计划的框架下，德国人又考虑了一种与传统坦克设计差别较小的坦克设计。在这个计划中，德方的研究重点是一种安装在"豹 2"坦克底盘上的"扁平炮塔"。这种炮塔可缩小正面投影面积，拥有两名乘员，并配有尾舱自动装弹机。不过，这一设计并未付诸实施。

而在 20 世纪 90 年代初，德国人在"装甲战斗车辆 2000"计划中又探索了一种与常规坦克大不相同的坦克。这些不同之处包括将车组乘员减至两人，以及将乘员置于车体前部。这就使坦克变得更为紧凑，并且能够在一定的重量限制下加强装甲。德国人使用基于"豹 2"坦克底盘的 VT 2000 试验车和特制的 EGS 坦克技术演示车——后者可以安装厚重的装甲，而且它的设计确保了其红外信号和雷达特征信号都很弱，这大大减小了它被发现的概率——研究了这种方案的实用性。从技术角度看，双人车组是可行的，而且如果为每辆坦克再配备一个双人轮换车组，这在战术上也被认为是可行的。但在机动作战的背景下，这样的车组安排不太可能奏效。最终，这种车组安排没有被德军接受。这也并不奇怪，因为坦克的战术操作通常要求车组乘员为三人，这样才能分别处理指挥和控制，操作火炮或其他武器，以及驾驶或导航等任务。

在对替代方案进行探索研究的同时，"豹2"坦克也得到了进一步发展。不过，为德军制造的"豹2"坦克在1992年结束生产，并且总共生产了2125辆。起初，德国人决定对225辆按照所谓的"曼海姆配置"制造的"豹2A4"坦克进行改造。这些改造包括大幅改进装甲防护和火控系统，以及将车重从55.15吨重增加到59.7吨重。由此产生的型号就是"豹2A5"。首辆"豹2A5"坦克在1995年交付。当这225辆"豹2A4"被全部改造完毕后，又有125辆"豹2A4"按"豹2A5"的标准接受了改造。后来，这350辆"豹2A5"又被全部改为"豹2A6"。"豹2A6"坦克的改进包括安装了新的55倍口径的120毫米炮（这门火炮发射的尾翼稳定脱壳穿甲弹因炮口初速高达1750米/秒，而能够射穿更厚的装甲），而不是44倍口径的120毫米炮（这种火炮发射的尾翼稳定脱壳穿甲弹的炮口初速为1650米/秒）。德国陆军在2001年接收了首辆"豹2A6"。此后，"豹2A6"坦克又加装了针对地雷的防护套件，但代价是其车重进一步增加，达到了62.5吨。[75]

德国人还开展了关于为"豹2"坦克配备威力更强的140毫米炮的研究。和其他北约国家一样，德国在1982年开始了这项研究，并为一辆"豹2"坦克试验性地安装了一门140毫米炮，但在1995年就放弃了后续研究。[76]

苏联解体后，国际形势的缓和使西方国家的军队规模急剧缩减，而坦克部队的裁减幅度尤其大。德国陆军也不例外。德国陆军的坦克部队一度拥有85个营（共5136辆坦克），后被削减到6个营（共395辆坦克），后来又进一步被减至4个营（225辆坦克）。但"豹2"坦克继续被大量使用，只不过以50辆到300辆不等的规模被分散在当初采购它们的国家，以及获得了它们的其他国家（因原用户裁军而将多余的坦克出售到了这些国家）。此外，还有一些新生产的"豹2"系列坦克，其中包括120辆按瑞典要求制造的"豹2S"、219辆在西班牙生产的"豹2E"和170辆在希腊制造的"豹2HEL"。因此，"豹2"系列坦克总共生产了3459辆，并被12个不同国家——除最初的德国和瑞士外，其用户还包括芬兰、挪威、新加坡和智利等国——使用。

第 10 章

列强外围的国家

可以说，在第二次世界大战之后，苏联、美国、英国、法国和德国主导了坦克及其他装甲车辆的发展，但另几个国家也在这方面做出了重要贡献，只不过这些贡献大多是间断做出的。

瑞士

这方面的一个早期范例是瑞士的坦克发展。该国是在几乎没有任何经验基础的情况下开始发展坦克的，因为瑞士陆军战前拥有的全部装甲车辆就是从英国维克斯·阿姆斯特朗公司采购的 4 辆双人轻型坦克，以及 1936 年从捷克斯洛伐克订购的 LTH 轻型坦克。LTH 轻型坦克以 "Pz.39" 之名在瑞士组装，而且使用了卓郎柴油发动机和 24 毫米厄利空火炮。但是 Pz.39 只造了 24 辆，因为在捷克斯洛伐克被德国控制后，来自该国的零部件就在 1939 年停止了供应。

第二次世界大战爆发后，瑞士因其地缘政治处境而无法从其他国家采购坦克。另一方面，该国当时又没有自行制造坦克的条件。直到 1942 年，位于图恩（Thun）的联邦制造厂（K+W）制造了带有部分装甲防护的 75 毫米自行反坦克炮（名为 "NK-Ⅰ"），这才迈出突破这一困境的第一步。一年后，该厂更进一步，开始制造拥有出色装甲防护的 75 毫米突击炮——NK-Ⅱ。不过在原型车制造完成时，欧洲战争已经接近尾声，瑞士的坦克研发也就此终止。但瑞士陆军认识到需要自产部分装甲车辆，于是就在 1946 年抓住机会，从捷克斯洛伐克购买了 158 辆突击炮。其实，这些突击炮是捷克斯洛伐克为德国军队生产的 "追猎者" 坦克歼击车的一批存货。这批车辆在 1952 年交付完毕，并以 "G-13 坦克歼击车" 之名被分配给了三个专门组建的坦克歼击车营。[1]

G-13 是一种外形低矮且全重为 16 吨的无炮塔车辆，它配备一门火力在当时仍然比较强悍的 75 毫米 L/48 炮，而这门火炮的德国版在第二次世界大战后期被实战证明非常高效。因此，G-13 满足了瑞士陆军最迫切的需求——要具备对抗敌方坦克的手段。而进一步获取主战坦克的申请直到 1951 年才被批准，原因是国际局势在朝鲜战争爆发后明显恶化。不过，瑞士无法从英国或美国购得主战坦克，而当时在苏联阵营以外只有这两个国家在生产这种武器。1951 年，瑞士陆军唯一的机会就是前往法国，去订购 200 辆刚刚开始生产的 AMX-13。实际上，瑞士成为最早采购这种轻型坦克的几个国家之一。瑞士也由此获得了一种配备 75 毫米炮的装甲车辆，而这门炮在火力方面显著超过了 G-13 的主炮。

尽管如此，瑞士还是需要更强大的坦克。1955 年，瑞士终于找到机会，在英国下了 100 辆 "百夫长" 坦克的订单。一年后，该国又追加订购了 100 辆 "百夫长" 坦克。这些订单的所有坦克在 1956 年至 1960 年期间交付完毕。也是在 1960 年，当时的南非政府认为自己不再需要 "百夫长" 坦克，于是将 100 辆 "百夫长" 坦克出售给了瑞士——20 年后，当南非陆军不得不在安哥拉与亲共军队交战时，南非政府将为这个决定后悔不已。另一方面，这个决定使瑞士陆军将自己的 "百夫长" 坦克车队的车辆增至 300 辆。后来，瑞士陆军还将这些 "百夫长" 坦克原有的 83.8 毫米炮（二十磅炮）替换为威力大得多的 105 毫米 L7 炮，这进一步提高了这些坦克的效能。

凭借其武器，"百夫长" 坦克满足了瑞士陆军对火力强大的主战坦克的需求，但它们在其他方面却 "不合瑞士陆军的胃口"。瑞士陆军尤其需要比较轻的坦克。这种坦克最好重约 30 吨，而不是 50 吨，而且其宽度也不能超过 3.06 米，因为这样的坦克才不会超出伯尔尼国际铁路装载限界，并可以不受限制地通过铁路运输，还能更好地在狭窄的公路和乡间街道上行动。这些因素促使瑞士更有理由研制一种国产坦克，而瑞士总参谋部的技术科早在 1951 年就开始了相关研究。除更适合瑞士国情外，国产坦克还有助于瑞士军队独立于外国资源，虽然它们在成本上很可能高于进口坦克，但相关的大部分经费都会被用于国内。

瑞士在 1953 年确定了国产坦克的性能指标，并将设计坦克的任务托付给了图恩的 K+W。K+W 是瑞士首屈一指的军工企业，它拥有一百多年生产和检修军用装备的经验。虽然造坦克是头一回，但 K+W 还是漂亮地完成了设计和生产坦克的任务——它不仅造出了瑞士有史以来的第一辆国产坦克，而且造出的这辆坦克还可和同时代的其他坦克媲美。

1958 年完成的首辆原型车配备了瑞士版的 90 毫米反坦克炮，而被定名为"Pz.58"的 10 辆预生产型坦克也配备了同样的反坦克炮。不过，瑞士总参谋部反对生产 Pz.58，但决定生产换装英国的 105 毫米 L7 炮的版本。这种火炮是瑞士按许可证在国内生产的，而且也是除德国戴姆勒·奔驰 MB 837 V-8 柴油发动机外，Pz.61 坦克上唯一非"瑞士血统"的重要部件。

瑞士军方在 1961 年下令生产 150 辆 Pz.61。其中，首辆坦克在 1964 年交付。Pz.61 采用了常规布局，但只有 38 吨重，是同代最轻的几款主战坦克之一。Pz.61 有一个很不寻常的设计，那就是其一体式的铸造车体。而在 Pz.61 之前生产的坦克，只有美国的 M48 采用了这种设计。生产这样的车体是瑞士铸造业工人的杰出成就。因此，瑞士也不必进口无法自产的厚装甲板。Pz.61 还配备了有史以来生产的第二种带液压控制转向传动装置的坦克变速箱，和用锥形板簧取代了螺旋弹簧或扭杆的独特的独立悬挂系统。

最后一辆 Pz.61 在 1966 年制造完成。两年后，瑞士陆军又订购了名为"Pz.68"的新版坦克。最初订购的 Pz.68 为 170 辆，但后来经过两次追加订单，Pz.68 又总共增加了 160 辆。其中的最后一辆在 1979 年交付。此时，瑞士军队的坦克已达到 780 辆，并且全部配备了 105 毫米 L7 炮。

然而实践证明，Pz.68 问题不少，而它所包含的各种新功能部件的问题尤其多。结果，Pz.68 的采购案引发了争议。这促使瑞士联邦议会在 1979 年组织了一个委员会，以便对 Pz.68 进行调查。在调查的过程中，该委员会询问了包括笔者在内的许多人。由此得出的结论是，Pz.68 的缺陷是可以得到弥补的。调查结束后，该委员会认为第四批也是最后一批坦克（60 辆）的生产应该完成，但他们也支持 Pz.68 不适合与同时代最新型号的主战坦克正面对决的观点。[2]

Pz.68 的缺陷使瑞士下一阶段的坦克发展受到不小压力。研发坦克的任务在 1978 年被委托给康特拉弗斯（Contraves）公司。该公司设计的坦克名叫"NKPz"，这种坦克在宽度上不再像 Pz.61 和 Pz.68 那样受到 3.06 米的铁路装载限界的约束，而且其车重的上限也被提高到 50 吨重。此外，NKPz 还采用了非常规布局，这使其在多个方面优于同时代的其他坦克。这种布局包括将发动机舱置于车体前部，采用双人炮塔，以及将弹药置于车体后部的最佳位置（在这里，炮弹可自动输送到炮塔下方，然后进入 120 毫米滑膛炮的后膛）。[3]

NKPz 虽然有种种优点，但从未被制造出来。考虑到 Pz.68 的记录，瑞士当局认为瑞士缺乏成功研制现代主战坦克所必需的基础设施，而只能采购成熟的外国坦克。这种看法也得到瑞士军队的许多军官的支持。[4] 因此，两辆德国"豹 2"坦克和两辆美国 M1 坦克在 1981 年和 1982 年参加了竞标试验。最终，"豹 2"坦克中选。瑞士联邦议会遂于 1983 年批准采购 380 辆德国坦克。

首批 35 辆"豹 2"坦克直接来自德国。但其余的"豹 2"坦克都由曾经生产 Pz.61 和 Pz.68 的 K+W 制造，而这些在瑞士被称为"Pz.87"的坦克在 1993 年完成交付。Pz.87 的成本有很大一部分被用于获得在瑞士生产的许可证，但在国内生产 Pz.87 不仅节省了外汇，同时也确保了该国能够保留生产技术和设施。

虽然保住了生产技术，但采用"豹 2"坦克的决定还是终结了瑞士的坦克设计。不过，瑞士的另一些研发并未因此而停止。这包括继续改进部分 Pz.68，并为它们研制效能大大提高的复合装甲——但这种装甲并未投产。到了 1988 年，K+W 还研制出一款紧凑型 120 毫米滑膛坦克炮。这种坦克炮在外径上小于先前所有的同口径火炮，因此如有必要，它可被装进 Pz.68 那个比较小的炮塔里。为了紧跟其他国家的发展，K+W 也研制了一款 140 毫米滑膛坦克炮。这款坦克炮被装到一辆"豹 2"坦克上，并在 1989 年进行了首次试射。结果证明，这款坦克炮发射的尾翼稳定脱壳穿甲弹能穿透大约 1000 毫米的钢装甲。但是和其他 140 毫米炮一样，这款 140 毫米滑膛坦克炮在试验后并未被继续研发。

其他相关研发仅限于对"豹 2"坦克的改进。到了 2008 年，"百夫长"坦克、Pz.61 及 Pz.68 已经先后退役，而瑞士陆军保有的"豹 2"坦克也减至 244 辆。

瑞典

和瑞士不同的是，瑞典早在第二次世界大战前就已开展过坦克研发，这主要是因为该国的部分公司与德国工业界有着千丝万缕的联系。虽然瑞典保持了中立，但是到二战中期，该国已经拥有436辆车重在8.5吨至11吨之间的坦克，而且这些坦克全都配备了安装于双人炮塔中的37毫米博福斯炮。这些坦克包括了216辆兰德斯维克公司制造的坦克，以及220辆由捷克设计并在瑞典按许可证生产的TNH坦克（其瑞典名称是"Strv m/41"）。

捷克制造的TNH以"38(t)坦克"之名在1940年的法兰西会战中和在入侵苏联的初期阶段，为德军立下汗马功劳。但在1941年，和其他同类坦克一样，TNH开始显得过时。因此，瑞典陆军认为自己需要一种更强大的坦克。要满足这种需求，唯一的办法就是采用兰德斯维克公司已经开始为匈牙利研制的一种名叫"Lago"的坦克。[5]Strv m/42由此诞生，而它实际上是先前兰德斯维克公司的轻型坦克的放大版。不过，为了符合瑞典交通系统的限制要求，设计者将Strv m/42的车宽控制在2.35米宽。Strv m/42重22吨，配备一门安装在一个三人炮塔内的短身管75毫米炮。这一切特点都使Strv m/42类似于德国"四号坦克"的原版。

首辆Strv m/42生产于1943年。1945年，在最后一辆制造完成时，Strv m/42已共有282辆。这些Strv m/42是瑞典陆军在第二次世界大战结束时拥有的最强的坦克，并且它们在战后也将这一地位保持了好几年。这一时期，瑞典陆军评估了几种包括"虎"式和"黑豹"在内的战时德国坦克以及美国的M4"谢尔曼"坦克，但没有进一步要求获得新的坦克。直到1950年朝鲜战争爆发，各国对坦克重新产生兴趣之后，瑞典陆军才着手获取新坦克。瑞典陆军最初采取的措施是与英国开展购买"百夫长"坦克的谈判。1952年，双方对此达成一致。一年后，英国交付了首批80辆配备83.8毫米炮的"百夫长"坦克。1954年，瑞典又追加订单。这就使得被定名为"Strv 81"的"百夫长"坦克的总数达到240辆。

在1952年到1953年期间，瑞典陆军还考虑过采购法国的AMX-13轻型坦克。有一辆这种坦克被带到瑞典进行试验。军方一度考虑采购300到400辆AMX-13，但最终还是放弃了这一想法。取而代之的是，有人在1953年提议对当时已经过时的Strv m/42进行改造——给Strv m/42换装新炮塔和战前75毫米博福斯高射炮的改型，以使它们在火炮威力上达到AMX-13的水平。这个提案被接受，而两辆原型车也在1954年被制造出来。之后，又有225辆Strv m/42被改造为"Strv 74"。这些Strv 74一直服役到了1984年。

除了对Strv m/42进行改造和采购"百夫长"坦克，瑞典陆军也在20世纪50

年代初开始研究国产重型坦克，并将这种坦克定名为"KRV"。KRV上有一个新设计的博福斯炮塔，被安装在车体前部类似于苏联IS-3的底盘上。KRV计划配备一门发射尾翼稳定聚能装药弹的155毫米滑膛炮，以便炮弹从连接于火炮的弹仓中自动装填。因此，和AMX-13一样，KRV的火炮与弹仓也是联动的。但是到了1957年，整个KRV项目在仅造出两辆底盘的情况下就被放弃了。[6] 作为替代，军方在1958年追加订购了100辆"百夫长"坦克，而这些坦克在此后的两年内交付。这一批"百夫长"坦克配备的是105毫米L7炮，而到了20世纪60年代中期，瑞典先前接收的"百夫长"坦克也换装了这种火炮。因此截至1966年，瑞典陆军共有350辆装甲战车，而这些战车在火力上不亚于西方世界除英国"酋长"坦克外的任何坦克。

另一方面，瑞典陆军军械局坦克设计科的负责人斯文·贝耶（Sven Berge）在1956年提出一种标新立异的无炮塔坦克——其固定于车体的主炮通过改变车体的俯仰角来调整射角，又通过转动整辆车来调整射向——的方案。[7] 该方案在一定程度上是受了AMX-13的启发。这是因为在瑞典陆军考虑购买AMX-13时，贝耶曾研究过AMX-13，尤其是它的火炮与自动装填系统的组合方式——通过将火炮和弹仓固定在摇摆式炮塔的上半部分，火炮和自动填装系统就相对简单地组合在了一起。因此，贝耶提出的坦克基本上就是把摇摆式炮塔的上半部分直接放到一个履带底盘上。

据贝耶本人告诉笔者的，德国的无炮塔突击炮的战时记录也给他留下了深刻印象，这些突击炮不仅拥有外形低矮的优势，而且在需要面对目标时也能快速转向。但是，当时他还不清楚车辆的转向是否已经平稳到足以跟踪目标。这个问题通过1957年至1959年使用不同车辆开展的一系列试验得到了解答。这些试验结果使贝耶决定采用一种两级转向系统——这种系统以离合器加制动器的模式可使车辆实现快速转向，同时又以液压驱动的双差速器可使车辆实现较为缓慢而平稳的转向。

到了1959年，贝耶的方案在研发上已取得足够进展。这促使军方给博福斯公司下了制造两辆原型车的订单。两年后，2辆原型车完工。此后，10辆预生产型又被制造出来。接着，贝耶设计的坦克全面投产，并且总共完成了290辆。其中，首辆坦克在1967年交付，最后一辆在1971年交付。

这种投产的坦克通常被称为"S坦克"，其实它的正式名称是"Strv 103"。S坦克配备一门加长身管的105毫米L7炮——这门炮由装有50发炮弹的弹仓自动供弹，而弹仓又位于车体后部的理想位置。S坦克车体前部的一套独特的动力装置，由一台柴油发动机和一台燃气轮机组成。这种动力装置虽使S坦克因复杂化而付出了一定代价，却具有燃油经济性的潜在优势（尺寸适中的柴油发动机在大部分时间里能独立为坦克提供动力，而小尺寸的燃气轮机可提供偶尔才需要的额外功率）。那台燃气轮机还确保坦克能在极端寒冷的天气条件下启动，而且两台发动机都能独立驱动坦克，这就使S坦克因发动机故障而抛锚的常见风险减少了一半。与瑞士的Pz.61和Pz.68一样，S坦克的发动机也是唯一需要进口的主要部件。其中，柴油发动机起初来自英国罗尔斯 - 罗伊斯公司，后来由美国底特律柴油机公司提供，而燃气轮机原本购自波音公司，后来则由卡特彼勒公司生产。

S坦克的车组为三人。其中的两人并排坐在车体中央，并且各有一套完全相同的转向、悬挂和火炮控制装置，因此这两人中的任何一个都可以独立地全面操纵该坦克。这使S坦克成了第一种，也是迄今为止绝无仅有的一种可由一个人操纵的坦克。S坦克还为其乘员提供了高强度的防弹保护，这不仅是因为它有大角度倾斜的前装甲，还因为其发动机和变速箱都位于乘员前方。

不过，S坦克也有一个重大缺点，那就是它无法在移动时射击目标，除非目标刚好位于它的正前方。在坦克必须停车才能精确射击的年代，这不是什么严重的问题，因为S坦克在停车时射击也可以和其他坦克一样快。但是，随着火炮稳定控制装置的进一步发展使坦克能够在移动时精确射击，S坦克就被这方面的缺陷严重拖累了。

尽管如此，为了研发S坦克的轻量化后续版本（S坦克最初的版本有37.7吨重，但其最终版的重量达到了42.3吨），瑞典陆军还是对包括S坦克的布局在内的设计理念开展了一系列综合性研究。这些轻量化车辆的研究始于1972年，并且持续了大约十年的时间。与英国和德国的类似研究一样，瑞典陆军提出的车辆概念包括了以外部基座安装的火炮取代炮塔的车辆。为此，他们将一门105毫米炮装到一辆从德国租借的"黄鼠狼"步兵战车上，并对其进行了试验。这些研究的最终成果是又一种非常具有独创性的车辆，即制造于1982年的、重26吨的UDES XX 20。UDES XX 20是一款铰接式车辆。该车的前半部分可容纳三人车组的乘员和一门安装于基座的120毫米坦克炮，而后半部分装有发动机和弹药。研制UDES XX 20的赫格隆（Hagglunds）公司因其Bv 206铰接式无装甲全地形履带输送车（被大约15个不同国家共采购了11000辆）大获成功而深受鼓舞。与Bv 206一样，当在松软地面上行驶或穿越堑壕及类似障碍时，UDES XX 20 在性能方面也拥有相对于常规履带牟辆的固有优势。不过，UDES XX 20 比较复杂，其造价也较为高昂。UDES XX 20 进行了 120 毫米炮试射，但在 1984 年的原型车试验后就没有继续开发，同时其火炮装填系统的设计也未完成。[8]

UDES XX 20 研发的终止标志着，瑞典人停止了发展火力出色但重量较轻的履带式装甲战斗车辆的尝试。此后，瑞典人改为专心研制更重的车辆，旨在最终替代"百夫长"坦克和 S 坦克。备选的研究方案又包括了一种采用基座安装火炮的坦克的方案和一种炮塔低矮的比较常规的坦克的方案。最终在 1991 年被选中并被定名为"Strv 2000"的坦克是一种原创设计的坦克。Strv 2000 有一个中间开缝的双人炮塔，还在该炮塔中并列安装了一门仅配备尾翼稳定脱壳穿甲弹的 140 毫米炮（用于对付敌军坦克）和一门 40 毫米博福斯机关炮（用于对付其他各类目标）。在这些方面，Strv 2000 不同于同时代的其他所有坦克，而且与它一样将发动机置于车体前部的同时代的坦克也只有两种。[9] 但是 Strv 2000 在造出全尺寸模型后就没有继续研发，因为军方认为它成本过高，而且可以通过采用其他国家已经生产的坦克来替代它。

在研究 Strv 2000 的同时，瑞典人已经在谋求采用外国的坦克。为此，他们在 1989 年和 1990 年对一辆德国"豹 2A4"坦克和一辆美国 M1A1 坦克进行了初步测试。接着，在 1992 年至 1993 年，他们又对一辆改进的"豹 2"坦克、一辆 M1A2 和一辆法国"勒克莱尔"坦克进行了试验，还在 1993 年至 1994 年测试了俄国的 T-80U。根据实验结果，瑞典人决定采用"豹 2"坦克，并且他们还与"豹 2"坦克的德国制造商——克劳斯 - 玛菲 - 威格曼（Krauss-Maffei-Wegmann）达成在瑞典生产一部分"豹 2S"的协议。"豹 2S"是最新的"豹 2A5"的进一步改进版本。"豹 2S"大大加强了针对炮弹和地雷的防护，这使其车重也增至 62.5 吨重。瑞典陆军共订购了 120 辆"豹 2S"。其中，首批 29 辆在德国制造，其余的则在瑞典组装（使用的是瑞典和德国生产的部件）。它们在 1997 年以"Strv 122"之名开始服役，并在 2002 年完成生产。[10]

除了达成在瑞典生产 Strv 122 的协议，瑞典陆军还在 1994 年向德国陆军租借了 160 辆"豹 2A4"，并将其定名为"Strv 121"。Strv 121 和 Strv 122 的服役使"百夫长"坦克和 S 坦克先后被淘汰。2001 年，最后一辆 S 坦克退役。2006 年，

Strv 121 也逐步退役。因此，瑞典陆军只剩下一支完全由 Strv 122 组成的小而精干的坦克车队。

以色列

在瑞典和瑞士分别放弃自研，改为外购坦克时，以色列却走了一条非常不同的道路。由于国情所迫，以色列最初只能用其获得的外国坦克来组建一支杂牌车队，但该国最终建立了由国产坦克组成的强大军队。

实际上，当以色列在 1948 年建国时，其坦克部队只有 2 辆"克伦威尔"坦克和 10 辆 H.39（哈奇开斯）轻型坦克。其中，前者是以色列人趁英军从巴勒斯坦撤离时偷来的；后者曾在 1940 年被德军缴获，之后在 1945 年被法军收回，最后又在 1948 年被以色列人秘密地从法国买来。建国后不出一年，以色列主要通过购买外国废品的方式获得坦克，并建立起一支拥有 30 多辆坦克——全是配备原版 75 毫米炮的过时的 M4"谢尔曼"——的队伍。后来，以色列又获得了一些那种"谢尔曼"坦克，而更有效的坦克要到 1955 年才从法国搞到。这批坦克包括 60 辆 AMX-13 轻型坦克，和大约 100 辆原本属于法军的配备 76 毫米炮的"谢尔曼"坦克（被改名为"M1"或"超级'谢尔曼'"）。后来，以色列人又给"谢尔曼"坦克换装了与 AMX-13 的高初速 75 毫米炮相同的火炮，并将其称为"M50'谢尔曼'"。有一个连刚装备了 M50"谢尔曼"坦克，就赶上了 1956 年以军发动的"卡迭石行动"。卡迭石行动发生在英法联军铩羽而归的苏伊士运河战役之前，而埃及军队在此次行动中被逐出了西奈（Sinai）半岛。在这次行动中，以色列国防军虽损失了 30 辆坦克，但给埃及军队造成了 150 辆坦克的损失，而其中的大多数都是苏制 T-34-85 坦克。[11]

AMX-13 与 M50"谢尔曼"两种坦克在 1956 年的实战中表现出色，但在 11 年后的"六日战争"中，它们就不再有效。这是因为埃及陆军此时已从苏联获得了装甲更厚的 T-54 坦克。因此，以色列国防军需要火力更强的坦克。为了满足这种需求，以军研制了另一种名为"M51"的"谢尔曼"坦克的改型。M51 配备的一门 105 毫米炮，在威力上略逊于法国新式 AMX-30 主战坦克发射 Obus G 聚能装药弹的同口径火炮。共有 200 辆"谢尔曼"坦克被改造为 M51，而这些 M51 在 1960 年开始投入使用。

1960 年，以色列国防军又采取了一个重要得多的措施，即从英国购买 30 辆"百夫长"坦克。这批坦克有一部分是新造的，有一部分是二手的，但它们仍然都配备的是 83.8 毫米炮（二十磅炮）。不过，在 1962 年从英国购头的另一批"百夫长"坦克已经换装了 105 毫米 L7 炮，而先前到货的"百夫长"坦克也换装了这种火炮。到了 1967 年"六日战争"爆发时，以色列国防军一共获得了 385 辆"百夫长"坦克，而这些坦克成为其坦克部队中最重要的组成部分。

以色列国防军还从德国订购了 150 辆美制 M48 坦克。这些坦克对德军来说是多余的装备，但由于阿拉伯国家施加的压力，德军只交付了其中的 40 辆。不过在 1965 年，以色列国防军首次直接从美国获得 M48 坦克。到 1967 年战争爆发时，以色列国防军已拥有 250 辆该型坦克，但这些坦克配备的火炮仍然是清一色的 90 毫米炮。

因此，当以色列国防军在 1967 年对埃及军队发动先发制人的打击时，其坦克部队就装备了多种不同型号的坦克。不过，虽有坦克型号不一带来的战术和后勤的困难，以色列国防军还是在四天内击溃埃及军队，并使埃及军队部署的 935 辆坦克损失了约 820 辆。在埃及军队损失的坦克中，共有 373 辆 T-54 和 T-55，而其中的许多都被以军纳入现役。也就是说，这些坦克多到足以装备以军的一个装甲旅。以色列国防军还缴获了约旦军队使用的大约 100 辆 M48，并迅速将它们整合到自己的 M48 坦克部队中。[12]

六年后，埃及和叙利亚联手，对以色列同时发动反击。1973 年的"赎罪日战争"由此爆发。埃及和叙利亚的军队自 1967 年以来已经获得大量苏制装备。据估计，两国军队拥有的坦克已分别增至 2200 辆和 1820 辆。其中，大部分坦克都是 T-54 和 T-55，但也有一些比较新的 T-62。这些 T-62 的主炮是 115 毫米滑膛炮，而不是其他苏联坦克的 100 毫米线膛炮。不仅如此，叙利亚军队还得到伊拉克和约旦——两国共有 1740 辆坦克，合计投入了其中的 450 辆——派出的部队提供的支援。[13]

与这支可能共有近 6000 辆坦克的大军对抗的是，拥有约 2000 辆坦克的以军。以军的这些坦克包括 540 辆 M48 和 M60A1——后者的头 150 辆是 1971 年从美国获得的。其余的大部分是"百夫长"坦克，但也包括缴获的 T-54 和 T-55，还有一些 M51，乃至配备过时的 75 毫米炮的 M50"谢尔曼"坦克。但除了最后两种坦克，其他所有坦克此时都安装或换装了 105 毫米 L7 炮或美国造的同款火炮。

这场战争在两条战线上进行，而在这两条战线上发生的坦克大战在规模上都可与第二次世界大战中最大的坦克战相比。在北线的戈兰（Golan）高地，叙利亚军队集中了三个步兵师（每个师包含一个坦克旅），还让两个估计共有1260辆坦克的装甲师提供支援。[14] 最初与叙军的这些部队对垒的是以军的两个共有177辆"百夫长"坦克的坦克旅。因为"百夫长"坦克拥有可靠耐用的悬挂和全钢履带，所以以军认为它们比M48和M60（这两种美国坦克都被部署在西奈半岛）更能适应戈兰高地的岩石地形。

虽然在坦克数量上处于劣势，以色列第7装甲旅还是在一场史诗般的防御战中成功击退了叙军对戈兰高地北部的反复进攻。叙军的260辆被击毁或被遗弃的坦克就留在了被称为"泪谷"的阵地前方。[15] 以色列第7装甲旅自身也损失惨重，而且该旅在增援部队到达时只剩下7辆坦克。此后，以军开始反击，最终将大马士革纳入了火炮射程内。叙利亚军队在戈兰高地的战斗中共损失867辆坦克，而在整场战争中估计损失了1150辆坦克。[16]

在西奈前线，当埃及军队成功渡过苏伊士运河后，以色列第252师立即发起反击，但在装备海量苏制"耐火箱"反坦克导弹的埃军步兵面前，该师惨遭失败，其拥有的268辆坦克就损失了165辆。此战立刻引发世界舆论哗然。人们普遍认为坦克已不再是有效的武器。直到"赎罪日战争"余下的战斗打响，这种流行了一段时间的说法才被推翻，因为在这些战斗中，更多的坦克是毁于敌方坦克的火炮而非导弹的。这一点被叙利亚前线的战斗证明了。而在西奈前线，当埃及军队企图从他们渡过苏伊士运河后建立的桥头堡突破时，一场规模更大的战斗更是证明了这一点。在这场战斗中，埃军在大苦湖（Great Bitter Lake）两侧发动了攻势，并投入了多达1000辆的坦克，由此引发了第二次世界大战以来规模最大的坦克战。结果，埃军坦克被处于防御的以色列坦克部队以更胜一筹的炮术和机动技巧击败。参战的以军约有750辆坦克，但仅损失了其中的20辆，并设法击毁了260辆埃军坦克。[17] 以色列国防军在两条战线上估计总共损失了840辆坦克，但因其控制了大部分战场，他们可能回收了大约400辆失去战斗力的坦克。[18]

为了弥补损失，以色列国防军从美国接收了更多M48和M60这两种坦克。以军坦克部队的规模也得到恢复——拥有2000辆坦克，或者更多坦克。M48和M60的大量到货使得这两种坦克在数量上超过了"百夫长"坦克。"百夫长"坦克此前一直是以色列国防军的主力坦克，并且被一直使用到1992年。在退役前，"百夫长"坦克和M60都被装上了爆炸反应装甲，并参加了1982年入侵黎巴嫩的行动。爆炸反应装甲大大提高了"百夫长"坦克和M60针对RPG-7火箭弹和其他聚能装药反坦克武器的防护水平。后来，在"百夫长"坦克陆续退役时，M60又接受了大幅度的改进，即在炮塔和车体上添加大量被动式装甲。这就使M60的重量增加了6.5吨至7吨，而这种强化了装甲的M60的改型被称为"马加奇7"。

以色列国防军对自己从英国、美国和其他国家获得的各种坦克进行的改造，显著提高了这些坦克的性能。实战证明，这种做法无疑是有效的。不过从20世纪60年代起，以色列国防军就渴望拥有自产的现代化坦克，因为这样才能保证自身在需要时有最新技术的坦克可用。于是，以色列人就想到了按许可证在国内生产外国设计的坦克。碰巧在1966年，英国国防部提出联合研发和共同生产英国的新"酋长"坦克的提案。以色列国防军热情地接受了该提案，而两辆"酋长"坦克在1967年就被送到以色列，以用于试验。[19]笔者可能无意中为促成此事做了一点小贡献，因为在英方提议的两年前，笔者曾在特拉维夫做了一个关于"酋长"坦克的讲座，而听众就包括了以色列国防军总参谋长拉宾将军（General I. Rabin）和另一些高级军官！

1968年，又有两辆"酋长"坦克被送到以色列以替代原先那两辆。但一年后，在阿拉伯国家的压力下，英国政府撕毁了与以色列的协议。[20]此事使以色列国防军坚信，他们不能再依靠外国来提供坦克。在"酋长"坦克被送回英国后不到八个月，以色列国防军就做出了在本国制造国产坦克的决定。

伊斯拉埃尔•塔勒将军（General Israel Tal）受命指导这种被称为"梅卡瓦"（意即"战车"）的坦克的设计和研制。塔勒曾在1967年指挥了以军突击西奈半岛的三路装甲部队之一，还曾作为以军装甲兵司令，让这支军队在坦克炮远距离射击上达到了高超的水准。塔勒认为，"梅卡瓦"坦克应以高生存性为其基本特点，尤其应该为乘员和弹药这两个坦克上最脆弱的环节提供高水平的防护。为此，塔勒选择了背离传统，他把"梅卡瓦"坦克的发动机和变速箱布置在车体前部，从而使它们能抵挡最常见的来自正面的攻击，以起到保护乘员的作用。在其他坦克中，只有瑞典的S坦克也利用了动力包来加强正面防护，但这与它的整体概念是密不可分的，并非有意为之的选择。此外，"梅卡瓦"在防护方面还采用了间隔装甲（在英国的"乔巴姆"装甲出现之前，这种装甲代表着西方坦克上使用的最先进的防护形式），并且尽可能多地利用机械部件来提供防护。[21]

"梅卡瓦"的设计者们采用了美国制造的AVDS-1790柴油发动机和CD-850变

速器。其实，他们那时也没有什么其他选择。以色列人已经很熟悉那两种部件，这不仅是因为它们被用在了M60坦克上，还因为以色列国防军用它们去换掉了"百夫长"坦克的动力系统。主要武器的选择也很有限，只有衍生自英国L7的美国105毫米M68炮的以色列版。这种火炮已经在以色列量产，并被以色列国防军用于换装大部分其他坦克，而且它与西方世界广泛使用的坦克炮还很相似。

由于发动机和变速箱前置，弹药可以布置在最不容易遭到攻击的车体后部。这种布局还使"梅卡瓦"坦克可以布置一个独特的尾门，这就使乘员进出"梅卡瓦"坦克远比进出其他坦克更方便，也更安全。此外，尾门与可拆卸的弹药架的结合，意味着"梅卡瓦"的车体后部也可以被转换成车厢，而这种车厢既可安放其他物品，又可容纳六名步兵。

这种设计导致许多文章把"梅卡瓦"描述成一种将坦克与步兵输送车结合起来的新型车辆。这是一派胡言。实际上，"梅卡瓦"只有在紧急情况下才会被用来运输步兵或伤员，而且它还必须卸下其配备的50发炮弹中的大部分才能做到这一点。

"梅卡瓦"的首辆原型车在1974年12月开始试验。五年后，"梅卡瓦"的第一辆量产车被交付给以色列装甲兵。考虑到以色列此前并未建立过坦克制造厂，这是一个了不起的成就，并使那些虽有完善设施，却花了更多时间去生产新式坦克的国家相形见绌。

"梅卡瓦"在1982年以军入侵黎巴嫩的行动中接受了战火的洗礼，而且表现得相当出色。尤其值得一提的是，虽然部分"梅卡瓦"的装甲不可避免地被反坦克武器击穿，却没有一名"梅卡瓦"的坦克兵被烧死。这证明了，"梅卡瓦"为防范中弹后起火的这种常见威胁而采取的措施非常有效，这些措施包括将弹药存放在由耐热容器组成的独特系统中。1983年，"梅卡瓦"Mk1的后继型号——"梅卡瓦"Mk2出现，它配备了更好的复合装甲和以色列制造的更高效的自动变速装置。1990年，以色列又推出的"梅卡瓦"Mk3，配备了德国"豹2"坦克和美国M1A1坦克采用的120毫米滑膛炮的以色列版。后续研发使"梅卡瓦"Mk3 Baz在1992年产生。由于配有具备自动目标跟踪能力的火控系统，"梅卡瓦"Mk3 Baz在这方面领先于除日本"90式"坦克外的其他坦克。"梅卡瓦"Mk3 Baz的火控系统可使坦克在移动中命中目标的概率显著增大。笔者在访问以色列国防军装甲兵学校时曾得到在一辆"梅卡瓦"Mk3 Baz上开火的机会，并且每次开火都命中目标，算是亲身体会到其火控系统的优点。[22]

2002 年，以色列坦克部队开始接收"梅卡瓦"Mk4。这种型号的"梅卡瓦"进行了更多重大改进，尤其是在机动性和生存性方面。在机动性方面，"梅卡瓦"Mk4将输出功率已逐渐增大到 1200 马力的 AVDS-1790 柴油发动机换成了德国的 1500 马力的 MTU MT 883 柴油发动机——后者不仅功率更大，也是市面上最好的坦克发动机。生存性方面的改进，包括将被动装甲、反应装甲与外形经过重新设计的炮塔结合了起来——这使"梅卡瓦"Mk4 成为世界上几种防护性能最好的坦克之一。而在改进防护的同时，"梅卡瓦"Mk4 在重量上仅比均为 60 吨重的 Mk1 和 Mk2 重了 5 吨。此外，从 Mk3 开始，许多装甲都被改为模块化的装甲，因此这些装甲能很方便地被换掉，而"梅卡瓦"也可利用不断进步的防护技术来应对不断变化的威胁。

2002 年，一辆"梅卡瓦"Mk3 在加沙地带边境被一枚装有近 100 千克炸药的地雷炸毁，这表明"梅卡瓦"仍然需要继续改进。[23] 不要指望任何坦克都能经受住这种超大号地雷的爆炸，但是为了提高针对其他地雷的防护能力，"梅卡瓦"Mk4在车底加装了厚钢板。事实证明，这一措施极为有效。所以在2006年的黎巴嫩战争中，至少有一辆"梅卡瓦"Mk4 坦克在一枚装药 150 千克的地雷爆炸时幸存，而其车组乘员仅有一人身亡。[24]

2006 年，以色列与真主党的战争也凸显了新一代反坦克导弹给坦克带来的威胁，尤其是俄制的激光驾束制导"短号"导弹。据称，"短号"导弹即使在目标采用爆炸反应装甲防护的情况下，也能穿透 1000 至 1200 毫米厚的钢装甲。这种导弹让"梅卡瓦"付出了不小的代价。据以色列国防军称，在 2006 年的这场战争中约有 50 辆"梅卡瓦"被击中。其中，14 辆毁于导弹，6 辆毁于地雷。如果以色列国防军高层从一开始就更果断地运用坦克，而不是按照当时主流的战术思想，主要靠飞机的火力远距离打击敌人，那么以方的坦克损失可能会少一些。当时，空中打击战术不仅在以色列，而且在美国的空军圈子里也被奉为圭臬，然而它只能带来不完整的胜利。[25]

为了应对导弹的威胁，以色列国防军加快了主动防御系统的开发。以色列军工业从 20 世纪 90 年代开始，就一直在研究这种系统。这方面的初步成果是拉斐尔（Rafael）公司生产的名为"战利品"的系统。2009 年，"战利品"系统被"梅卡瓦"Mk4采用。次年，安装"战利品"系统的"梅卡瓦"Mk4 就装备了以色列国防军的一个坦克营，这使得该型号坦克成为自 1983 年苏联推出 T-55AD 以来第一种进入现役的带主动防御系统的坦克。

到了 2010 年，以色列国防军拥有的"梅卡瓦"估计总共有 1600 辆，并且它们几乎完全取代了在 20 世纪 90 年代构成以色列国防军坦克部队主力的 M60 和"马加奇 7"两种坦克。不过，有一部分"马加奇 7"被保留在预备役中。

意大利

从二手坦克起家的装甲部队并非只有以色列装甲部队，因为在第二次世界大战以后，重建的意大利装甲部队也采用了同样的做法，只不过这些配备二手坦克的部队规模更大。起初，意大利能够拥有的坦克数量被施加于该国的和约所限制。1948 年，意大利只有 99 辆装甲车辆。但是到了 1952 年，和约的限制被取消后，意大利通过美国军援计划获得了不少坦克，其拥有的装甲车辆因此增至 521 辆。与此同时，意大利重建了"公羊"装甲师和"半人马座"装甲师，并且到 1953 年又组建了第三个师，而每个师按照编制应有 250 辆坦克。一开始，这些坦克的大部分都是配备原版 75 毫米炮的美制 M4"谢尔曼"坦克，只有一些来自英军库存的坦克配备了 76 毫米炮（十七磅炮）。但是在 1953 年，"公羊"装甲师已经拥有了美国的 M46 坦克，而"半人马座"装甲师拥有了 M47 坦克。[26]

1958 年，意大利与法、德两国联合制定了将要研制的标准欧洲坦克的要求。这些要求最终促成了法国 AMX-30 和德国"豹 1"坦克的诞生。然而，意大利却没有采取措施来落实这些要求，转而从美国采购了 100 辆 M60A1 坦克，并获得了生产另外 200 辆该型坦克的许可证。而这 200 辆 M60A1 也是意大利自第二次世界大战以来生产的第一批坦克。

与此同时，德国造出一些预生产型的"豹 1"坦克，而意大利陆军在 1964 年测试了其中的一辆。又过了六年，意大利才决定采用"豹 1"坦克，不过其最终订购的"豹 1"坦克多达 800 辆。其中首批的 200 辆在德国制造，并在 1971 年和 1972 年交付。其余的 600 辆由意大利按许可证生产，其中的首辆在 1974 年完成，最后一辆在 1978 年完成。[27] 之后，意大利又订购了 120 辆"豹 1"坦克。因此到了 1983 年，意大利已拥有仅次于德国的世界第二大"豹 1"坦克车队，并且在坦克总数上也与英国和法国处于同一水平。"豹 1"坦克先后替换掉了 M47 和 M60A1 两种坦克，并在 20 世纪八九十年代成为意大利装甲部队的支柱，直到 2009 年才全部退出现役。[28]

通过"豹 1"坦克积累了相当多的经验后，意大利的奥托·梅莱拉公司和依维柯公司在"豹1"坦克的基础上研制出一种更强大的、名为"公羊"的坦克,一如德国工业界以"豹1"坦克为基础研制出了"豹2"坦克。意大利陆军是在1902年下发了关于这种新坦克的要求的。两年后,意大利陆军与工业界就新坦克的技术指标达成一致。工业界随即以值得称赞的速度在1986年造出首批6辆原型车。不过,根据意大利陆军发出的生产200辆"公羊"坦克的订单制造的首辆直到1995年才完成,最后一辆更是要到2002年才交付。

"公羊"是一种设计出色的坦克,它有54吨重,并且在整体性能方面相当于德国的"豹2A4"。"公羊"采用与"豹2"的布局相同的常规布局,配备一门与莱茵金属120毫米炮相似的120毫米滑膛炮。"公羊"的动力系统包括了一台1300马力的依维柯(原本是菲亚特)柴油发动机和一台按许可证生产的德国ZF变速箱。这一切都意味着,意大利装甲部队虽然到2009年已经缩减为四个坦克团(共拥有200辆"公羊"),但仍然堪称装备精良。

阿根廷

与第二次世界大战以后的意大利一样,几乎所有拉美国家的军队装备的都是原本为别国军队制造的且被使用过的二手坦克。但阿根廷是个例外,该国生产了拉丁美洲的第一种自产坦克,只不过生产的数量很少。

这种坦克就是"DL 43'纳韦尔'"("纳韦尔"意即"老虎")。据信"纳韦尔"坦克的研发始于1942年,因为当时阿根廷仍与德国保持着外交关系,所以无法像巴西那样从美国获得坦克。然而,"纳韦尔"坦克却与同时代的美国M4"谢尔曼"中型坦克颇为相似。特别是,两者都有35吨重,而且都采用了中初速的75毫米L/30炮。不过,"纳韦尔"的主炮是一门1909年的老型号的75毫米炮,而且它的发动机是阿根廷按照许可证生产的一种法国的450马力的航空发动机。

"纳韦尔"坦克在1944年开始生产,但只完成了16辆,这是因为随着第二次世界大战结束,以及政治局势发生变化,阿根廷也能从海外采购坦克了。该国利用这一机会,在1946年从英国购买了一批原属于英国陆军的M4"谢尔曼"坦克。这批坦克在一年后开始交付。在这批M4"谢尔曼"坦克中,大部分都配备了原版的中初速75毫米炮,但也有一部分换装了76毫米炮(十七磅炮)——这部分坦克也因此在若干年内都是拉丁美洲最强的坦克。

直到 1973 年，阿根廷陆军才公布新坦克——用于替换"谢尔曼"坦克——的要求。这种坦克应该是车重不超过 30 吨的中型坦克，它必须能够与阿根廷的交通基础设施相容，还应该配备与同时代西方的其他大部分坦克的主炮相同的主炮——一门 105 毫米的 L7 型火炮。德国的蒂森亨舍尔公司作出回应，并在 1974 年获得设计这种坦克的合同。两年后，该公司交付了两辆被称为"阿根廷中型坦克"（简称"TAM"）的原型车。

TAM 是以德国"黄鼠狼"步兵战车为基础设计的，同时它还受到 30 吨的车重限制，这意味着 TAM 的装甲防护并不强。不过在其他方面，TAM 是一种设计出色的坦克，这使它与同时代的其他中型坦克相比毫不逊色。1979 年，TAM 在阿根廷一家专门为其建设的工厂里开始组装。但 TAM 的生产在 1983 年因马岛战争而中断，直到 1994 年才恢复。因此直到一年后，230 辆 TAM 的订单才全部完成。

与至少四个其他拉美国家不同的是，阿根廷没有尝试过采购更强的坦克。不过在 20 世纪 60 年代，为了替换其"谢尔曼"坦克，阿根廷最初曾经从法国采购了 58 辆 AMX-13 轻型坦克，后来又在国内生产了 40 辆这种坦克。1981 年，阿根廷又采取类似的政策，从奥地利斯太尔 - 戴姆勒 - 普赫公司采购了 118 辆 SK 105 轻型坦克（坦克歼击车）。SK 105 轻型坦克有一个与 AMX-13 的摇摆式炮塔类似的炮塔，配备一门 105 毫米炮——安装在卓郎公司的装甲步兵输送车底盘上。

巴西

巴西——阿根廷的传统对手，本来也有可能为自己的军队装备一种国产坦克，但最终和其他拉美国家一样，选择了采用别国生产的坦克。

作为美国的盟友，巴西在第二次世界大战后期获得了 103 辆 M3"李"式中型坦克、53 辆 M4"谢尔曼"中型坦克，以及大约 200 辆 M3（"斯图亚特"）轻型坦克。"谢尔曼"和"斯图亚特"这两种坦克被巴西一直用到 20 世纪 70 年代。随后，巴西模仿 M3（"斯图亚特"）轻型坦克，研制了 X1A2，并为其配备了一门因"潘哈德 AML"装甲车而大受欢迎的 90 毫米中初速炮。大约有 30 辆 X1A2 被制造出来。

1960 年，随着 381 辆原属于美军的 M41 坦克开始到货，巴西的坦克车队"朝着现代化方向迈出了更重要的一步"。这些 M41 坦克成为巴西陆军的主力坦克，并且在 20 世纪 80 年代几乎全部都接受过改造，其中一些还被一直用到了 21 世纪。

这些 M41 坦克接受的改造主要包括将原版的汽油发动机换成柴油发动机，以及将 76 毫米炮换成发射尾翼稳定聚能装药弹的 90 毫米炮。在这些新的 90 毫米炮中，有些与在巴西为恩格萨公司的装甲车制造的火炮属于同一型号，有些就是将原版 76 毫米炮扩膛至 90 毫米而制成的。

负责改造 M41 坦克的贝尔纳迪尼（Bernardini）公司，在 1981 年前后设计了一种与 M41 非常相似但更重的坦克——MB-3"塔穆伊奥"。截至 1988 年，MB-3"塔穆伊奥"的三辆原型车已被造出，但没有被巴西陆军采用。换装功率更大的发动机，并且配备了 105 毫米 L7 炮的"塔穆伊奥 3"坦克也落得同样的下场——仅在 1987 年造出一辆原型车。

比"塔穆伊奥"坦克严谨得多的是，由私营工程公司——恩格萨（Engesa）公司自行设计的"奥索里奥"中型坦克。恩格萨公司是在接受了"轮式侦察车"（简称"CRR"）的研发任务后，才涉足装甲车辆领域的。CRR 是巴西陆军在 20 世纪 70 年代前后提出的研发项目，旨在替代其当时仍在使用但早已过时的二战美制 M8 6×6 装甲车。[29]CRR 在恩格萨公司手中被发展为 6×6 的 EE-9"响尾蛇"装甲车。"响尾蛇"装甲车最初配备一门 37 毫米炮，接着在换装法国设计的炮塔后就配备了与"潘哈德 AML"装甲车的火炮相似的 90 毫米炮，最后又将火炮和炮塔换成恩格萨公司自己设计的炮塔和按许可证生产的比利时 90 毫米科克里尔炮。"响尾蛇"装甲车在 1970 年完成设计并造出原型车。与此同时，恩格萨公司还设计了 EE-11"蜂蛇"6×6 水陆两用人员输送车。这种车的许多部件都可与"响尾蛇"装甲车的部件通用。"响尾蛇"和"蜂蛇"这两种车在 1974 年开始量产，并且很快就被证明它们是非常成功的。它们不仅被巴西陆军采购，还被拉丁美洲、非洲和中东的 20 多个不同国家购买。在这两种车辆停产时，它们的总产量已达到 2767 辆。

因为轮式装甲车辆的成功而有了底气，又因为受到巴西陆军订单前景的诱惑，而且沙特阿拉伯甚至有可能下达更多订单，恩格萨公司便在 1982 年决定研制一种主战坦克。相关工作在一年后开始。又过了整整一年，被称为"奥索里奥"的坦克的首辆原型车就出厂了。这是一个了不起的成就，并且反映出恩格萨公司惊人的工作速度。当然，这也是因为该公司没有受到常见的军方官僚机构的阻碍（笔者从 1972 年起就担任这类机构的顾问，亲眼看见过不少恶例）。

为了公平起见，笔者还必须指出，恩格萨公司能以这种创纪录的速度设计和制造出"奥索里奥"坦克的首辆原型车，也得益于国际市场提供了种类丰富的合适部件。这种坦克配有 105 毫米 L7 炮的炮塔来自英国的维克斯防务系统公司，并与维克斯"勇士"坦克的炮塔非常相似。[30] 出于财政原因，"奥索里奥"坦克采用了 1000 马力的德国 MWM 工业用柴油发动机，而没有采用成熟的坦克发动机。不过试验表明，选择这种柴油发动机的"奥索里奥"坦克非常成功。"奥索里奥"坦克采用的德国 ZF 变速器原本是为其他坦克研制的，而且这种坦克的邓禄普液气悬挂系统在英国"挑战者"坦克的悬挂竞标中也失败了。不过，恩格萨公司还是必须自行设计和制造这种坦克的车体，并且必须将现代坦克的各种组件整合到一起。1985年，"奥索里奥"的原型车被送到沙特阿拉伯做初步试验。试验中，该原型车的表现胜过英国"挑战者"坦克一筹，由此证明了恩格萨公司的工作颇为成功。

"奥索里奥"的第二辆原型车在 1986 年完成。它也安装了维克斯的炮塔，但这种炮塔比为维克斯 Mk7 坦克设计的"勇士"坦克的炮塔要复杂得多。此外，这辆原型车安装的一门法国地面武器工业集团的 120 毫米滑膛炮，在性能上与德国"豹2"坦克的主炮相当。1987 年，"奥索里奥"的第二辆原型车在沙特阿拉伯参与了大量竞标测试，并且在表现上优于"挑战者"坦克和法国的 AMX-40，至少与美国 M1A1 坦克旗鼓相当。因此，沙特当局表示有意采购 316 辆"奥索里奥"坦克，但没有下订单。在 1990 年伊拉克入侵科威特前夕，沙特政府最终决定采购 315 辆美国 M1A1 坦克，而在"奥索里奥"坦克研制过程中耗尽资金的恩格萨公司也就此倒闭。

就这样，巴西失去了自行生产一种现代化坦克的机会，也失去了恩格萨公司这样宝贵的工业资产。考虑到在恩格萨公司申请破产五年后，巴西陆军就宣布有意采购"豹 1"坦克，这就更加令人感到惋惜。"豹 1"坦克固然久经考验，而且也不需要巴西为它的生产设施进行投资，但它在性能上只与"奥索里奥"坦克的首辆原型车相近，而且不如"奥索里奥"坦克的第二辆原型车先进。

"豹 1"坦克原本是巴西从比利时订购的。1997 年，首批 128 辆"豹 1"坦克开始到货，但当时就有 80 辆被认为未达到使用要求。后来，巴西从德国订购了 250辆经过现代化改进的"豹 1A5"。其中的首辆在 2009 年交付巴西陆军。此外，在 1997 年，巴西陆军多少有些不乐意地开始从美国接收 91 辆 M60A3 坦克。这批坦克原本是租借给巴西的，但后来改为赠送。

所有这些交易使巴西陆军得到一支规模可观的较为现代化的坦克部队。而通过这些交易获得的坦克与巴西陆军之前使用的 M41 轻型坦克相比，有了非常显著的进步。这些坦克也使巴西在坦克力量上领先于阿根廷。不过在坦克力量方面，巴西与阿根廷都被智利赶超了——智利获得了拉丁美洲最现代化、最强大的坦克力量。

智利和秘鲁

与阿根廷和巴西一样，智利在二战后也是从 M4"谢尔曼"坦克——该国从美国和其他国家获得了 76 辆这种坦克——开始发展坦克的。此后，直到 20 世纪 60 年代，当智利从美国接收了 60 辆 M41 轻型坦克后，该国才有了新的进步。但在之后的 20 年里，由于世界各国普遍厌恶以皮诺切特将军（General Pinochet）为首的智利政府，该国发现自己几乎不可能获得其他更强大的坦克。实际上在此期间，智利仅从以色列那里共获得 150 辆 M51 和 M50 两种型号的"谢尔曼"坦克，从法国获得了大约 20 辆 AMX-30。直到 1998 年，在皮诺切特放弃权力很久以后，智利才得以从荷兰购买了 202 辆原属于荷兰陆军的"豹 1"坦克。八年以后，智利又"迈出更大的步伐"，从德国订购了 140 辆升级版"豹 2A4"。这种坦克在多个方面与最新的"豹 2A6"处在同一水平，并成为拉丁美洲最强大的坦克。在这种"豹 2A4"进入现役后，智利的"豹 1"坦克减少到 120 辆，还有 30 辆被卖给了厄瓜多尔。

在其他拉美国家中，只有智利在太平洋沿岸的邻国——秘鲁拥有一支可观的坦克力量，因为该国在 20 世纪 70 年代中期从苏联购买了 300 辆 T-55 坦克。到了世纪之交时，这些坦克已经过时，秘鲁政府遂于 2009 年向中国求购新式坦克。因此，中国将 5 辆 MBT2000 坦克送到秘鲁接受评估，但由于为这种坦克生产发动机的乌克兰反对该坦克出口，这宗生意终究没有做成。

澳大利亚和南非

在南半球的另一个角落，澳大利亚在第二次世界大战期间为了生产中型坦克曾做过勇敢的尝试。这种坦克的研发因为缺乏发动机等合适的部件而受阻。结果，这种坦克不得不依靠三台组合起来的凯迪拉克汽车发动机来提供动力。尽管遇到种种困难，澳大利亚人还是造出了大约 69 辆"哨兵"巡洋坦克。实践证明，"哨兵"巡洋坦克在机械设计方面很成功，但没有一辆被用于实战。[31] 二战结束后，澳大利亚陆军使用过英国制造的"百夫长"坦克，然后在 20 世纪八九十年代将其换成德国造的"豹 1"坦克，后来又用 59 辆美国 M1A1 坦克取代了"豹 1"坦克。

除了澳大利亚的"哨兵"、阿根廷的"纳韦尔"和巴西的"奥索里奥"，南半球国家自行设计的坦克就只有一种名叫"坦克试验车"的南非的车辆了。在研制"坦克试验车"之前，南非陆军使用装甲车辆的历史多少有点断断续续。在二战之前的许多年里，整个非洲南部只有两辆坦克。在二战期间，南非利用从美国进口的底盘，集中力量生产装甲车。由此生产出的装甲车不少于 5746 辆，并且全都供应了南非本国军队和大英帝国的其他军队。南非还组建了一个装甲师，并将其作为英国第 8 集团军的一部分派往欧洲作战。

当二战结束时，南非保留了三个 M4"谢尔曼"坦克团，又在 1953 年从英国采购了 200 辆"百夫长"坦克来加强这几个团。这些"百夫长"坦克被视作英联邦的战略预备力量的一部分，但是当南非脱离英联邦后，南非政府认为自己不再需要坦克，于是将 100 辆"百夫长"坦克卖给了瑞士。

南非陆军一度不采购任何坦克，仅采购装甲车，尤其是 4.8 至 5.5 吨重的"潘哈德 AML"轻型装甲车。这种装甲车的武器为能够发射尾翼稳定的聚能装药反坦克弹的 60 毫米迫击炮或 90 毫米炮。南非的首批 100 辆"潘哈德 AML"装甲车是 1961 年直接从法国订购的。此后，南非本国又组装了 500 辆这种装甲车，还在后来生产了其改进型，并将这种改进型定名为"大羚羊"。"大羚羊"装甲车持续生产到 1986 年，此时其总产量为 1300 辆。

当笔者在 1974 年访问"大羚羊"装甲车的生产厂时，"大羚羊"装甲车仍然是在南非生产的唯一的装甲车辆。一年后，在所谓的"大草原行动"中，"大羚羊"装甲车被南非军队成功用于对安哥拉内战的第一次干涉。[32] 在后来的作战中，"大羚羊"装甲车与南非生产的"蜜獾"六轮步兵战车并肩作战，而后者从 1968 开始研制，于 1977 年进入现役。"蜜獾"最终成为南非军队的主力装甲车辆。"蜜獾"在 1987 年停产时，已经生产出 1200 多辆。

一些"蜜獾"配备的火炮与"大羚羊"的 90 毫米炮相同。实战证明，配备这种火炮的"蜜獾"能够摧毁古巴支持的安哥拉社会主义政府军队的 T-54 或 T-55 坦克，但需要借助安哥拉南部茂密的植被并机动到有效射程内，才能击毁后者。虽然植被能缩短交战距离，拉近双方装甲车辆的战斗力差距，但到头来，南非还是得靠坦克来对抗苏联提供的坦克（到 1985 年下半年，安哥拉政府军使用的坦克估计已经包括 350 辆 T-55 和 150 辆 T-34-85)。[33] 因此在 1987 年，南非军队将坦克部署到了安哥拉。起初，只有一个中队的 16 辆坦克被部署到那里。到了下一年，在安哥拉的南非坦克的数量也不超过两个中队所拥有的坦克数量。但实战证明，南非的这些坦克胜过了安哥拉的 T-55，并遏制了后者的攻势，而且为 1988 年双方达成停火协议发挥了一定作用。

上面所说的南非坦克就是"号角"1A 坦克，即英国"百夫长"坦克的大幅度改进版。在将自己一半的"百夫长"坦克卖给瑞士以后，南非陆军最初在 1972 年尝试改进部分剩余的"百夫长"坦克——为它们换装美国 M48 坦克的发动机和变速箱。随后，南非陆军在 1974 年又对"百夫长"坦克做了进一步改进。最终在 1983 年，"百夫长"坦克开始被南非陆军改造为"号角"坦克。虽然联合国在 1976 年禁止成员国向南非出售军事装备，但南非在此期间从约旦和印度购得一些状态不一的废旧"百夫长"坦克，并以此重建了自己的坦克车队。因此，南非军队最终通过改造"百夫长"坦克，获得了 200 多辆"号角"坦克。

虽然遭到禁运，在 1985 年被南非装甲兵接收的"号角"1A 坦克还是使用了和美国 M60 坦克相同的柴油发动机及变速箱，而且还用南非版的 105 毫米 L7 炮替换了"百夫长"坦克原有的 83.8 毫米炮（二十磅炮）。从这些方面来看，"号角"1A坦克与以色列军队在十年前改造的"百夫长"坦克如出一辙，而且以小得多的规模在战场上证明了自己。继"号角"1A 之后，南非人又研制出 1B 型坦克（也称"号角 2"）。"号角 2"在装甲防护方面做了重大改进，还采用了功率更大的 V-12 柴油发动机、更有效的变速器以及防护地雷的能力得到提高的双层车底，同时又多少有些多此一举地将"百夫长"坦克上原来坚固耐用的螺旋弹簧悬挂换成了扭杆悬挂。[34]

虽然实战证明"号角"能够有效对付 T-54 和 T-55，但考虑到安哥拉政府军早在 1981 年就已开始使用苏制坦克，南非军队认为自己可能不得不与更现代化、更强大的坦克——如 T-72——交战。于是，南非陆军在 1983 年决定研制一种现代化的国产坦克。但是在该计划付诸实施前，安哥拉的战争就在 1988 年至 1989 年之间结束了。因此，这种南非坦克的相关研制工作仅仅进行到造出一辆原型车，而这辆名为"坦克技术演示车"（TTD）的坦克在 1993 年才被公开。

TTD 采用常规布局，并且在外表上很像德国的"豹 2A4"。TTD 最初配备一门105 毫米 L7 炮，但按照计划会将其换成南非研制的 GT6 120 毫米滑膛炮，如有必要还可将其换成 140 毫米滑膛炮。TTD 有很出色的装甲防护，这反映在它重达 58.3 吨的战斗全重上。尽管如此，由于采用了一台 1200 马力的 V-8 柴油发动机，TTD 仍然有较高的机动性。[35]

总体而言，TDD 与同时代的其他主战坦克相比并不逊色。这是一项值得称道的成就。考虑到 TTD 是非洲有史以来设计的第一款坦克，而且它的发展还被当时南非遭受的制裁所限制，这就更加令人钦佩了。

第 11 章

迎头赶上的亚洲

　　日本帝国陆军在第一次世界大战结束时曾对坦克表现出一定的兴趣。但在 20 世纪 30 年代初，日本陆军开始在中国使用坦克之前，坦克在远东一直很少被使用。在第二次世界大战期间，日本陆军广泛部署了坦克，但部署的坦克还是不多，而且与美军在太平洋"跳岛"作战期间使用的越来越多的坦克相比就更是少得可怜。缅甸的英军和西南太平洋的澳军也使用过坦克，但使用的坦克更少。最终还是苏联红军在 1945 年 8 月进攻盘踞中国东北的日军时，集结了多达 5556 辆的坦克和突击炮。[1]

　　但是直到二战结束多年，除日本制造的坦克外，被用于远东的坦克没有一辆是在远东当地生产的。远东的战后坦克生产是从 1950 年得到苏联援助的中国开始的。大约与此同时，日本也恢复了因 1945 年战败投降而中断的坦克研发。到了 20 世纪 60 年代，印度也在英国的援助下开始生产坦克，此后又与苏联合作，并继续生产坦克。而在 20 世纪 80 年代，韩国也启动了坦克生产。同时，巴基斯坦也开始与中国合作生产坦克。

　　虽然起步较晚，但是到了 2000 年前后，日本、韩国和中国生产的坦克已经赶上了欧洲和美国的同类装备，并且在某些方面还超越了后者。同时，印度也在生产最新的俄国坦克，而巴基斯坦在按中国极其现代化的坦克设计制造坦克。这些国家在坦克方面取得的进步与欧美在 20 世纪末对新式坦克研发的忽视形成鲜明对比。

日本

日本人最初对坦克表现出兴趣是在 1918 年。当时，他们从英国购买了一辆 Mk4 重型坦克。一年后，他们又购买了 3 辆或 6 辆英国的 A 号中型坦克，和 10 到 13 辆法国的雷诺 FT 轻型坦克。通过这些交易获得的坦克没能使日本陆军对坦克产生太大兴趣。不过在 1923 年，英国维克斯中型坦克的出现使日本陆军的态度发生剧变，因为这种坦克比他们先前获得的战时英国和法国的坦克要快得多。于是，日本陆军在 1925 年组建了自己的第一支坦克部队，并考虑为其装备从海外购买的坦克。但是当时唯一能买到的坦克就是被日本人认为已经过时的雷诺 FT 轻型坦克。军方技术部门因此提议研制一种国产坦克。这个提案虽然受到合理的怀疑，但还是得到了批准。

设计该坦克的任务在 1925 年被委托给以原乙未生大尉（后来晋升为中将）为首的一个陆军工程师小组。虽然此前没有坦克设计经验，而且除少数过时的英国和法国的坦克外，也没有任何其他可作参考的坦克，但原乙未生仅用时 21 个月，就在 1927 年完成了任务。这种坦克在大阪兵工厂制造，并于 1927 年在富士演习场成功进行了演示。[2]

日本的第一种坦克采用了创新的三炮塔布局。这三个炮塔分别是一个安装一门低初速 57 毫米炮的中央双人炮塔、一个位于车体前部的单人机枪塔和一个位于车尾发动机舱后方的单人机枪塔。这种在车体后部布置一个炮塔的设计可能是受到了法国 2C 重型坦克的启发，因为后者也有一个这样的炮塔。而且大约在设计第一辆日本坦克的同时，在德国设计的克虏伯公司和莱茵金属公司的"大型拖拉机"可能也受到法国 2C 重型坦克的影响，并在相似的位置上设置了一个炮塔。

第一种日本坦克虽然成功进行了首次演示，而且达到了 20.1 千米/时的公路速度（是雷诺 FT 轻型坦克的两倍还多），但还是没有得到采用，原因是军方认为这种 18 吨重的坦克太重。后来，这种日本坦克先后被发展为"91 式"和"95 式"两种重型坦克。这两种重型坦克仍然拥有三个炮塔，但只生产了几辆。[3]

与此同时，陆军司令部下发了对一种用于近距支援步兵的 10 吨级坦克的要求。因为有了从第一种坦克获得的经验，这种新的中型坦克被快速设计出来，并以"89 式"之名而得到采用。其原型车在 1929 年完成制造。"89 式"中型坦克有一个配备了低初速 57 毫米炮（与第一种日本坦克配备的火炮相同）的双人炮塔，而且拥有更快的速度——公路速度可达 27.4 千米 / 时。原版的"89 式"中型坦克采用了汽油发动机，但其改型——"89B 式"则采用了专门研制的六缸风冷柴油发动机。这种发动机的研发始于 1932 年。这种发动机不仅油耗较少，而且能较好地适应劣质燃油。同时，它因采用了风冷而消除了水冷发动机结冰的风险——考虑到日本坦克预期作战的中国东北地区的环境温度极低，这个优点尤其突出。这种发动机由三菱公司成功开发后在 1936 年得到采用，这使得日本在坦克柴油机的应用领域处于前沿。

1927 年，从英国购买的一辆用于竞标试验的维克斯 Mk C 坦克因为汽油发动机意外起火而受损。这进一步证明了"89 式"中型坦克使用柴油发动机的正确性。虽然这辆维克斯 Mk C 坦克后来被修复，但是根据原乙未生大尉在事隔多年后对笔者的讲述，这次事故造成的项目延期使他有了更多时间来完善自己的研发工作，因而他所研发的坦克在与维克斯坦克竞争时处于更有利的地位。无论如何，维克斯 Mk C 坦克并没有像很多资料所说的那样，成为"89 式"中型坦克的设计基础，二者在很多方面都不同。[4]

"89 式"中型坦克在被军方接受之后，成为第一种大量生产的日本坦克。"89 式"中型坦克首批的 12 辆制造于 1931 年，而最后一批制造于 1939 年——此时该型坦克的总产量已达 404 辆。[5] "89 式"中型坦克也在 1932 年所谓的"上海事变"（"一·二八"淞沪抗战）中成为第一种被用于实战的日本坦克，后来又在 1937 年日本入侵中国的战争全面爆发时被作为日军的主力坦克。

"89 式"中型坦克在中国的战斗中被用于支援步兵。日军也认为"89 式"中型坦克成功地承担了这一职能。不过，日军的对手是一支几乎没有反坦克武器的军队。而在 1939 年，在中国东北边境的哈勒欣河事件（日方称之为"诺门坎事件"）中，"89 式"中型坦克在火力上就被配备高初速 45 毫米炮的苏联 BT 坦克完全压倒。当时，日本已经在生产更新式的"97 式"中型坦克，并将少数这种坦克投入到了诺门坎。这种坦克虽然在机动性方面远远领先于"89 式"中型坦克，却仍然使用了与后者相同的低初速 57 毫米炮。这种火炮用来对付中国军队的步兵也许绰绰有余，但大大落后于 20 世纪 30 年代后期服役的其他各国坦克的主炮。

在研制"97 式"中型坦克的同时，日军也首次尝试使坦克的运用突破支援步兵的窠臼。1934 年，受当时英国开展的机械化战争试验的影响，日军将坦克装备了诸多单位（最大规模的单位为营级），并将这些单位编入了一个能够独立作战的多兵种合成机械化旅团。但是在侵华战争爆发后，这个旅团却被解散，其坦克则被分散用于支援步兵部队。直到 1942 年，日本陆军才将其大部分坦克集中到三个战车师团中，而这些师团每个都下辖一个步兵联队、四个战车联队，以及其他部队。[6]

这些战车师团的主力坦克是重 15 吨的"97 式"中型坦克。"97 式"中型坦克原本是为了满足军方提出的在"89 式"中型坦克的基础上进一步提高坦克机动性的要求而设计的，因此它配备了 170 马力的 V-12 风冷柴油发动机和大大改进的螺旋弹簧悬挂。"97 式"中型坦克在大多数方面都达到了同时代坦克设计的标准，但直到诺门坎事件之后，日本人才认识到"97 式"中型坦克也需要比 57 毫米炮更好的武器。原版"97 式"中型坦克在 1938 年至 1942 年之间生产了 1162 辆，而此后生产的大约 1000 辆该型坦克则换装了新研制的高初速 47 毫米炮。在 1943 年至 1944 年之间制造的 170 辆与"97 式"中型坦克非常相似的"一式"中型坦克，也使用了这种 47 毫米炮。在进入日本陆军服役的坦克中，拥有更强火力的坦克只有"三式"中型坦克。这种坦克是继"一式"坦克之后研制的，它配备的火炮与美国 M4"谢尔曼"坦克的中初速 75 毫米炮相似。但是"三式"中型坦克从 1944 年才开始生产，到二战结束时，仅完成了 166 辆。

1943 年，日本人还开始研制一种重 30 吨的"97 式"中型坦克的放大版本，那就是"四式"坦克。"四式"坦克配备了从 75 毫米高射炮衍生而来的坦克炮，拥有厚达 75 毫米的装甲。但直到二战结束时，这种坦克也只完成了两辆，而更重的"五式"坦克仅造出一辆原型车。

日本陆军显然花了很长时间才认识到自己需要火力出色的中型坦克。而且日本陆军还受到日本坦克工业产能有限——每年最多也只能生产 500 辆左右的中型坦克——的拖累。不仅如此，由于美军空袭造成的浩劫，日本的坦克产量在 1944 年还发生了下滑，到了 1945 年更是每况愈下。二战末期，日本的情况之窘迫，从原乙未生将军的调任就可窥见一斑——由于装甲板的短缺严重限制了坦克的产量，这位日本首屈一指的坦克设计师竟然被调到一家飞机厂担任监察员。[7]

除中型坦克外，日本人还研制了轻型坦克和超轻型坦克。其中，数量最多且使用最广的是"95 式"轻型坦克——这是一种重 7.4 吨的坦克，它有一个安装一门中初速 37 毫米炮的单人炮塔。"95 式"轻型坦克最初被设计为一种比"89 式"中型坦克更灵活机动的坦克，但最终成为大部分坦克部队的通用装备。"95 式"轻型坦克在 1936 年至 1943 年之间生产了 2375 辆。

超轻型坦克是日本坦克发展历程中一种与众不同又被大肆宣传的产物。这些超轻型坦克实际是体型非常小的双人装甲车辆，它们都有一个可安装机枪的炮塔。其中，最早的"94 式"仅为 3.4 吨重。和同时代几乎所有的其他超轻型装甲车辆一样，日本的超轻型坦克在设计上也受了卡登 - 洛伊德 Mk6（日本曾经从英国购买了一些）的启发，但它们在承担的任务——作为武装牵引车，在敌军火力下牵引为前线部队提供补给的拖车——上却近似于另一种卡登 - 洛伊德衍生产品（法国的雷诺 UE chenilette）。但因为日本的超轻型坦克以中队形式被分配到步兵师团，而步兵师团又没有其他装甲车辆，所以它们经常被当作坦克使用。这种情况在中国战场上尤其普遍。由于成本低廉且实用，日本的超轻型坦克被大量生产。其中，"94 式"在 1935 年至 1940 年期间造了 843 辆；后继的改进型——"97 式"装甲车用 37 毫米炮取代了机枪，并在 1937 年至 1944 年期间造了 616 辆。

虽然火力平庸且装甲薄弱，但在东亚地区的战争初期，日本坦克还是为日军的胜利立下不少功劳。它们最值得一提的作战发生在 1942 年。当时，在日本陆军南下进军马来半岛时，其一支由 15 辆"97 式"中型坦克和"95 式"轻型坦克混编的特遣队，突破了英军在士林河（Slim River）沿岸的防御，并打通了前往新加坡的道路。日军虽然在 1942 年组建了三个战车师团，但还是将其坦克普遍分散在日军作战的广大区域。这些坦克被零散地投入使用，又被零散地击毁，就连 1944 年被部署到菲律宾吕宋岛用以对抗美军的第 2 战车师团的坦克也是如此。但是在 1945 年投降前夕，日本陆军仍有多个营级规模的战车联队被用于防御本土诸岛。此外，日本陆军在中国东北还有 1215 辆坦克。但是这些坦克充其量也就和 20 世纪 30 年代的 BT 坦克（当时有一些仍被远东的苏联红军使用）处在同一水平，而在 T-34-85 这类更现代化的坦克面前则被全面压制。在苏军向远东投入的总计 5556 辆的坦克中，T-34-85 就占了大部分。[8]

在 1945 年日本投降后，美国施加于日本的目光短浅的条约使日本被全面解除武装。因此，日军的装甲车辆被全部销毁，其后续研发也被叫停。但是七年后，当朝鲜战争爆发时，美国显然需要日本的帮助，以抵抗苏联在远东的扩张。于是，日本被允许重建军队。这支军队最初是以"保安队"的名义建立起来的，后来又被改称为"陆上自卫队"（GSDF）。陆上自卫队先是获得了美国的 M24 轻型坦克和 M4A3E8 中型坦克，后来又得到 130 辆美国 M41 轻型坦克。然而，这些坦克不是不够现代化，就是性能不够强大，因此它们无法满足陆上自卫队对主战坦克的需求。陆上自卫队本来可以从美国采购 M47 中型坦克或 M48 中型坦克，但日本人却以种种理由拒绝采购它们，例如：这些坦克是根据美国坦克兵的身材设计的，不适合身材较小的日本坦克兵；美国坦克较重且成本高昂。因此在 1954 年，日本人决定生产一种国产坦克，并将其定名为"61 式"。

虽然坦克生产设施在 1945 年后解除武装的过程中都被摧毁，日本人还是在 1956 年造出了一辆"61 式"的原型车，并在 1961 年开始生产"61 式"坦克。到 1975 年停产时，"61 式"的总产量已达 560 辆。"61 式"坦克重 36 吨，并且比同时代的其他主战坦克都轻。由于重量没有超出日本铁路和公路的承载能力，"61 式"坦克也就能够在这些道路网络上正常行驶。在某些方面，"61 式"坦克再现了早期日本坦克的优点，那就是它使用了风冷的柴油发动机。"61 式"坦克使用的 570 马力的发动机与 1930 年至 1936 年期间为"97 式"中型坦克研制的发动机颇为相似。同时，"61 式"坦克也不太明智地延续了主动轮前置的设计。这种设计曾经在德国、美国和日本的坦克上颇为常见，但是在第二次世界大战结束后就被多国设计师纷纷摒弃，并被主动轮后置的设计所取代。实际上，"61 式"坦克是最后一种发动机后置、主动轮前置的主战坦克。而且它的传动轴因纵贯整个车体而占用了不少宝贵的空间。在其他方面，"61 式"坦克则背离了先前的日本坦克，转而仿照美国坦克——采用了扭杆悬挂，并配备了一门与美国 M47 和 M48 这两种中型坦克的火炮相似的 90 毫米炮。

在"61 式"坦克投产后不久，它的后继型号在 1963 年就开始被研究，并以"74 式"之名被采用。这种坦克的原型车在 1968 年制成。七年后，"74 式"坦克开始生产。到 1989 年停产时，"74 式"坦克共完成了 893 辆。与"61 式"坦克相比，"74 式"坦克有了显著进步，并且在性能方面与早它几年出现的德国"豹 1"和法国的 AMX-30 相当。特别值得一提的是，"74 式"与"豹 1"一样都为 38 吨级的坦克，并且都以 105 毫米 L7 炮为主炮。在另一些方面，"74 式"坦克则领先于"豹 1"和 AMX-30 这两种坦克，例如它采用了可调节的液气悬挂系统，还采用了全电火炮俯仰及旋转控制装置——在安全性方面高于其他坦克和"61 式"坦克采用的电动液压控制装置。"74式"坦克还配备了激光测距仪，而同时代的其他坦克使用的仍然是精度较差的光学测距仪。[9]

"74式"坦克还采用了一种独特的坦克发动机，即风冷的二冲程直流式柴油发动机。这种发动机是三菱公司在二战期间为鱼雷快艇设计的，并且因其出众的单位功率而大受好评。这种发动机是在1939年被作为研究项目而开始研发的，但该项目最初与坦克毫不相干。多年以后，这种发动机的720马力的V-10版才出现，并被用于"74式"坦克。[10]

"74式"坦克使日本的坦克研发达到了欧洲和美国的坦克标准。它的后继型号则更进一步，不仅达到了欧美的标准，而且在某些方面还更胜一筹。1976年，当"74式"坦克刚开始生产时，这款日本第三代战后坦克也开始了研发，而它的两辆原型车在1980年就被制造出来。此后，这种坦克的研发进程多少有些拖沓。在此期间，又有四辆原型车先后被造了出来。但是在1990年，这款新坦克终于以"90式"之名被军方采用。

然而，即便到了这个时候，"90式"坦克仍然先于法国"勒克莱尔"主战坦克，配备了自动装填系统——这种系统将弹药置于炮塔尾舱中，以供应按莱茵金属公司许可证生产的120毫米L/44滑膛炮。实际上，除了瑞典的S坦克和苏联自T-64起的各型坦克，"90式"坦克是最早配备自动装填系统的主战坦克，因此它只需要一个三人车组来操作。"90式"坦克的精密火控系统也领先于其他坦克的火控系统，并且能够自动跟踪目标。在"90式"坦克被军方采用后不久，笔者在1990年访问了陆上自卫队富士战车学校。当时，这种火控系统就已经在被使用了。截至2008年，"90式"坦克已经生产了341辆，同时所有"61式"坦克都退役了。

日本人原本希望"90式"坦克不会比"74式"坦克重太多，但它的车重最终达到了50吨重，这主要是因为它采用了模块化间隔多层陶瓷复合装甲。尽管如此，由于功重比达到了30马力/吨，"90式"坦克在机动性方面依然出色，而这要归功于它采用了1500马力的V-10发动机。这款V-10发动机与"74式"坦克的发动机基本相同，但大大增强了增压性能，而且为了控制高输出的二冲程柴油发动机中存在的热点温度，它还用液冷取代了风冷。因此，V-10发动机虽然在排量上与"74式"坦克的发动机一样，都是21.5升，但在输出功率上却两倍于后者。

然而，"90式"坦克的重量仍然是个问题，因为它超出了日本道路交通法规所允许的最大限重，这就限制了"90式"坦克在日本各地部署的能力。"90式"坦克的重量和它高昂的造价，促使日本人开始研究一种更轻、更紧凑的坦克。这些研究在"90式"坦克投产后不久就开始了，但由于日本不再面临紧迫的威胁，新坦克的研发直到2002年才正式开始，而首辆原型车到2007年才完成。

这种新坦克被定名为"10式"，它基本上就是"90式"坦克的缩小版。"10式"坦克采用的整体布局与"90式"坦克的相同，其中包括一个安装一门120毫米滑膛炮——由炮塔尾舱中的14发弹仓自动装弹——的双人炮塔。"10式"坦克的液气悬挂系统也与"90式"坦克的相似。但不同的是，"10式"坦克采用了一台1200马力的液冷四冲程V-8柴油发动机。根据安装的可拆卸模块化装甲的数量，"10式"坦克的车重可在44吨至48吨之间变动，因此安装多少装甲可以根据预期威胁和运输需求来调整。除陶瓷材料外，"10式"坦克的装甲还采用了坦克装甲的最新发展成果，即高强度纳米晶体钢。由于"10式"坦克配备的先进的指挥和控制系统是"90式"坦克上安装的同类系统的后续发展型号，这就使"10式"坦克能够与其他坦克共享战场情报。

首批13辆"10式"坦克生产于2011年，并且被提供给了陆上自卫队。而且"10式"坦克也是迄今为止全世界最先进的几款坦克之一。

韩国

虽然起步时间比日本晚得多，而且先前没有任何坦克研发的经验，但是到了21世纪初，韩国在坦克技术水平方面已经与日本并驾齐驱。实际上，韩国直到20世纪80年代后期才产出自己的第一辆坦克。在此之前，该国军队完全依靠美国提供坦克。这些坦克起初是M4A3E8"谢尔曼"坦克，后来是M47和M48这两种中型坦克。

面对朝鲜再次入侵的威胁，韩国总统在20世纪70年代认为本国需要更强大的坦克。由于当时无法从美国买到M60A1，韩国人就开始考虑制造国产坦克。但是因为韩国缺乏必要的知识和经验，所以韩国政府非常理智地认为，国产坦克只能按照外国的设计来生产。因此，韩国与德国克劳斯-玛菲-威格曼公司进行了讨论。后者提交了基于其"豹1"坦克设计的两种分别重30吨和45吨的坦克的方案。但是这两种方案都没有被韩国接受。随后，美国驻韩联合军事援助团（JUSMAG-K）与美国国防部先进研究项目局（DARPA）介入，并让四家美国公司得到了根据韩国军

事需求初步设计 种坦克的合同。与此同时，他们还建立了一个独立工作组来评估竞标提案，笔者也受邀加入了该工作组。

到了 1978 年年中，这些竞标提案在筛选后还剩两份，但这两份提案经过进一步分析后都被驳回，它们不是因为某些设计特点存在问题，就是因为设计方的工程资源令人怀疑。因此在 1980 年，韩国人又给了克莱斯勒防务公司一份新的合同。这家公司是最初四家竞标商中唯一拥有必要工程资源的，但该公司在首轮竞标中就被淘汰。这是因为克莱斯勒防务公司当时拿出的方案只是对其已经生产多年的美国 M60 坦克略加修改的方案。但是该公司在第二次竞标时态度比较认真，提出的新设计方案在多个方面都优于其刚刚为美军设计的 M1 坦克。

克莱斯勒防务公司设计的坦克最初被称为"大韩民国国产坦克"（简称"ROKIT"）。这种坦克从外表来看很像美国 M1 坦克，但是在一些重要方面又有别于后者。尤其值得一提的是，ROKIT 采用了美国为德国"豹 2"坦克设计的一种火控系统。这种火控系统在当时是最先进的，但克莱斯勒防务公司为了控制成本而无法将它用于美国 M1 坦克，因为该坦克的 AGT-1500 燃气轮机已经占用了太多资金。ROKIT 还拥有可调节的液气加扭杆悬挂系统。这种悬挂系统能降低车高，同时还能通过倾斜整车让主炮获得更大的俯角——这个特点使 ROKIT 在韩国多山的地形中非常有利。

主炮为 105 毫米 L7 炮的美国版——M68，是以美军为榜样的韩国当局坚决要求选择的。这种 105 毫米 L7 炮是美国原版 M1 坦克的武器，而且其火力在当时也已足够。不过，设计师说服韩国当局应把 ROKIT 的炮塔直径做得足够大，以便容纳 120 毫米炮。这是后期改型必然要做的，毕竟这也是坦克武器的发展趋势。韩国当局还偏爱风冷的 V-12 泰莱达因柴油发动机，因为他们已经熟悉了在美国坦克上使用的类似发动机。不过笔者指出，德国的 1200 马力 MTU MB 871 V-8 液冷柴油发动机更适合 ROKIT。MTU MB 871 V-8 液冷柴油发动机是为英、德、意三国合作的 155 毫米自行火炮项目研发的，但是由于该项目被取消，这种发动机就被拿到国际市场上出售，并最终被韩国人采用。

ROKIT 的设计在 1980 年年底已经基本完成。经过三次审查和全尺寸模型研究后，笔者在 1981 年与人合写了一份报告，并将其提交给了韩国国防部。在报告中，笔者建议采用克莱斯勒公司提出的设计作为 ROKIT 后续研发的基础。[11]ROKIT 的后续研发随即展开，并且有一辆原型车在 1983 年完成。当时，关于美国国防部是否同意 ROKIT 使用英国的"乔巴姆"装甲的美国版还有一些疑问。不过，美方最终批准了。于是，昌原的一家工厂在 1984 年开始生产配备美国版"乔巴姆"装甲的 ROKIT，并于一年后交付了首辆。首批的 210 辆 ROKIT 在 1987 年全部完成。随后，第二批的 325 辆又被生产出来，而这种坦克此时被称为"K-1"或"88 式"。

量产型的 K-1 全重 41 吨，这一重量超过了韩国陆军原先规定的上限，但 K-1 仍然比重达 54.5 吨的美国 M1 坦克要轻。1997 年，K-1 有了后继型号——K1A1。K1A1 不出所料地配备了 120 毫米滑膛炮——莱茵金属公司 L/44 炮的美国版。与此同时，K1A1 的车重也增至 53 吨重，而与 K1A1 对应的 M1A1 重 57 吨。据报道，截至 2010 年，现代汽车集团旗下的罗特姆（Rotem）公司生产的 K-1 和 K1A1 坦克总共已有 1511 辆。

K-1 的成功生产使韩国国防开发署在 1995 年决定着手设计一种更为先进的真正国产的坦克。这种坦克的设计在 2004 年前后定稿。三年后，罗特姆公司完成了最初的三辆原型车，并计划随后生产 397 辆这种坦克。这种新式坦克名为"K2"或"黑豹"，它配备了莱茵金属公司的 120 毫米炮的最新加长身管的 L/55 型。这种火炮通过炮塔尾舱的 16 发弹仓自动装弹。因此，K2 的车组乘员为三人，而不像之前的 K-1 的车组为四人。K2 的其他特色包括具有自动目标跟踪功能的火控系统、最新的 1500 马力 MTU MT 883 柴油发动机、用于取代混合悬挂的液气悬挂，以及主动防御系统。采用基本配置的 K2 有 55 吨重，但是在加装附加装甲后，K2 的重量就增至 60 吨。

日本在第二次世界大战后的宪法不允许日本出口军用装备，韩国则没有这样的限制。由此产生的一个结果是，韩国与土耳其签订了转让韩国坦克技术的协议，以便土耳其的"阿尔泰"坦克使用这些技术。虽然韩国的坦克技术实际被采用了多少还有待观察，但考虑到土耳其军工业以前并没有研发坦克的经验，那么该国的坦克对韩国坦克模仿得越多，就越有可能成功。

中国

坦克到中国的时间只比到日本的时间晚了几年，但此后中国人对它们的使用一直是断断续续和小规模的。最早来到中国的坦克是无处不在的雷诺 FT 轻型坦克。

这种坦克被中国东北的一名军阀为自己的部队订购了一些。这些雷诺 FT 轻型坦克据信有 10 辆在 1924 年到货，后来据说又增加到 36 辆，但是所有这些坦克在 1931 年日军入侵东北时全部损失了。[13]

民国政府的国民革命军在 20 世纪 30 年代初从英国采购了一些维克斯·卡登 - 洛伊德轻型坦克，并在 30 年代中期成立了三个坦克营。这几个营装备的坦克型号不一，其中包括大约 20 辆维克斯"六吨坦克"、与前者数量相近的意大利 L3/35 超轻型坦克和 10 辆德国"一号坦克"（轻型）。但这些坦克的大部分都在 1937 年爆发的抗日战争初期损失了。次年，国民革命军从苏联购得 80 多辆 T-26 坦克，但这些坦克的大部分也很快在随后的战斗中损失了。此后，中国军队的坦克在第二次世界大战期间再没有什么值得一提的战斗。

战争结束后，苏联当局向赢得解放战争的共产党军队移交了缴获的日本"97 式"中型坦克——据说，这些坦克多达 300 辆，而且直到 1950 年朝鲜战争爆发前，它们一直是中国人民解放军的主力坦克。中国在参加朝鲜战争后获得了第一批苏联坦克，其中包括 30 辆 T-34-85 中型坦克和 2 辆 IS-2 重型坦克。此后，T-34-85 的数量显著增加——据一些资料称，达到 1837 辆。T-34-85 中型坦克和 IS-2 重型坦克这两种坦克每年都在北京参加阅兵。直到 1959 年，T-34-85 才开始被中国自产的 59 式坦克取代，而后者成了解放军的主力坦克。

59 式坦克是 1950 年《中苏友好同盟互助条约》的产物。根据该条约，苏联同意帮助中国建设一座坦克厂。这座坦克厂在 1956 年建成，并于两年后用来自苏联工厂的零件，组装出第一辆坦克。1960 年，该厂又生产出第一辆用中国制造的零件制成的坦克。此后，59 式坦克就被大量生产。当 59 式坦克在 20 世纪 80 年代停产时，据信其总产量已达 10000 辆。

59 式坦克实际上就是中国版的苏联 T-54A 中型坦克。和苏联 T-54A 中型坦克一样，59 式坦克是一款重 36.5 吨的坦克，它配备一个四人车组和一门 100 毫米线膛炮（主炮）。当 59 式坦克在 20 世纪 60 年代开始大量服役时，它与同时代的其他坦克相比还是很出色的，而且也满足了解放军的迫切需求。不过，其他国家的军队都在研制新式坦克。为了不落后于人，解放军也在 1967 年启动了第二代中国坦克的研发。但三年后，相关研发就因为"文化大革命"造成的混乱而中止。因此，中国连续多年都没有生产出新式坦克，解放军也不得不继续将 59 式坦克作为其唯一的主战坦克来使用。1979年，笔者在访问北京附近的解放军装甲兵技术学院时，就能明显看出这种窘况。

当中国开始从"文化大革命"的混乱中恢复时，该国对第二代坦克的需求也被再度提出。于是从1979年开始，中国人造出了一系列不同的原型车。但是军方直到1984年才从几款候选的坦克中做出选择，而被选中的那一款最终成了中国的第三代坦克。与此同时，59式坦克也进一步发展为80式坦克。1981年，80式坦克被采用，并成为第二代坦克。

在最终产生80式坦克前的研发过程中，中国人首先研制出的是69式坦克。69式坦克与59式坦克的差别不是很大，而且也和后者一样被广泛出口到非洲、亚洲和中东各国。69式坦克的一种试验型号虽配备了120毫米炮，但没有被采用。解放军选择以以色列为榜样，因为后者曾对其从阿拉伯军队手中缴获的苏制T-54和T-55两种坦克进行了改造——给这些坦克换装了某个型号的英国105毫米L7线膛炮。因此，解放军也将105毫米炮装到79式坦克和中国设计的其他坦克上，以取代苏联设计的100毫米炮。其中一种坦克就是80式坦克。除了换装105毫米炮，80式坦克还在59式坦克的基础上进行了多项改进。这些改进包括采用新的悬挂系统并将每侧的负重轮从五个增至六个，采用更强劲的730马力的发动机，以及配备带激光测距仪的火控系统。接着在1988年，85式坦克出现了。这种坦克最初也配备了105毫米L7炮，并采用了焊接炮塔，而没有像在它之前的坦克那样采用继承自苏联T-54的铸造炮塔。不仅如此，其改进型——85-Ⅲ式还配备了更强大的125毫米滑膛炮，采用了与苏联T-72一样的转盘式自动装弹机，因此85-Ⅲ在这几个方面成为第三代中国坦克的先驱。

研制第三代坦克在1980年成为解放军的重点项目。中国北方工业公司在1989年获得合同，并于一年后造出了首批原型车。这些原型车进行了广泛的测试，并被交付给部队试用。到了1998年，这些接受了测试的坦克被接受，并以"98式"为名开始进行小批量生产。这种坦克有意模仿了苏联T-72的整体布局，但它更重（51.8吨），这部分是因为它的车体较大。此外，98式坦克将驾驶员的位置设在车体中央，而不像85-Ⅲ和先前的几种中国坦克一样将其设在车体左侧。由于将传统的发动机纵置，而不像苏联坦克和先前几种中国坦克一样将其横置，98式坦克的车体比那些坦克的车体几乎长了一米。98式坦克的发动机是德国MTU MB 871

的仿制版，也就是与韩国 K-1 坦克的发动机相似的 1200 马力的 V-8 柴油发动机。

98 式坦克与 T-72 一样配备一门 125 毫米滑膛炮，并在炮塔下方装有一个备弹 22 发的转盘式自动装弹机。据称，当这门炮发射尾翼稳定脱壳穿甲弹时，其炮口初速高达 1780 米 / 秒，而且其炮口动能比俄国同类产品的炮口动能高出近 45%。98 式坦克还配备了中国仿制的俄国 9M119 炮射激光驾束导弹。这种导弹最高可达 800 米 / 秒的速度，而其聚能装药战斗部可穿透 700 毫米厚的装甲。98 式坦克的正面依靠多层复合间隔装甲提供防护。为了提高生存能力，98 式坦克还配备了类似于俄罗斯"窗帘"的红外干扰系统，以对抗反坦克导弹。[14]

部分 98 式坦克还在炮塔顶部安装了一台高能激光器，以干扰和破坏敌方武器系统的瞄准装置，同时可使敌方武器射手失明。中国人还为 98 式坦克研制了一套带雷达的主动防御系统。这种系统可探测和跟踪逼近的威胁，并且可使来袭导弹在距离坦克 1.5 至 4 米处时被摧毁或失灵。

所有这些特点表明，98 式坦克与其他国家研制的最新坦克旗鼓相当。从更广的角度来讲，这些特点也证明了中国的坦克技术非常先进。在火力方面，据说 98 式坦克甚至优于其他国家的坦克，而最新的 99 式坦克又进一步提高了防护性能，这就使其炮塔的凸出正面看起来很像最新的德国"豹 2A6"的炮塔正面。

中国北方工业公司已经与巴基斯坦合作研制了一款与 98 式坦克非常相似的坦克。这表明 98 式坦克可以在保持出色防护性能的前提下减轻重量，并且变得更紧凑。这款中巴合作研制的坦克在被中国北方工业公司出售时被称为"MBT2000"，而它在巴基斯坦被称为"哈立德"。因为用的是特别紧凑的乌克兰 6TD-2 二冲程柴油发动机，而不是 98 式坦克采用的较传统的动力包，MBT2000 显然缩短了车体，因此其重量也从 51.8 吨重减至 46 吨重。

巴基斯坦

"哈立德"坦克是巴基斯坦与中国合作的典范。有关该坦克的项目源于巴基斯坦对坦克的需求，而该国又无力满足这种需求。1947 年，在英属印度分治后，巴基斯坦成立。与此同时，该国继承了英印军的六个装甲团，以及英国陆军曾在缅甸使用过的一些美制 M4 中型坦克和 M3 轻型坦克，但这些坦克都需要进行不同程度的修理。直到 1954 年与美国签订共同防御援助协定后，巴基斯坦才开始建立起一支有效的装甲力量。由于这个协定，巴基斯坦从美国获得了 230 辆 M47 中型坦克、202 辆 M48 中型坦克和 200 辆 M4A3E8 中型坦克。在这些坦克到货时，巴基斯坦已在 1965 年卷入第二次印巴战争，并成立了两个装甲师。

然而，巴基斯坦装甲部队虽然拥有数量优势，也有更现代化的装备，但在一场号称是自第二次世界大战以来规模最大的坦克战中被印度装甲部队击败，并且损失了大约 200 辆坦克。不久以后，美国因巴基斯坦的核武器发展计划而停止了对巴的军事援助，这就使巴基斯坦失去了原有的坦克来源。巴基斯坦因此向中国求助，并在 1965 年和 1966 年从中国总共获得了 80 辆 59 式坦克。此后，又有更多 59 式坦克被运到巴基斯坦。最终，巴基斯坦获得了 1200 辆 59 式坦克（巴基斯坦人习惯称其为"T-59"）。

为了保持其坦克部队的效能，从 1971 年至 1979 年，巴基斯坦在中国的帮助下建设了一家重装备大修厂。后来，这家工厂发展为塔瓦西重工业公司（Heavy Industries Taxila）。截至 1994 年，这家工厂不仅承担了所有 T-59 的大修，而且把其中的许多 T-59 都升级为换装了 105 毫米 L7 型炮的 T-59M。该工厂还开始与中国工厂合作生产与 T-59M 非常相似的 T-69——这种坦克配备的也是 105 毫米 L7 炮。[15]1990 年，巴基斯坦与中国北方工业公司签订合约，以启动一个更为雄心勃勃的项目，即共同研发并共同生产比该国原有的坦克更现代化、更强大的新坦克。这种坦克被称为"哈立德"，它与中国北方工业公司用于出口的 MBT2000 很相似。换句话说，"哈立德"坦克在整体配置上与苏联 T-72 非常相似，尤其是它也配备了 125 毫米炮和自动装弹机。不过在"哈立德"坦克定型前，巴基斯坦人在多辆原型车上实验了多种不同的英国和德国的发动机，以及法国和德国的传动装置。最终，他们决定采用 1200 马力的乌克兰 6TD-2 发动机及其配套的传动装置。大量的试验是"哈立德"坦克研发进展缓慢的原因之一，而首批的 15 辆预生产型坦克直到 2001 年才交付。

另一方面，印度从苏联购买的 500 辆 T-72 坦克自 1978 年开始到货，这促使巴基斯坦与中国合作生产了配备 125 毫米炮的 T-85 坦克，并将其作为过渡坦克。这种 T-85 坦克实际上就是中国设计的 85-Ⅲ式坦克。首批 300 辆 T-85 坦克在 1993 年服役。为了增强坦克部队的能力，巴基斯坦在 1996 年还从乌克兰订购了 320 辆同样配备 125 毫米炮的 T-80UD 坦克。其中，首批的 35 辆在 1997 年交付。2002 年，这一 T-80UD

坦克的订单履行完毕。巴基斯坦人还在1990年启动了一个计划，以便为其部分T-59换装不带转盘式自动装弹机的125毫米炮。通过这种方式，他们以较低的成本提高了其坦克部队的火力水平。而这个计划所产生的坦克被称为"阿尔扎拉里"。"阿尔扎拉里"仍配备一个四人车组，不过除安装了火炮外，它还安装了多种原本为"哈立德"坦克研制的系统。首批的80辆"阿尔扎拉里"在2004年交付巴基斯坦陆军。

印度

印度发展其装甲部队的动机很大程度上来自于该国与巴基斯坦的较量，特别是后者坦克实力的增长，又反过来刺激了印度不断发展坦克部队。印军最初使用的坦克是1947年印巴分治以后从英军那里继承来的，它们主要是美制M3和M4两种中型坦克。四年后，印度陆军购买了200辆来自美国库存的多余的M4"谢尔曼"坦克。但印度下一次采购坦克要等到1955年了。这一年，印度订购了220辆"百夫长"坦克。这批"百夫长"坦克在1957年全部交付，它们凭借自身的83.8毫米炮（二十磅炮）帮了印军大忙——在1965年第二次印巴战争中，它们比巴基斯坦陆军拥有更精密的火控系统的美制M47中型坦克表现得更出色。

虽然"百夫长"坦克战绩出色，但印度陆军却没有像以色列和南非的军队那样，为"百夫长"坦克换装105毫米L7炮和更现代化的动力包来提高其效能。相反，印度陆军选择的是比较现代化，但在某些方面还不如"百夫长"的坦克。

在这些坦克中，最早的一种是"胜利"坦克。这是一种配备105毫米L7炮的、重38吨的坦克，它由英国维克斯公司设计，并在1961年被印度采用，随后又由马德拉斯（Madras）附近的阿瓦迪（Avadi）的一座专门建造的工厂生产。该厂在1965年生产出首辆"胜利"坦克。不过在此之前，英国已制造了一些原型车和90辆这种坦克。而且，最初在阿瓦迪生产的坦克也是用英国制造的零件组装的。不过最终，"胜利"坦克的所有零件几乎都在印度制造了。当"胜利"坦克在20世纪80年代停产时，印度陆军共获得了2277辆这种坦克。

印度陆军在20世纪60年代获得的第二种坦克是苏联的T-54。采购这种坦克是印度为了应对巴基斯坦与中国（中印两国在1962年打了一仗）不断加强的合作，以及巴基斯坦从美国获得的援助。印度陆军先是在1964年订购了300辆T-54，接着在1968年和1971年分别订购了225辆和650辆T-55。因此，到了1974年，印度陆军已接收的 T-54 和 T-55 共计 1175 辆，这些坦克被印度陆军一直用到了 20 世纪 90 年代，而其中的部分 T-55 也进行了升级——换装了 105 毫米 L7 炮并配备了新式火控系统。[16]

通过生产"胜利"坦克和采购 T-54 及 T-55 满足了迫切需求后，印度陆军在1974 年决定研制一种更先进的国产坦克。研制这种坦克的任务被分配给阿瓦迪的战车研究与发展局。但不幸的是，该机构此前并没有研制主战坦克的经验。不仅如此，由于印度军方希望这种坦克完全用印度的零部件来制造，这就要求该机构必须从零部件开始研发，由此带来的种种问题进一步加大了任务的难度。

这种坦克的主要部件之一就是发动机。这种坦克最初计划采用的发动机为 1500马力的燃气轮机，然而当时只有美国和苏联在研制这种坦克发动机，印度在这方面毫无经验。果然，使用燃气轮机的想法很快就被放弃了，但取而代之的想法却是使用另一种问题几乎一点不比燃气轮机少的新型发动机。这就是 V-12 风冷可变压缩比柴油发动机，它类似于当时通用汽车公司在竞标美国 M1 坦克时失败的原型车上采用的发动机——这也是该原型车上最失败的部件。印度人的这台发动机最初输出的功率不超过 500 马力。这种发动机的种种问题使他们不可避免地决定采用另一种成熟的发动机——德国"豹 1"坦克上使用的 MTU MB 838 柴油发动机的升级版。

印度人无视技术发展总体趋势的倾向，还体现在其对坦克主炮的选择上。在以苏联为首的先进国家开始放弃线膛坦克炮，转而发展滑膛炮的时代，印度人却决定研制一款 120 毫米线膛炮。采用线膛炮的决定使印度陆军不得不使用一套独特的弹药体系，也使其无法与友好国家协作研发弹药，并且在紧急情况下还无法从海外获得弹药。

被定名为"阿琼"的坦克在 1985 年公开了其首辆原型车，但一变再变的技术指标使印度人拖到 1993 年才完成 6 辆预生产型坦克。又过了七年，印度军方才下单生产 124 辆"阿琼"坦克。其中的首辆在 2004 年交付印度陆军。也就是说，从提出原始技术指标到生产出首辆坦克，"阿琼"坦克就用了 30 年，这在坦克发展史上也算是创下了一项纪录！

另一方面，当"阿琼"坦克的研发还在进行时，印度陆军决定再从苏联采购一些坦克。这一次购买的是 T-72M，这种坦克配备的 125 毫米滑膛炮比印军此前拥有的任何坦克炮都强大。这些坦克还采用了多种先进技术，其中包括使车组乘员减至三人的转盘式自动装填系统，以及效能大大提高的复合装甲。首批 500 辆 T-72M 是印度在 1978 年直接从苏联订购的，而当时供苏军使用的类似坦克也仅生产了六年而已。而且印度与苏联达成了在阿瓦迪生产 T-72 的协议。在那里，大约有 1400 辆 T-72 坦克最终被制造出来，并被定名为"阿杰亚"。

在生产过程中，部分"阿杰亚"坦克得到升级，它们配备了爆炸反应装甲和具有热成像功能的火控系统。但是当巴基斯坦开始从乌克兰获得 T-80UD 坦克时，为了与之对抗，印度陆军要求获得比升级版"阿杰亚"还要先进得多的坦克。为此，印度陆军从俄罗斯订购了 310 辆 T-90S——这种坦克实际上就是将发动机输出功率从 780 马力增大至 840 马力的 T-72BM。此后，印俄两国又达成在印度按许可证生产 1000 辆 T-90S 的协议。这些 T-90S 最初用来自俄罗斯的零部件进行组装，然后逐渐过渡到完全在印度生产。2007 年，印俄两国又签订了第三份合同，该合同约定 347 辆 T-90S 将由俄罗斯提供零部件，并在阿瓦迪组装。

虽然订购了 1657 辆 T-90S，印度陆军却没有放弃"阿琼"坦克，而是继续对其进行试验和研发。因此在未来的某一天，印度陆军可能会订购经过改进并适当减轻车重的"阿琼"Mk2 坦克。

第 12 章

后记

在诞生后的一百年里，坦克走过了漫长的发展路程。它们起初不过是装在履带上的薄皮铁箱，如今已"进化"为配备强大火炮，拥有重装甲防护的高精密车辆。

然而，坦克的发展并非始终一帆风顺。实际上，它们存在的意义曾多次遭到怀疑。这种怀疑通常与新的反坦克武器——这类武器总会提醒人们，坦克也是很容易被摧毁的——的出现相随。在 20 世纪 30 年代，当各国军队开始获得中口径反坦克炮时，这种情况就发生了。在第二次世界大战末期，以"巴祖卡"和"铁拳"为代表的手持式轻型步兵反坦克武器出现时，这种情况也出现了。在 1973 年的"赎罪日战争"中，当反坦克导弹被首次大规模使用时，同样的情形再度上演。但是，根据反坦克武器击穿坦克装甲的能力就得出这些武器会导致坦克没落的结论是错误的，因为坦克从来都不是坚不可摧的。而且，装甲防护并不是坦克唯一的特点，甚至不是其主要特点。

归根到底，坦克的主要特点是它们能够使安装于其上的武器获得更强的机动性，从而发挥更大效能。正因为如此，坦克才能在第二次世界大战的陆战中发挥决定性作用，并为进攻作战奠定了基础。但是在那场战争以及此后的战争中，坦克也在防御作战中发挥了有效作用，而"赎罪日战争"中使用的坦克就是一例。

坦克也是北约在 40 年冷战中奉行的防御战略的重要元素——它们为防范敌国在中欧地区的侵略做出了重大贡献。冷战过后，1991 年的苏联解体和随之而来的政治局势缓和使坦克在西欧的重要性大打折扣，这一地区的国家对坦克不再有紧迫的需求。因此，西欧国家的坦克部队规模被削减至以往的零头。德国、法国、英国和意大利等西欧强国的军队各自只剩 200 辆左右的坦克，而荷兰和比利时的军队更是有失体面地将自己的坦克甩卖一空。不仅如此，在英国这个最早制造坦克的国家，政府竟然坐视本国继续研发和生产坦克的能力不断萎缩。

不过在其他地区，坦克仍然被视作军事实力的重要组成部分。特别是，俄罗斯联邦的陆军不仅维持了一支拥有 2000 到 3000 辆现代化坦克的车队，还储备了数千辆旧型号的坦克，而且一直在研发新式坦克——预计将会生产大约 2000 辆新式坦克。保有 1500 辆坦克的土耳其也在研制一种名叫"阿尔泰"的新式坦克。

另一些国家，尤其是中东和北非的国家，为了威慑敌国和保护本国疆土的完整，也维持着颇具规模的坦克车队。这些国家包括：以色列——使用着数量可观的"梅卡瓦"，埃及——拥有 1130 辆美国 M1 坦克以及其他型号较老的坦克。只有美国拥有更多 M1 坦克，而且至今仍有 6000 辆左右。其他使用 M1 坦克的国家包括沙特阿拉伯、科威特和摩洛哥。据报道，摩洛哥有 200 辆 M1 坦克，此外还有 100 辆最新的中国造 MBT2000 型坦克。

在更遥远的东方，印度和巴基斯坦各自为了确保威慑对方，都维持着规模较大的坦克车队。印度的坦克主要源于俄罗斯，而巴基斯坦的坦克主要来自中国。中国与巴基斯坦的合作是一个大规模研发与生产计划的一个分支，而该计划为中国军队提供了大约 2500 辆与最新俄国坦克相似的坦克，以及数千辆型号较老的坦克。韩国起步较晚，但该国生产的坦克在性能方面与美国 M1 坦克相当，甚至在某些方面更胜一筹。韩国将这些坦克部署在朝韩边境上，并将其作为威慑对方的手段之一。日本并未直接暴露于侵略威胁之下，但该国还是为其陆上自卫队提供了一系列国产坦克。其中，最新型号的国产坦克与其他国家研发的任何型号的坦克相比都不逊色。

最新的日本"10 式"坦克在多个方面有别于早期型号的坦克，而后者的整体布局可追溯到第二次世界大战末期。特别是，这些早期型号的坦克都采用了人工装填火炮，因此它们都需配备四人的车组。例如，被广泛使用的德国"豹 2"、美国 M1 和英国"挑战者"等坦克都是如此，甚至一些尚未完成研发的坦克也不例外，如印度"阿琼"坦克和土耳其"阿尔泰"坦克。但是在 20 世纪 60 年代，苏军就开始采用配备自动装填火炮的坦克，这使坦克的乘员减至三人，也使坦克变得更为紧凑，并且坦克也因装甲防护面积的缩小而有所减轻。从那以后，所有的苏联坦克或俄国坦克以及近年来的中国坦克都采用了自动装填火炮，如今就连孟加拉国这样的国家都用上了这种技术。日本"90式"坦克和法国"勒克莱尔"坦克也采用了自动装填火炮和三人车组，不过这要等到1990年。此后，日本的"10式"坦克和韩国的K2坦克也相继采用了该技术。

自动装填系统的发展开启了一种还有待开发的技术的可能性，那就是将火炮安装在遥控的无人炮塔中，而将乘员布置在更安全的车体内部。由此带来的另一种可能性是，将车组人数进一步减至两人。实际上，美国和德国在20世纪90年代就探索过这种可能性，但前者在做出模型后就止步不前了，而后者也只造了一辆试验平台车而已。

如果坦克炮的口径进一步增加到140毫米，再考虑到弹药的尺寸和重量，那么采用自动装填技术就是不可避免的。有多个国家已在20世纪80年代开始研制140毫米口径的坦克炮，但在下一个十年中就纷纷将其放弃，因为各国还是认为现有的120毫米炮或125毫米炮，以其威力足以击毁敌方坦克，尽管坦克的装甲防护已经有了很大进步。

在坦克存在的前50年里，它们一直依靠实心钢装甲提供防护，但是当继续增加装甲厚度必然使坦克的重量达到人们无法接受的程度时，这条路也就走到了尽头。如今，坦克早已不再单纯依靠钢装甲提供防护，因为人们在另寻出路的过程中发明了钢材和非金属材料构成的多层复合装甲，以及包括爆炸反应装甲在内的各种反应装甲。事实证明，这些装甲在防范坦克所受的威胁时比钢装甲更有效。另一些研究则促成了主动防御系统的发展，这类系统能通过电子技术探测来袭导弹，并在导弹击中目标前将其摧毁或使其失灵。苏军在1983年最早采用了此类系统，但其仿效者直到2007年才出现——以色列国防军决定在部分"梅卡瓦"坦克上安装一种主动防御系统。

坦克在防护方面的种种进步显著增强了其在各类威胁下生存的能力。但是和以往一样，任何一项进步都不能使坦克变得坚不可摧。不过作为带防护的机动武器平台，坦克仍然威力十足，因为它们使安装于其上的重型直瞄武器能发挥出更大效能。所以说，无论形态如何，坦克仍将是各国军队的重要组成部分，也是军事实力的关键要素。

附录

附录 1:火炮威力的增强

无论不同国家研制的坦克有多大差异,其主要系统在很大程度上都是沿着一条共同的路线发展的。

在这些系统中,最重要的一个就是武器系统。有了武器,坦克才能履行消灭或压制敌方人员或武器的基本职能。为了履行这些职能,坦克通常需要配备作为反人员武器的机枪,还有能够消灭其他坦克、机枪掩体以及其他火力点的火炮。

坦克最初配备的武器实际上是为其他用途设计的现成武器。以最初的英国坦克为例,其主要武器是海军提供的 57 毫米炮(六磅炮),这是因为陆军缺乏合适的武器。后来,与 57 毫米炮(六磅炮)类似的、专门用于坦克的火炮被生产了出来,不过其炮管长度与口径之比从 40 倍口径缩至 23 倍口径,从而减少了炮管从坦克侧面伸出的部分。最初的法国坦克配备的是法军炮兵的支柱武器——制式 75 毫米野战炮,或者说是同口径的短身管火炮。此外,法国坦克还配备了 2 至 4 挺机枪。但是在坦克开始量产后,英国坦克的"雌性"版竟然只配备 6 挺机枪,目的是让坦克在臆想中的敌军步兵人海面前自卫!而且"雌性"坦克上的所有机枪都是与制式步枪口径相同的步兵武器。

在第一次世界大战末期投入使用的雷诺 FT 轻型坦克中,有一种版本也仅配备了机枪，而另一种版本配备了一门37毫米短管步兵炮。机枪版"雷诺"在战后被各国模仿。于是，机枪成为大多数坦克，尤其是被广泛使用多年的轻型双人坦克的唯一武器——从1926年的维克斯·卡登-洛伊德轻型坦克到1940年的德国"一号坦克"都是如此。

为了最大限度增强机枪火力，在20世纪20年代到30年代初制造的大型坦克在主炮塔之外还配备了小型的机枪塔。这方面的极端例子就是英国A.1（"独立"）坦克——簇拥在其主炮塔周围的机枪塔多达四个。这种设计唯一能自圆其说的理由是，这些机枪为坦克提供了针对敌军步兵的全方位防护。这可能也反映出造就战时"雌性"坦克的理念阴魂不散。无论如何，虽然五炮塔坦克的概念在全世界吸引了大量关注，但最终被造出来的其他同类坦克只有一种——苏联的T-35。不过，有另一些坦克也附带了一个机枪塔，并且将其布置在了车体后部的发动机舱后方的奇特位置。在采用这种布局的坦克中，最早的一种是战争刚结束时制造的法国2C重型坦克，然后是在20世纪20年代出现的德国的"大型拖拉机"和第一种日本坦克，后两者可能都受到了前者的启发。

此后，继续对多炮塔坦克感兴趣的国家就只有英国了。英国人将机枪视作坦克的主要武器，他们继"独立"坦克之后又研制了一系列在车体前部附加两个机枪塔的坦克。其中，最早的是1926年的A.6（"十六吨坦克"），最晚的是1938年的A.14和A.16两种试验型重巡洋坦克。附加的机枪塔可能增强了坦克可以朝前方投射的压制火力，但考虑到坦克由此增加的重量和结构复杂度，采用多炮塔设计通常是得不偿失的。因此在第二次世界大战开始时，多炮塔设计就被放弃。不过在1939年军方订购的"十字军"巡洋坦克中，其原始设计还是包括了一个附加的机枪塔。

在许多年里，除与主炮并列安装的、通常被称为"同轴机枪"的机枪外，众多坦克都在车体正面安装了一挺机枪，而这挺机枪则由与驾驶员并排而坐的射手操作。这种布局由英国1929年制造的A7E2中型坦克首先采用，而且这种布局在第二次世界大战中几乎"一统天下"。采用这种设计的坦克包括从"三号坦克"到"虎2"坦克的所有德国坦克，苏联的T-34，美国的M4"谢尔曼"中型坦克、M3轻型坦克和M5（"斯图亚特"）轻型坦克，以及从"丘吉尔"步兵坦克到"彗星"巡洋坦克的各种英国坦克。意大利的M13/40中型坦克和日本的"97式"中型坦克也在此列。

不过早在第二次世界大战之前，以英国"玛蒂尔达"步兵坦克为代表的一些比较先进的坦克在设计时就取消了车体机枪及其机枪手，从而将乘员人数从常见的五人减为四人。带动这一变革潮流的则是英国的"百夫长"坦克和苏联的 T-44（两者都在 1945 年投入使用），以及苏联的 IS-2。从此以后，几乎所有新研制的坦克都只能使用一挺与主炮并列安装的机枪，直到后来才增加了一挺安装在炮塔顶部的机枪。在炮塔顶部安装一挺机枪的设计最初是为了防空，并且这种设计在第二次世界大战后期的美国坦克上尤为常见。但出于一个很好的理由，这种设计没有得到普遍采用：负责操作这挺机枪的车长必须暴露在炮塔之外才能操作这挺机枪，这就使他无暇顾及自己指挥坦克的主要职能。但是，当安装在坦克炮塔之外的机枪能够从炮塔内部操作时，反对这种设计的意见也就少了不少。

在坦克发展到这个阶段之前，人们早就意识到需要威力更大的自动武器，以取代早期几乎所有轻型坦克上清一色的步枪口径的机枪。德国陆军最早开始了这方面的工作。在第一次世界大战临近结束前，德国陆军开始研发 13 毫米口径的反坦克和防空两用 T.u.F.（Tank und Flieger，意即"坦克与飞机"）重机枪，以用于取代常用的 7.92 毫米（0.303 英寸）机枪。德国的战败使这种重机枪没有被生产出来，但在战后，美国研制了一种与其多少有些相似的 12.7 毫米（0.5 英寸）重机枪，并用其装备了战斗机。[1] 到了 1931 年，这种"50 口径"机枪也被安装到了美国的轻型坦克上，而且成为 1935 年制造的美国 T4 中型坦克上的最强大的武器。[2] 在第一次世界大战末期，英国也研制出一种用于战斗机的 12.7 毫米（0.5 英寸）口径的维克斯机枪，并在 1929 年将其装到 A4 轻型坦克的试验性改型——A4 E10 上。五年以后，这种维克斯机枪成为从 Mk5 到 Mk6B 在内的多种英国轻型坦克的主要武器，而且这些坦克在第二次世界大战爆发时占了英国坦克的绝大多数。

12.7 毫米（0.5 英寸）机枪射出的子弹在速度上与步枪射出的子弹相差无几，但是前者更重，因此其动能（威力）是后者的动能的 5 到 6 倍。所以 12.7 毫米（0.5 英寸）机枪射出的子弹能在 200 米距离上穿透大约 20 毫米厚的装甲，这就使这种机枪在刚刚出现时能够相当有效地对付当时的轻型坦克。但是到了 1940 年，除对付装甲非常轻薄的车辆外，12.7 毫米（0.5 英寸）机枪的性能已经不符合要求，因此就连轻型坦克也不再使用这种机枪作为主要武器了。

早在第一次世界大战结束前，德国人就预见到需要更大口径的自动武器。起初，他们想把此类武器用于飞机，但因为《凡尔赛条约》禁止德国研制武器，所以相关研发工作就在瑞士开展。由此诞生的 20 毫米机关炮不仅被用于飞机，也被用作防空和反坦克武器。苏罗通（Solothurn）公司是参与研发的公司之一，而收购它的德国莱茵金属公司后来就为德国陆军生产了一种 20 毫米炮。丹麦的麦德森（Madsen）公司和意大利的布雷达（Breda）公司也生产了其他型号的 20 毫米机关炮，并将其安装在了 20 世纪 30 年代制造的多种轻型坦克和装甲车上。不过，唯一值得一提的是莱茵金属公司生产的 2 厘米 KwK 30 炮。2 厘米 KwK 30 炮是德国"二号坦克"的主炮，而"二号坦克"又是 1940 年法兰西会战中数量最多的德国坦克。

当"二号坦克"在 1937 年开始生产时，和它一样车重不到 10 吨的另一些坦克已经配备了口径更大的火炮。这些中口径火炮虽然需要人工装填，但在穿甲能力上强于 20 毫米炮。第一种配备这类中口径火炮的坦克是 1923 年制造的维克斯轻型坦克。此后，颇有影响力的维克斯中型坦克也配备了同样的火炮。但是这些坦克之所以配备 47 毫米炮，极有可能是因为维克斯公司刚好也在生产这种口径的海军炮，而不是因为英国军方规定了相关的性能指标。

专门用于坦克并作为反坦克武器的中口径火炮是德国莱茵金属公司在 1924 年开始研发的。莱茵金属公司为这种火炮选择的口径是 37 毫米。这种火炮与雷诺 FT 轻型坦克的火炮相同，但前者为 45 倍口径的火炮，后者为 21 倍口径的火炮，而且前者发射的穿甲弹的炮口初速达 760 米 / 秒，后者的则为 388 米 / 秒，因此前者在穿甲能力方面是后者的两倍以上。到了 1930 年，莱茵金属公司的 37 毫米炮已被安装到秘密制造的"轻型拖拉机"上，并在 1932 年还被苏联红军安装到了其 BT 系列坦克中的首个型号——BT2 上。[3]20 世纪 30 年代，美国陆军也获得了生产莱茵金属公司 37 毫米炮的许可证，并在 1938 年将这种火炮用作 M2 中型坦克的武器。[4]在德国，37 毫米炮被用于一种从 1934 年开始研发的轻型坦克，该坦克后来演化为"三号坦克"。[5]在 20 世纪 30 年代中期，瑞典的博福斯公司也研制了性能指标与其非常相似的 37 毫米炮。后来，这种 37 毫米炮被用于瑞典和波兰的一些坦克。

考虑到以上这些因素，莱茵金属公司的 37 毫米炮可以被视作 20 世纪 30 年代的"轻型 / 中型"坦克的典型武器。但是到了 30 年代末，它却开始被与其类似，但口径更大的火炮取代。这一过程始于 1933 年苏联的 BT-5 坦克——这种坦克配备了一门 45 毫米炮。两年后，T-26 也装备了同口径的火炮。[6]1936 年，英国坦克开始配备的 50 倍口径的 40 毫米炮，在穿甲能力上超越了莱茵金属公司的 37 毫米炮。大约在同一时间，法国的 S35（索玛）坦克配备的一门 47 毫米炮，也和苏联的 45 毫米炮一样，在穿甲能力上超越了德国火炮。德国陆军直到 1941 年才通过为"三号坦克"配备 42 倍口径的 50 毫米炮"扳回一局"，并在 1942 年又为"三号坦克"换装了 60 倍口径的 50 毫米炮。这种 50 毫米炮在穿甲能力方面凌驾于前面的所有火炮，因为它发射的炮弹不仅更重，也更快。实际上，这种 50 毫米炮能在 500 米距离上穿透 68 毫米厚的装甲。除了意大利、捷克和日本的 47 毫米炮，其余的中口径坦克炮就只有英国的新型 57 毫米炮（六磅炮）——它在 1942 年被安装到"丘吉尔"步兵坦克和"十字军 3"巡洋坦克上，并且在穿甲能力上比德国的 50 毫米 L/60 炮还要高出 40%。

然而到了 1942 年，人们已经普遍认识到，坦克不仅需要击穿敌方坦克的装甲，还必须能够发射高爆炮弹，以打击敌方的反坦克炮和其他目标。为了做到这一点，坦克就必须配备口径不小于 75 毫米的火炮。

前文已经提到，最早的法国坦克实际上配备了 75 毫米炮。而在第一次世界大战后，法国陆军又着手研制一种配备 75 毫米炮的坦克，并计划将其作为主力坦克。到了 1930 年，法国陆军已经研制出了 Char B。和战时的施耐德及圣沙蒙的坦克一样，Char B 的 75 毫米炮被安装在车体上，这使其只能通过转动整辆坦克来调整射击方向，因此 Char B 的驾驶员还得兼任炮手。[7] 这样的设计在正面突击敌军阵地时可能有效，但并不适合 Char B 在 1940 年被卷入的机动作战。

相比之下，英国陆军在第二次世界大战打到后半程时才想起为其坦克配备 75 毫米炮。正如第 5 章所述，直到 1937 年，英军总参谋部仍然认为坦克炮的口径不需要超过 40 毫米。更大口径的武器实际上已被安装到英国坦克上，但这些武器只是 95 毫米（3.7 英寸）或 76.2 毫米（3 英寸）的榴弹炮，它们被用于替代部分中口径坦克炮。配备榴弹炮的坦克被称为"近距支援坦克"，其作用基本上仅限于发射烟幕弹以制造烟幕，因为英国人认为这很有必要。[8]

德国陆军没有搞过这种专业化过头的设计。在 20 世纪 20 年代开始秘密研制中型坦克时，德国陆军就为"大型拖拉机"选择了一门 75 毫米炮。这门 24 倍口径的 75 毫米炮在发射穿甲弹时只有 400 米 / 秒的初速，但在穿甲能力上仍然超过同时代的 37 毫米坦克炮。不仅如此，与 37 毫米炮不同的是，这种 75 毫米炮还能发射非常有效的高爆炮弹，因此它被"四号坦克"用作主炮，并使"四号坦克"在第二次世界大战的前三年里成为德国威力最人的坦克。当时的人们不一定能认识到"四号坦克"的性质，而且因为采用了短管火炮，这种坦克常常被错误地与英国的"近距支援坦克"相提并论，尽管后者根本不具备前者的功能。[9]

苏联人在 1932 年开始研制 T-28 中型坦克和 T-35 重型坦克时效仿德国人，也采用了 76 毫米炮。T-28 的原型车仍然配备一门 45 毫米炮，因此它在火力上与英国 A.6（"十六吨坦克"）相当。但 T-28 在投产时就把那门 45 毫米炮换成了和 T-35 一样的 76 毫米炮，只不过 T-28 的这门 76 毫米炮为 16.5 倍口径的火炮。而在 1938 年，这门火炮被增至 26 倍口径的 76 毫米炮取代，这就使 T-28 发射的炮弹在初速上从 381 米 / 秒提高到了 550 米 / 秒，从而能够击穿更厚的装甲。1940 年，苏联坦克炮进一步加长身管，提高炮弹初速，并把 30.5 倍口径的 76 毫米炮先后安装到 KV-1 重型坦克和 T-34 中型坦克上。最终，从 1941 年起，KV-1 重型坦克和 T-34 中型坦克都配备了 41.5 倍口径的 76 毫米炮——这种火炮发射的炮弹初速达到 625 米 / 秒。

与苏联红军对 76 毫米炮的渐进式研发不同的是，德国生产的"四号坦克"的 75 毫米 L/24 炮在 1941 年德军入侵苏联前一直没有后继型号。结果到了这一年，德国人意外遭遇了在当时装甲非常厚重的苏联新式坦克。因此，德国人造出 75 毫米 L/43 坦克炮，并在 1942 年将其作为新武器安装于"四号坦克"。75 毫米 L/43 坦克炮在炮口初速上可达 740 米 / 秒，并被实战证明，它优于苏联的 76 毫米炮和美国的 75 毫米坦克炮。不过，优秀的 75 毫米 L/43 炮却并不是 75 毫米坦克炮发展巅峰的代表。这一荣誉属于 75 毫米 L/70 炮。75 毫米 L/70 这种坦克炮是为了应对 1941 年苏联新式坦克的出现而研制的，它被安装在"黑豹"中型坦克上，而且其所发射的炮弹可达 925 米 / 秒的初速，因此这种坦克炮能在 1000 米距离上穿透 126 毫米厚的装甲。

大约在同一时间，英国研制了性能指标与 75 毫米 L/70 炮非常相似的 76 毫米炮（十七磅炮）。但除了 1944 年小规模使用的非常笨重的"挑战者"坦克安装了 76 毫米炮（十七磅炮），没有一种英国坦克可安装该型火炮。不过，英国人发现 76 毫米炮（十七磅炮）可以安装在 M4"谢尔曼"坦克上以取代其原有的 75 毫米炮。因此，大部分 76 毫米炮（十七磅炮）都以这种方式得到成功运用，而换装这种火炮的坦克被称为"萤火虫"。1944 年，英国陆军使用的其他坦克（如"克伦威尔"等）仍然配备性能较低的 75 毫米炮。这种与美国"谢尔曼"坦克的主炮相似的 75 毫米炮，仅为 37 倍口径的火炮，而且其发射的炮弹的初速为 619 米 / 秒。

"黑豹"坦克的75毫米L/70炮的炮口初速，已接近常规全口径穿甲弹所能达到的炮口初速的极限。在达到这一极限后，这种75毫米L/70炮要进一步提高炮弹初速，就会因边际收益递减法则而需要不成比例地大量使用发射药；而且常规炮弹要进一步提高动能，从而提高其穿甲能力，唯一实用的方法就是增加炮弹的重量，因此炮弹的口径也就需要加大。实际上，在75毫米L/70炮达到炮口初速的极限之前，由于敌方坦克的装甲防护不断增强，人们就已经开始追求更大口径的坦克炮。在这方面，有一种很适合被改造为坦克炮的火炮帮了人们不少忙，它就是高射炮。

最早从高射炮改造来的坦克炮是德国的88毫米L/56炮。从西班牙内战开始，88毫米L/56炮就被实战证明它在对付飞机的同时还能非常有效地打击地面目标。因此在1941年德国入侵苏联前夕，88毫米L/56炮就被选用作"虎1"重型坦克的主炮。继德国人之后，苏联红军也在1943年为其KV坦克和T-34坦克配备了51.5倍口径的85毫米炮——这种坦克炮同样是从高射炮改造而来的。类似地，美国陆军在1944年也为其M26"潘兴"坦克选择了改进版的52.5倍口径的90毫米高射炮。

到了1944年，德国陆军继"虎1"坦克之后，推出了"虎2"坦克，并为其配备了威力更大的新型88毫米炮。这门炮因身管加长而达到了71倍口径，这使其发射的10.2千克重的穿甲弹的初速达1000米/秒，并且高于同时代其他坦克炮发射的炮弹达到的初速。但是"虎2"坦克的炮弹在动能方面却不如苏联红军为对抗"虎"式坦克而研制的IS-2重型坦克的炮弹。IS-2坦克配备的一门122毫米炮是由野战炮改造而来，其发射的炮弹的初速为781米/秒。但IS-2坦克的这门火炮重达25千克，因此其炮口动能高达10.1兆焦耳，而"虎2"坦克的炮口动能只有5.1兆焦。不过，因为122毫米炮的炮弹口径更大，炮弹击中目标时的动能会被分散到更大的面积上，所以这门炮的穿甲能力反而比较弱。实际上，在1000米距离上，IS-2的122毫米炮能穿透147毫米厚的装甲，而"虎2"坦克的88毫米L/71炮能穿透190毫米厚的装甲。[10、11]

1945年，德国"猎虎"重型坦克歼击车的128毫米L/55炮的炮口动能甚至还要大一点，达到了10.2兆焦。"猎虎"这种车辆在欧洲战事结束前仅造出77辆，但它们预示了若干年后坦克炮将采用的口径和能达到的动能水平，只不过要达到那种动能水平，所用的弹药是其他类型的弹药。[12]

一些新型弹药其实在二战期间就已经出现了。其中的一种弹药叫作"硬芯穿甲弹"（APCR）。这种炮弹在轻质合金软壳中嵌有一个次口径碳化钨——与钢相比，碳化钨不仅硬度更大，而且密度更大——弹芯。这种弹芯不仅能够吸收火炮赋予炮弹的大部分动能，并且能够在击中目标时将这些动能集中于一块较小的区域。因此与同口径的普通穿甲弹相比，硬芯穿甲弹能穿透更厚的装甲。硬芯穿甲弹还比普通穿甲弹轻，因此它具有更高的炮口初速。不过也是因为重量较轻，随着飞行距离的增加，硬芯穿甲弹的速度会降低得更快。因此，硬芯穿甲弹在较远距离上的穿甲能力反而不如普通穿甲弹。

硬芯穿甲弹在 1940 年首次被配发给"三号坦克"的 37 毫米炮和当时德国的其他坦克炮。但由于钨材料短缺，硬芯穿甲弹的使用受到很大限制。在战争临近尾声时，美国也为"谢尔曼"坦克换装的 76 毫米炮以及 M26"潘兴"坦克的 90 毫米炮配发了硬芯穿甲弹。

另一种在第二次世界大战中首次出现的弹药是"脱壳穿甲弹"（APDS）。脱壳穿甲弹是战争前夕法国布朗德（Brandt）武器公司开始研发的。1940 年，当法国被击败后，脱壳穿甲弹的相关研发工作被转移到英国，并由在霍尔斯特德堡（Fort Halstead）的研究机构成功完成。和硬芯穿甲弹一样，脱壳穿甲弹也有一个嵌在轻质合金软壳中的次口径碳化钨弹芯，但这种软壳在炮弹出膛时就被丢弃，从而使弹芯独自飞向目标。由于受到的空气阻力较小，脱壳穿甲弹随着飞行距离的增加，其穿甲能力并不会减弱太多。脱壳穿甲弹最初是为"丘吉尔"坦克的 57 毫米炮以及"六磅反坦克炮"生产的，后来它又被配发给 A.30（"挑战者"）坦克以及英军改造的"谢尔曼"坦克上安装的 76 毫米炮（十七磅炮），这几种火炮全都参与了 1944 年的诺曼底战役。76 毫米炮（十七磅炮）的脱壳穿甲弹的炮口初速为 1200 米 / 秒，并且略高于德国 88 毫米 L/71 炮的硬芯穿甲弹的炮口初速。因此，76 毫米炮（十七磅炮）在 1000 米距离上发射的脱壳穿甲弹能穿透 187 毫米厚的装甲。

在第二次世界大战中出现的第三种新型弹药被称为"破甲弹"（HEAT），而其更准确的名称是"聚能装药弹"。与其他炮弹不同的是，聚能装药弹不是依靠炮弹的动能来穿甲的，而是依靠高爆炮弹头部的圆锥形铜药罩溃缩而成的速度极高的小直径金属射流来冲破装甲的。这种弹药最初在 1941 年被配发给"四号坦克"的 75 毫米 L/24 炮。和其他炮弹一样，聚能装药弹在火炮膛线的作用下会高速旋转，这就妨碍了金属射流的形成，使其只能穿透 80 毫米厚的装甲。但是 75 毫米聚能装药弹在性能上至少优于从短身管的 75 毫米 L/24 炮发射的标准穿甲弹,因此在对付苏联坦克时,这种聚能装药弹也取得了一些战果。不过,聚能装药弹要等到若干年以后才会大放异彩——那时,它已不再旋转,而且依靠尾翼实现了稳定。

在二战刚结束的那几年,美国陆军继续为其中型坦克配备了 90 毫米炮,并以全口径穿甲弹作为主要的反坦克弹药。不过,随着滑动弹带研制成功并大大减少了火炮膛线给聚能装药弹带去的旋转,美军也配备了尾翼稳定的聚能装药弹以补充反坦克弹药。法国陆军则采用了一种独创的方法来减少聚能装药弹的旋转,那就是把聚能装药战斗部安装在旋转弹体内部的滚珠轴承上。Obus G(意即"格斯纳炮弹")就是按法国的这种方法设计的,它成为 20 世纪 50 年代为 AMX-30 坦克研制的 105 毫米炮唯一的反坦克弹药。由于其聚能装药的直径较小,Obus G 在性能上不如同口径的尾翼稳定 105 毫米破甲弹,但它仍能穿透 360 毫米厚的装甲,这远强于同时代的普通穿甲弹。

聚能装药弹因其破甲能力而被法军,也被美军归入最有效的反坦克弹药类型。对聚能装药弹的高度认同在一定程度上促使美国陆军 ARCOV(未来坦克及类似战车用武器)委员会在 1957 年建议,未来的坦克应以导弹作为武器,而这种导弹当然要依靠其聚能装药战斗部来击穿装甲。因此,美国人研制了"橡树棍"导弹系统,并将其安装在了 M60A2 主战坦克以及 M551"谢里登"轻型坦克上。"橡树棍"导弹是由 152 毫米火炮发射器发射的,而该发射器也能发射比较常规的弹药,但不能发射高速穿甲弹,因为它的身管长度与其口径之比仅为 17.5 倍。直到 1967 年,这种 152 毫米火炮发射器才发展为 30.5 倍口径的 XM152 型。XM152 火炮发射器能够发射高速弹药,这主要是因为在当时美德联合的 MBT-70 项目中,德方的要求得到了响应。但是,XM152 火炮发射器在 1971 年与计划安装它的 MBT-70 坦克一同被放弃。XM152 火炮发射器的短身管型号也遭到了同样的命运,尽管"橡树棍"导弹能穿透厚达 690 毫米的装甲,把它用来对付同时代的任何坦克都绰绰有余。

大约在同一时间,法国也研制了由 ARCA 导弹和 142 毫米火炮发射器组成的类似系统。这种系统被安装在一辆改进版 AMX-30 坦克上,但其研发止步于原型车阶段。只有苏军坚持不懈地研制炮射导弹,他们从 1962 年或 1963 年开始研制,并产出了一系列导弹(大多数是激光驾束制导)。所有这些导弹都能被 T-55 坦克的 100 毫米炮到 T-90 坦克的 125 毫米炮之间多种型号的坦克火炮发射。

与此形成鲜明对比的是，英国陆军没有发展任何采用聚能装药战斗部的炮弹或炮射导弹，这主要是因其对这种弹药的毁伤能力抱有疑虑。在第二次世界大战之后的十多年里，英国陆军集中精力研制了一系列发射脱壳穿甲弹的火炮。其中最早的一种是83.8毫米炮（二十磅炮），它在1948年被用于"百夫长"坦克。83.8毫米炮发射的脱壳穿甲弹的炮口初速达1465米/秒，这高于此前生产的任何一种坦克炮发射的脱壳穿甲弹所达到的炮口初速，并且大大提高了脱壳穿甲弹的穿甲能力。后来，随着坦克装甲的厚度继续增厚，对火炮穿甲能力的要求也水涨船高。因此，英国人又将83.8毫米炮发展为105毫米L7炮，而且他们从一开始就将其口径从83.8毫米扩膛至105毫米！前文第9章已经提到，配备脱壳穿甲弹的105毫米L7炮在穿甲能力上非常优秀，因此它几乎成为西方世界的制式坦克炮。具体说来，那就是105毫米L7炮能够在1830米距离上，击穿倾角为60度且等效厚度达240毫米的装甲。

105毫米L7炮因其性能而使英国陆军在20世纪50年代研制的"征服者"重型坦克显得多余，因为后者的120毫米炮在性能上比它强不了多少。"征服者"重型坦克也发射脱壳穿甲弹，但没有配发当时常用的高爆弹药作为配套，而是配发了一种名为"碎甲弹"（HESH）的新型炮弹。碎甲弹装填的是塑性炸药，而炮弹在撞击装甲时会先被挤扁，然后才爆炸，从而使装甲的内侧表面崩裂，然后迸射出致命的金属碎片。英国陆军认为碎甲弹比聚能装药弹更好，并为以"蝎"式轻型坦克为代表的轻型装甲车辆仅配发了碎甲弹，而不配发任何其他反装甲弹药。碎甲弹原本也要成为FV215重型坦克——这种坦克从1950年开始研制，并且计划安装一门183毫米炮——配备的唯一反坦克弹药。但FV215重型坦克在造出全尺寸木制模型后就没有继续研发，倒是那门183毫米炮被造了出来，并成了世界上有史以来口径最大的坦克炮，而且它还被装在一辆"百夫长"底盘上，成功完成了试射。[13]

虽然脱壳穿甲弹在性能上超越了原来的穿甲弹，但它自身后来也被尾翼稳定脱壳穿甲弹所超越。尾翼稳定脱壳穿甲弹与脱壳穿甲弹有些相似，不过拥有长度更长且直径更小的弹芯。因此在击中目标时，尾翼稳定脱壳穿甲弹能将动能集中在更小的区域，从而能穿透更厚的装甲。但是尾翼稳定脱壳穿甲弹因其长度与直径之比（即长径比）超过约等于5的限值，所以无法像其他炮弹一样靠旋转来实现稳定，而必须依靠尾翼来保持稳定。因此，尾翼稳定脱壳穿甲弹虽然也可以借助滑动弹带由线膛炮发射，但主要还是由滑膛炮发射。

尾翼稳定炮弹的研发始于第二次世界大战期间的德国。不过直到20世纪50年代，美国和苏联才投入巨资，继续研发尾翼稳定炮弹。美国人在1954年决定制造90毫米和105毫米的滑膛炮，但这两种火炮都没有研发成功。此后，美国人造出了大有前途的120毫米"德尔塔"滑膛炮，但在美国陆军决定为其坦克配备导弹以替代高初速火炮后，这种滑膛炮就在1961年前后被放弃。

苏军在这方面则更有恒心。苏军在1958年于_____115毫米口径的滑膛炮安装在了1962年投产的T-62坦____尾脱壳穿甲弹从外表上看，就像是德国在二战中为远程火炮研制____弹"的缩小版。[14] 尽管弹芯只是钢制的，T-62发射的这种尾翼稳定脱壳穿甲弹能在1900米距离上击穿240毫米厚的装甲，因此它们在穿甲能力上与同时代的105毫米脱壳穿甲弹旗鼓相当。

下一款苏联坦克起初也配备了一门115毫米滑膛炮，但是在1964年出现的改进版（T-64A）配备了新型的125毫米滑膛炮。类似的火炮后来也被安装在其他苏联坦克上——从1973年的T-72坦克到1990年的T-90坦克都是如此。在此期间，通过配备改进的尾翼稳定脱壳穿甲弹，并为这些穿甲弹装上与西方军队同类炮弹上相似的钨合金弹芯或贫铀弹芯以及鞍形或线轴形的弹托，这些火炮的效能也在逐步增强。

相比之下，美国陆军在1981年之前没有采用任何滑膛炮。不过与此同时，由于使用了滑动弹带，从线膛炮发射的尾翼稳定脱壳穿甲弹的研制工作有了很大进展。美国人最初研制的这种尾翼稳定脱壳穿甲弹是给命运多舛的MBT-70的152毫米火炮发射器使用的。后来，美国人为105毫米L7炮的美国版——M68成功研制了M735尾翼稳定脱壳穿甲弹。M735尾翼稳定脱壳穿甲弹为M68这种被广泛使用的火炮注入了新的活力，还使这种火炮被美国M1坦克采用。

德国人还在参与MBT-70计划时，就已开始研究一个作为退路的解决方案。因此在1971年，他们造出了装有新研制的105毫米滑膛炮和120毫米滑膛炮的多辆试验型坦克。最终，配备120毫米炮的坦克以"豹2"之名被军方采用，并在1977年投入生产。两年后，首批"豹2"坦克交付德军。在"豹2"坦克得到采用后，莱茵金属公司研制的120毫米L/44炮被传播到世界各地，并先后被美国M1A1、意大利"公羊"、以色列"梅卡瓦"、日本"90式"和韩国K1A1等坦克采用。随着后来另一些国家从德国和其他国家的多余装备中获得"豹2"坦克，120毫米L/44炮被进一步扩大了使用范围，并与曾经的105毫米L7一样，成为西方世界的制式坦克炮。英国国防部一度继续拥护线膛炮和脱壳穿甲弹，但最终不得不承认尾翼稳定脱壳穿甲弹的优越性，并在20世纪80年代中期采购了这种炮弹。但"挑战者"坦克因没能用滑膛炮替换线膛炮，而只能依靠滑动弹带发射尾翼稳定脱壳穿甲弹。

这些年来，120毫米L/44炮及其仿制版的穿甲能力已有所增强，这是因为逐渐加长了弹芯的尾翼稳定脱壳穿甲弹在击中目标时会受到冲击速度的影响，从而能穿透更厚的装甲，并且其穿甲的厚度大致等于其弹芯的长度。[15]实际上，弹芯的长径比近年来已经从10∶1左右增加到32∶1。通过加长身管长度，莱茵金属公司的火炮不仅从44倍口径增加到55倍口径，还提高了穿甲能力，因此其发射的尾翼稳定脱壳穿甲弹的炮口初速从1650米/秒提高到1750米/秒，而炮口动能也从9.8兆焦增至12.5兆焦。

随着坦克炮的口径逐步增大到120毫米或125毫米，炮弹的重量也相应增加，达到了人力难以搬运的程度。例如，美国M103重型坦克的120毫米炮发射的传统穿甲弹，一发就重达48.8千克，而且还需要两名装填手来搬运，这就使炮塔乘员从三人增加到四人，也使炮塔尺寸相应增大。苏联红军在为IS-2坦克配备122毫米炮时，通过使用弹丸和发射药分开的炮弹——这种办法使装填手需要搬运的炮弹的重量减轻了一半，但降低了火炮的装填速度，从而降低了火炮的射速——避免了类似问题。英国陆军在研制"征服者"重型坦克和后来的"酋长"与"挑战者"坦克时也采用了分装弹，并且还将发射药装在药包而非传统的黄铜药筒中，以减轻脱壳穿甲弹或尾翼稳定脱壳穿甲弹的重量，从而进一步降低装填弹药的难度。在德国，莱茵金属公司仿照美国的120毫米"德尔塔"滑膛炮，研制出以可燃药筒取代沉重的传统药筒的整装弹。这种技术使一发120毫米尾翼稳定脱壳穿甲弹的重量减至易于搬运的18千克或19千克重，也使配套的破甲弹/多用途弹的重量减至24千克。

替代坦克炮人工装填的做法就是使用电动的自动装填系统。自动装填系统消除了人力对炮弹重量的限制。但在大多数情况下，人们选择自动装填系统的主要原因是它有利于坦克在行进中射击，并且还能取消人工装填手以缩小坦克的尺寸。

自动装填系统的研制在第二次世界大战结束后不久就开始了。当时，法国制造的AMX-50重型坦克就在其摇摆式炮塔的尾舱中安装了一台自动装弹机，而摇摆式炮塔也特别适合安装这种装弹机。虽然 AMX-50 在造出原型车后就没有继续研发，但尾舱自动装填系统被安装到了 AMX-13 轻型坦克的摇摆式炮塔中，而这种坦克从 1950 年起就被大量生产，也被广泛使用。美国人也受到 AMX-13 的启发，制造了带自动装填系统的试验型坦克。美德联合研发的 MBT-70 也采用了尾舱自动装填系统。但是除了 AMX-13 和瑞典 S 坦克，自动装填系统一直没有在其他坦克上得到运用。直到 20 世纪 60 年代，苏联的 T-64 才采用了这种系统。此后，苏联的 T-72、T-80、T-90，以及与此类似的中国坦克也纷纷采用了自动装填系统。这些坦克的自动装填系统都是转盘式的，并且都被安装在炮塔下方。相比之下，自动装填系统在被其他国家最终采用时，都是被安装在炮塔尾舱中的。在这方面，首开先河的是日本的"90 式"坦克。此后，法国的"勒克莱尔"、韩国的 K2 和日本的"10 式"等坦克也相继采用了这种设计。

如果 1982 年开始的研究使 140 毫米炮作为 120 毫米炮的后继者而得到采用，那么西方国家的坦克将会普遍使用自动装填系统，因为这种坦克炮的弹药太重、太大（一发炮弹通常重达 38 千克，全长 1.5 米），远不是人力所能搬运的。[16] 140 毫米炮是 1988 年英、法、德、美四国达成的一项协议的主题，而该协议旨在研制一种通用的坦克炮。这种坦克炮也叫"未来坦克主炮"（FTMA），其原型车在 1992 年已经完成制造和试射。FTMA 发射的尾翼稳定脱壳穿甲弹的炮口动能达到 23 兆焦，这几乎两倍于威力最大的 120 毫米炮发射的炮弹的炮口动能。但由于苏联的威胁不复存在，FTMA 的研发被放弃了。关于 FTMA 的性能，也许可以从瑞士制造的一种 140 毫米滑膛炮窥见一斑——这种炮在 1999 年发射的弹芯长度为 900 毫米的尾翼稳定脱壳穿甲弹，击穿了 1000 毫米厚的装甲。[17]

随着坦克炮口径的加大，固体发射药也变得越来越重，越来越大。人们一度认为，由此产生的搬运难题可以通过使用液体发射药来避免。因为液体发射药能够直接从容器注入炮膛，而且其密度大于固体发射药的密度，其所注入的容器在形状和安装位置上设计起来也就比较自由，这似乎能够大大减少炮弹在坦克内部占用的体积，从而缩小坦克的尺寸。

液体发射药火炮的研制是 20 世纪 40 年代后期在美国开始的——该国利用了德国在第二次世界大战期间应用液体推进剂推动火箭的经验。由此产生的一门试验性 90 毫米液体发射药火炮在 1951 年开展试验。但通过对这门火炮和其他液体发射药火炮（口径最大达 120 毫米）进行测试而获得的试验结果表明，由于这些火炮的内弹道特性不一致，液体发射药在性能上相对于固体发射药没有优势。不仅如此，早期液体发射药火炮使用的发射药还具有很强的腐蚀性和毒性，需要经过特别处理后才能使用。因此，在 20 世纪 60 年代中期发生了一次灾难性的爆炸事故后，液体发射药火炮在美国被"打入冷宫"也就不足为奇。

英国的液体发射药火炮研发也遭遇了类似的命运。英国的相关项目研发始于1952 年。一年后，英国基于当时的 83.8 毫米坦克炮造出了一门试验性火炮。这门炮的发射药配方包含了具有高度腐蚀性的红色发烟硝酸。本来，英国人仅凭这一点，就可以放弃当时为未来的坦克选用液体发射药火炮的念头。然而，他们还是继续开展了 76 毫米液体发射药火炮的研发工作，并以非凡的乐观态度将液体发射药火炮的应用纳入到"酋长"坦克的设计预研中。不过，和美国的情况一样，由于液体发射药火炮没能达到预期，英国在 1957 年终止了相关研发。[18]

此后，直到 20 世纪 70 年代初，人们才对液体发射药火炮重新产生兴趣，因为美国海军当时研制出了一种用于鱼雷的新型液体单元推进剂——这种推进剂不仅密度较大，而且毒性低，还不易燃烧和爆炸。在 20 世纪 70 年代中期，美国人尝试将这种新型单元推进剂的特性用到一种整装式高初速 75 毫米液体发射药火炮上，并将这次尝试作为"美国高机动性和高敏捷性项目"的一部分。但是这个项目再次遇到了整装式液体发射药火炮固有的弹道特性不一致的问题，并且又以一次灾难性的爆炸而告终。此后，美国人将注意力转向了新型单元发射药的运用上，并尝试将其用于在燃烧循环中进行再生喷射的液体发射药火炮上，而通用电气公司于 1973 年在美国开始了相关研究。[19] 到了 1977 年，一门试验型 105 毫米液体发射药火炮被造了出来。十年后，在坦克上使用再生喷射液体发射药火炮的研究又开始了。但是这些研究在 1991 年都被放弃，因为美国陆军最终得出结论，液体发射药更适合用于压制火炮而非坦克。随后，美军下令研制一种 155 毫米液体发射药榴弹炮。该型火炮被按时制成并进行了试射，但它再次暴露了液体发射药火炮内弹道的问题。1996年，美国人终止了关于液体发射药火炮的所有工作。

20 世纪 70 年代液体发射药火炮的研究在美国的复兴，使英国人在 1981 年也对液体发射药火炮重新产生兴趣。因此在 1987 年，英国人制定了一个研究计划，旨在探索液体发射药火炮在坦克上应用的可能性。但是没等该计划开展多久，英国人对液体发射药火炮的兴趣就从将其应用于坦克转向应用于压制火炮，又在 1995 年放弃了所有与液体发射药火炮相关的工作。

在美英两国的液体发射药火炮研究终止前，有潜力替代固体发射药火炮的另一种火炮早已使液体发射药火炮黯然失色，那就是电磁炮。电磁炮使炮弹速度大幅提高成为可能，这也使其作为坦克的主炮具有特别大的吸引力，因为这意味着在口径不变的情况下，火炮可以进一步增强穿甲能力，而且有更大概率击中移动目标。

很久以前，有人就提出了电磁炮的设想。但是大概到了 1970 年，澳大利亚国立大学进行了一些物理学试验后，电磁炮的研发工作才正式起步。在这些试验中，一个 3 克重的小球被加速到 6000 米 / 秒左右，这几乎四倍于当时坦克炮的炮口初速。1978 年，美国陆军的一个物理学家小组据此提议开展电磁发射器的研究项目。当该提议被接受后，美国的多家机构就开始了相关工作。[20] 其中的一家是西屋电器研发中心，该机构在 1983 年使用一台实验室电磁发射器，将一颗重 317 克的弹丸加速到了 4200 米 / 秒。五年后，加州的麦克斯韦实验室使用一台电容充电的 90 毫米电磁发射器，将一颗重 1.08 千克的弹丸加速到了 3400 米 / 秒。这意味着，实验室的 90 毫米电磁发射器赋予弹丸的动能已经达到 6.2 兆焦，并与坦克炮的炮口动能持平。

由于实验室电磁炮取得的进展，富美实公司（FMC Corporation）在 1987 年为美国国防部先进研究项目局开展了一项为坦克配备 15 兆焦电磁炮的设计研究，并得出了这种坦克的原型车"至迟可在 1991 年实现"的结论。[21] 一年后，美国国防部先进研究项目局赞助的另一项研究也得出类似的结论。为此，该局提议研制一种配备 11 兆焦电磁炮的"坦克歼击车"，并且预计这种车的子系统最晚可在 1992 年进行演示。北约在同时期开展的一项研究也认为，配备电磁炮的坦克可在 2000 年投产并服役。

英国也存在类似的乐观预期。1987 年，皇家武器装备研究与发展院（RARDE）建议制造一辆在"酋长"坦克底盘上安装电磁炮的技术演示车。实际发生的情况是，得克萨斯大学将一门自带供电设备的 90 毫米实验室电磁炮装到一部滑橇上，以便将其拉到一定距离外进行试射。1993 年，在苏格兰柯库布里（Kirkcudbright）落成的英美联合电磁发射研究机构也架设了一门 90 毫米实验室电磁炮，并对其进行了试射。试验证明，这门 90 毫米实验室电磁炮可以将现有的尾翼稳定脱壳穿甲弹以高达 2340 米 / 秒的速度射出。[22] 但是这种"滑橇炮"重达 25 吨，这就意味着电磁炮因太重太大而无法被安装在坦克上。

不过，这些证据并没有妨碍美英军方的策划者在20世纪90年代后期考虑为未来的坦克配备电磁炮。在美国这边，准备安装这种炮的坦克是计划于2012年服役的"未来战斗系统"（FCS）；在英国这边，这种坦克则是计划在2020年推出的"机动直瞄火力设备要求"（MODIFIER）。但是还没等这些计划的不切实际之处暴露出来，FCS和MODIFIER就都被放弃研发，并都让位于更轻的装甲车辆。美国陆军在1999年采用的转型政策已经预示了这一变化，而轻型装甲车辆更不适合安装电磁炮。电磁炮仍在研发，但它们被用于坦克的前景依然渺茫，而且军方对其潜在应用的兴趣已经转到重量和空间的限制宽松得多的战舰上。

相比之下，为坦克配备另一种电能火炮——电热化学炮——的前景从一开始就比较光明，因为它用于发射炮弹的能量只有一部分是电能，而其余的能量仍然来自固体或液体发射药因化学反应而产生的能量。所以电热化学炮就不需要电磁炮那样庞大而沉重的电气设备。

率先开展电热化学炮研究的是GT设备（GT Devices）公司。这家美国的小公司在1985年进行了20毫米电热化学炮的试射。后来，该公司被通用动力陆地系统（GDLS）公司收购。1985年，富美实公司也开始研究被它称为"燃烧增强等离子炮"的火炮。这种火炮原计划以电能作为推进弹丸的主要能量，但它实际也是一种电热化学炮。由于电热化学炮的早期研发呈现出诱人的前景，到了1989年年底，军方安排通用动力陆地系统公司和富美实公司开展竞标试验——让两家公司分别将120毫米坦克炮改造为电热化学炮，旨在证明电热化学炮可被用于美国M1坦克的下一种改型。但这次试验显然设计得过于草率，而且试验结果也令人极为失望，这使得负责人以同样草率的态度得出电热化学炮不如电磁炮有前景的结论。赞成这种观点的也包括美国陆军科学委员会——该委员会在1990年建议将电热化学炮的研发资金调拨给电磁炮。[23]英国人也持类似观点，况且RARDE本来就对电热化学炮缺乏热情。

然而，美国陆军继续支持电热化学炮的研究，并向富美实公司订购了一门9兆焦的120毫米实验室电热化学炮——这门炮在1991年安装完毕，其发射的炮弹的初速高达2500米/秒。德国也从1987年开始研究电热化学炮。截至1995年，莱茵金属公司已制造出一门105毫米电热化学炮，而这门炮发射的炮弹的初速高达2400米/秒。此后，德国人又设计出120毫米电热化学炮，并在1999年开始对其进行试射。在这方面，德国还与法国开展了协作，而法国地面武器工业集团造出了另一门 120 毫米电热化学炮，并从 2003 年起开始对其进行试射。

从 1986 年起，以色列也在索雷克核研究中心开展了电热化学炮的研发。该中心率先使用了固体发射药作为电热化学炮炮弹推进能量中化学能的来源，并以此取代了富美实和通用动力陆地系统两家公司原先使用的液体或浆体发射药。索雷克核研究中心的这一做法被其他机构纷纷仿效。从 20 世纪 90 年代初开始，电热化学炮的研发就集中在固体发射药的类型上，而且 120 毫米口径的火炮也在 90 年代成为研发的重点。

美国、德国和其他国家研究固体发射药 120 毫米电热化学炮的目标是，将其作为当时正在研发的 140 毫米固体发射药火炮的潜在替代品，并将其用于对付未来的敌方坦克。在这些研发的过程中，美国"未来战斗系统"项目在初期也考虑过使用 120 毫米电热化学炮。2004 年，联合防务公司（原"富美实公司"，现已被 BAE 系统公司收购）在一辆以"M8 装甲火炮系统"大幅改造而成的轻型坦克上，成功试射了 120 毫米电热化学炮。德国在 20 世纪 90 年代设想的一个新装甲车组也计划采用电热化学炮。截至 2002 年，莱茵金属公司已经证明，120 毫米电热化学炮产生的炮口动能比原版 120 毫米固体发射药火炮产生的炮口动能多出 30%。[24]

不过，人们认为 120 毫米电热化学炮虽然可使其发射的炮弹的炮口动能达 15 兆焦，但在性能上还是不如 140 毫米固体发射药火炮——后者不仅可使发射的炮弹的炮口动能达 18 至 23 兆焦，而且还因其基于成熟的技术而拥有优势。

附录 2：对更强防护的追求

多年来，各种武器对坦克造成的威胁越来越严重。因此，坦克必须不断增加装甲厚度，并且还需要发展其他形式的防护。

起初，坦克的装甲非常一般。最早的英国坦克，其装甲的最厚处也只有 12 毫米厚。[1] 这样的装甲足以抵御普通的步枪子弹，但挡不住机枪发射的钢芯弹。这种装甲板来自海军，因为当时除了海军使用的装甲板，几乎没有其他选择。[2] 装甲板的材料是镍铬合金钢，而且为了防弹，板材经过热处理，具有很高的硬度。[3] 从第一次世界大战后期到 20 世纪 30 年代初，坦克的装甲通常都经过表面渗碳硬化处理，以增强抗穿能力。在热处理之后，这样的装甲因硬度过高而难以进行加工或钻孔。因此，这些装甲都必须在热处理之前完成所有的加工或钻孔，并且只能通过螺栓或铆钉装配到角铁框架上，而这也成了早期坦克的一大特色。

表面硬化的装甲虽然在防弹性能方面有优势，但还是因为难以生产而在20世纪30年代被可加工的均质钢装甲取代。不过，装甲板的铆接或螺接装配方式却没有就此消失，而且在第二次世界大战中仍被多国长期使用，尤其是英国、意大利和日本。而在当时，其他国家已在使用电弧焊接来直接装配均质钢装甲。从铆接到焊接的转变始于1934年或1935年。当时，苏联的BT和T-26两种坦克的改进型都已开始使用从德国获得的焊接技术来进行生产，而德国自己在1934年开始生产坦克时也立即使用了焊接技术。[4]其他国家在六七年后才跟进。

到了20世纪30年代中期，除用装甲板组装坦克的炮塔和车体外，人们又有了新的选择，那就是铸造炮塔和车体。法国是第一个将铸造技术用于坦克的国家。在第一次世界大战期间，法国已有一部分雷诺FT轻型坦克使用了铸造炮塔，而在20世纪30年代，该国的大部分轻型坦克以及所有的中型坦克和重型坦克都采用了铸造的单人炮塔。从1939年的英国"玛蒂尔达"步兵坦克开始，英国、苏联和美国的坦克又相继采用了更大的铸造的三人炮塔。在20世纪30年代，以法国R35轻型坦克为开端，铸造技术还被用于生产车体部件。在第二次世界大战期间，美国"谢尔曼"中型坦克的M4A1型的上半部分车体就是整体铸造的。在20世纪50年代，美国的M48和M103这两种坦克的整个车体都是铸造而成的，而瑞士的Pz.61坦克和Pz.68坦克的车体也是如此。一般而言，铸造装甲在防弹性能上略弱于轧制装甲板，但铸造技术本身更适合生产外形复杂的组件，因此大部分炮塔都是铸造的。

当铸造技术开始应用时，各国坦克的装甲正在普遍增厚，而这种技术也在增厚装甲这方面起了推波助澜的作用。虽然雷诺FT轻型坦克的部分装甲已有22毫米厚，多炮塔的"独立"坦克的装甲也厚达25毫米，但多年来，大部分其他坦克的装甲都比这两种坦克的装甲薄。[5]实际上，影响广泛的维克斯中型坦克Mk1的装甲只有6毫米厚，而同时代大部分其他坦克——包括英国的巡洋坦克和德国的"三号坦克"及"四号坦克"等坦克的最初版本——的装甲最厚也就在14到15毫米之间。但是在第二次世界大战初期，机动性较好的坦克已将装甲的最厚厚度至少增加到了30毫米，而英国"玛蒂尔达"坦克和苏联KV-1重型坦克的装甲更是厚达 75 毫米或 78 毫米。此后，这一趋势有增无减。到战争结束时，德国"黑豹"坦克的装甲的最厚厚度为 100 毫米，而苏联 IS-2 和德国"虎 2"两种重型坦克的装甲厚度分别达到了 120 毫米和 180 毫米。

第二次世界大战结束后设计的坦克更是将装甲的最厚厚度增至 200 毫米。但是这样的装甲仅限于炮塔正面的装甲。在这种装甲与垂直方向呈 60 度或更大的夹角的情况下，其水平等效厚度约为 400 毫米。这意味着，当坦克正对敌方攻击方向时，这种装甲的面密度超过了 3 吨 / 平方米。但大幅增加装甲厚度的做法并不实用，因为坦克会相应增加重量，从而降低其机动性。

不仅如此，随着聚能装药武器的发展，增加均质钢装甲的厚度并不能提供更加有效的防护效果，因为钢装甲对于这种武器的防护效果不如对高速穿甲弹的防护效果。

这一点被德军步兵在第二次世界大战末期使用的"铁拳"反坦克聚能装药榴弹——它能击穿厚达 200 毫米的钢装甲——特别清楚地证明了。在战后，对坦克形成威胁的武器由聚能装药武器变为反坦克火箭筒，例如美国的 88.9 毫米（3.5 英寸）M20"巴祖卡"——它能穿透 280 毫米厚的装甲。但是直到反坦克导弹出现，反坦克火箭筒对坦克的威胁才全面展现。反坦克导弹由德国在第二次世界大战即将结束时开始研制。[6] 战后，这种导弹又在法国继续发展。首个研制成功的反坦克导弹的型号是 SS-10。SS-10 导弹有一个直径为 165 毫米的战斗部，并且能够击穿 400 毫米厚的装甲。SS-10 在 1953 年进入法军服役，并在 1956 年第二次中东战争中被以色列军队首次用于实战。

SS-10 的后继型号——SS-11 被多个国家采用。SS-11 的破甲能力增至 600 毫米，这显然超过了任何可实际应用的钢装甲的厚度。坦克为此需要发展出其他方法来防御聚能装药武器。美国人在 1952 年开始另寻出路，他们发现在抵御聚能装药的射流时，玻璃在防护性能上是同等重量的钢装甲的两倍。因此，美国人研制出将石英玻璃包裹在钢装甲中的"硅化装甲"，并将其作为美国 T95 坦克项目的一部分成功进行了试验。1958 年，有人提议将这种装甲用在当时正在研发的 M60 坦克上，但这一提议没有被采纳。[7]

苏联在 1962 年开始研制 T-64 坦克时，对这个问题采取了与美国有些类似的解决办法，即为 T-64 的车体正面配备了两层厚厚的玻璃纤维复合材料，并将这两层材料像三明治一样夹在钢板之间。T-72 和其他苏联坦克也采用了玻璃含量很多的同类复合装甲。[8]

另一方面，美国人在 1972 年开始研制 M1 坦克时却不再考虑硅化装甲。不过，他们开始考虑钢板和铝板间隔排列的设计。基于这种设计的装甲可通过逐级消解聚能装药的金属射流来抵御伤害，而不是靠装甲材料的特性去硬抗。但金属板间隔装甲最终没有被美国 M1 采用，而是被用于改造苏联的 T-55 坦克。[9]

前文第 9 章已经提到，随着 M1 坦克的研发逐步推进，美国陆军得知英国研制了一种名叫"乔巴姆"的新型装甲，并决定采用这种装甲。[10] "乔巴姆"装甲是英国国防部战车研究发展院的哈维（G. N. Harvey）和唐尼（J. P. Downey）基于 1963 年启动的一个研究项目研制的。这种装甲首次成功应用在了一辆代号为"FV4211"的试验型坦克上，而这辆制造于 1971 年的坦克是以"酋长"坦克为基础的。在应对聚能装药武器时，"乔巴姆"装甲的防护效果是同等重量的钢装甲的防护效果的两倍以上。在 1973 年阿以战争期间，一些严重夸大事实的报道声称坦克在反坦克导弹面前不堪一击，这动摇了人们对于坦克的信心。当"乔巴姆"的存在被公布于众后，人们才在很大程度上恢复了对坦克信心。"乔巴姆"装甲的性质一直被英国国防部保密，尽管这种装甲已有了第二代——一种名为"多切斯特"的装甲。不过，"乔巴姆"装甲显然是某种形式的间隔装甲，它采用了非金属材料以及钢材。

其实，为对抗聚能装药而研发的装甲不是什么秘密，这类装甲不过是一种间隔的"三明治"结构的钢板，而钢板之间还有橡胶夹层。当这样的"三明治"结构装甲被聚能装药的射流倾斜击中时，钢板会因橡胶膨胀而鼓起并相互分开，从而干扰射流。如果有足够多的"三明治"结构的钢板叠在一起，那就能使射流最终消散。由于"三明治"结构装甲的变形方式，这类装甲也常常被称为"膨胀装甲"，而且早在 1973 年，赫尔德（M. Held）在其申请的专利中就描述了它的原理。[11] 后来，"三明治"结构装甲被多种坦克采用。以 1980 年前后开始生产的苏联 T-72M 坦克为例，其铸造炮塔的正面有两个空腔，而每个空腔中都有由钢板和橡胶组成的共 20 层的"三明治"结构装甲。[12]

有些为对抗聚能装药而设计的装甲采用了陶瓷夹层，例如氧化铝陶瓷夹层和碳化硅陶瓷夹层。陶瓷被用作装甲材料，最早是在 20 世纪 60 年代后期——在越南战争中，这种材料被做成装甲板，并为美国的直升机飞行员抵挡子弹。到了 70

年代初，人们又认识到在应对聚能装药射流时，陶瓷在防护效果上是同等重量的钢材的两倍。[13] 从此以后，陶瓷就被用在多种装甲系统上，而这些装甲既能干扰射流，也能干扰尾翼稳定脱壳穿甲弹的长杆弹芯并吸收其动能。

陶瓷还被用在轻型坦克和其他轻型装甲车辆上，以抵御步枪和重机枪的子弹。在这种情况下，陶瓷的作用是凭借自身比子弹更高的硬度使子弹被撞碎。因此，陶瓷就被做成比较薄的小块，并在拼成装甲板后贴在车辆的金属基甲的外侧。这方面较早的例子就有加拿大的 M113 和瑞典的 Pbv 302 这两种装甲输送车——它们曾在20 世纪 90 年代中期被用于支援波斯尼亚的维和行动。

有些轻型装甲车辆还通过安装另一种装甲来增强防弹性能。这种装甲最早在1943 年被德国人用于其坦克和突击炮的侧面，以抵御苏联的 14.5 毫米反坦克枪。这种装甲是安装在车辆装甲板前方一定距离处的薄钢板。它基本上挡不住来袭的子弹，但是能够使子弹发生偏斜，并以歪斜的姿态击中装甲，从而降低其穿甲效能。这类"偏斜"装甲在 1970 年被再度用在美国 M113 装甲输送车的一种衍生型号上。该型号的装甲输送车被称为"装甲步兵战斗车"，这种车辆是为荷兰、比利时和埃及的军队生产的，后来它也在土耳其和韩国生产。[14]

间隔偏斜型装甲后来被以色列的拉斐尔公司进一步发展。拉斐尔公司将间隔偏斜型装甲的薄型均质钢板替换为高硬度钢板，并在钢板上钻出一些直径比来袭子弹的直径小点的孔洞，这就使钢板的重量减至只有等效实心钢板重量的一半重，而且还提升了钢板使来袭子弹发生偏斜的能力。这种名为"TOGA"的多孔钢板装甲在 1985 年前后被首次用于以色列军队的 M113 装甲车，后来又被用于其他装甲车辆——其中包括了某些轻型坦克。

然而从 20 世纪 80 年代开始，提升轻型装甲车辆防弹性能的更常用的方法是用螺栓把高硬度钢板固定在车辆的钢质车体或铝合金车体上，或者将钛板加装在铝合金车体上。这方面的一个例子就是美国"布雷德利"步兵战车的改型——M2A2。在 1986 年前后，M2A2 将原来的由两层各 6 毫米厚的间隔钢板组成的偏斜装甲换成了一层 30 毫米厚的附加装甲板。[15]

在 1982 年以色列入侵黎巴嫩期间，一种非常不同的装甲出现在了以军的 M60坦克和"百夫长"坦克上。这就是爆炸反应装甲。1969 年，赫尔德代表梅塞施米特 - 伯尔科 - 布洛姆（Messerschmitt-Bolkow-Blohm）导弹公司参与了在以色列开展的一系列研究——这些研究旨在调查在四年前的阿以"六日战争"中被聚能装药击毁的坦克所受的影响。赫尔德以这些研究为基础设计出了爆炸反应装甲，并在 1970 年为自己的设计申请了专利。此后，这些设计就在以色列被拉斐尔公司付诸实践，并以"夹克衫"爆炸反应装甲的形式呈现。[16]

实际上，爆炸反应装甲也是一种由两层钢板和一层炸药夹层组成的"三明治"结构装甲。当这种"三明治"结构装甲被聚能装药的射流击穿时，其夹层中的炸药就会被引爆，而且如果装甲的钢板与射流形成一定角度，引爆的炸药就会在冲击波的推动下侵入射流的路线，从而干扰或打断射流。这些钢板最初只有 2 到 3 毫米厚，但只要包含它们的"三明治"结构装甲按设计与聚能装药的射流形成一定角度，这些钢板仍然能使聚能装药弹的破甲能力降低约 70%。

正如前文第 9 章所述，继以色列坦克上出现爆炸反应装甲以后，从 1983 年的 T-64BV 开始，苏联坦克也大量安装了爆炸反应装甲。在做出使用爆炸反应装甲的决定后，苏联又率先研制了这种装甲的重型版。由于这种"三明治"结构装甲的钢板每块为 15 毫米厚或更厚，这种装甲不仅能有效对抗聚能装药的射流，也能对抗尾翼稳定脱壳穿甲弹的长杆弹芯。苏军还率先研制出串联式爆炸反应装甲。串联式爆炸反应装甲由一对相互间具有一定间隔的"三明治"结构装甲组成，这使其比原来的爆炸反应装甲更能有效抵御单发聚能装药弹。串联式爆炸反应装甲还能有效防御串联式聚能装药武器——这种武器带有一个用于清除单层爆炸反应装甲并为主装药开路的前导装药。一本俄罗斯的杂志就描述了这样一种串联式爆炸反应装甲——其外层是轻型爆炸反应装甲，而里面有一层吸能材料和一层重型爆炸反应装甲。[17]俄方宣称，这种装甲与坦克的钢装甲相结合，就足以抵御美国 AGM-114F"地狱火"导弹的串联战斗部。要知道，AGM-114F"地狱火"导弹的直径为 178 毫米，而且据说这种导弹的破甲能力高达 1500 毫米。

随着各种装甲的发展，当今新兴的趋势是使用结合了不同类型装甲的多层防御系统。因此，装甲的外层可能是倾角非常大的高硬度薄钢板，这就能够使击中它的弹芯破碎或至少以一定角度偏离弹道。这方面的例子就有，20 世纪 90 年代期间改进的多种坦克（包括德国的"豹 2A5"和中国的 99 式）的炮塔正面的尖锐凸起。在凸起的装甲背后，可能有用于破坏长杆弹芯或干扰聚能装药射流的串联爆炸反应装甲，然后是可能包含了陶瓷材料并能够吸收弹芯碎片或射流微粒的动能的坦克的主装甲。据估计，某些新研制的坦克正面装甲在抗动能弹的效果上可能相当于900毫米厚的钢装甲，而在抗聚能装药弹的效果上可能远超1000毫米厚的钢装甲。

在坦克上首次亮相并获得成功后，爆炸反应装甲就被用到轻型装甲车辆上，从而扩大了其应用范围。起初，这造成了一些问题，因为轻型装甲车辆与坦克不同，它们没有足够厚的装甲来吸收前端的聚能装药射流，而这部分射流必然会先穿过爆炸反应装甲，然后再将其引爆，并且被炸飞的爆炸反应装甲背板也可能使轻型车辆的薄装甲受损。为了克服这些问题，拉斐尔公司研制了一种混合型爆炸反应装甲，这是一种在"三明治"结构爆炸反应装甲后面又加了一层合成橡胶和一层钢板的装甲。[18]这种装甲减弱了爆炸反应装甲对车辆本体的冲击，还提供了额外抵御子弹的能力。

早在20世纪80年代，就有人考虑将爆炸反应装甲用于除坦克外的其他装甲车辆。但直到90年代，这些装甲车辆才普遍使用了爆炸反应装甲。这一方面是因为人们对此没有迫切的需求，另一方面是因为人们担心爆炸反应装甲可能造成的附带损害。因此，美国在20世纪80年代研制第二代M2"布雷德利"步兵战车时，只为其中的一部分提供了安装爆炸反应装甲的条件，但也没有为其实际配备这种装甲。但是，在2003年美军入侵伊拉克后，混合型爆炸反应装甲成为"布雷德利"步兵战车的标配，并且还被安装在部分以色列的M113装甲车上。后来，英国国防部也被说服，并同意将混合型爆炸反应装甲安装到FV432装甲车的现代化改型——"斗牛犬"和"武士"这两种步兵战车上。

混合型爆炸反应装甲为美英军队解了燃眉之急，并使其车辆能够应对伊拉克"圣战士"(武装分子)广泛使用的RPG-7反坦克火箭弹。2003年在伊拉克出现的"RPG-7狂潮"也使美国陆军重新启用了另一种形式的防护装置——它比爆炸反应装甲更便宜，更简单，但在抵御RPG-7时只能起到部分作用。这种防护装置就是水平钢条排列而成的栅格装甲。由于其钢条的间隔小于RPG-7火箭弹的直径，因此这种火箭弹在穿过钢条之间时，其头部必然有一侧会撞上并损坏钢条，从而导致引信短路而无法起爆。但是，必然会有一些火箭弹的头部正好撞到钢条上，从而使引信在撞击下起爆。发生这种情况的概率并不小，因此栅格装甲充其量只能有效抵御60%的攻击。

最早使用某种形式的栅格装甲（或与其非常相似的钢条装甲）的是美国海军。在20世纪60年代的越南战争期间，美国海军曾用栅格装甲来保护其在湄公河三角洲活动的炮艇。[19]苏联军队在20世纪80年代入侵阿富汗的战争中，以及俄国军队在1995年的车臣战争中，都曾使用栅格装甲来保护T-62坦克。在1991年的第一次海湾战争中，伊拉克军队也将栅格装甲安装在中国制造的部分69式坦克的炮塔上。美国陆军早在1966年就为其M113装甲车研制了钢条装甲，但直到2003年入侵伊拉克后，其在遭遇到伊拉克武装人员广泛使用的RPG-7时，才忙不迭地开始使用栅格装甲。[20]此后，不论是美国陆军，还是包括英国陆军在内的多国军队都广泛使用了栅格装甲。尽管如此，英国国防部在2005年仍然将栅格装甲视作某种新式装备，并认为当时有一篇关于这种装甲的文章是在泄密。[21]

美国陆军最初安装在其"斯特瑞克"八轮装甲车上的栅格装甲重达2231千克（这一重量和一套混合型爆炸反应装甲的重量差不多），这就使这种车辆的全重显著增加。因此，多种用以替代栅格装甲的较轻的装甲在后来被研制了出来，其中就包括BAE系统公司研发的L-Rod装甲——它用高强度铝合金条取代了钢条，并且只有栅格装甲的一半重。瑞士RUAG公司研制出的高强度钢丝组成的菱形网格装甲进一步减轻了重量，而比它更轻的是采用织物网格系统的栅格装甲，例如美国研制的RPGNets和英国研制的Tarian——它们能够挤碎陷入其网格的火箭弹头部。

人们一直在寻求比同等重量的钢铁能提供更好防弹效果的装甲材料。因此，人们在多年前就开始使用铝合金装甲。铝合金装甲是美国在1956年前后开始研发的。三年后，美国陆军下令生产M113装甲输送车——这种输送车成为第一种大量生产的铝合金装甲车辆，也成为在苏联之外制造的数量最多的履带式装甲车辆。英国、法国、意大利和韩国也纷纷仿效美国，生产了铝合金装甲步兵战车。美国的M2"布雷德利"步兵战车是铝合金装甲车辆的代表，其重量不超过20吨，其后来的改型也只有30吨重。另一方面，德国、瑞典和新加坡也制造了类似的车辆，但这些车辆配备的是钢装甲。不过，采用钢装甲和采用铝合金装甲的车辆在重量方面其实没什么区别，尽管铝合金装甲的密度较小。但铝合金装甲车辆制造起来要容易一些，而且因为其车体四壁必须做得更厚才能达到与钢装甲相似的防弹水平，所以铝合金装甲车辆的结构强度更强。

如果车辆的防弹能力主要源自在结构上处于附属地位的其他材料（例如高硬度钢或陶瓷块），那么铝合金装甲车车体的结构强度就显得特别有吸引力。采用"乔巴姆"装甲的FV4211就属于这种情况。在FV4211的设计中，就有一个依靠"乔巴姆"装甲包提供大部分防弹能力的铝合金装甲车体,但是这种车体在防弹效果上不尽如人意。因此除了 FV4211,只有另一种坦克采用了这种车体,它就是维克斯防务系统公司在 1977 年设计的用于出口的、重 43 吨的维克斯"勇士"坦克。[22] 以美国 M551"谢里登"和英国阿尔维斯公司的"蝎"式为代表的一些轻型坦克使用了铝合金装甲车体,但是它们在防护设计上远不如 FV4211 和维克斯"勇士"坦克。

对于钢铁的潜在替代材料,人们不仅曾对铝合金感兴趣,还一度对树脂与玻璃纤维胶合而成的复合材料感兴趣。美国陆军材料技术实验室在 1976 年开始考虑这种复合材料。美国海军陆战队也对这种复合材料产生了兴趣,并在 1983 年订购了两辆用这种材料来制造车体的 M113 型装甲输送车。其中一辆在经过测试后,被认为优于标准的铝合金车体的装甲车。这促使美国陆军又订购了一辆类似的铝合金装甲的"布雷德利"步兵战车——该车也使用了这种复合材料,但更大,并且重 22 吨。这辆车在 1989 年由富美实公司完成制造,而笔者有幸考察了其制造过程。[23]

这辆被称为"复合材料步兵战车"(CIFV)的车辆,其车体所用的材料是通过热固性聚酯树脂胶合的高强度航天级 S-2 玻璃纤维。若以重量计,构成车体四壁的层压板有 68% 是玻璃,这就使其在防弹性能上优于 M113 装甲车的铝合金装甲。CIFV 还配备了与"布雷德利"步兵战车一样的标准炮塔、发动机、传动装置和悬挂系统,并且成功完成了 9656 千米的试车计划。受此鼓舞,美国在采用复合材料车体的装甲车辆方面又做了更多研究。

这些研究的成果之一是 1993 年制造的"重型复合材料车体"(HCH)。HCH 从形状上看很像美国 M1 坦克的车体。按照原计划,HCH 将是一辆重 45 吨的坦克的一部分,但这辆采用复合材料车体的坦克始终没有被造出来。不过,美国陆军在 1993 年启动了另一个更为现实的项目,并造出了"复合材料装甲车辆先进技术演示车"(CAV-ATD)。CAV-ATD 是一种重 20 吨的车辆,它本来有可能成为一种装甲侦察车的原型,但该车在 1997 年完成后就直接没了下文。

发展复合材料车辆的动机在于,这种车辆有可能大大轻于使用金属车体的常规车辆——据说前者最多比后者轻 33%。然而,即使这一点能实现,也只是就车体而言,因为车体的重量通常只占装甲车辆全重的三分之一。因此,车辆的整体重量可能只能减轻 10%。考虑到与生产有关的问题和显著增加的成本,这就很难成为军方采用复合材料装甲车辆的理由。

尽管如此，对复合材料装甲车辆感兴趣的却不只有美国。实际上，英国战车研究发展院早在 20 世纪 60 年代就开展过为"蝎"式轻型坦克换装复合材料车体的研究。[24] 虽然该研究没有任何成果，但是在 1993 年，作为战车研究发展院后继者的国防研究局又开始研制一种采用复合材料车体的、重约 22 吨的车辆，以证明其可作为发展一种未来的侦察车的基础。这种车辆被称为"先进复合材料装甲车辆平台"（ACAVP）。一辆 ACAVP 在 2000 年完成，并且在后来还成功通过了大量行驶试验，但是和美国的 CAV-ATD 一样没有下文。

唯一投产并服役的复合材料装甲车辆是 CAV100。CAV100 的车体采用了树脂与玻璃纤维胶合的材料，并被装在了 3.5 吨重的 4×4 路虎轻型卡车底盘上。考陶尔兹航宇（Courtaulds Aerospace）公司从 1992 年起制造的 1000 多辆 CAV100，主要供北爱尔兰的英国驻军使用。由于在北爱尔兰被用于抓捕暴徒，CAV100 在那里便得到了"抢夺者"的绰号。CAV100 的复合材料车体能抵御一些轻武器，因而具有一定的防护效果，这就使英国陆军在 21 世纪初错误地将 CAV100 先后部署到伊拉克和阿富汗，并使其暴露在简易地雷和反坦克火箭弹的攻击下。由于其防护水平完全不足以应对简易地雷和反坦克火箭弹的攻击，CAV100 在这些地方遭受了致命的后果。

除此之外，玻璃纤维复合材料更广泛且更有效的用途就是被用作坦克大倾斜装甲的夹层材料——前文已经提到，从 T-64 开始的苏联坦克都使用了这种材料。因为玻璃含量多，玻璃纤维复合材料在坦克针对聚能装药武器的正面防护中能发挥非常有效的作用。

针对使用聚能装药战斗部的武器，还有另一种完全不同的防护形式，那就是主动防御系统。这类系统分为多种不同类型，但都由三个基本子系统组成。其中一个子系统是威胁探测系统，而这种子系统通常是以毫米波雷达为基础的。另一个子系统是由带爆破战斗部或破片战斗部的拦截弹或定向爆破模块组成的"杀伤"系统。第三个子系统是基于计算机的控制系统，它能处理关于威胁的情报并激活对抗装置。

早在 1955 年，在美国皮卡汀尼兵工厂（Picatinny Arsenal），就有人提出了一种名叫"点划线装置"——采用雷达来探测威胁，并以线型聚能药包来对抗威胁——的主动防御系统方案。[25] 但是，主动防御系统的实际研发要到 20 世纪 80 年代才走上正轨。[26] 实际上，苏军经过六年研发，于 1983 年在一辆 T-55AD

坦克上成功安装了"鸫"式主动防御系统。[27]苏军这种开创性的系统包括一个雷达模块和四具分别安装在坦克炮塔四周的发射器，而后者发射的带破片战斗部的107毫米火箭构成对抗装置。这四具发射器因为能覆盖正面80度的扇面范围，而足以在开阔的地形上防范正面攻击。后来，在1979年至1989年苏军入侵阿富汗的末期，一些装有"鸫"式主动防御系统的坦克被用于实战。据该系统的开发人员称，这些坦克成功拦截了80%的反坦克火箭弹的攻击。

在20世纪七八十年代，另一些国家则把注意力放在更简单的"软杀伤"主动防御系统上。这类系统不是被设计用于毁伤来袭导弹的，而仅仅是被用于使来袭导弹偏离目标的。这类系统的基本组件是红外干扰机。红外干扰机能干扰采用半自动瞄准线指令制导（SACLOS）方式的导弹——这种导弹在当时被认为是对坦克的主要威胁。在1991年的海湾战争期间,法军的AMX-30B2坦克就配备了一种"软杀伤"主动防御系统。大约在同一时间，俄罗斯坦克也搭载了一种名为"窗帘"的主动防御系统。"窗帘"主动防御系统还配有一台激光告警接收机。该接收机在受到激光照射时能启动烟幕弹发射器，接着烟幕弹发射器又通过制造烟幕来使半主动激光制导的导弹失去目标。

此后，德国生产的MUSS系统是"软杀伤"主动防御系统的又一典范。MUSS系统增加了导弹告警接收机。该接收机能够探测导弹尾烟的紫外辐射，从而向红外干扰机发出预警。如果没有这一装置，红外干扰机在预计会受到导弹攻击的情况下就不得不连续开机，这样一来就可能暴露坦克的位置。

"软杀伤"主动防御系统虽然能阻止某些反坦克导弹命中目标，但对于另一些武器却毫无效果，尤其是无制导的反坦克火箭。在1995年俄军进入车臣和2003年美军进入伊拉克时，随着战场环境转换到了城市环境，这种无制导的反坦克火箭就成为坦克的主要威胁。因此，人们开始将注意力从"软杀伤"主动防御系统转到"硬杀伤"主动防御系统（能够对付更多种类的威胁）上。

"硬杀伤"主动防御系统再度受到重视。其中的一个初期代表就是1993年出现的俄罗斯的"竞技场"主动防御系统。[28]除了使用雷达，"竞技场"主动防御系统还用像项圈一样环绕着炮塔安装的爆炸破片盒作为杀伤装置。因此和"鸫"式主动防御系统不同，"竞技场"主动防御系统能提供几乎全方位的防护，而且它造成附带损害的风险要小得多。不过，"竞技场"主动防御系统在出现在一辆T-80坦克上时虽然引起了大量关注，但在完成试验性安装之后就没了下文。

在苏联"鸫"式主动防御系统亮相了27年后，才有另一种"硬杀伤"主动防御系统投入使用。这种系统就是以色列拉斐尔公司在1995年前后研制的"战利品"。"战利品"主动防御系统能用安装于坦克侧面的两具自动装填发射器之一，向来袭导弹射出一束爆炸成型弹丸。2006年在黎巴嫩发生的战争使"战利品"防御系统加快了研发步伐，因为在那场战争中，以军遭遇了真主党从叙利亚获得的威力强大的俄制"短号"（9M133）反坦克导弹。所以在2007年，以军订购了100套"战利品"主动防御系统，并将它们安装在了"梅卡瓦"Mk4坦克上，随后又将一个营的这种坦克部署到加沙地带的边境上。2011年3月，"战利品"系统在加沙边境首次发挥作用，自动击毁了巴勒斯坦武装人员对一辆"梅卡瓦"坦克发射的反坦克火箭弹。

20世纪90年代以来，又有另一些"硬杀伤"主动防御系统研制成功，其中包括欧洲航宇防务集团（EADS）在德国研制的AWISS、以色列军工业研制的"铁拳"以及萨博航空电子公司（Saab Avitronics）在南非研制的LEDS-150。虽然这些系统在多个方面各不相同，但这些系统都是为了在与其保护的车辆有一定距离的地方拦截来袭导弹所设计的，而且都是通过可快速转动的两管到六管发射器来发射带破片战斗部或爆破战斗部的拦截弹的，这就为车辆提供了全方位的防护。

在已经研制出的"硬杀伤"主动防御系统中，有些并不发射拦截弹，而是让受其保护的车辆直接射击来袭导弹。以色列的"战利品"就属于这一类主动防御系统。不过，大部分主动防御系统都采用了分布在车辆周围的对抗装置，并通过这些对抗装置的爆炸来拦截接近的威胁。这种设计可大大降低主动防御系统造成附带损害的风险，但由于攻击来袭导弹的距离非常近，这就要求主动防御系统在极短的时间内作出反应。这类系统的主要代表有德国IBD戴森罗特工程（IBD Deisenroth Engineering）公司研制的AMAP，此外还有美国阿帝斯公司研制的"铁幕"和乌克兰研制的"屏障"。

除了要防范各种导弹以及其他反坦克武器造成的威胁，坦克还需要防范反坦克地雷的威胁。后一种威胁几乎在坦克刚开始走上战场时就出现了。在第一次世界大战期间的1918年，德国陆军就开始使用由炮弹改造成的简易地雷了。[29] 但是在第一次世界大战结束后，各国军方一度对反坦克地雷缺乏兴趣。直到20世纪30

午代的西班牙内战，反坦克地雷才再次被大量使用。芬兰军队在 1939 年至 1940 年的苏芬战争中也曾使用过这种武器。1942 年，北非战场的德军和苏联战场的苏德双方才开始更大规模地使用这种武器。

在北非，地雷的使用导致盟军的坦克损失了 18%。在 1944 年至 1945 年的西欧，地雷更是使盟军的坦克损失了 23%。但是，地雷给坦克造成的损伤许多时候仅限于坦克的行走机构，而且这些损伤是可以被修复的，尤其是在坦克的悬挂装置安装于外部的情况下。此外，通过布设地雷形成的雷场主要是为了限制敌方装甲部队的行动自由，而不是摧毁坦克。因此在第二次世界大战后期以及战后的一段时间内，各国军方都把主要精力用于研制扫雷坦克之类的设备，以便在雷场中开辟通路，而不是增强坦克本身抵抗地雷的能力。

在 20 世纪后半叶，随着地雷成为这一时期各种非对称战争中叛乱分子、恐怖分子和其他相关人员的主力武器，上述情况发生了变化。这种变化在越南战争中显得特别突出。在这场战争中，美军损失的装甲车辆有 69% 是由地雷造成的。但第二次世界大战中的装甲车辆主要是坦克，而越南战争中的大部分车辆都比较轻，也不那么结实。此外，越南军队也缺乏除地雷外的其他反坦克武器。

越南战争对坦克的设计几乎没有造成什么影响，尽管它使以美国 M551 "谢里登" 轻型坦克为代表的一些轻型车辆安装了附加的车底钢板。[30] 在 1979 年至 1989 年的阿富汗战争中，也有一些苏联坦克被圣战者组织布设的地雷摧毁。这对坦克，至少对苏联坦克来说，造成的影响要大一些。尤其是，苏联坦克为此进行的一些改进，后来又被别国坦克广泛采纳。例如为了降低驾驶员的座椅在地雷爆炸冲击下被鼓起的车底板击中的风险，T-62 坦克在前半部分车体的下方加装了一层外置的间隔底板，然而这严重降低了坦克的离地净高。后来在 T-72 和其他坦克上，驾驶员的座椅不像通常那样被固定在地板上，而是被改为悬挂在车体顶部，从而使座椅与地板及车底板分离并隔出了一段距离。这样既不会影响离地净高，又降低了鼓起的车底板击中座椅的风险。

与阿富汗战争一样，于 1964 年至 1979 年在罗得西亚（今津巴布韦）发生的战争中，地雷也被广泛使用，同时坦克却用得不多。[31] 但是这场战争使南非研制了一类新型车辆——防地雷轮式装甲车。而这类装甲车在经过进一步发展后大获成功。[32] 这类装甲车包括 4×4 的 "水牛" 及其后继型号（"卡斯皮"）。"水牛" 生产了 3500 辆，并且这种车大幅减少了因敌方地雷而造成的人员伤亡。和"水牛"一样，4×4 的"卡斯皮"也有可偏转冲击波的、带"V"形车底的车体。虽然车重较轻，只有 11 吨重，但"卡斯皮"却号称能经受住三枚叠放的反坦克地雷（相当于 21 千克重的 TNT）在车轮下或 14 千克重的 TNT 在车底下的爆炸。自 1981 年投产以来，"卡斯皮"生产了大约 2500 辆，并在西南非洲（今纳米比亚）和其他地方作为装甲人员输送车被用于治安战。"卡斯皮"的乘员因地雷爆炸而遭受伤亡的情况，仅发生在"卡斯皮"遭遇到爆炸成型弹丸地雷时。

英国陆军在 1995 年从南非购买了一些由"卡斯皮"衍生而来的"树蛇"防地雷车，并将其用于当时在波斯尼亚的维和行动——因为地雷（包括南斯拉夫的 TMRP-6 爆炸成型弹丸地雷）在当地被广泛使用。大约在同一时间，克劳斯 - 玛菲公司在德国开始研制 4×4"野犬"防地雷车——这种车在后来被大量生产。[33] 但是地雷对美军和其他北约成员国的军队而言仍然不是其关注的重点，并且从冷战时期开始，这些军队的坦克在设计时就主要是为了防范坦克炮和反坦克武器的水平攻击，而不是为了防范地雷。因此，美英军队在 2003 年入侵并占领伊拉克后，对于伊拉克武装分子大量使用的简易地雷是缺乏准备的。[34]

在这种情况发生前，人们一般认为，威胁坦克的常见地雷无非是工业化生产的带触发引信的爆破地雷（在被坦克的履带压到时会爆炸），或者是比较少见的带倾斜杆或磁力引信的地雷（在被履带压到时会爆炸，更危险的是会在坦克的车底下方爆炸）。美国和德国开展的全球性研究确认，最常见的工业化生产的反坦克地雷含有 7 到 8 千克重的炸药，而在北约认定的地雷威胁级别中，在车体下方爆炸的 10 千克重的 TNT 是最具威胁的。[35]

然而，伊拉克武装分子使用的许多简易爆破地雷的重量都超过了上述地雷的重量。事实上，一颗在 2003 年 10 月炸毁了一辆美国 M1A2 坦克的地雷，据信装有 100 多千克重的炸药。前文第 10 章已经提到，在此前一年，一辆以色列"梅卡瓦"Mk3 在加沙边境被巴勒斯坦武装人员遥控引爆的地雷炸毁，而这枚地雷的装药量也接近 100 千克。很显然，即使装甲厚重的坦克也经受不住这样的大号地雷，但它们的防地雷能力可以通过改进得到提高。以"梅卡瓦"Mk4 为例，其改进措施包括加装由特殊钢材制成的车底厚钢板等。在 2006 年的黎巴嫩战争中，有一辆改进后的"梅卡瓦"Mk4 甚至顶住了真主党埋设的一枚 150 千克重的地雷的爆炸，而且仅损失了一名车组乘员。[36] 更何况，要埋设非常沉重的地雷并不容易。虽然武装分子埋下的地雷有许多都超过了 10 千克重，但这些地雷通常都不会超过 20 千克重，因为一名武装分子能够搬动的地雷大致就这么重。

除了要加强针对简易爆破地雷的防护，坦克和其他装甲车辆还必须加强针对简易爆炸成型弹丸地雷的防护，因为这类地雷在南非和波斯尼亚的战斗中已经出现过。爆炸成型弹丸地雷包含炸药和浅碟形的铜药罩，并且在结构上很像聚能装药弹。但爆炸成型弹丸地雷射出的不是铜金属射流，而是速度最高可达 2000 米/秒的铜弹丸——其射速可与动能弹的射速相比。爆炸成型弹丸地雷的穿甲能力不如同样大小的聚能装药弹的穿甲能力，但不会像后者一样随着距离增加而锐减。因此，爆炸成型弹丸地雷作为遥控的路边地雷特别有效，并被伊拉克武装人员广泛使用。

附录 3：机动性的不同方面

机动性通常被认为是坦克的主要特性之一，但它至少有三种不同的隐含意义。

其中一种是战略机动性。这指的是坦克借助轮船、火车或公路运输车，在机动相当长的距离后进入作战地区的能力。坦克越重，进行长距离机动就越困难，因此坦克的重量对坦克的战略机动性具有负面影响。坦克的尺寸，尤其是坦克的宽度，对坦克的战略机动性也有影响。如果宽度超过了一定限制，坦克就必须经过特殊安排才能通过铁路运输。因此，为了避免这种情况，英国在第二次世界大战前设计的坦克都不到 2.67 米宽，以免超出英国铁路的装载限制。另一方面，由于俄国铁路的轨距比较宽，这就使苏联坦克只要不超过 3.32 米宽就能不受限制地通过铁路机动，因此苏联在设计坦克时有了更多余地。

坦克在通过空运机动时也受到宽度限制。但在这种情况下，坦克的重量比坦克的宽度要重要得多，因为坦克过重就无法借助可用的飞机进行战略部署。1999 年，当新关将军启动提高美国陆军战略机动能力的转型计划后，美国人计划把要取代坦克的 "未来战斗系统"（FCS）的车重控制到足够轻，以便 FCS 可以通过洛克希德 C-130 "大力神" 运输机部署。这意味着，FCS 最多只能有 17.5 吨重。但是正如前文第 9 章所述，在 FCS 项目启动几年后，伊拉克作战的现实使美国人不可避免地得出结论：要使生存能力达到足够的水准，FCS 就必须有更好的装甲防护，因此其重量将大大超过 20 吨重。这样一来，FCS 就无法通过 C-130 飞机运输，而 C-130 飞机是美军唯一数量充足的运输机。

当然，比 FCS 更重的坦克也被空运过，只不过数量很少。例如，加拿大和丹麦的军队有一些 60 多吨重的"豹 2"坦克，在 2009 年曾被苏联制造的安 -124 运输机一辆接一辆地运到阿富汗。

坦克机动性的另一个方面就是在不与敌军接触的情况下，坦克依靠自身动力在作战地区沿公路和离开公路机动的能力。这就是坦克的战役机动性。在很大程度上，坦克的战役机动性与坦克的功重比（即发动机的功率相对于坦克的重量的比值）有关，而这一比值决定了坦克从一个区域转移到另一个区域的平均速度。但是在机动较长的距离时，坦克的平均速度在一定程度上还取决于坦克停车以进行加油和维护的频率。

无论其他性能如何，只要作战行动主要发生在公路沿线或者相对干燥坚硬的地面上，那么坦克在战役机动性方面就肯定逊色于同一级别的轮式装甲车辆。因此，人们曾尝试研制"轮式坦克"，但研制出来的车辆在整体上还是不如坦克。这主要是因为这种车辆要达到与坦克相当的越野性能，尤其是在湿软地面上的越野性能，就必须轻于坦克，而其防护性能也会随之下降。

速度不仅是战役机动性的重要因素，也是坦克的战术机动性或战场机动性的重要因素。坦克的战术机动性是指坦克在即将或已经与敌方接触的情况下实施机动的能力。在这种情况下，坦克需要尽量缩短暴露于敌方武器下的时间。因此，坦克还需要在不同类型的地形中快速机动，这就要求它们既有足够小的接地压强来适应软泥地，又有弹性出色的悬挂系统来适应崎岖不平的硬质地面。

快速而敏捷的坦克还能靠机动来打败敌人。所有这一切都有力地证明了，坦克应尽可能地增大功重比。但是在实践中，坦克的功重比最大只能在 25 马力 / 吨至 30 马力 / 吨之间。某些试验性车辆的功重比要大一些，但无论这样的功重比能带来多大好处，为此付出的成本都意味着这是得不偿失的。

另外，坦克的行驶性能并不是坦克的战术机动性的唯一要素。装甲防护也是坦克的战术机动性的一个重要因素，它使坦克可以忽略某些武器（例如轻武器）的威胁，从而更自由地进行机动。在这方面，坦克与无装甲防护的武器平台有很大不同——后者可能有更好的战役机动性，但是在战术机动性上就不如前者，因为它们可能在机枪和其他充斥于战场的轻武器的打击下失去机动能力。不幸的是，这一事实经常被搭乘无装甲车辆（例如悍马、路虎和其他牌子的轻型卡车）的部队忽视。

另一方面，因为装甲影响坦克的重量，所以提供装甲防护与实现出色的行驶性能之间是相互矛盾的。这两者要取得平衡并不容易。因此在许多情况下，军方提出的要求会有意侧重于其中一项。例如 20 世纪 30 年代的法国轻型步兵坦克就是重防护而轻机动的，而同期的英国巡洋坦克正好相反。从那以后，人们曾几度尝试研制比先前的坦克更具机动性的坦克。但总体来看，人们对于加强坦克装甲防护的需求超越了对于提高坦克机动性的需求，尽管加强装甲防护对坦克的行驶机动性有负面影响。

越来越强劲的发动机

坦克的机动性在 1916 年英国 Mk1 重型坦克被制造时就已开始发展。这种坦克的动力系统采用了当时唯一合适且可用的发动机——戴姆勒公司原本为一种大轮拖拉机生产的一台 105 马力的六缸水冷汽油发动机。这款发动机使 Mk1 重型坦克的功重比仅达到 3.7 马力 / 吨，并使这种坦克在硬质平地上行驶的最高速度仅为 6.0 千米 / 时。

人们很快就意识到坦克需要功率更大的发动机。为此，里卡多（H. R. Ricardo）设计了一款特制的 150 马力的六缸发动机，并将其用于 Mk5 和其他英国坦克。[1] 事实证明，里卡多的这款发动机大体令人满意，但还不足以驱动最后也是最重的菱形坦克——英美联合研制的、重达 37 吨的 Mk8（远重于 29 吨或 28 吨重的 Mk5）。这个问题通过采用 V-12 "自由"航空发动机得到解决，因为这种输出功率为 300 马力的发动机当时已在美国投产。因此，Mk8 在公路上的最高速度达到 11.3 千米 / 时，这使 MK8 基本上不比第一次世界大战结束前生产的任何坦克慢。

采用"自由"发动机的 Mk8，开了将航空发动机用于坦克的先河，同时这也是坦克首次使用 V-12 气缸布局的发动机——此类发动机后来不再被各国的飞机使用，但是成了较大的坦克发动机的标准。"自由"发动机也在许多年里"稳坐着功率最大的坦克发动机的宝座"，并且为克里斯蒂的试验性坦克于 1928 年在美国创造 68.4 千米 / 时的纪录提供了坚实基础。[2] 在克里斯蒂的试验性坦克之后，苏联红军也为

BT 系列早期型号的快速坦克采用了功率增大到 400 马力的"自由"发动机，后来
又将其以"M5 坦克发动机"之名在苏联自行生产。因此，BT-2 坦克拥有高达 35 马
力 / 吨的功重比，并且在履带状态下最高可达 52.3 千米 / 时的速度。不过，BT-7 坦
克安装了更为强劲的 M17 发动机。"自由"发动机的排量为 27 升，而 M17 发动机
的排量为 45.8 升。只不过 M17 发动机仍将功率限制在 400 马力。但这款发动机在
安装于 T-28 中型坦克和 T-35 重型坦克时就将功率增大到 500 马力，而在安装于同
时代的某些苏联飞机时更是将功率增大到 680 马力。M17 发动机实际上是苏联按许
可证仿制的德国 BMW Ⅵ 发动机。BMW Ⅵ 发动机是一种 V-12 水冷航空发动机，而
其前身是曾为德国秘密研制的某些"大型拖拉机"提供动力的六缸 BMW Ⅳ 发动机。

与此同时，英国陆军为坦克选用的仍然是专门制造的发动机。其中的第一种是
90 马力的 V-8 发动机。阿姆斯特朗·西德利（Armstrong Siddeley）公司在开始制造
其他风冷航空发动机后不久就研制了 V-8 发动机，并于 1923 年将其安装到维克斯
Mk1 中型坦克上。在 1928 年至 1934 年期间，英国人为 A.1（"独立"）中型坦克选
用了一款 370 马力的 V-12 风冷发动机，后来又将 180 马力的 V-8 风冷发动机安装在
试验性的"十六吨坦克"和 Mk3 两种中型坦克上。阿姆斯特朗·西德利公司还为被
广泛使用的维克斯·阿姆斯特朗"六吨坦克"生产了一种 87 马力的四缸风冷发动机。
后来，苏联人仿制了这种发动机，并将其用于 T-26 坦克。

与水冷发动机相比，风冷发动机有多种优势，例如没有漏液问题，也没有冷
却液沸腾或冻结的问题。[3] 因此，风冷发动机不仅被英国坦克采用，也被美国和日
本的坦克采用。

美国坦克使用风冷发动机始于 1929 年至 1931 年的试验。在这次试验中，有七
辆美国仿制的雷诺 FT 轻型坦克安装了六缸的"富兰克林"发动机。试验的结果很
鼓舞人心，但是美国陆军当时没有经费研制专门用于坦克的风冷发动机，实际上也
没钱研制其他发动机。因此，美国陆军就看上了当时唯一拥有足够功率又可用于坦
克的现成风冷发动机——星形航空发动机。这种布局的发动机用在坦克上很不理想，
这主要是因为其高度太高。但是美国陆军别无选择，只能忍着这种发动机给坦克车
形带来的负面影响，把它从 20 世纪 30 年代初一直用到第二次世界大战结束。

第一种靠星形风冷航空发动机驱动的坦克是 1931 年为美国骑兵制造的一辆试
验性轻型坦克。由于美国国会的法令规定研制坦克是步兵才有的特权，美国骑兵不

得不将这种轻型坦克称为"战车"以瞒天过海。这辆试验性轻型坦克安装了一台156马力的七缸"大陆"发动机。但后来,从1934年的M1战车到1943年的M3A3轻型坦克都使用了更为强劲的250马力的"大陆"R-670发动机。在用于轻型坦克之后,风冷星形发动机也被用于中型坦克——这始于1939年的M2坦克,这种坦克装了一台350马力的九缸"莱特"发动机。同一型号但输出功率为400马力的发动机也被用于第二次世界大战中生产的M3和M4"谢尔曼"两种中型坦克的初期型号。但是随着坦克的产量增加,这种发动机的数量就不够了。为了弥补这一缺口,部分美国坦克采用了通用汽车公司的卡车柴油发动机,甚至采用了克莱斯勒公司的轿车发动机。由于单台发动机的功率不足,通用汽车公司的柴油发动机是以双联装方式安装在坦克上的。虽然占用更多空间,也需要更多维护,但通用汽车公司的双联柴油发动机还是成功用于M3A3、M3A5和M4A2等中型坦克。美国陆军没有被组合更多发动机的复杂性吓倒,而且还在其M3A4和M4A4两种中型坦克上安装了多达五台的以星形布局组合的克莱斯勒六缸轿车发动机,不过这些坦克大部分都被美国陆军愉快地转交给了盟友的军队。

继通用汽车公司的双联柴油发动机和克莱斯勒公司的多排发动机之后,美国陆军又选择了福特汽车公司设计的V-12水冷航空发动机的V-8改型,并在1943年将其用于M4A3中型坦克。M4A3成为M4坦克系列中最受欢迎的型号,并在战后还被继续使用了20年。V-8发动机使M4坦克系列的终极型号——M4A3E8获得了15.3马力/吨的功重比。这一功重比与任何其他型号的M3和M4中型坦克的功重比相比都不逊色,而且还减少了M4A3E8在研发过程中因重量增加而造成的影响,从而使该型号坦克最终达到33.65吨重。

500马力的福特GAA发动机也为M26"潘兴"中型坦克提供了动力,而这款制造于第二次世界大战末期的坦克在某些方面成了战后美国坦克的先驱。但是,美国陆军在1943年上马坦克专用发动机的研发项目时,还是决定用回风冷发动机。新发动机当然不再是星形的,不过其研发和生产都被委托给了先前为美国坦克生产大部分风冷发动机的那家公司,即大陆汽车公司(Continental Motors Corporation)。新发动机中最重要的一款是AV-1790。这是一款排量为29.36升的V-12发动机,它可输出810马力的功率。被用于M46中型坦克的AV-1790于1949年投产。

在几年前,英国陆军也遇到了导致美国陆军为坦克选用改型的航空发动机的问题，即缺乏采购专用坦克发动机的经费。因此，英军放弃使用阿姆斯特朗·西德利公司的风冷发动机。伍尔维奇的皇家兵工厂在 1928 年开始研制用于替代 A.6（"十六吨坦克"）的 A.7 中型坦克，并很有预见性地在 1934 年制造的第三辆原型车上安装了两台联合装备公司（AEC）的六缸水冷巴士柴油发动机。这两台组合起来的发动机总共可输出 280 马力的功率。实践证明，这两台组合起来的发动机很成功，并且它们还提供了比现成的单台发动机输出的功率更大的功率，从而满足了军方需求。因此，这种发动机在 1937 年被选择用于 A.12（"玛蒂尔达"）步兵坦克，而这种坦克在第二次世界大战初期为英国陆军立下了汗马功劳。

在英国，因缺乏功率充足的发动机而产生的另一个后果就是，纳菲尔德公司在 1937 年重新生产第一次世界大战时研制的"自由"发动机。纳菲尔德"自由"发动机可输出 340 马力的功率，并且使一些早期的巡洋坦克达到了 23 马力 / 吨或 24 马力 / 吨的功重比。由于结合了这种发动机和克里斯蒂悬挂系统，这些巡洋坦克的速度达到了 48.3 千米 / 时。但"自由"发动机在实践中暴露出不少问题，尤其是在较重的"十字军"巡洋坦克上。不过，这款发动机仍使"十字军"巡洋坦克拥有 17 马力 / 吨至 18 马力 / 吨的功重比。而与"十字军"巡洋坦克同时研制的"盟约者"巡洋坦克已经有了专门设计的水平对置 12 缸发动机，而设计这款发动机的是自 20 世纪 20 年代以来生产了几乎所有英国轻型坦克发动机的梅多斯（Meadows）公司。不过，"盟约者"巡洋坦克的这款发动机只能输出 280 马力的功率（比纳菲尔德"自由"发动机的输出功率小），而且其冷却系统也不能令人满意。"盟约者"巡洋坦克也因这款发动机和其他种种缺陷而被认为不适合实战。

直到军方决定采用降功率无增压版的 V-12 罗尔斯 - 罗伊斯"梅林"发动机（原版已被成功用于皇家空军的"飓风"和"喷火"两种战斗机以及一些轰炸机），英国坦克才有了足够强劲且可靠的发动机。将这种名为"流星"的发动机安装在坦克上的建议是在 1941 年提出的。一年后，一种名为"半人马座"的新型巡洋坦克就安装了"流星"发动机，而这种原本采用纳菲尔德"自由"发动机的坦克在换装了罗尔斯 - 罗伊斯的这种发动机后，就被更名为"克伦威尔"。"流星"发动机的排量和纳菲尔德"自由"发动机的排量都是 27 升。但"流星"发动机能输出 600 马力的功率，这使 27.5 吨重的"克伦威尔"坦克拥有了 21.8 马力 / 吨的功重比，并使这种坦克在重量上两倍于先前的巡洋坦克的情况下，仍能达到 61.2 千米 / 时的速度。

在成功用于"克伦威尔"坦克之后,"流星"发动机还先后为这种坦克的后继型号——"彗星"(重 33 吨)和"百夫长"(重 51.8 吨)两种坦克提供了动力。在 20 世纪 50 年代初安装了汽油喷射装置后,"流星"发动机还为 65 吨重的"征服者"重型坦克提供了 810 马力的功率。

与英美坦克不同的是,德军在第二次世界大战期间使用的坦克并没有采用改版的航空发动机或商用汽车发动机,而是用了专门为坦克设计的发动机。不仅如此,除了最初的"一号坦克"A 型,德国的所有坦克都用了一个牌子的发动机——由迈巴赫(Maybach)公司生产的发动机。而且这些发动机都是水冷汽油发动机。其中,轻型坦克用的都是直列六缸水冷汽油发动机,而二战中期之前都被作为德国主力坦克的"三号坦克"和"四号坦克"用的是 V-12 布局的发动机。

迈巴赫公司虽然自第一次世界大战以来就不曾生产过飞机发动机,但在 20 世纪 30 年代初以前都在生产供飞艇使用的发动机,而该公司为"三号坦克"和"四号坦克"生产的 V-12 发动机在性能上可与同时代的航空发动机相媲美。"三号坦克"和"四号坦克"安装的原版 108 TR 发动机,其排量为 10.8 升,输出功率为 230 马力。因此,"三号坦克"和"四号坦克"的功重比分别为 15.5 马力 / 吨和 12.6 马力 / 吨。在"三号坦克"和"四号坦克"配备威力更大的火炮和更厚的装甲后,为了提高因车重增加而减小的功重比,它们的发动机在排量和输出功率上都有所增加,但它们的功重比还是减至 11.5 马力 / 吨。不过,这并没有妨碍"三号坦克"和"四号坦克"在机动作战中发挥非常出色的作用。

重达 57 吨的"虎"式坦克显然需要更强劲的发动机。因此,迈巴赫公司为"虎"式坦克生产了另一款 V-12 发动机——HL210。HL210 的输出功率为 650 马力,但军方认为这还不够。因此,在最初的 250 辆"虎"式坦克生产完毕后,HL210 发动机通过镗孔扩大了气缸,从而将排量从 21.33 升增至 23.88 升,将输出功率增大到 700 马力。这些经过改进的发动机就是 HL230。HL230 发动机也被用于"黑豹"中型坦克。由于"黑豹"中型坦克的原始型号有 43 吨重,其功重比就为 16.3 马力 / 吨。除了"二号坦克"(轻型)的功重比,"黑豹"坦克的功重比比其他所有德国坦克的功重比都大。不过,德国人还是为"黑豹"坦克研制了比 HL230 更强劲的发动机,而这样的发动机也是重达 68 吨的"虎 2"重型坦克所需要的。由此产生的 HL234 发动机首次使用了汽油喷射系统来取代化油器,因此其输出功率从 700 马力增至 900 马力。

HL234 发动机刚被安装到"虎 2"试验车上就停止了研发，原因是德国在 1945 年战败，并被盟国军队占领。不过，迈巴赫公司位于法军控制区。法国人非常明智地允许迈巴赫公司继续推进其部分研发工作，并且还为他们的"过渡坦克"——ARL 44 选用了 HL230 发动机。由此诞生了另一款采用汽油喷射系统的发动机，它就是排量为 29.5 升、输出功率达 1000 马力的 HL295。然而，采用了种种先进技术的 HL295 型发动机却只造出了 10 台左右，并被用于 20 世纪 50 年代初法军研制的 AMX-50 系列重型坦克。[4]

继迈巴赫公司开创了使用汽油喷射技术的先例后，为英国"征服者"重型坦克研制的升级版"流星"发动机和 1954 年前后美国中型坦克采用的 AVI-1790 发动机，也都采用了该技术。这些发动机代表了用于坦克的汽油发动机的终极形态。此后，再也没有人制造用于中型坦克或重型坦克的汽油发动机，后来甚至连轻型坦克也不再使用这类发动机。汽油发动机的地位被柴油发动机取代，因为后者不仅油耗较低，起火的风险也较小。

柴油发动机

在开始研制用于飞艇和飞机的柴油发动机后，人们很快就产生了用这种发动机为坦克提供动力的兴趣。这类柴油发动机也吸引了英国陆军部的一些军官的注意，这主要是因为它们能为坦克提供行驶更长里程的动力。因此在 1926 年，英军要求里卡多公司的研究部门设计一种输出功率为 90 马力的四缸套筒阀柴油发动机。也就是说，这种柴油发动机在输出功率上要与当时维克斯中型坦克使用的风冷汽油发动机相同。一年后，这款柴油发动机在一辆维克斯中型坦克上试验成功。之后，又有至少四款类似的发动机和一款较大的 180 马力的六缸发动机被制造出来，而后者在 1933 年被装到一辆 A.6（"十六吨坦克"）上，并进行了测试。[5] 但里卡多公司因缺乏经费而没有进一步研发柴油发动机。正如本章前文所述，柴油发动机在英国坦克上的应用不得不倒退一步。为此，一些经过改造的巴士发动机被用于 A7E3 试验型中型坦克，后来又被用于 A.12（"玛蒂尔达"）步兵坦克。此后，直到第二次世界大战结束后很久，英国制造的坦克基本上都没有采用柴油发动机。只有维克斯·阿姆斯特朗公司设计的"瓦伦丁"步兵坦克是例外——除首批外，它们都使用了联合装备公司或通用汽车公司的商用柴油发动机。

另一方面，英国为坦克研制柴油发动机的做法被多个国家仿效。日本便是其中之一。日本在 1932 年开始研制一款用于"89B 式"坦克的风冷柴油发动机。后来，其他日本坦克也都采用了柴油发动机。波兰也在其列，该国在 1935 年开始生产的 7TP（维克斯"六吨坦克"的衍生型号）上安装了瑞士卓郎公司的柴油发动机。而在瑞士，卓郎公司的柴油发动机还被安装到从捷克斯洛伐克进口的 LTH 轻型坦克上。到了 1938 年，法国陆军也订购了 100 辆采用贝利埃 - 里卡多柴油发动机的 FCM36 轻型坦克。不过，法国陆军的其他坦克全都是靠汽油发动机驱动的。1936 年，美国陆军在一辆 M1 轻型坦克上测试了吉伯森（Guiberson）公司的九缸星形柴油发动机，后来又将这款发动机用在了二战初期生产的 M1A1 和 M3 这两种轻型坦克上。

所有这些柴油发动机与苏联研制的一款坦克用柴油发动机相比都黯然失色。苏联的这款发动机于 1931 年开始研发，而原计划是将其研制成像 M17 汽油发动机一样可同时用于飞机和坦克的 V-12 水冷发动机。后来，在飞机上使用这款发动机的想法被逐渐放弃。但这款发动机仍然保留了航空发动机的诸多优点，尤其是其重量特别轻。因其性能特征，有人就宣称这款发动机抄袭了同时代法国或意大利的航空发动机——尽管它们有相似之处，但没有令人信服的证据能证明这种说法。

也许是出于了不起的先见之明，也许仅仅是为了保持 T-28 和 T-35 等坦克的发动机已经达到的功率水平，苏军将这款柴油发动机的功率指定为 500 马力，这就使这款发动机在许多年里都能满足苏联坦克的需求。但是在 1937 年定型为"V-2"之前，这款发动机的设计方案不得不被推倒重来，并经历了包括将排量提至 33.8 升在内的各种修改。

V-2 发动机还没完成研发，就被安装到 BT 系列坦克的最后一种型号——BT-7M 上。V-2 发动机在 1937 年投产后，其额定功率为 500 马力的版本被用于 T-34 中型坦克，而额定功率为 600 马力的版本被用于 KV 重型坦克。此后，V-2 发动机为苏军在二战期间基于 T-34 和 KV 这两种坦克研发的所有中型坦克、重型坦克及突击炮提供了动力。在二战临近尾声时，V-2 发动机在经过改进后又被横置于 T-44 中型坦克中。相对于常规的纵置发动机的安装方式，横置发动机的安装方式可缩短坦克的车体长度。奇怪的是，在此之前，除了意大利的"菲亚特 3000"和 L.3 轻型坦克，没有一种坦克的发动机是横置的。不过考虑到横置发动机的优点，从 T-54 坦克的 V-54 发动机开始，V-2 发动机的所有后继型号都采用了横置。为 T-55 和 T-60

两种坦克的早期型号提供动力的 V-55 发动机的输出功率增至 580 马力，并最终达到 620 马力。配备机械增压器的 V-46 型发动机将功率进一步增大到 780 马力，并被安装到 T-72 坦克的早期型号上，而这种坦克的后期型号采用了功率为 840 马力的 V-84 发动机。安装在 T-90 坦克上的、配备一个涡轮增压器的 V-92S2 型发动机又将输出功率增大到 1000 马力，而配备两个涡轮增压器的 V-99 型发动机更是将功率增至 1200 马力。这些发动机不断增大的功率超过了苏联以及俄罗斯的中型坦克多年来增加的重量，这使得 T-90S 的功重比（达 25.8 马力 / 吨）远大于原版 T-34 的功重比（18.9 马力 / 吨）。

因此，凭借最初对合理的常规设计的明智选择以及后来的渐进式发展，苏联红军及其后继者在 70 多年的时间里基本上仅用一种类型的坦克发动机就满足了自身的大部分需求，从而积累了显著的经济优势和作战优势。诚然，在这段时间的中期，苏军一度放弃仅使用一类中型坦克发动机的优势，又研制了另两类发动机。但最终，苏军还是更明智地恢复了仅使用一类发动机的政策。

相比之下，另一些国家的军队却不断研制不同类型的发动机，这白白浪费了其人力物力。这样做的原因之一是关于可用燃油的政策发生了变化。具体说来就是，美国国家石油委员会在二战期间做出决定，要求军用车辆使用电火花点火的汽油发动机，因为该委员会认为汽油比柴油更容易获得。战后，北约内部也持类似观点。因此在战争结束前后，西方国家为坦克研制的发动机是清一色的汽油发动机，而使用汽油发动机的坦克（如美国 M48 坦克和英国"百夫长"坦克）直到 1959 年才停产。

1957 年，北约却改变政策，要求坦克采用所谓的"多种燃料发动机"。这实际上意味着坦克要改用柴油发动机，因为柴油发动机能够使用包括汽油和柴油在内的多种燃料。这种态度的变化是在 1954 年开始显现的。当时，美国开始研究将制式的坦克用 AVI-1790 汽油发动机改造为涡轮增压的柴油发动机。由此产生的 AVDS-1790 柴油发动机的输出功率为 750 马力，还不如先前汽油发动机的输出功率（810 马力）。但当 M60 坦克安装了 AVDS-1790 柴油发动机后，其公路行程最远接近 483 千米，而与 M60 坦克相差不大但使用了汽油发动机的 M48A2，其公路行程最远也只有 257 千米。[6]20 世纪 50 年代设计的其他采用柴油发动机的坦克也都实现了与 M60 坦克类似的改进，也加大了最远行程，例如德国的"豹 1"、法国的 AMX-30 和瑞士的 Pz.61 等坦克。

大致在同一时间设计的英国"白夫长"坦克也用了柴油发动机。但这种坦克采用的利兰汽车公司的 L.60 发动机不像其他坦克采用的发动机那样是成熟的四冲程型，而是对置活塞的二冲程型。英国人之所以采用 L.60 发动机，是因为他们觉得它能够使用的燃料的种类比较多。[7] 实际上，实践已经证明较常规的发动机对不同燃料的适应能力并不逊色，而对置活塞发动机却有独特的研发问题。尤其是，对于一家以前没有这类发动机生产经验的公司来说，这些问题需要花时间来克服，因此 L.60 发动机迟迟不能达到军方规定的 700 马力指标。

另一方面，美国进行了改进常规柴油发动机的尝试。这些改进包括使用英国内燃机研究协会设计的可变压缩比活塞——这使发动机大大提高单位功率成为可能。这种活塞最早被用在为美国 T95 坦克研制的 AVDS-1100 柴油发动机上，并使该发动机的输出功率从 550 马力增至 700 马力。最终的 AVCR-1100 柴油发动机更是将输出功率增大到 1475 马力，而且因为达到了这个功率，这款发动机被美国版的 MBT-70 坦克选用。但这款发动机在将排量从 18.3 升增至 22.3 升后，得名"AVCR-1360"。在 MBT-70 被放弃后，通用汽车公司还是为他们竞标美国 M1 坦克的方案选择了 AVCR-1360 发动机。但实践证明，AVCR-1360 发动机很难持续且充分地燃烧，因此经常会排出黑烟，而且它在单位耗油量方面也不如其他柴油发动机。AVCR-1360 发动机的这个缺点及其另一些特性"拖了通用汽车公司 M1坦克原型车的后腿"。而当这辆原型车在 1976 年竞标失败后，美国人对可变压缩比发动机的兴趣也随之消失。

八年后，美国陆军再度对柴油发动机表现出兴趣，并向竞争性的"先进综合推进系统"（AIPS）项目拨款，以研制另一种非常规的坦克发动机。该项目产出的康明斯 XAV-28 柴油发动机是另一种"背叛"了标准柴油发动机模式的发动机。这是一款 27.56 升的 V-12 发动机，它使用了一种兼作冷却剂的高温润滑油。康明斯公司为 XAV-28 柴油发动机定下的输出功率为 1450 马力，但该发动机没能达到这一预期。20 世纪 90 年代中期，康明斯公司终止了 XAV-28 柴油发动机的相关工作。

还有一种背离既有柴油发动机模式的柴油发动机也号称能输出很大的单位功率，并在 20 世纪 70 年代被法国人采用。这种柴油发动机使用 Hyperbar 高压涡轮增压系统——该系统中的涡轮增压器不仅由废气驱动，也由一种燃气轮机型的燃烧室提供的额外能量驱动。当高压涡轮增压系统应用于 V8X-1500 发动机时，该发动机在排量仅有 16.47 升的情况下达到了 1500 马力的输出功率。这种系统还大大提高了发动机的反应速度，从而使车辆具有很大的加速度，但它也使发动机的安装复杂化，从而提高了发动机的生产成本和单位油耗。而且，V8X-1500 发动机虽然在排量上远小于相同功率的常规柴油发动机，但从整套系统在坦克车体中所占据的空间来看，却与最优秀的常规柴油发动机相差无几。因此，V8X-1500 发动机仅被用于为法国陆军生产的"勒克莱尔"坦克。为阿拉伯联合酋长国生产的"勒克莱尔"坦克则采用了较常规的 MTU 柴油发动机。

英国陆军曾考虑过一种最激进的背离主流柴油发动机模式的设计，并于 20 世纪 60 年代拨款给罗尔斯 - 罗伊斯公司的汽车部门，要求其设计一种转子柴油发动机。而该发动机的研发项目源于 1958 年"汪克尔"转子汽车发动机在德国出现后给汽车界造成的轰动。[8] 罗尔斯 - 罗伊斯公司设计了独特的两级双转子方案，并预计按照这种方案生产的转子柴油发动机在重量上将轻于常规活塞型柴油发动机，而在效率上将比车用燃气轮机还高。但事实证明，这种发动机的布局存在许多与生俱来的问题，即使在最理想的情况下，这种发动机也需要大量后续研发工作才能达到实用的程度。[9] 因此，英国陆军在 1974 年放弃支持其研发，并最终选择了一种常规的水冷四冲程 V-12 柴油发动机——这种发动机属于最初由罗尔斯 - 罗伊斯公司的柴油发动机部门自主研发的一个发动机系列。

德国人对坦克用柴油发动机的研发最有恒心，也最为成功。在六十多年的时间里，他们研制的所有发动机都是 90 度"V"形汽缸布局的常规四冲程水冷型发动机。这些发动机逐步改进了机械性能和热力学性能，并最终形成了三代产品。这些发动机的前身是 850 马力的 MB 507 柴油机。梅赛德斯·奔驰公司早在 1942 年就提出将 MB 507 柴油机作为"黑豹"坦克的发动机，以替代迈巴赫汽油发动机，但该提议没有被军方采纳。[10] 直到十年后，梅赛德斯·奔驰公司才恢复了坦克用柴油发动机的研发。由此诞生了新一代的梅赛德斯·奔驰柴油发动机——MB 837。MB 837 柴油发动机是一种 630 马力的 V-8 发动机，它被瑞士 Pz.61 坦克采用。这种发动机后来还为德国"豹 1"坦克的原型车提供了动力，但很快就被更强劲的改型（MB 838）取代。MB 838 发动机是 830 马力的 V-10 发动机，它使"豹 1"坦克拥有了大约 20 马力／吨的功重比，并使其成为那个时代最敏捷的坦克。

第二代梅赛德斯·奔驰柴油发动机在 1965 年开始研发，其最初的目标是为了使美德联合研制的 MBT-70 坦克达到 80 马力 / 吨的功重比。这一目标被 MB 873 发动机达到了。MB 873 发动机在设计方面与 MB 838 发动机基本相同，但更为紧凑，而且 MB 873 发动机用的是两个涡轮增压器，而不是两个机械增压器。在 MBT-70 坦克项目流产后，MB 873 发动机经过进一步研发，又被用于"豹 2"坦克。改进后的 MB 873 发动机将额定功率仍然保持在 1500 马力，但将排量从 39.8 升增至 47.6 升，以增大扭矩，从而增大坦克的加速度。[11] 在此期间，梅赛德斯·奔驰公司的坦克用柴油发动机的生产被"发动机及涡轮机联盟"（MTU）——该企业合并了梅赛德斯·奔驰与迈巴赫两家公司的高性能柴油机部门——接管。

因为预见到坦克需要更紧凑的发动机，成立于 1969 年的 MTU 在一年后就主动上马研制第三代坦克用柴油发动机。[12] 其成果就是出现于 1979 年的 MT 883 发动机。MT 883 发动机也是一款 V-12 发动机，不过其排量比 MB 873 发动机的小，只有 21.5 升，但其最大输出功率仍有 1500 马力。不仅如此，在仿照苏联坦克的发动机横置在坦克中之后，以 MT 883 发动机为基础的"欧洲动力包"的总体积只有 4.5 立方米。因此，"欧洲动力包"远小于总体积为 7 立方米的纵置安装在"豹 2"坦克上的 MB 873 发动机的动力包。MT 883 发动机还可使坦克的车身长度缩短一米。

由于性能出色，MT 883 作为优于原版发动机的替代品，被安装在法国"勒克莱尔"、美国 M1 和英国"挑战者 2"这三种坦克的出口版上。作为市面上最好的发动机，MT 883 也被许多新设计的坦克采用，例如以色列的"梅卡瓦"Mk4、韩国的 K2 和土耳其的"阿尔泰"等坦克。

可能除了日本"74 式"和"90 式"两种坦克上的三菱发动机，背离主流四冲程设计并取得成功的柴油发动机似乎只有乌克兰的哈尔科夫发动机设计制造局设计的二冲程发动机。这些采用水平对置活塞的水冷涡轮增压发动机仅有 581 毫米高，而且都采用了独特的侧面连接变速箱的设计——这种设计使发动机在横置时可形成特别紧凑的动力包。这些发动机的另一大特点就是省去了冷却风扇，改用废气驱动的喷射器吸入冷却空气并使其经过散热器。

这类发动机最早的一种是安装在苏联 T-64 坦克上的 700 马力的五缸 5TDF 发动机，而 T-64 系列坦克的最终型号换装了 1000 马力的六缸 6TD 发动机。6TD 发动机还被安装在苏联的部分 T-80U 坦克上以取代其燃气轮机，因为后者的油耗太高。这些换装 6TD 发动机的 T-80U 坦克被称为"T-80UD"。苏联解体后，乌克兰又将 T-80UD 发展为采用 1200 马力 6TD-2 发动机的 T-84。大约在同一时间，有 320 辆 T-80UD 被卖给巴基斯坦。因此，6TD-2 发动机也被"哈立德"坦克以及与之非常相似的中国北方工业公司推销的 MBT2000 坦克采用，而后者有 44 辆被销售到了孟加拉国。乌克兰为埃塞俄比亚进行现代化改造的 200 辆 T-72 坦克也采用了 6TD 发动机。

燃气轮机

当柴油机作为坦克发动机被普遍接受时，一种可能替代它们的发动机又出现了，那就是车用燃气轮机。德国在 1944 年就已开始研究燃气轮机在坦克上的应用。这是因为该国在燃气轮机研发领域处于领先地位，而且亨克尔公司曾经造出了世界上首架以燃气轮机为动力的飞机——He-178 飞机在 1939 年首飞。但在坦克用燃气轮机方面，德国人的研究在刚刚进展到完成一种 1000 马力的发动机的初步设计时，就因为德国在第二次世界大战中战败而宣告终止。[13] 但是相关研究在英国得以继续——在第二次世界大战结束后不到七个月，英国的帕森斯（Parsons）公司就得到了设计研究用于坦克的 1000 马力的燃气轮机的合同。后来，英国人造出一款 655 马力的发动机，并在 1954 年将其安装到"征服者"重型坦克底盘上。随后，他们又造出了额定功率为 910 马力的第二款发动机。但是这两款发动机在经过试验后都停止了研发，因为它们的油耗不出所料地高到了令人无法接受的程度。[14] 事后看来，英国人如此积极地研发坦克用燃气轮机的原因令人费解。对此，唯一的解释就是战后的英国在飞机用燃气轮机的研发领域一度处于世界领先地位，而英国人被这种优势冲昏了头脑。

正如前文第 9 章所述，德国人在坦克用燃气轮机方面的探索性工作可能也在 1949 年启发了苏联人。但苏联人在这方面的研究直到 1963 年才有成果。那一年，苏联人开始将一种直升机用的燃气轮机安装到坦克底盘上，并对其进行了试验。接着在 1967 年，他们决定研制一款 1000 马力的燃气轮机。虽然生产成本和油耗都很高，但这种燃气轮机还是在 1976 年被军方选择，以用于 T-80 坦克。T-80 一直持续生产到苏联解体，此后仅被生产了少量。俄罗斯也曾将 T-80 用于出口，但只有塞浦路斯和韩国小批量地购买了该型坦克。到了 20 世纪 90 年代中期，俄罗斯陆军决定放弃 T-80，并将资源集中用于研究以柴油发动机为动力的 T-72 的改进型——T-90。

和苏联一样，美国在开始研发用于坦克的燃气轮机时，也是先把用于其他目的发动机安装到坦克上并对其进行了试验。这次试验发生在1961年，一台索拉"土星"燃气轮机被安装到一辆当时正在研制的T95中型坦克上。[15] 不久以后，美国陆军拨款，让索拉飞机（Solar Aircraft）公司和福特汽车公司进行600马力燃气轮机的研发竞标。但是相对于柴油发动机，这两家公司造出的燃气轮机在总体上都毫无优势，因此它们还没被装到坦克上进行测试就被放弃了。尽管如此，美国陆军在1965年还是和阿芙科公司（Avco Corporation）的莱康明分部签订了另一份合同，以研制一款1500马力的"陆军地面汽轮机"（即AGT-1500）。AGT-1500在1967年开始测试。军方原本考虑将AGT-1500用于MBT-70坦克，但该坦克项目流产。之后，克莱斯勒防务公司在1973年为自己的XM1原型车选用了AGT-1500，而该原型车在1976年被美国陆军选中，并成为M1坦克。恰好在同一年，苏军也选择将GTD-1000T燃气轮机用于自己的T-80坦克！

AGT-1500在开始测试时，就号称其拥有极低的单位油耗，并且可与柴油发动机的单位油耗相比。但是在由AGT-1500驱动的M1坦克投入使用后，人们却发现这种坦克在总体油耗上是柴油发动机坦克的两倍。这加剧了采用AGT-1500的美国坦克的燃油供应问题。在1990年的科威特和2003年的伊拉克，美军都不得不为M1坦克部队提供大量燃油。AGT-1500的造价也比较高，这给克莱斯勒公司的M1坦克设计师们出了难题，因为在1972年，他们和那些来自通用汽车公司的竞争对手一样，需要把这种坦克的总成本控制在50万美元以内。为此，他们不得不压缩其他组件的成本。

20世纪80年代，为了证明燃气轮机可以拥有与柴油发动机一样的燃油效率，有人把原本为商用卡车设计的加勒特GT-601发动机安装到多种坦克——包括美国M48、英国"酋长"和法国AMX-30等坦克——上，并对其进行了试验。据估算，这些坦克在整体油耗上仅比安装柴油发动机的同型坦克高出10%。但是由于GT-601采用了更稳健的设计和更庞大的换热器，它在体积和重量相对于功率的比值上是AGT-1500的两倍之多。因此在体积和重量方面，GT-601相对于柴油发动机没有任何优势。

美国陆军没有气馁，又向其"先进综合推进系统"项目拨款，以研制另一款燃气轮机。为此，美国陆军在1984年与通用电气和德事隆·莱康明两家公司签订了研制1360马力的LV 100燃气轮机的合同。到了1991年，有两台该型燃气轮机已被造出。其中的一台被安装在一辆坦克试验车上，而该车还配有作为"装甲部队现代化计划"组成部分而制造的电传动装置。在1994年前后，随着国际局势的缓和，电传动装置被放弃，但军方仍对燃气轮机感兴趣，并在2000年向通用电气和霍尼韦尔两家公司提供了研制LV 100-S发动机的合同。根据计划，LV 100-S将用于"十字军"155毫米自行火炮，还将用于替代M1坦克的AGT-1500。但是"十字军"155毫米自行火炮的研发在2002年因美国陆军的转型计划而终止，而LV 100-S发动机也"遭到了同样的命运"。

虽然燃气轮机仅被用于三种坦克——美国M1、苏联T-80和瑞典S坦克，但燃气轮机的运用是历史悠久的汽车工程实践的重要分支。不过，燃气轮机也不是坦克所能选择的在技术上最离经叛道的发动机。在这方面，选择核反应堆为坦克提供动力才是最激进的，而这是在美国陆军军械局坦克汽车司令部1955年的一次会议上有人一本正经地提出的建议。[16] 据提议者估计，核动力坦克将有50吨重，这与同时代普通坦克的重量大致相同，但提议者似乎严重低估了保护乘员免遭辐射伤害的屏蔽装置的重量。[17]

传动与转向装置

无论使用什么发动机，坦克和其他车辆一样，都需要传动装置来改变发动机的扭矩。在大多数情况下，这一需求是通过为坦克提供变速箱来满足的，而这类变速箱基本都遵循了同时代的汽车工程惯例。因此，随着岁月推移，坦克的传动装置从滑动齿轮发展为自动控制的周转齿轮系或行星齿轮系，并在第二次世界大战后又增添了液力变矩器。

坦克还需要一套能够改变其履带的相对速度的系统，以借此来实现转向。最早实现这类系统的方法似乎出现在1904年的美国——当时，有一种霍尔特半履带蒸汽牵引车用了这种方法。[18] 这种方法的原理是让驱动器与一条履带脱开，然后对这条履带施加制动，从而使车辆绕着该履带转动。这种"离合加制动"的转向方式被1916年制造的首批法国坦克采用，也被作为转向系统中的一级用在从第一种英国坦克到1917年的Mk4为止的早期英国坦克上。后来，在20世纪二三十年代制造的大部分轻型坦克也使用了"离合加制动"的转向系统，甚至包括A.1("独立")和苏联T-35

在内的一些重型坦克也是如此——实践证明，这种转向系统足以帮助前者实现转向，但并不适用于后者。因此随着车重的增加，自"瓦伦丁"以后的英国坦克就再也没有采用过"离合加制动"的转向系统。

另一种与"离合加制动"转向系统有些相似但更为平缓的转向系统，被成功运用在了重型坦克和轻型坦克上。这种转向系统的基本原理是在每条履带的传动系统中增加变速齿轮箱（通常是行星齿轮类型的），并且通过切换齿轮箱中的齿轮使履带与履带之间产生所需的速度差。第一款这种类型的齿轮转向系统是1918年为英美合作的Mk8重型坦克设计的。在20世纪30年代，还有多种英国坦克试用过另一些试验性的齿轮转向系统。但是直到第二次世界大战初期设计的"盟约者"和"十字军"两种巡洋坦克使用了齿轮转向系统，这类转向系统才得到正式采用，并在实践中大获成功。与此同时，日本人在1925年为第一种日本坦克设计了一套齿轮转向系统。此后，日本制造的所有坦克都采用了类似的转向系统。捷克斯洛伐克的LTH轻型坦克也采用了一种齿轮转向系统，而该型坦克后来以"38(t)坦克"之名被德军广泛使用，并且被实践证明其机械性能非常出色。德国人还为"黑豹"中型坦克生产了一种齿轮转向系统，而这种系统比同类的所有其他系统都更精密、复杂。[19]

直到第二次世界大战后期，包括T-34-85在内的苏联坦克都在使用"离合加制动"的转向系统，尽管这成了它们的弱点之一。不过在1943年，苏联人为KV-13试验性重型坦克研制了一种带双速行星齿轮箱的齿轮转向系统。该坦克后来被发展为IS（"斯大林"）系列坦克，而这些坦克成为最早采用此类系统的苏联现役坦克。[20]战争结束后，类似的系统被大规模用于T-54、T-55和T-62等坦克，并在后来又发展为更精密的系统——这种系统具有多达七挡速度的行星齿轮箱。这种系统给坦克提供了多种不同的动力转弯半径，从而使坦克更为平缓地实现机动控制。这种系统最早被装在T-64坦克上，后来又被T-72、T-90、乌克兰坦克以及中国98式坦克采用。

从一开始，就有一种有别于齿轮转向的转向系统，它就是差速转向系统。差速转向系统最早且最简单的结构包括将一个普通的卡车差速器插入履带的传动系统，以及给每条从该差速器引出的半轴都配备的一个制动器。基于这种结构的转向系统被用于理查德·霍恩斯比在1905年制造且获得成功的首辆全履带牵引车，又在十年后被用于英国的早期坦克（尽管它们普遍采用了"离合加制动"的转向方式）。制动差速转向系统显然很简单，但它的效率也不太高。在第一次世界大战以后，制动差速转向系统就只被用于非常轻的车辆，例如 20 世纪 20 年代的卡登 - 洛伊德超轻型坦克，以及第二次世界大战期间大规模生产的布伦机枪运输车。

自动联锁差速转向系统就避免了制动差速转向系统的低效问题。这是因为自动联锁差速转向系统含有的辅助齿轮可让半轴实现减速而不是停转。但是自动联锁差速转向系统只能提供一个最小转弯半径，而这个转弯半径只能是高速下必要的大转弯半径与低速下的小转弯半径折中后的半径。尽管如此，自从第一次世界大战期间被美国克利夫兰拖拉机公司（Cleveland Tractor Company）研制出来以后，自动联锁差速转向系统还是得到了广泛的应用，并且有时也被称为"克利夫兰型转向"。从 20 世纪 20 年代中期直到 1940 年，几乎所有的法国轻型坦克都使用了自动联锁差速转向系统。这种系统也被用于德国秘密制造的"大型拖拉机"，但未被后来的德国坦克采用。这种系统还被用于从 1932 年直到第二次世界大战结束的所有美国中型和轻型坦克。二战之后，自动联锁差速转向系统被用于法国的AMX-13 轻型坦克和多种装甲人员输送车，但使用这种系统的中型坦克只有一种，即日本的"61 式"。

法国早在 1921 年就开始研制复杂得多的双差速转向系统。在这类系统中，一个差速器通过齿轮箱驱动，另一个差速器由发动机直接驱动，然后两者的输出相结合，从而使齿轮箱的每一挡齿轮都有不同的最小转弯半径——挡数越低，半径越小，这正符合通常的需求。这种系统还让发动机的驱动力经过液压泵和电动机成为可能，从而实现对转向的无级控制。法国 Char B 坦克的设计就利用了这一点，因此其驾驶员在驾驶坦克的同时也能通过转动坦克来使安装于车体的 75 毫米炮瞄准目标。

十年后，法国的 S35（索玛）中型坦克采用了带有更简单的直接机械转向驱动的双差速系统。而在第二次世界大战期间，德国为"虎"式坦克生产了一种更精密的双差速系统。大约在同一时间，英国为"丘吉尔"步兵坦克研制了在功能上与双差速系统非常相似的三差速系统，后来又将其用于"克伦威尔"巡洋坦克。此后，这种三差速系统又被陆续用于"彗星""百夫长""征服者""酋长"等坦克。不过与先前的坦克采用的传动装置不同，"酋长"坦克的 TN12 传动装置已经用行星齿轮系取代了滑动齿轮。但是配备三差速系统的传动装置并不适合使用渐进式液压转向控制，因此后来的"挑战者"坦克就换上了双差速系统。

瑞士的 Pz.61 坦克在 20 世纪 50 年代首开先河地采用了带双差速转向系统和液压转向传动的传动系统。紧跟其后的坦克有，采用伦克传动装置的德国"豹 2"坦克、采用阿里逊传动装置的美国 M1 坦克和采用 SESM 传动装置的法国"勒克莱尔"。不过，同时代的另一些坦克使用了带机械转向传动的双差速转向系统，这包括意大利的 C-1"公羊"坦克和韩国的 K-1 坦克。

针对发动机扭矩倍数和转向的问题，从一开始就有一种完全不同的解决方式，那就是采用电传动。结构最简单的电传动装置包含一个与坦克的发动机偶联的直流发电机和一个用于驱动每条履带的直流电动机。这样的装置最早在 1916 年被用于法国的圣沙蒙坦克，而该装置的优点在于其可用现成的电动机和发电机方便地组装出来。电传动装置也方便了坦克对履带速度的控制，从而简化了转向操作。但是这种装置比较笨重，而且效率不高。因此在两次世界大战之间的时期，电传动装置仅被用于 10 辆法国 2C 重型坦克。

在第二次世界大战期间，人们对电传动装置的兴趣比较小。起初，电传动装置只被用于 1940 年至 1941 年期间制造的英国 TOG 重型坦克的两辆原型车。而这两辆原型车分别重 63.5 吨和 80 吨，并且实际是在设计上倒退回第一次世界大战水平的失败产物。美国在 1943 年至 1944 年期间为 T23 中型坦克研制的电传动装置要成功得多。然而，生产了 252 辆的 T23 中型坦克，却没有一辆进入部队服役。在第二次世界大战中，唯一采用电传动装置并被用于实战的装甲车辆是重达 65 吨的"斐迪南"88 毫米自行反坦克炮。这种车辆——基于保时捷公司在 1940 年至 1942 年期间设计的但竞标失败的中型和重型坦克的原型车——最终生产了 90 辆，并在二战后期被德国陆军使用。截至二战结束时，采用电传动装置的其他装甲车辆，就只有两辆于 1943 年至 1944 年期间制造的、重达 120 吨的"鼠"式重型坦克的原型车。

直到 20 世纪 60 年代，才有其他配备电传动装置的装甲车辆被制造出来。当时，比利时的沙勒罗瓦电气制造厂（Atelier de Constructions Electriques de Charleroi，简称"ACEC"）在一辆美国制造的 M24 轻型坦克上安装了一套电传动装置。后来，ACEC 又将这种装置安装在其生产的"眼镜蛇"装甲车上。大约与此同时，美国富美实公司在自己生产的 M113 装甲车上安装了另一套电传动装置。ACEC 的电传动装置代表着一个重大进步，因为它使用的是带有整流器的交流发电机而非直流发电机，而富美实公司的电传动装置不但使用了交流发电机，还使用的是比直流电动机轻且无电刷的感应电动机。[21]

到了 20 世纪 80 年代，各国对电传动装置的兴趣普遍高涨。因此在接下来的十年里，美国、德国和法国制造了多种采用电传动装置的试验性装甲车辆。由于利用了当时稀土永磁交流发电机和电动机的发展成果，这些装甲车辆的电传动装置就更为紧凑。但是在系统全重、成本以及对冷却电子设备的需求等方面，这些电传动装置都无法与液压机械传动装置竞争。1994 年，一辆重达 50 吨的机动试验车——该车属于美国陆军夭折的"装甲系统现代化项目"下的一个分支项目，它安装了当时最先进、最强大的电传动装置——就证明了电传动装置不适合用于坦克。[22]

不过，人们对电传动装置的兴趣仍在持续，这是因为人们受到了 20 世纪 80 年代出现的"全电坦克"概念的鼓舞。这种概念设想的是把坦克的电传动装置与电磁炮和电磁装甲结合起来。虽然这种组合未能实现，但电传动装置却进一步成为混合传动系统的一部分。混合传动系统结合了电传动装置和储存电能的动力电池组，并且可抽取电池的电能来满足峰值动力的需求，这使坦克可在大部分时间里使用较小的发动机就能满足动力需求，或者依靠电池动力来实现短距离的"静默运行"。

最初的混合电传动系统被储能装置严重拖了后腿，因为这些基于传统铅酸电池的储能装置臃肿而笨重。但随着锂离子电池和其他具有更大能量密度的电池的发展，这个问题已在很大程度上得到解决。

如果不考虑混合传动系统增加的复杂性，前文提到的电传动装置都是经典的双线类型，即两条并联电路将电流从发动机驱动的发电机分别传送到两个电动机，从而使每个电动机各驱动一条履带。这意味着，发动机及与之相关电动机是完全通过电缆连接到驱动履带的电动机的，这使得三者在被安排于车体内部的相对位置时有了更大的灵活性，而这也是电传动装置在某些类型的装甲车辆上所具有的重要优势。但是双线系统也带来了与转向有关的问题，因为转向系统要有很高的效率，就必须将一条履带的再生动力传输给另一条履带。再生动力可能比推进车辆所需的动力大得多。为了处理再生动力，电动机和发电机都必须相应放大。但是，如果通过一条连接履带主传动器的横轴以机械方式传输再生动力，电动机和发电机就可被缩小，并且还可提高传输效率。按照这种原理设计的机电传动装置（EMT）可以只含一个推进电动机和一个转向电动机，并保留双线系统的大部分优点，但是它比较复杂，不太适合非专门设计的车辆。

机电传动装置的优点在 20 世纪 80 年代开始受到关注。但直到 2005 年，瑞典才演示了首个机电传动装置——该装置是赫格隆公司为履带型的 SEP 多用途装甲车设计的。英国奎奈蒂克（QinetiQ）公司设计的另一种名为"E-X-Drive"的机电传动装置，曾有机会应用于"美国未来战斗系统项目"的有人战斗车辆，但最终没有被采用。[23]

悬挂和履带

无论什么类型的传动装置，都决定了坦克发动机的动力能在多大程度上被有效利用，以提高包括速度在内的行驶性能。但是在崎岖不平的地面上行驶时，坦克会产生震动，从而严重限制其速度。承载坦克负重轮的悬挂系统可以依靠自身的弹性来减轻震动，因此悬挂系统决定了坦克在某些环境中所能达到的最高速度。

早期英国坦克的滚轮实际上是刚性安装于车体的。这种做法只有在早期坦克设计的极低的车速下才可以被接受。不过，最早的法国坦克（施耐德坦克）已经将滚轮安装在了靠螺旋弹簧减震的副车架上。在 20 世纪二三十年代，大部分坦克都拥有基于成对的滚轮或负重轮——它们被串联安装于带有板簧或螺旋弹簧的平衡梁上——的悬挂系统。这类悬挂系统主要通过"步进梁"的运动发挥作用。这类悬挂系统在车速较低时尚可发挥作用，但是在车速较高时，对不规则地面的反应就不够快了。

因此，这类慢速悬挂在第二次世界大战期间被放弃。从那以后，几乎所有坦克的负重轮都是独立减震的。这种悬挂的首创者是美国的 J.W. 克里斯蒂。1928 年，克里斯蒂首次演示了一种车辆。这种车辆通过独立的长螺旋弹簧弹起负重轮，这不仅实现了减震，还显著提高了车速。几年后，苏联仿效了克里斯蒂设计的悬挂，并将效仿的悬挂大规模用于 BT 坦克。后来，英国的几种巡洋坦克和苏联的 T-34 坦克也采用了克里斯蒂悬挂。

独立螺旋弹簧悬挂最终被基于扭杆的悬挂取代。在二者重量相同的情况下，扭杆悬挂能吸收更多能量，而且不会占用车体宽度。扭杆悬挂最早在 1938 年被用于德国的部分"二号坦克"（轻型）。到第二次世界大战结束时，扭杆悬挂已被广泛使用，而采用这种悬挂的坦克包括德国的"虎"式、"黑豹"和"三号坦克"，以及苏联的 KV 和 IS 两种重型坦克。二战后，扭杆悬挂一度被几乎所有坦克采用。但到了20 世纪 60 年代，扭杆悬挂开始被带有液气弹簧单元的独立悬挂取代，因为后者能够使渐进式弹簧更好地发挥作用。如果配上合适的控制装置，液气悬挂还可被用来改变车体的俯仰角和离地高度。这种可调节的液气悬挂最初在 20 世纪 60 年代被用于瑞典 S 坦克和日本"74 式"坦克，而英国的"挑战者"坦克和另几种坦克则选择了比较简单的不可调节的液气悬挂。[24]

当坦克在崎岖不平的地面上行驶时，其机动速度与悬挂的弹性、发动机的功率都有关；但当它们在松软泥地上行驶时，其机动能力却在更大程度上取决于履带将车重分散到地面上的能力——换句话说，就是取决于其接地压强。人们提到的接地压强，通常指的是标称接地压强（NGP），这是用坦克的重量除以履带触地面积得到的。标称接地压强不代表坦克对地面施加的实际压强，但是就早期的英国坦克而言，由于它们使用了刚性安装的小滚轮和平板链节组成的履带，其标称接地压强是实际压强的合理近似值。无论如何，标称接地压强成为坦克的一个公认的重要技术指标，而且早在 1917 年它就被人提及。[25] 不仅如此，一些早期的坦克在设计时都把减小标称接地压强值作为目标。[26] 起初，没人知道这个值应该是多大。在当时的背景下，人们就假设标称接地压强应接近于士兵在穿着军靴时对地面产生的压强，以确保步兵能通过的地形坦克也能通过。[27] 因此在 20 世纪 20 年代流行的观点认为标称接地压强应该在 50 千牛 / 平方米左右，而当时数量最多的坦克——雷诺 FT 轻型坦克的实际标称接地压强为 58 千牛 / 平方米。

然而，各国军方在其提出的坦克要求中，一度并不关注接地压强。而且在 20世纪 30 年代，某些坦克的标称接地压强还被允许增大到 100 千牛 / 平方米，甚至更大，尽管这可以通过使用较宽的履带来避免。直到第二次世界大战期间，尤其是因为苏联战场上有各种相当复杂的地形，各国军方才普遍认识到坦克接地压强的重要性。

标称接地压强虽然只是坦克对地压强的近似值，但还是成为衡量不同坦克通过松软地面的相对能力的合理指标。不过，衡量的前提是进行对比的坦克有相似的行走机构，最好有数量和大小都相同的负重轮，以及相似的履带。否则，标称接地压强就不能正确反映坦克通过软泥地的能力，因为它没有考虑到坦克的履带是柔性的——当履带接地时，其不同部位产生的压强并不相同，其中最大的压强出现在负重轮的正下方。接地压强的最大值而非平均值，决定了地面的下陷程度，因而也决定了坦克通过软泥地的能力。20 世纪 70 年代，英国人认识到履带下方的最大压强的重要性，而在战车研究发展院工作的罗兰（D. Rowland）还设计了一个经验公式来计算最大压强的平均值，即平均最大压强（MMP）。[28] 从此以后，英军在对装甲车辆的性能要求中就使用了根据这个公式计算出的平均最大压强。平均最大压强不仅是比标称接地压强更好的指标，还有助于解释因为使用标称接地压强而产生的一些明显的反常现象。这方面的一个例子就是英国的"玛蒂尔达"步兵坦克。这种坦克产生了大于第二次世界大战中其他任何坦克的标称接地压强（112 千牛 / 平方米），但在世界上许多地方却被成功用于作战，这种反常现象只能用它们的平均最大压强小于其他许多坦克的平均最大压强来解释。[29]

在反映坦克通过软泥地的相对能力方面，平均最大压强虽远好于标称接地压强，但也仅适用于一种不是特别难通过的泥地。要评估坦克通过不同类型的泥地的能力，就必须有某种指标来衡量土壤的特性。这通常需要测量土壤穿透阻力，而在测量时，还要使用一种名为"圆锥贯入仪"的简单仪器。圆锥贯入仪可以说是第一次世界大战中英国坦克车长们使用的手杖的"科学后代"，因为二者都被用来刺探土地以确定坦克是否能通过。

在第二次世界大战末期，美国陆军工程兵团开始将圆锥贯入仪用于军事目的。圆锥贯入仪虽然有一些缺点，但至今仍是唯一被广泛用于评估土壤通过性（即土壤对在其上通过的车辆的承载能力）的仪器。圆锥贯入仪也被用于测定相反的指标，那就是圆锥指数或土壤穿透阻力。圆锥指数衡量的是一种特定车辆可以通过的最松软的土壤。这也被叫作"车辆圆锥指数"（VCI）。车辆圆锥指数需要通过实验来测定，也曾与所谓的车辆的"机动性指数"挂钩。机动性指数虽然由一些可疑的车辆参数和人为规定的系数构成，却还是被"北约参考机动性模型"（NRMM）采纳，以用于预测车辆的性能。[30]

20 世纪 80 年代，在英国国防部国防鉴定与研究局工作的麦克劳林（E. B. Maclaurin），设计了一种更合理的方法来确定车辆圆锥指数。这种方法是基于牵引试验的，它可测定使一种特定车辆无法产生任何抓地力的土壤的圆锥指数。这种指数被称为"车辆极限圆锥指数"（VLCI）——它可根据车辆的主要参数和牵引试验结果之间确定的关系来预测。[31]

虽然圆锥贯入仪用处很大，但车辆在可变形的松软土地上运行时所涉及的物理现象并不能用这种仪器来解释。人们已发现，这类物理现象包括两个。其中一个现象是土壤在被压紧后会形成给车辆运动带来阻力的车辙，而这一点早在 1913 年就被德国的伯恩斯坦（R. Bernstein）认识到了。[32] 另一个现象是英国的米克尔斯维特（E. W. E. Micklethwaite）在 1940 年发现的，即推力（牵引力）的产生与土壤的剪切强度有关。[33] 接着，在 20 世纪 50 年代，贝克（M. G. Bekker）提出了一种半经验方法——通过同时测量土壤的压缩性和剪切强度来预测车辆的性能，而测量所用的仪器就以他的姓氏被命名为"贝氏仪"（Bevameter）。贝克的方法只得到有限运用，而且基本上不曾被用于装甲车辆。[34] 但是，有人研制了不同型号的贝氏仪来测定月球土壤的性质。

20 世纪 50 年代，除了在土壤 - 车辆机械学方面做了开拓性的工作，贝克还在某种程度上引发了美国人对铰接式车辆的兴趣。[35] 正如第 2 章所述，铰接式履带装甲车辆不是什么新概念，尽管这类车辆有一些潜在优势，但是在 20 世纪 80 年代以前，没有一辆原型车被成功造出。铰接式车辆的主要优势是，其履带的接地总长可以远超常规履带车辆的履带接地总长——因为后者不能超过履带中心距的两倍，否则常规履带车辆就无法转向。因此，铰接式车辆的履带接地面积更大，其接地压强也相应减小。与常规履带车辆相比，铰接式车辆通过两节车体的相对转动来实现转向，并且因其对地面施加的应力较小而降低了失速的风险。此外，铰接式车辆通过垂直障碍的能力也更强。

因此在困难地形中，尤其是在非常泥泞、湿软或覆盖厚厚积雪的地形中，铰接式车辆比常规履带车辆表现得更好。另一方面，铰接式车辆比较复杂，造价高昂，不够灵活，而且很难具备优秀的防弹外形。尽管如此，贝克还是根据自己进行的车辆越野研究，鼓吹发展这类车辆。他于 20 世纪 40 年代在加拿大开始这类研究，又于五十年代在美国继续研究，而且还成为当时美国陆军军械局坦克汽车司令部设立的地面车辆实验室的负责人。[36] 上级显然听取了贝克的意见，因为笔者在 1961 年访问美国陆军军械局坦克汽车司令部时，发现那里摆满了各种铰接式车辆的比例模型，足见相关设计研究的数量之多。但是，最终没有一种铰接式履带装甲车辆能被造出来。就装甲车辆而言，美国陆军军械局坦克汽车司令部迄今为止只拿出过一种八轮的铰接式装甲车辆的设计，以满足美国陆军当时提出的对一种装甲侦察 / 空降突击车的要求。但该设计没能达到要求，而达到要求的设计最终成为 M551 "谢里登" 轻型坦克。那种八轮铰接式车辆的设计被洛克希德公司接管，并被该公司发展为 XM 808 8×8 "缠绕者"，但这种车辆在 1970 年造出三辆原型车后就没了下文。[37]

直到 1982 年，瑞典人完成了 UDES XX-20，才有了又一种铰接式履带装甲车辆的原型车。正如第 10 章所述，这种原型车在多种性能方面都优于常规履带车辆，但由于它的火炮系统很难与它的两节底盘整合，UDES XX-20 在 1984 年被终止研发。在那以后制造的铰接式履带装甲车辆只有瑞典的轻装甲版的 "赫格隆" Bv 206 铰接式输送车，以及后来在新加坡为英国陆军制造的 "疣猪" 版的 "比奥尼克斯" 铰接式输送车。

注释

引言

1. *Armour: The Development of Armoured Forces and their Equipment* (London, Stevens, 1960, and New York, Praeger, 1960), published in Italian as *I Corrazzati* (Rome, Instituto per la Divulgazione della Storia Militare, 1964, revised and published as *Armoured Forces* (London, Arms and Armour Press, 1970).

2. *Design and Development of Fighting Vehicles* (London, Macdonald, 1968, and New York, Doubleday, 1968); revised and published in Japanese as *Modern Fighting Vehicles* (Tokyo, Gendai Kogakusha, 1986).

3. *Technology of Tanks*, (2 vols) (Coulsdon, Jane's, 1991); revised and published in German as *Technologie der Panzer* (Vienna, Verlag Herold, 1998).

第 1 章

1. A. Duvignac, *Histoire de l'armé motorisée* (Paris, Imprimerie Nationale, 1948), pp.3–16.

2. P. Ventham and D. Fletcher, *Moving the Guns - The Mechanisation of the Royal Artillery 1854-1939* (London, HMSO, 1990), pp.1–2.

3. D. Fletcher, 'The Armoured Fowlers', *Road Locomotive Society Journal*, vol. 47, no. 4 (November 1994), pp.108–19.

4. A. Duvignac, op. cit., p.155.

5. B. H. Liddell Hart, *The Tanks* (London, Cassell, 1959), vol. 1, pp.14–16.

6. 'Notes and Memoranda', *The Engineer,* vol. 82 (11 December 1898), p.589.

7. A. Duvignac, op. cit., p.62 (quoting *La France Automobile* of 6 March 1897).

8. H. C. B. Rogers, *Tanks in Battle* (London, Seeley Service, 1965), p.35.

9. 'The Automobile Club Show', *The Engineer,* vol. 87 (23 June 1899), pp.627–29.

10. 'Self-propelled War Car', *The Engineer,* vol. 93 (11 April 1902), p.368.

11. 'The Simms Motor War Car', *The Autocar,* vol. 8 (12 April 1902), pp.363–66.

12. J. H. A. Macdonald, 'Automobiles for War Service', *Cassier's Magazine,* vol. 22 (May–October 1902), p.676.

13. R. P. Hunnicutt, *Armored Car: A History of American Wheeled Combat Vehicles* (Novato, CA, Presidio Press, 2002), p.9.

14. 'Notes and Memoranda', *The Engineer,* vol. 88 (1 September 1899), p.218.

15. A. Duvignac, op. cit., pp.120–21.

16. A. Gougaud, *L'Aube de la Gloire* (Saumur, Musée des Blindés, 1987), pp.12–16.

17. A. Gougaud, op. cit., p.16.

18. W. J. Spielberger, *Kraftfahrzeuge und Panzer des Osterreichischen Heeres 1896 heute* (Stuttgart, Motorbuch, 1976), pp.321–24.

19. A. Gougaud, op. cit., pp.17–19.

20. L. Ceva and A. Curami, *La meccanizzazione dell'Esercito Italiano dale origini al 1943* (Rome, Stato Maggiore dell Esercito, 1989), vol. II, *Documentazione*, pp.39–42.

21. A. Pugnani, *Storia della Motorizzazione Militare Italiana* (Turin, Roggero & Tortia, 1951), p.90.

22. P. Touzin, *Les vehicules blindés français 1900-1944* (Paris, EPA, 1979), p.18.

23. J. F. Milsom, *Russian Armoured Cars (to 1945)* (Windsor, Profile Publications, 1973).

24. M. Baryamiski and M. Kolomiey, *Broneavtomobili russkoi armii 1906-1917* (Moscow, 2000), p.106.

25. D. Fletcher, *War Cars* (London, HMSO, 1987), p.91.

26. A. Pugnani, op. cit., pp.91–92 and 172.

27. R. P. Hunnicutt, op. cit., pp.11–13.

28. A. Gougaud, op. cit., pp.85–93.

29. J. F. C. Fuller, *Tanks in the Great War* (London, John Murray, 1920), pp.289–96.

30. J. F. Milsom, *Russian Tanks 1900-1970* (London, Arms and Armour Press, 1970), p.17.

31. C. Falls, *Official History of the War: Military Operations: Egypt and Palestine* (London, HMSO, 1930).

32. C. R. Kutz, *War on Wheels* (London, Scientific Book Club, 1941), pp.95–97.

33. R. McGuirk, *The Sanusi's Little War* (London, Arabian Publishing, 2007), pp.244–46.

第 2 章

1. E. D. Swinton, *Eyewitness* (London, Hodder and Stoughton, 1932), p.10.

2. R. B. Gray, *Development of the Agricultural Tractor in the United States* (St Joseph, MO, American Society of Agricultural Engineers, 1956), Part I, pp.40–42.

3. P. Ventham and D. Fletcher, *Moving Guns - The Mechanisation of the Royal Artillery 1854–1939* (London, HMSO, 1990), pp.11–13.

4. R. E. Crompton, *Reminiscences* (London, Constable, 1928), p.214.

5. A. Duvignac, *Histoire de l'armée motorisée* (Paris, Imprimerie Nationale, 1948), pp.157–59.

6. F. Heigl, *Taschenbuch der Tanks* (Munich, Lehmanns, 1927), pp.11–13.

7. J. Milsom, *Russian Tanks 1900–1970* (London, Arms and Armour, 1970), p.11.

8. B. H. Liddell Hart, *The Tanks* (London, Cassell, 1959), vol.I, p.16.

9. E. D. Swinton, op. cit., pp.79–82.

10. B. H. Liddell Hart, op. cit., pp.23–24.

11. E. D. Swinton, op. cit., p.103.

12. B. H. Liddell Hart, op. cit., pp.24–25.

13. B. H. Liddell Hart, op. cit., pp.23–29.

14. M. Sueter, *The Evolution of the Tank* (London, Hutchinson, 1937), pp.50–51.

15. S. J. Zaloga and J. Grandsen, *Soviet Tanks and Combat Vehicles of World War Two* (London, Arms and Armour,

1984), pp.26–27.

16. J. F. C. Fuller, *Tanks in the Great War* (London, John Murray, 1920), pp.22–23.

17. W. S. Churchill, *The World Crisis 1911-1918* (London, Butterworth, 1931), pp.311–12.

18. M. Sueter, op. cit., pp.60 and 68–69.

19. A. G. Stern, *Tanks 1914-1918* (London, Hodder and Stoughton, 1919), p.17.

20. J. Glanfield, *The Devil's Chariots* (Stroud, Sutton, 2001), pp.88–90.

21. A. G. Stern, op. cit., p.29.

22. 'Commercial Motor Vehicle Exhibition', *The Engineer*, vol. 116 (25 July 1913), pp.97 and 99.

23. R. M. Ogorkiewicz, 'Articulated Tracked Vehicles', *The Engineer*, vol. 212 (24 November 1961), pp.849–54.

24. L. A. Legros, 'Tanks and Chain-Track Artillery', *The Engineer*, vol. 132 (2 December 1921), p.593.

25. M. Sueter, op. cit., pp.74–76.

26. M. Sueter, op. cit., pp.78 and 100–01.

27. M. Sueter, op. cit., p.83.

28. E. D. Swinton, op. cit., pp.129–49.

29. A. G. Stern, op. cit., p.31.

30. E. D. Swinton, op. cit., p.151.

31. E. D. Swinton, op. cit, p.172.

32. E. D. Swinton, op. cit., p.171.

33. W. S. Churchill, op. cit., pp.308 and 313.

34. M. Sueter, op. cit., p.189.

35. J. P. Harris, *Men, Ideas and Tanks* (Manchester, Manchester University Press, 1995), pp.3–36.

36. E. H. T. d'Eyncourt, 'Account of the British Tanks used in the War', *Engineering*, vol.108, no.2802 (12 September 1919), p.336.

37. A. G. Stern, op. cit., pp.52, 57 and 297–98.

38. A. Duvignac, op. cit., pp.271–83.

39. F. J. Deygas, *Les chars d'assaut* (Paris, Charles Lavauzelle, 1937), pp.63–69.

40. F. J. Deygas, op. cit., p.82.

41. P. A. Bourget, *Le Général Estienne* (Paris, Berger-Levrault, 1956), p.44.

42. P. A. Bourget, op. cit., p.91.

43. F. J. Deygas, op. cit., pp.284–91.

44. F. J. Deygas, op. cit., pp.95–107.

45. F. J. Deygas, op. cit., pp.113–14.

46. F. J. Deygas, op. cit., pp.131–32.

第 3 章

1. E. H. T. d'Eyncourt, 'Account of the British Tanks used in the War', *Engineering*, vol.108, no.2802 (12 September 1919), p.336.

2. *Short History of the Royal Tank Corps* (Aldershot, Gale & Polden, 1945), p.6.

3. A. G. Stern, *Tanks 1914-1918* (London, Hodder and Stoughton, 1919), p.80.

4. E. D. Swinton, *Eyewitness* (London, Hodder and Stoughton, 1932), pp.161–62.

5. E. D. Swinton, op. cit., pp.226–27.

6. E. D. Swinton, op. cit., pp.129–34.

7. E. D. Swinton, op. cit., pp.198–214.

8. E. D. Swinton, op. cit, pp.204–14.

9. J. F. C. Fuller, *Tanks in the Great War* (London, John Murray, 1920), p.56.

10. J. P. Harris, *Men, Ideas and Tanks* (Manchester, Manchester University Press, 1995), pp.61 and 73–74.

11. J. Glanfield, *The Devil's Chariots* (Stroud, Sutton, 2001), pp.158–61. 12. E. H. T. d' Eyncourt, op. cit., p.337.

13. J. F. C. Fuller, *Tanks in the Great War*, p.118.

14. B. H. Liddell Hart, *The Tanks* (London, Cassell, 1959), vol. I, p.114.

15. J. F. C. Fuller, *Memoirs of an Unconventional Soldier* (London, Nicholson and Watson, 1936), pp. 169–89.

16. J. P. Harris, op. cit., pp.103–13.

17. J. F. C. Fuller, *Tanks in the Great War*, pp.144 and 147.

18. *Short History of the Royal Tank Corps*, p.45.

19. H. Guderian, *Achtung Panzer* (London, Arms & Armour Press, 1992), p.90.

20. J. F. C. Fuller, *Tanks in the Great War*, p.223.

21. E. von Ludendorff, *My War Memoirs 1914-1918* (London, Hutchinson, 1919), vol.I,

22. *Short History of the Royal Tank Corps*, op. cit., p.87.

23. L. Dutil, *Les chars d'assaut* (Nancy, Berger-Levrault, 1919), pp.30–36.

24. L. Dutil, ibid., pp.37–38.

25. L. Dutil, ibid., pp.48–49.

26. J. Perré, *Batailles et combat des chars français* (Paris, Charles Lavauzelle, 1937), pp.196–97.

27. L. Dutil, op. cit., p.115.

28. J. Perré, op. cit., p.137.

29. L. Dutil, op. cit., pp.68–70.

30. L. Dutil, op. cit., p.79.

31. F. J. Deygas, *Les chars d'assaut* (Paris, Charles Lavauzelle, 1937), p.175.

32. F. J. Deygas, ibid., p.160.

33. G. M. Chinn, *The Machine Gun* (Washington D.C., US Government Printing Office, 1951), vol.I, p.71.

34. J. Perré, op cit., pp.254–55.

35. L. Dutil, op. cit., pp.166–70.

36. F. J. Deygas, op. cit., pp.179 and 194.

37. B. DeHaan, 'The First Tanks', *The American Legion Magazine* (March 1953), pp.56–59.

38. H. Walle, (ed.), *Sturmpanzerwagen A7V* (Herford, Mittler & Son, 1990), pp.59 and 106–07.

39. J. Foley, 'A7V Sturmpanzerwagen', *in AFVs of World War One*, ed. D. Crow (Windsor, Profile Publications, 1970), pp.53–55.

40. G. P. von Zezschwitz, *Heigl's Taschenbuch der Tanks* (Munich, Lehmanns Verlag, 1938), p.157.

第4章

1. J. Glanfield, *The Devil's Chariots* (Stroud, Sutton, 2001), Appendix 2.

2. P. Johnson, *Memorandum Re Medium D Tank, being recollections on the matter by Lieut. Colonel Philip Johnson,* typescript and letter dated 28 June 1955.

3. J. F. C. Fuller, *Memoirs of an Unconventional Soldier* (London, Nicholson and Watson, 1936), Chapter XⅢ.

4. E. H. T. d' Eyncourt, 'Account of British Tanks Used in the War', *Engineering*, vol. 108, no.2802 (12 September 1919), p.337.

5. Tank Museum Staff, *Philip Johnson and the Medium D*, Army and Navy Modelworld, Part Ⅰ July 1983 to Part 5 April 1984.

6. J. F. C. Fuller, op. cit., pp.405–07.

7. J. F. C. Fuller, op. cit., p.405.

8. *Short History of the Royal Tank Corps* (Aldershot, Gale and Polden, 1945), Appendix B.

9. F. T. Deygas, *Les chars d'assaut* (Paris, Charles Lavauzelle, 1937), p.195.

10. P. Touzin, *Les vehicules blindés français 1900-1944* (EPA, 1979), p. 119.

11. A. Duvignac, *Histoire de l'armée motorisée* (Pris, Imprimerie Nationale, 1948), p.349.

12. F. T. Deygas, op. cit., p.259.

13. O. H. Hacker, R. J. Icks, O. Merker and G. P. von Zezschwitz, *Heigl's Taschenbuch der Tanks* (Munich, Lehmanns, 1935), vol. I , pp.325–27.

14. H. Walle, (ed.), *Sturmpanzerwagen A / V* (Herford, Mittler & Son, 1990), pp.72–73.

15. G. P. von Zezschwitz, *Heigl's Taschenbuch der Tanks* (Munich, Lehmanns, 1938), p.258.

16. J. F. C. Fuller, *Tanks in the Great War* (London, John Murray, 1920), p.279.

17. A. G. Stern, *Tanks 1914-1918* (London, Hodder and Stoughton, 1919), p.199.

18. F. T. Deygas, op. cit., p.258.

19. A. G. Stern, op. cit., p.222.

20. J. Glanfield, op. cit., Appendix 2.

21. R. P. Hunnicutt, *Stuart: A History of the American Light Tank* (Novato, CA, Presidio, 1992), p.17.

22. R. P. Hunnicutt, op. cit., p.16.

23. A. Pugnani, *Storia della Motorizazzione Militare Italiana* (Turin, Roggero & Tortia, 1951), pp.183–84.

24. J. F. C. Fuller, *Tanks in the Great War*, pp.98–102 and 130–34.

25. M. W. Zebrowski, *Polska Bron Pancerna* (London, White Eagle Press, 1971), Chapter II .

26. P. Kantakoski, *The Finnish Armour Museum* (unpublished, Parolan, 1997), p.9.

27. M. Baryatinskiy, *Light Tanks* (Horsham, Ian Allan, 2006), p.3.

28. M. R. Habeck, *Storm of Steel* (Ithaca, NY, Cornell University Press, 2003), p.33.

29. F.T. Deygas, op. cit., p.336.

第 5 章

1. L. Jackson, 'Possibilities of the Next War' , *Royal United Service Institution Journal*, vol. 65, no. 457 (1920), pp.71–89.

2. G. le Q. Martel, *Our Armoured Forces* (London, Faber and Faber, 1945), Appendix H.

3. J. F. C. Fuller, *Tanks in the Great War* (London, John Murray, 1920), pp.311–13.

4. J. F. C. Fuller, op. cit., p.304.

5. J. F. C. Fuller, *Armoured Warfare* (London, Eyre and Spottiswoode, 1943), p.27. First published in 1932 as *Lectures on FRS III* .

6. G. Ferré, *Le defaut de l'armure* (Paris, Charles Lavauzelle, 1948), pp.34–46.

7. F. T. Deygas, *Les chars d'assaut* (Paris, Charles Lavauzelle, 1937), pp.338–40.

8. J. F. C. Fuller, *Memoirs of an Unconventional Soldier* (London, Nicholson and Watson, 1936), p.405.

9. J. F. C. Fuller, *Memoirs*, p.407.

10. J. F. C. Fuller, Gold Medal Prize Essay, *Royal United Service Institution Journal*, vol.65 (May 1920), pp.239–74.

11. A. J. Trythall, Boney Fuller, *The Intellectual General* (London, Cassell, 1977), pp.91–93.

12. B. H. Liddell Hart, 'The Development of the New Model Army' , *Army Quarterly*, vol. 9 (October 1924), pp.37–50.

13. J. P. Harris, 'British Armour 1918-1940' , in *Armoured Warfare*, ed. J. P. Harris and F. H. Toase (London, Bats-

ford, 1990), pp.33–36.

14. A. J. Trythall, op. cit., pp.120–40.

15. B. H. Liddell Hart, *The Tanks*, vol. 1 (London, Cassell, 1959), p.249.

16. J. P. Harris, op. cit., pp.37–40.

17. B. H. Liddell Hart, *The Tanks*, vol.1, p.293.

18. N. W. Duncan, 'A1E1 – The Independent', in *British AFVs 1919-1940* ed. D. Crow (Windsor, Profile Publications, 1970), p.21.

19. B. H. Liddell Hart, op. cit., p.228.

20. *Demonstration of Progress in Mechanization in the Army since November 1926*, The War Office (11 October 1930), p.5.

21. N. W. Duncan, 'Mediums Marks Ⅰ – Ⅲ', in *British AFVs 1919-40*, pp.17–20.

22. G. le Q. Martel, *An Outspoken Soldier* (London, Sifton Praed, 1949), p.126.

23. C. F. Foss and P. McKenzie, *The Vickers Tanks* (Wellingborough, Patrick Stevens, 1988), p.100.

24. J. Bingham, 'Infantry Tanks Mks Ⅰ and Ⅱ Matilda', in *British AFVs 1919-40*, pp.62–72.

25. J. Bingham, 'Crusader – Cruiser Tank Mark VI', in *British and Commonwealth AFVs 1940-1946*, ed. D. Crow, vol.3 (Windsor, Profile Publications, 1971), pp.3–4.

26. G. le Q. Martel, *Our Armoured Forces*, p.46.

27. R. E. Jones, G. H. Rarey and R. J. Icks, *The Fighting Tanks since 1916* (Washington D.C., National Service Publishing, 1933), p.168.

28. B. H. Liddell Hart, *The Tanks*, vol. 1, pp.373–74.

29. C. F. Foss and P. McKenzie, op. cit., p.103.

30. J. Bingham, 'Crusader', pp.6–7.

31. G. le Q. Martel, *Our Armoured Forces*, p.47.

32. G. le Q. Martel, *In the Wake of the Tank* (London, Sifton Praed, 1931), p.205.

33. B. H. Liddell Hart, *The Tanks*, vol. 1, p.374.

34. B. H. Liddell Hart, *The Tanks*, vol. 1, pp.229 and 281.

35. J. P. Harris, *Men, Ideas and Tanks* (Manchester, Manchester University Press, 1995), p. 280 (quoting Martel).

36. G. le.Q. Martel, *In the Wake of the Tank*, pp.110–21.

37. B. H. Liddell Hart, op. cit., p.370.

38. P. J. Harris, op. cit., p.275.

39. M. M. Postan, *British War Production* (London, HMSO, 1952), p.186.

40. C. F. Foss and P. McKenzie, op. cit., p.75.

41. R. P. Hunnicutt, *Stuart – A History of the American Light Tank* (Novato, CA, Presidio Press, 1992), pp.50–53.

42. M. W. Zebrowski, *Polska Bron Pancerna* (London, White Eagle Press, 1971), p.227.

43. M. Baryatinskiy, *Light Tanks* (Horsham, Ian Allan, 2006), pp.20–29.

第6章

1. A. Duvignac, *Histoire de l'armée motorisée* (Paris, Imprimerie Nationale, 1948, pp.352–53.

2. P. Touzin, *Les véhicules blindés français 1900-1940* (Paris, EPA, 1979), pp.133–34.

3. A. Duvignac, op. cit., p.446.

4. P. Touzin, op. cit., p.17.

5. R. Jacomet, *L'Armement de la France* (Paris, Lajeunesse, 1945), p.288.

6. A. Duvignac, op. cit., p.270.

7. B. Perot, Panhard, *La doyenne d'avant guard* (Paris, EPA, 1979), pp.390–91.

8. A. Duvignac, op. cit., pp.333–35.

9. R. Jacomet, op. cit., pp.288 and 291.

10. R. Jacomet, op. cit., p.291.

11. P. Touzin, op. cit., pp.146–48.

12. R. P. Hunnicutt, *Firepower: A History of the American Heavy Tank* (Novato, CA, Presidio Press, 1988), p.25.

13. M. L. Stubbs and S. R. Connor, *Armor-Cavalry*, Office of Chief of Military History (Washington D.C., US Army, 1969), pp.49–51.

14. M. H. Gillie, *Forging the Thunderbolt* (Harrisburg, Military Service Publishing, 1947), pp.20–22.

15. M. H. Gillie, op. cit., p.36.

16. R. P. Hunnicutt, op. cit., p.16.

17. R. E. Jones, G. H. Rarey and R. J. Icks, *The Fighting Tanks since 1916* (Washington D.C., National Service Publishing, 1933), pp.234–35.

18. R. P. Hunnicutt, *Sherman: A History of the American Medium Tank* (Novato, CA, Presidio Press, 1978), pp.27–29.

19. R. P. Hunnicutt, *Stuart: A History of the American Light Tank* (Novato, CA, Presidio Press, 1992), pp.88–90.

20. A. Pugnani, *Storia della Motorizzazione Militare Italiana* (Turin, Roggero & Tortia, 1951), pp.305–08.

21. J. J. T. Sweet, Iron Arm, *The Mechanization of Mussolini's Army* (Mechanicsburg, Stackpole, 2007), p.94.

22. J. J. T. Sweet, op. cit., p.75.

23. B. Pafi, C. Fallesi and G. Fiore, *Corazzati Italiani 1934-45* (Rome, D' Anna, 1968), p.66.

24. N. Pignato and F. Cappelano, *Gli autoveicoli da combattimento dell' Esercito Italiano* (Rome, Stato Maggiore dell'Esercito, 2002).

25. A. Pugnani, op. cit., pp.355–57.

26. M. Baryatinskiy, *Light Tanks* (Horsham, Ian Allan, 2006), pp.3–4.

27. M. D. Borissiouk, (ed.), *Kharkiv Morozov Machine Building Design Bureau* (Kharkov, 2007), pp.77–79.

28. S. J. Zaloga and J. Grandsen, *Soviet Tanks and Combat Vehicles of World War Two* (London, Arms and Armour, 1984), p.48.

29. M. Baryatinskiy, op. cit., p.9.

30. M. Baryatinskiy, op. cit., p.23.

31. M. D. Borissiouk, op. cit., pp.22 and 60.

32. M. Baryatinskiy, op. cit., pp.36–50.

33. M. Baryatinskiy, op. cit., p.56.

34. M. V. Pavlov, I. V. Pavlov and I. G. Jentov, *Sovetskie Srednie Tanki*, Armada Vertical No.7 (Moscow, Exprint Publications, 2000), pp.13–20.

35. P. Kantakoski, *The Finnish Tank Museum* (unpublished, 1997), p.22.

36. N. Bachurin, 'Supreme High Command Reserve Tank' , *Military Parade* (January-February 1998), pp.100–02.

37. M. D. Borissiouk, op. cit., pp.78 and 83.

38. M. D. Borissiouk, op. cit., pp.83–87.

39. W. Spielberger, *Motorisierung der deutschen Reichswehr 1920-1* (Stuttgart, Motorbuch, 1979), p.242.

40. S. J. Zaloga et al., op. cit., pp.116–18.

41. T. L. Jentz, *Panzer Truppen* (Atglen, Shiffer, 1996), vol.I, p.8.

42. W. Esser, *Dokummentation uber die Entwicklung und Erprobung der ersten Panzer Kampfwagen der Reichswehr* (Munich, Krauss-Maffei, 1979), pp.7–8 and Appendix 5.

43. W. Esser, op. cit., p.39.

44. W. Esser, op. cit., p.54.

45. W. Esser, op. cit., p.51.

46. *Periodical Notes on the German Army*, No.24 (The War Office, 1940), Plate 12.

47. *Handbook on German Military Forces*, TM 30-450(Washington D.C., War Department, 1941), Figures 83–86.

48. T. L. Jentz, *Panzer Tracts*, No.1-1, *Panzerkampwagen I* (Boyds, Panzer Tracts, 2002), pp.1–2.

49. C. F. Foss and P. McKenzie, *The Vickers Tanks* (Wellingborough, Patrick Stevens, 1988), pp.58–60.

50. P. Chamberlain and H. L. Doyle, *Encyclopedia of German Tanks of World War Two* (London, Arms and Armour, 1978), p.261.

51. H. Guderian, *Panzer Leader* (London, Michael Joseph, 1952), p.28.

52. H. Guderian, op. cit., p.28.

53. P. Chamberlain and H. L. Doyle, op. cit., p.261.

54. P. Chamberlain and H. L. Doyle, op. cit., p.261.

55. H. Guderian, op. cit., pp.27–28.

56. T. L. Jentz, Panzer Tracts, No.19-1, *Beute Panzerkampwagen* (Boyds, Panzer Tracts, 2007), p.19–20.

57. M. W. Zebrowski, *Polska Bron Pancerna* (London, White Eagle Press, 1971), pp.225–28.

58. W. Spielberger, op. cit., p.275.

59. M. R. Habeck, *Storm of Steel* (Ithaca, NY, Cornell University Press, 2003), pp.115 and 131.

60. B. Kjellander, *Pansar Trupperna 1942-1992* (Skovde, Armens Pansarcentrum, 1992), pp.174–76 and 292–99.

第 7 章

1. G. Ferré, *Le defaut de l'armure* (Paris, Charles Lavauzelle, 1948), p.57.

2. L. Garros, 'Arme Blindée Cavalerie', *Historama*, No.9, (Saint-Ouen, 1970), p.90.

3. W. L. Shirer, *The Collapse of the Third Republic* (New York, Simon and Schuster, 1969), p.300.

4. W. L. Shirer, op. cit., p.158.

5. P. M. de la Gorce, *The French Army: A Military-Political Study* (London, Weidenfeld and Nicolson, 1963), p.275.

6. W. L. Shirer, op. cit., p.299.

7. W. L. Shirer, op. cit., p.300.

8. J. Jackson, *The Fall of France* (Oxford, Oxford University Press, 2003), p.24.

9. G. Ferré, op. cit., pp.125 and 140.

10. J. P. Harris, *Men, Ideas and Tanks* (Manchester, Manchester University Press, 1995), p.246.

11. B. H. Liddell Hart, *The Tanks* (London, Cassell, 1959), vol. 1, pp.332–36 and J. P. Harris, op. cit., pp.249–51.

12. J. P. Harris, op. cit., p.262.

13. B. H. Liddell Hart, op. cit., p.341.

14. D. Crow, *British and Commonwealth Armoured Formations* (1919-46) (Windsor, Profile Publications, 1972), p.31.

15. *The Cooperations of Tanks with Infantry Divisions*, Military Training Pamphlet No.63 (The War Office, May 1944).

16. J. F. C. Fuller, *Machine Warfare* (London, Hutchinson, c.1942), p.55.

17. D. Crow, op. cit., p.35.

18. D. Crow, op. cit., pp.35 and 45–49.

19. M. R. Habeck, *Storm of Steel* (Ithaca, NY, Cornell University Press, 2003), p.30.

20. M. R. Habeck, op. cit., p.111.

21. R. S. Simpkin, *Deep Battle, The Brainchild of Marshal Tukhachevski* (London, Brassey's, 1987).

22. C. Bellamy, *The Evolution of Modern Land Warfare* (London, Routledge, 1990), pp.143–56.

23. M. W. Zebrowski, *Polska Bron Pancerna* (London, White Eagle Press, 1971), pp.69–71.

24. M. R. Habeck, op. cit., pp.133–35.

25. M. R. Habeck, op. cit., p.104.

26. M. R. Habeck, op. cit., p.78.

27. M. R. Habeck, op. cit., p.168.

28. M. R. Habeck, op. cit., p.216.

29. M. R. Habeck, op. cit., p.241.

30. A. J. Candil, 'Soviet Armor in Spain', *Armor*, vol. CVIII, No.2 (March-April 1999), pp.31–38.

31. A. Beevor, *The Battle for Spain* (London, Orion, 2007), p.519.

32. A. Beevor, op. cit., p.222.

33. A. J. Candil, op. cit., p.37.

34. M. Baryatinskiy, *Light Tanks* (Horsham, Ian Allan, 2006), p.34.

35. M. R. Habeck, op. cit., p.265.

36. M. R. Habeck, op. cit., p.287.

37. M. R. Habeck, op. cit., p.63.

38. F. Heigl, *Taschenbuch der Tanks* (Munich, Lehmanns, 1926), p.326.

39. F. Heigl, *Taschenbuch der Tanks – Erganzungband 1927* (Munich, Lehmanns, 1927), p.144.

40. H. Guderian, *Panzer Leader* (London, Michael Joseph, 1952), p.24.

41. W. Heinemann, 'The Development of German Armoured Forces 1918-1940', in *Armoured Warfare*, ed. J. P. Harris and F. H. Toase (London, Batsford, 1990), p.55.

42. M. R. Habeck, op. cit., p.163.

43. H. Guderian, op. cit., p.518.

44. B. Mueller-Hillebrand, reply to questionnaire dated 2 April 1952.

45. L. von Eimannsberger, *La Guerre des Chars* (Paris, Berger-Levrault, 1936), pp.192–99, originally published as *Das Kampfwagenkrieg* (Munich, Lehmanns, 1934).

46. R. M. Kennedy, *The German Campaign in Poland*, Department of the Army Pamphlet No. 20-255 (Washington D.C., Department of the Army, 1956), p.28.

47. Historical Office of the Italian Army General Staff, replies to questionnaire dated October 1956.

48. J. J. T. Sweet, Iron Arm, *The Mechanization of Mussolini's Army* (Mechanicsburg, Stackpole, 2007), p.78.

49. R. Surlemont, 'Italian Armour in Spain', *Tank Journal* (November 1995), pp.12–15.

50. A. Beevor, op. cit., p.241.

51. M. H. Gillie, *Forging the Thunderbolt* (Harrisburg, Military Service Publishing, 1947), pp.49–51.

52. M. H. Gillie, op. cit., pp.149 and 162.

53. M. H. Gillie, op. cit., pp.168–69.

54. H. W. Baldwin, *Defence of the Western World* (London, Hutchinson, c.1941), p.287.

55. M. H. Gillie, op cit., p.227.

56. *FM 17-10, Armored Force Field Manual* (Washington D.C., War Department, 1942), p.1.

57. *FM 17-10, Armored Force Field Manual*, op. cit., p.6.

第 8 章

1. T. L Jentz, *Panzer Truppen* (Atglen, Schiffer, 1996), vol. 1.

2. B. Mueller-Hillebrand, typescript, April 1952, Table 1 based on OKH data

3. *Time Magazine*, 25 September 1939, p.39 and *The Daily Telegraph*, 26 September 1939.

4. T. L. Jentz, op. cit., p.104 and R. M. Kennedy, *The German Campaign in Poland*, Department of the Army Pamphlet No.20-255 (Washington D.C., Department of the Army, 1956), p.120.

5. T. L. Jentz, *Panzer Tracts, No.3-1 Panzerkampfwagen III* (Boyds, Panzer Tracts, 2006), p.3–67.

6. R. M. Kennedy, op. cit., p.132.

7. M. W. Zebrowski, *Polska Bron Pancerna* (London, White Eagle Press, 1971), Chapter XIV.

8. T. L. Jentz, Panzer Tracts 19-1, *Beute Panzerkapfwagen* (Boyds, Panzer Tracts, 2007), p.19–21.

9. H. Guderian, *Panzer Leader* (London, Michael Joseph, 1952), p.72.

10. R. M. Ogorkiewicz, 'Polish Cavalry in 1939', *Royal Armoured Corps Journal*, Vol. XIII, No.8 (October 1959), p.150.

11. P. Kantakoski, *The Finnish Tank Museum* (unpublished, 1997), p.17.

12. G. Roberts, *Stalin's Wars* (New Haven, NJ, Yale University Press, 2006), p.48.

13. M. R. Habeck, *Storm of Steel* (Ithaca, NY, Cornell University Press, 2003), p.290.

14. P. Kantakoski, op. cit., p.40.

15. H. Guderian, op. cit., p.472.

16. G. Ferré, *Le defaut de l'armure* (Paris, Charles Lavauzelle, 1948), pp.127–28 and pp.133–39.

17. T. L. Jentz, *Panzer Truppen*, op. cit., vol. 2, appendix D, p.296.

18. T. L. Jentz, *Panzer Truppen*, op. cit., vol. 1, p.132.

19. A. Horne, *To Lose a Battle – France 1940* (London, Penguin Books, 1990), pp.397–98 and pp. 419–20.

20. B. H. Liddell Hart, *The Rommel Papers* (London, Collins, 1953), pp.30–33.

21. L. Garros, 'Arme Blindée Cavalerie', *Historama*, No.9 (Saint-Ouen, 1970), pp.83 and 104.

22. B. Perot, *Panhard, la doyenne d'avant garde* (Paris, EPA, 1979), p.400.

23. T. L. Jentz, *Panzer Truppen*, op. cit., vol.1, pp.131–34.

24. H. Guderian, op. cit., pp.127–28.

25. H. Guderian, op. cit., pp.143–44.

26. P. Chamberlain and H. L. Doyle, *Encyclopedia of German Tanks of World War Two* (London, Arms and Armour Press, 1978), p.679.

27. T. L. Jentz, *Panzer Truppen*, op. cit., pp.190–93.

28. T. L. Jentz, *Panzer Truppen*, op. cit., p.157.

29. B. H. Liddell Hart, *The Tanks* (London, Cassell, 1959), vol.2, p.45.

30. N. Pignato and C. Simula, 'M 13/40', in *Armour in Profile*, ed. S. Pugh (Leatherhead, Profile Publications, 1968), p.12.

31. T. L. Jentz, *Panzer Truppen*, op. cit., p.158.

32. B. H. Liddell Hart, *The Tanks*, op. cit., p.102.

33. C. F. Foss and P. McKenzie, *The Vickers Tanks* (Wellingborough, Patrick Stevens, 1968), pp.110–11.

34. S. O. Playfair, *The Mediterranean and the Middle East* (London, HMSO, 1956), vol. II, appendix 5.

35. B. H. Liddell Hart, *The Tanks*, op. cit., p.154.

36. R. P. Hunnicutt, *Sherman: A History of the American Medium Tank* (Novato, CA, Presidio Press, 1978), p.35.

37. R. P. Hunnicutt, op. cit., pp.46–47.

38. D. M. Glantz and J. M. House, *When Titans Clashed* (Lawrence, KA, University of Kansas, 1995), pp.24 and 34.

39. R. Sherwood, *Roosevelt and Hopkins* (New York, Harper, 1948), p.335.

40. D. M. Glantz and J. M. House, op. cit., p.306.

41. T. L. Jentz., *Panzer Truppen*, op. cit., pp.190–93.

42. J. Magnuski, *Wozy Bojowe* (Warsaw, Ministry of National Defence, 1964), p.142.

43. T. L. Jentz, *Germany's Panther Tank* (Atglen, Schiffer, 1995), pp.14–18 and 119.

44. T. L. Jentz and H. L. Doyle, Germany's Tiger Tanks – DW to Tiger Ⅰ (Atglen, Schiffer, 2000), p.9.

45. M. Healy, *Zitadelle* (Stroud, History Press, 2008), p.169.

46. W. J. Spielberger and U. Feist, *Sturmartillerie* (Fallbrook, Aero Publishers, 1967), Part Ⅰ.

47. M. Baryatinskiy, *T-34 Medium Tank* (Horsham, Ian Allen, 2007), pp.14–15 and 20.

48. A. I. Veretennikov et al., *Kharkov Morozov Machinery Building Bureau* (Kharkov, IRIS, 1998), p.28.

49. A. I. Veretennikov et al., op. cit., p.29.

50. D. M. Glantz and J. M. House, op. cit., p.306,

51. B. Mueller-Hillebrand, op. cit., Table Ⅰ.

52. H. Guderian, op. cit., p.309.

53. M. Healy, op. cit., p.164.

54. T. L. Jentz, *Germany's Tiger Tanks – Tiger Ⅰ and Ⅱ Combat Tactics* (Atglen, Schiffer, 1997), p.90.

55. T. L. Jentz, *Germany's Panther Tank*, op. cit., p.132.

56. M. Healy, op. cit., p.378.

57. M. Healy, op. cit., p.171.

58. M. Healy, op. cit., pp.345–46.

59. A. Clark, *Barbarossa* (London, Weidefeld and Nicolson, 1965), p.337.

60. M. Healy, op. cit., p.366.

61. D. M. Glantz and J. M. House, op. cit., pp.51 and 65.

62. D. M. Glantz, and J. M. House, op. cit., p.101.

63. D. M. Glantz and J. M. House, op. cit., p.102.

64. J. Magnuski, *Wozy Bojowe* (Warsaw, Ministry of National Defence, 1985), pp.171–78.

65. A. I. Veretennikov et al., op. cit., p.31.

66. M. Baryatinskiy, *The IS Tanks* (Horsham, Ian Allan, 2006), pp.4–11.

67. M. Baryatinskiy, op. cit., p.37.

68. T. L. Jentz and H. L. Doyle, *Germany's Tiger Tanks – VK 49.02 to Tiger Ⅱ* (Atglen, Schiffer, 1997), p.5.

69. P. Adair, *Hitler's Greatest Defeat* (London, Cassell, 2000), pp 66–67.

70. D. M. Glantz and J. M. House, op. cit., pp.261 and 375.

71. B. H. Liddell Hart, op. cit., p.229.

72. R. P. Hunnicutt, op. cit., pp.117–24.

73. R. P. Hunnicutt, op. cit., p.525.

74. M. M. Postan, *British War Production* (London, HMSO, 1952), p.186, and P. Chamberlain and H. L. Doyle, op. cit., p.261.

75. M. M. Postan, D. Hay and J. D. Scott, *Design and Development of Weapons* (London, HMSO, 1964), p.338.

76. M. M. Postan, op. cit, Table 10, p.103 and Table 25, p.186.

77. J. Bingham, 'Crusader-Cruiser Mark VI', in *British and Commonwealth AFVs 1940-1946*, ed. J. Crow (Windsor, Profile Publications, 1971), p.17.

78. M. M. Postan et al., pp.326–27.

79. D. Porch, *Hitler's Mediterranean Gamble* (London, Cassell, 2004), p.386.

80. T. L. Jentz, *Germany's Tiger Tanks –Tiger Ⅰ and Ⅱ Combat Tactics*, op. cit., p.50.

81. T. L. Jentz, *Germany's Tiger Tanks*, op cit., p.99.

82. T. L. Jentz, *Germany's Panther Tank*, op. cit., p.111.

83. R. M. Ogorkiewicz, 'Tanks and Armament', *The Tank*, vol. 34, no.395 (March 1952), p.201, and G. le Q Martel, 'Tanks and Armament', *The Tank*, vol. 34, no.396 (April 1952), p.233.

84. C. F. Foss and P. Mackenzie, op. cit., p.112.

85. R. P. Hunnicutt, *Stuart: A History of the American Light Tank* (Novato, CA, Presidio Press, 1992), p.259.

86. M. Baryatinskiy, *Light Tanks* (Horsham, Ian Allan, 2006), p.18.

87. N. Duncan, *The 79th Armoured Division* (Windsor, Profile Publications, 1972), p.48.

88. R. M. Ogorkiewicz, *Technology of Tanks* (Coulsdon, Jane's Information Group, 1991), vol. 1, pp.149–50.

89. T. L. Jentz, *Panzer Truppen*, op. cit., p.177.

90. T. L. Jentz, *Germany's Panther Tank*, op. cit., p.129.

91. C. Wilmot, *The Struggle for Europe* (London, Collins, 1952), p.434.

92. J. Buckley, *British Armour in the Normandy Campaign 1944* (London, Frank Cass, 2004), p.132.

93. T. L. Jentz, *Germany's Panther Tank*, op. cit., p.128–29.

94. D. E. Johnson, *Fast Tanks and Heavy Bombers* (Ithaca, NY, Cornell University, 1998), pp.102–03.

95. R. P. Hunnicutt, *Sherman*, op. cit., p.213.

96. S. Zaloga, *Armored Thunderbolt* (Mechanicsburg, Stackpole, 2008), p.341.

97. R. P. Hunnicutt, *Sherman*, op. cit., p.212.

98. R. J. Icks, 'M6 Heavy and M26 Pershing', in *American AFVs of World War II*, ed. D. Crow (Windsor, Profile Publications, 1972), pp.84–93.

99. P. Chamberlain and H. L. Doyle, op. cit., p.261.

100. R. Overy, *Why the Allies Won* (London, Jonathan Cape, 1995), p.332.

101. J. Magnuski, *Wozy Bojowe* (Warsaw, Ministry of National Defence, 1985), p.80.

102. R. P. Hunnicutt, *Sherman*, op. cit., p.525, and *Stuart*, op. cit., p.464.

第 9 章

1. H. Guderian, *Panzer Leader* (London, Michael Joseph), 1952, p.277.

2. V. Bush, *Modern Arms and Free Men* (New York, Simon & Schuster, 1949).

3. J. and S. Alsop, 'Are American Weapons Good Enough?', *Saturday Evening Post*, 3 March 1951.

4. A. W. Hull, D. R. Markov and S. J. Zaloga, *Soviet/Russian Armor and Artillery Design Practices* (Darlington, Darlington Productions, 1999), p.16.

5. A. I. Veretennikov et al., *Kharkov Morozov Machinery Building Bureau* (Kharkov, IRIS, 1998), pp. 30–34.

6. M. Baryatinskiy, *The IS Tanks* (Horsham, Ian Allan, 2006), p.77.

7. J. Magnuski, *Wozy Bojowe* (Warsaw, MON, 1985), p.155.

8. J. Magnuski, 'IS-7: The Soviet Cold War Supertank', *The Military Machine*, No.1 (1997), pp.11–25.

9. J. Kinnear, 'IT-1 Tank Destroyer', *Military Machines International* (September 2002), pp. 32–37.

10. A. Karpenko, 'Raketnye Tanki', *Tekhnyka Molodeshi*, No.1 (2002), pp.22–25.

11. R. P. Hunnicutt, *Abrams: A History of the American Main Battle Tank* (Novato, CA, Presidio Press, 1990), pp.44 and 90.

12. A. Karpenko, op. cit. pp.35–51.

13. R. M. Ogorkiewicz, *Technology of Tanks* (Coulsdon, Jane's, 1991), p.251.

14. A. I. Veretennikov et al., op. cit., pp.37–39, 90 and 96.

15. M. Baryatinskiy, *Main Battle Tank T-80* (Horsham, Ian Allan, 2007), p.7.

16. N. Popov, A. Sarkisov and Y. Leikovsky, 'Gas Turbine Power Plant for the T-80U Main Battle Tank', *Military*

Parade (May-June 2000), pp 48 50.

17. M. Baryatinskiy, *Main Battle Tank*, p.37.

18. A. I. Veretennikov et al., op. cit., p.42.

19. N. Bachurin, V. Zenkin, and S. Roshchin, *T-80 Main Battle Tank* (Moscow, Gonchar Press, 1993).

20. N. Malykh, 'T-72 Tank: Retrospective and Perspective', *Military Parade* (September-October 1998), p.60.

21. M. Baryatinskiy, 'Armored Vehicles of Russia', *Arma*, 2(3) (2001), p.9.

22. D. Rototaev, 'How Explosive Reactive Armor was Created', *Military Parade* (July-August 1994), pp.90–91.

23. V. Ivanov, 'Active Protection for Tanks', *Military Parade* (September-October 1997), pp. 40–41.

24. M. Baryatinskiy, *Tanks in Chechnya* (Delo, Izdatelstvo Zheleznodorozhnoe, 1999), p.6.

25. V. Polonsky, 'Armor Potential of the Army', *Military Parade* (May-June 2006), p.6.

26. *The Military Balance 2008* (London, International Institute for Strategic Studies, 2008), p.213.

27. M. L. Stubbs and S. R. Connor, *Armor-Cavalry*, Part Ⅰ, Office of Chief of Military History (Washington D.C., US Army, 1969), pp.74–75.

28. H. Baldwin, 'The Decline of American Armor', *Armored Cavalry Journal*, Vol. LⅧ, No.5 (September-October 1949), p.4.

29. R. P. Hunnicutt, *Patton: A History of the American Main Battle Tank* (Novato, CA, Presidio Press, 1984), p.59.

30. R. Hilmes, 'Kampfpanzer fur das Heer des Bundeswehr', in *50 Jahre Panzertruppe der Bundeswehr* (Velsen, Schneider, 2006).

31. R. P. Hunnicutt, *Firepower: A History of the American Heavy Tank* (Novato, CA, Presidio Press, 1988), pp.50 and 180.

32. R. P. Hunnicutt, *Firepower*, op. cit., p.70.

33. R. P. Hunnicutt, ibid., pp.23 and 134.

34. R. P. Hunnicutt, *Sheridan: A History of the American Light Tank* (Novato, CA, Presidio Press, 1995), p.21.

35. R. P. Hunnicutt, *Patton*, pp.126 and 143–45.

36. R. P. Hunnicutt, ibid. p.152.

37. R. P. Hunnicutt, *Abrams: A History of the American Main Battle Tank* (Novato, CA, Presidio Press, 1990), p.102.

38. R. P. Hunnicutt, *Patton*, pp. 88 and 193.

39. R. P. Hunnicutt, *Sheridan*, p.141.

40. R. P. Hunnicutt, ibid., pp.282–83.

41. R. P. Hunnicutt, *Abrams*, pp.117–18.

42. Report by Committee on Appropriations, House of Representatives, 92nd Congress, No.92-666, 11 November 1971, p.74.

43. R. M Ogorkiewicz, 'Armoured Fighting Vehicles', in *Cold War – Hot Science*, eds. R. Budd and P. Gummett (Amsterdam, Harwood, 1999),
pp. 134–36.

44. R. M. Ogorkiewicz, *Technology of Tanks*, pp.259–61.

45. *Chrysler XM1 Tank*, Chrysler Corporation, statement, 26 February 1976.

46. R. M. Ogorkiewicz, 'Gas Turbines or Diesels for Tanks', *International Defence Review*, Vol.11, No.6 (1978), pp.913–16.

47. R. Hilmes, *Kampfpanzer* (Stuttgart, Motorbuch Verlag, 2007), p.271.

48. R. J. Sunell, 'The Abrams Tank System', in *Camp Colt to Desert Storm*, eds. G. F. Hofmann and D. A. Starry (Lexington, KT, University Press of Kentucky, 1999), p.432.

49. 'Towards New Combat Vehicle Armament', *Army Research, Development and Acquisition Magazine* (Septem-

ber-October 1981), p.10.

50. 'Latest Future Combat Systems Plan Unveiled', *Jane's Defence Weekly*, 2 July 1997, pp.26–28.

51. G. le. Q. Martel, *An Outspoken Soldier* (London, Sifton Praed, 1949), p.205.

52. B. Montgomery, '21st (British) Army Group in the Campaign in North-East Europe, 1944-45', *Jl. Royal United Service Institute*, Vol. XC, No.560 (November 1945), p.448.

53. M. M. Postan, D. May and J. D. Scott, *Design and Development of Weapons* (London, HMSO, 1964), pp.325–27.

54. M. Norman, *Conqueror Heavy Gun Tank* (Windsor, Profile Publications, 1972).

55. R. M Ogorkiewicz, 'The World's Largest Calibre Tank Gun', *Armor*, Vol. CⅩⅦ, No.4 (July-August 2008), p.53.

56. G. Forty, *Chieftain* (Shepperton, Ian Allan, 1979), pp.46–48.

57. R. M. Ogorkiewicz, 'Armoured Fighting Vehicles', pp.132–37.

58. R. M. Ogorkiewicz, 'The Next Generation of Battle Tanks', *International Defence Review*, No.6 (December 1973).

59. Deputy Master General of the Ordnance, letter to R. M. Ogorkiewicz, Ministry of Defence, London, 17 April 1973.

60. S. Dunstan, *Challenger Main Battle Tank 1987-97* (Oxford, Osprey, 1998), pp.16–23.

61. P. Touzin, *Les véhicules blindés français 1945-1977* (Paris, EPA, 1978), pp.52–53.

62. R. M. Ogorkiewicz, *AMX-30 Battle Tank* (Windsor, Profile Publications, 1973).

63. P. Touzin, *Les véhicules blindés français 1945-1977*, op. cit., p.30.

64. P. Touzin, ibid., pp.33–35.

65. Y. Debay, *Véhicules de combat français d'aujourdhui* (Paris, Histoire & Collections, 1998), pp.70–72.

66. R. M. Ogorkiewicz, 'AMX-32 – The Latest French Battle Tanks', *International Defence Review,* Vol.13, No.7 (July 1980).

67. M. Chassillan, *Char Leclerc de la guerre froide aux conflits de demain* (Boulogne-Billancourt, ETAI, 2005), pp.20–21.

68. M. Chassillan, op. cit., pp.8–33.

69. M. Chassillan, op. cit., pp.162–63.

70. W. J. Spielberger, *From Half-Track to Leopard 2* (Munich, Bernard & Graefe, 1979), pp.276–96.

71. W. J Spielberger, op. cit., pp.195–98.

72. W. J. Spielberger, op. cit., pp.214–223.

73. W. J. Spielberger, op. cit., pp.234–38.

74. R. Hilmes, 'Der Weg zum Doppelrohr-Kasemattpanzer', *Tankograd Militar Fahrzeug*, No.4 (2004).

75. R. Hilmes, *Kampfpanzer*, op. cit., pp.68–71.

76. R. Hilmes, op. cit., pp.227–29.

第 10 章

1. R. M. Ogorkiewicz, *Swiss Battle Tanks* (Windsor, Profile Publications, 1972).

2. *Défauts du Char 68*, Commission des Affaires Militaire, Conseil National, 17 September 1979, pp.125–27.

3. *Neuer Kampfpanzer der Schwetz NKPz*, Contraves, April 1979.

4. F. Muller and C. M. Holliger, 'The Tank Battle of Switzerland 1979', *Armada International*, No.4 (1979), pp.52–64.

5. H. Ulfhielm, 'Svensk stridsfordonsanskafling 1920-1990', in *Pansartrupperna 1942-1992*, ed. B. Kjollander

(Skovde, Armens Pansarcentrum, 1992), pp.104–83.

6. H. Ulfhielm, op. cit., pp.190–91.

7. R. M. Ogorkiewicz, *S–Tank* (Windsor, Profile Publications, 1971).

8. R. O. Lindstrom and C. G. Svantesson, *Svenskt Pansar* (Svenskt Militarhistoriskt Biblioteks Forlag, 2009), pp.169–76.

9. R. O. Lindstrom and C. G. Svantesson, op. cit., pp.182–90,

10. R. O. Lindstrom and C. G. Svantesson, op. cit., pp.112–15.

11. S. Svenkler and M. Gelbart, *IDF Armoured Vehicles* (Erlangen, Tankograd Publishing, 2006), pp.6–7.

12. S. Svenkler and M. Gelbart, op. cit., p.8.

13. T. N. Dupuy, *Elusive Victory* (Fairfax, Hero Books, 1984), p.608.

14. T. N. Dupuy, op. cit., p.441.

15. S. Dunstan, *The Yom Kippur War* (Oxford, Osprey, 2007), p.173.

16. U. Bar-Joseph, *The 1973 Yom Kippur War* (Jewish Virtual Library, May 2009).

17. S. Dunstan, op. cit., pp.83–88.

18. T. N. Dupuy, op. cit., p.609.

19. M. Gelbart, *A History of Israel's Main Battle Tank* (Erlangen, Tankograd Publishing, 2005), p.8.

20. R. Crossman, *The Diaries of a Cabinet Minister* (London, Hamish Hamilton, 1977), Vol.3, pp.517 and 685.

21. R. M. Ogorkiewicz, 'Merkava Mark 2', *International Defence Review*, Vol. 18, No.3 (March 1985).

22. R. M. Ogorkiewicz, 'Merkava with Autotracker', *International Defence Review*, Vol. 28, No.10 (October 1995).

23. D. Eshel, 'Palestinian Bomb Wrecks Merkava Tank', *Jane's Intelligence Review* (April 2002).

24. D. Eshel, 'Lebanon 2006', *The Tank*, Vol.88, No.778 (December 2006), p.43.

25. D. Eshel, 'No Room for Maneuver', *Defence Technology International* (July/August 2007), pp.41–42.

26. 'Ariete e Centauro moderni strumenti di difesa', *Corriere militare*, Vol. IX, No.11 (21 March 1953).

27. W. J. Spielberger, *From Half-track to Leopard 2* (Munich, Bernard & Graefe, 1979), pp.113 and 155.

28. *Forze di Terra 2010* (Novara, RN Publishing, 2010), p.25.

29. R. M. Ogorkiewicz, 'New Armoured Vehicles from Brazil', *International Defence Review*, Vol. 6, No.1 (1973).

30. R. M. Ogorkiewicz, 'Progress by Vickers in Tank Design', *International Defence Review*, Vol. 23, No.3 (1988).

31. J. Bingham, *Australian Sentinel and Matilda* (Windsor, Profile Publications, 1971).

32. W. Steenkamp, *South Africa's Border War* (Gibraltar, Ashanti Publishing, 1989), pp.45–46.

33. F. Bridgland, *The War for Africa* (Gibraltar, Ashanti Publishing, 1990), p.15.

34. R. M. Ogorkiewicz, 'South Africa's New Battle Tank', *International Defence Review*, Vol. 23, No.6, (1990).

35. R. M. Ogorkiewicz, 'South Africa Reveals Advanced Tank Technology Demonstrator', *International Defence Review*, Vol. 27, No.4 (1993).

第 11 章

1. D. M. Glantz and J. House, *When Titans Clashed* (Lawrence, KA, University Press of Kansas, 1995), p.378.

2. T. Hara, *Japanese Medium Tanks* (Windsor, Profile Publications, 1972).

3. T. Hara and A. Takeuchi, *Japanese Tanks and Armoured Vehicles* (in Japanese) (Tokyo, Shuppan Kyodo, 1961), pp.66–69.

4. C. F. Foss and P. McKenzie, *The Vickers Tanks* (Wellingborough, Patrick Stevens, 1988), p.42.

5. S. J. Zaloga, *Japanese Tanks 1939-45* (Oxford, Osprey, 2007), p.10.

6. G. L. Rottman and A. Takizawa, *World War II Japanese Tank Tactics* (Oxford, Osprey, 2008), pp.4–12.

7. T. Hara, conversation with author.

8. D. M. Glantz, *The Soviet Strategic Offensive in Manchuria*, 1945 (London, Frank Cass, 2003), p.61.

9. K. Kondo, 'GSDF Type 74 Main Battle Tank and its Development', (in Japanese) *The Tank Magazine*, No.5 (May 1978), pp.28–57.

10. *Mitsubishi High Speed Diesel Engines for JDA, Mitsubishi Heavy Industries,* summary document, undated.

11. J. Williams and R. M. Ogorkiewicz, *Report on the Final Review of Phased I of the Chrysler Development Program for the Republic of Korea Indigenous Tank*, Seoul, 25 March 1981, p.16.

12. P. W. Lett, 'Korea' s Type 88 Comes of Age', *International Defence Review*, No.1 (1988), pp.41–43.

13. S. Zaloga, *The Renault FT Light Tank* (London, Osprey, 1988), p.40.

14. Wang Hui, *ZTZ-98 Main Battle Tank* (in Chinese) (Hailar, Inner Mongolian Publishing Co, June 2002).

15. S. T. H. Naqvi, 'Self Reliance in Armament Manufacture: Heavy Industries Taxila', 1st International Symposium on Tank Technology, Heavy Industries Taxila, February 1994.

16. D. Saw, 'Armour in Asia', *Asian Defence and Diplomacy*, Vol. 17 (June 2010), pp.7–8.

附录 1

1. G. M. Chinn, *The Machine Gun*, Vol. 1 (Washington D.C., Department of the Navy, 1951), pp.315–16.

2. R. P. Hunnicutt, *Sherman: A History of the American Medium Tank* (Novato, CA, Presidio Press, 1978), p.27.

3. M. Baryatinskiy, *Light Tank* (Horsham, Ian Allan, 2006), p.25.

4. R. P. Hunnicutt, op. cit., p.32.

5. T. L. Jentz, *Panzer Tracts*, No.3-1, *Panzerkampfwagen III* (Boyd, Panzer Tracts, 2006), p.3–25.

6. M. Baryatinskiy, op. cit., pp.32 and 42.

7. P. Touzin, *Les véhicules blindés français 1900-1944* (Paris, EPA, 1975), pp.172–78.

8. *Demonstration of Progress in Mechanization in the Army since November 1926*, The War Office, (11 October 1930), p.8.

9. G. le Q. Martel, *Our Armoured Forces* (London, Faber and Faber, 1945), p.47.

10. M. Baryatinskiy, *The IS Tanks* (Horsham, Ian Allan, 2006), p.29.

11. *Illustrated Record of German Army Equipment*, Vol. 2 (London, War Office, 1945).

12. R. M. Ogorkiewicz, 'Armoured Fighting Vehicles', in *Cold War – Hot Science*, eds. R. Bud and P. Gummett (Amsterdam, Harwood, 1999), pp.121–23.

13. *FV 215 Heavy Tank No.2*, Report PC 41 (Chertsey, FVRDE, 1958).

14. I. V. Hogg, *German Secret Weapons of World War 2* (London, Arms and Armour Press, 1970), pp.71–72.

15. W. Lanz, W. Odermatt, and G. Weihraut, 'Kinetic Energy Projectiles: Development History, State of the Art, Trends', in *19th International Symposium on Ballistics*, Vol. III , (Interlaken, 2001), p.1196.

16. R. Hilmes, *Kampfpanzer* (Stuttgart, Motorbuch Verlag, 2007), p.229.

17. W. Lanz, *140mm Compact Gun* (Thun, RUAG Land Systems, c.1999), p.6.

18. R. M. Ogorkiewicz, *Technology of Tanks* (Coulsden, Jane' s, 1991), pp.88–89.

19. W. F. Morrison, P. G. Baer, M. H. Bulman and J. Mandzy, 'The Interior Ballistics of Regenerative Liquid Propellant Guns', *8th International Symposium on Ballistics* (Orlando, 1984), pp.41–53.

20. H. D. Fair, T. F. Gora and P. J. Kenney, *Proposal for the Development of Electo-magnetic Guns and Launchers*, Propulsion Technology Technical Report, 07-103-78 (July 1978).

21. *Electromagnetic Gun Weapon System*, FMC Corp (November 1987), p.28.

22. D. J. Elder, 'The First Generation in the Development and Testing of Full-Scale Electric Gun Launched, Hyper-velocity Projectiles', *IEE Transactions on Magnetics*, Vol. 33, No.1 (January 1997), p.55.

23. *Electromagnetic/Electrothermal Gun Technology Development*, Final Report of Army Science Board Panel, (Washington D.C., December 1990), p.14.

24. H. G. G. Weise, 'Large Calibre ETC Technology Ready for Platform Integration', *5th International All-Electric Combat Vehicle Conference*, Angers, June 2003.

附录 2

1. E. H. T. d'Eyncourt, 'Account of British Tanks in the War', *Engineering*, Vol. C Ⅷ, No.2802 (12 September 1919), p.337.

2. J. Dickie, 'Armour and Fighting Vehicles', *Special Steel Review*, No.1 (Sheffield, 1969), p.28.

3. F. C. Thomson, *Report on Bullet Proof Steel for Tanks*, February 1917, typescript in the Library of the Tank Museum, Bovington.

4. M. Baryatinskiy, *Light Tanks* (Horsham, Ian Allan, 2006), pp.30 and 46.

5. J. Perré, *Batailles et combats des chars français* (Paris, Charles Lavauzelle, 1940), p.164.

6. I. V. Hogg, *German Secret Weapons of World War 2* (London, Arms and Armour Press, 1970), p.37.

7. R. P. Hunnicutt, *Patton: A History of the American Medium Tank* (Novato, CA, Presidio Press, 1984), p.152.

8. R. P. Hunnicutt, *Abrams: A History of the American Battle Tank* (Novato, CA, Presidio Press, 1990), pp.164–65 and 169.

9. J. M. Warford, 'A Look Inside Russian Tank Armour', *Journal of Military Ordnance* (March 1999), pp.16–19.

10. R. M. Ogorkiewicz, 'Armoured Fighting Vehicles', in *Cold War – Hot Science*, ed. R. Budd and P. Gummett (Amsterdam, Harwood, 1999), pp.134–35.

11. M. Held, German patent 2 358 277, 1973.

12. J. M. Warford, 'A First Look at Soviet Special Armour', *Journal of Military Ordnance* (May 2002), pp.4–7.

13. W. Trinks et al., 'Grenzen der Schutzwirkung von Panzerwerkstoffen Gege Hohlladungen', *Jarbuch der Wehrtechnik*, Vol.6 (1973), p.50.

14. R. P. Hunnicutt, *Bradley: A History of the American Fighting and Support Vehicles* (Novato, CA, Presidio Press, 1999), pp.264–67.

15. R. P. Hunnicutt, *Bradley*, op. cit., p.448.

16. M. Held, German patent 2 008 156, 1970.

17. M. Rastopshin, 'The Present and the Future of the Projectile vs Armor', *Arms*, No.1 (2000), pp.31–32.

18. M. Gelbart, *Modern Israeli Tanks and Infantry Carriers 1985-2004* (Oxford, Osprey, 2004), p.6.

19. R. D. Moesev, *US Navy: Vietnam* (Annapolis, US Naval Institute, 1969), pp.236–38.

20. R. P. Hunnicutt, *Bradley*, op. cit., pp.259–60.

21. R. M. Ogorkiewicz, 'Problems with Stryker's Add-on Armour', *International Defence Review*, No.8 (August 2005), p.25.

22. C. F. Foss and P. McKenzie, *The Vickers Tanks* (Wellingborough, Patrick Stevens, 1988), p.204.

23. R. M. Ogorkiewicz, 'Armoured Vehicles of Composite Materials', *International Defence Review*, Vol. 22, No.7 (1989).

24. R. M. Ogorkiewicz, 'High Fibre Diet for Armour', *International Defence Review*, Vol.29, No.1 (1996).

25. *Questionmark Ⅳ*, US Army Ordnance Tank-Automotive Command, August 1955, p.18.

26. R. M. Ogorkiewicz, 'Active Protection for Fighting Vehicles', *Jane's Defence Weekly*, Vol. 3, No.16 (20 April 1985), pp.681 and 684.

27. V. Ivanov, 'Active Protection for Tanks', *Military Parade* (September-October 1997), pp.40–41.

28. V. Kashin and V. Kharkin, 'Arena: Active Protection System for Tanks', *Military Parade* (May-June 1996),

pp.32–35.

29. F. Heigl, *Taschenbuch der Tanks* (Munich, Lehmanns Verlag, 1926), pp.388–97.

30. R. P. Hunnicutt, *Sheridan: A History of the American Light Tank* (Novato, CA, Presidio Press, 1995), p.118.

31. P. Stiff, *Taming the Landmine* (Alberton, South Africa, Galago Publishing, 1986).

32. V. Joynt, Mine Resistance, *Wehrtechnsche Symposium* (Mannheim, BAKWVT, May 2002).

33. R. Drick, *Schutz fur leichet fahrzeuge insbesondereminenschutz*, Wehrtechnische Symposium (Mannheim, BAKWVT, 1995).

34. A. Smith, *Improvised Explosive Devices in Iraq 2003-2009* (Carlisle, PA, US Army War College, 2011).

35. STANAG 4569.

36. D. Eshel, 'Lebanon 2006', *The Tank*, Vol. 88, No.778 (December 2006), pp. 43–44.

附录 3

1. A. Stern, *Tanks 1914-1918* (London, Hodder and Stoughton, 1919), p.123.

2. R. E. Jones, G. H. Rarey and R. J. Icks, *The Fighting Tanks since 1916* (Washington, D. C., National Service Publishing Co., 1933), pp.168.

3. R. E. Jones et al., op. cit., pp.194–95.

4. P. Touzin, *Les véhicules blindés français1945-1977* (Paris, EPA, 1978), pp.52–59.

5. J. H. Pitchford, 'Engineering Research and Development as a Service to Industry', *The Chartered Mechanical Engineer*, Vol. 2, No.1 (January 1955), pp.35–40.

6. R. P. Hunnicutt, *Patton – A History of the American Main Battle Tank* (Novato, CA, Presidio Press, 1984), pp.434 and 439.

7. H. I. Troughton, 'The United Kingdom Approach to the Problem of Multi-Fuel Engines', Symposium on Multi-Fuel Engines, Chobham, FVRDE, 1959.

8. F. Feller, 'The 2-Stage Rotary Engine – A New Concept of Diesel Power', *Proc. Inst. Mech. Engrs.*, Vol.185, 13/71 (1970–71).

9. R. M. Ogorkiewicz, *Technology of Tanks* (Coulsdon, Jane's, 1991), pp.265–66.

10. T. L. Jentz, *Germany's Panther Tank* (Atglen, Schiffer, 1995), pp.17–18.

11. R. M. Ogorkiewicz, 'Advances by MTU in Diesels for Armoured Vehicles', *International Defence Review*, No.1 (1981).

12. R. M. Ogorkiewicz, 'Latest Developments in MTU Tank Diesels', *International Defence Review*, No.1 (1988).

13. R. H. Bright, 'The Development of Gas Turbine Power Plants for Traction Purposes in Germany', *Proc. Inst. Mech. Engrs.*, Vol. 157 (1947), pp.375–82.

14. R. M. Ogorkiewicz, 'Gas Turbines for Tanks?', *Armor*, Vol.61, No.5 (September-October 1952), pp.16–19.

15. R. P. Hunnicutt, *Abrams – A History of the American Main Battle Tank* (Novato, CA, Presidio Press, 1990), p.108.

16. *Questionmark IV*, Ordnance Tank-Automotive Command, August 1955, p.10.

17. R. M. Ogorkiewicz, *Armour* (London, Stevens & Sons, 1960), pp.364–65.

18. R. B. Gray, *Development of the Agricultural Tractor in the United States*, Part 1 (St Joseph, MO, American Society of Agricultural Engineers, 1956), p.43.

19. R. M. Ogorkiewicz, *Technology of Tanks*, op. cit, pp.281–83 and 288.

20. M. Baryatinskiy, *The IS Tanks* (Horsham, Ian Allan, 2006), pp.6 and 19.

21. R. M. Ogorkiewicz, 'Electric Transmissions for Tanks', *International Defence Review*, No.2 (1990), pp.196–97.

22. D. Siemiet, J. Jerosek and D. Hubele, 'All Digital, All Electric Chassis for A 55-ton Ground Combat Vehicle',

1st International Conference on All-Electric Combat Vehicles, Haifa, May 1995.

23. R. M. Ogorkiewicz, 'Electric Drives for Combat Vehicles Gain Ground', *International Defence Review*, No.5 (2004).

24. R. M. Ogorkiewicz, *Technology of Tanks*, op. cit., pp.309–29.

25. A. Stern, op. cit., pp.258–74.

26. E. H. T. d'Eycourt, 'Account of the British Tanks Used in the War', *Engineering*, Vol. 108, No.2803 (19 September 1919), pp.371–74.

27. F. Heigl, *Taschenbuch der Tanks* (Munich, Lehmanns Verlag, 1926), p.17.

28. D. Rowland, *Tracked Vehicle Ground Pressure*, Report 72031, MVEE, Chertsey, 1972.

29. R. M. Ogorkiewicz, *Technology of Tanks*, op. cit., pp. 346–48.

30. R. M. Ogorkiewicz, *Technology of Tanks*, op. cit., pp.350–51.

31. E. B. Maclaurin, 'The Use of Mobility Numbers to Predict the Tractive Performance of Wheeled and Tracked Vehicles in Soft Cohesive Soils', 7th European ISTVS Conference, Ferrara, 1997.

32. R. Bernstein, 'Probleme zur Ezperimentellen Motorflugmechanik', *Der Motorwagen*, No.16 (1913).

33. E. W. E. Micklethwaite, *Soil Mechanics in Relation to Fighting Vehicles* (Chertsey, Military College of Science, 1944).

34. J. Y. Wong, M. Garber and J. Preston-Thomas, 'Theoretical Prediction and Experimental Substatiation of the Ground Pressure Distribution and Tractive Performance of Tracked Vehicles', *Proc. Inst. Mech. Engrs.*, 198D, No.15, (1984).

35. R. M. Ogorkiewicz, 'Articulated Tracked Vehicles', *The Engineer*, Vol.212, No.5522 (24 November 1961), pp.849–54.

36. M. G. Bekker, *Off-the-Road Locomotion* (Ann Arbor, MI, University of Michigan Press, 1960).

37. R. P. Hunnicutt, *Armored Car: A History of American Wheeled Combat Vehicles* (Novato, CA, Presidio Press, 2002), pp.213–15.

西姆斯的"战车"是第一种兼有武器和装甲的车辆。该车于 1902 年在伦敦的水晶宫展出。(©ZF
Friedrichshafen AG)

1910 年，在奥尔德肖特接受英国陆军测试的"霍恩斯比"牵引车。(坦克博物馆)

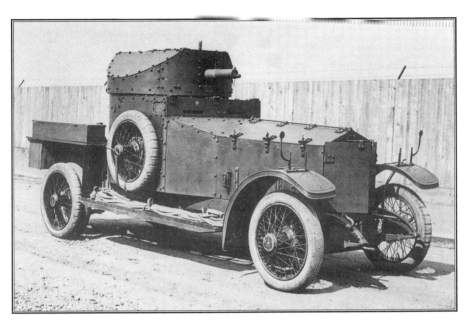

1915 年，利用罗尔斯－罗伊斯"银魅"牌汽车底盘为皇家海军航空局制造的装甲汽车。（帝国战争博物馆，Q14632）

第一辆坦克——"小威利"，完成于 1915 年 9 月。（© 罗尔斯－罗伊斯股份有限公司）

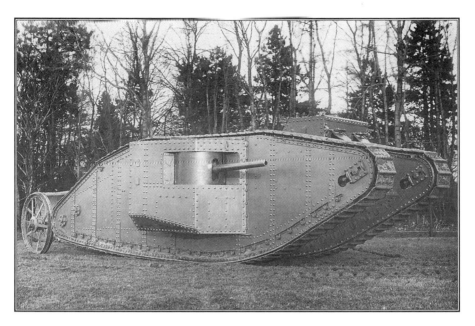

1916 年 1 月，第一次世界大战中的英国菱形坦克的鼻祖——"母亲"正在演示中。

1916 年 9 月，参加第一次坦克战的 Mk1 坦克。(帝国战争博物馆，Q2486)

1916 年 9 月，施耐德公司制造的第一辆与该公司同名的法国坦克。（帝国战争博物馆，Q57721）

法国雷诺 FT 轻型坦克。从第一次世界大战结束到 20 世纪 30 年代，"雷诺"一直是世界上数量最多且使用最广的坦克。（奥戈凯维奇收藏）

在第一次世界大战中迟到的产品：美国 M1917 轻型坦克（仿造雷诺 FT 轻型坦克），以及英美合作的最后一种菱形重型坦克——Mk8。这两者都在美国陆军中服役到 20 世纪 30 年代。（奥戈凯维奇收藏）

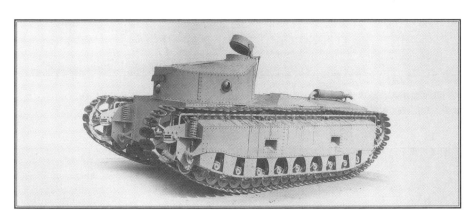

试验性的"英国轻型步兵坦克"。它在 1922 年达到 48.3 千米 / 时的速度，从而证明了坦克的机动性可以得到显著提高。（奥戈凯维奇收藏）

"双人轻型坦克" Mk1（左）、三炮塔的 A.6 坦克或"十六吨坦克"（中）和五炮塔的 A.1 或"独立"坦克（右）。三者都是 20 世纪 20 年代英国坦克发展的突出例证。（坦克博物馆）

"维克斯中型坦克"，是 20 世纪 20 年代唯一大量生产的坦克。由于在机动性方面高于其先前的战时坦克，"维克斯中型坦克"在全世界引发了人们对坦克的更大关注。(BAE 系统公司)

"玛蒂尔达"步兵坦克是第二次世界大战初期最有效的英国坦克，这主要归功于它的厚装甲。(帝国战争博物馆，E1416)

"轻型坦克" Mk6，是第二次世界大战爆发时英军的主力坦克。（帝国战争博物馆，MH3582）

卡登－洛伊德 Mk6 机枪输送车。受其启发，多个国家生产了无炮塔的"超轻型坦克"和非常轻的双人坦克。（BAE 系统公司）

维克斯"六吨坦克"。在各种配备 37 毫米至 47 毫米口径的火炮——这些口径的火炮在 20 世纪 30 年代后期十分典型——的轻型坦克和中型坦克中,"六吨坦克"是先行者。(BAE 系统公司)

雷诺 R35,是一款装甲较好但火力贫弱的轻型步兵坦克,也是 1940 年数量最多的法国坦克。(奥戈凯维奇收藏)

法国的 Char B1 bis，是当时最强大的几款坦克之一，但它很不适合机动作战。（奥戈凯维奇收藏）

克里斯蒂设计的美国"轮履两用"T3 重型坦克，在拆除履带后可凭借其负重轮行驶，而在履带状态下最高可达 64.4 千米／时的速度。（奥戈凯维奇收藏）

苏联的 BT-7，是基于克里斯蒂在 1931 年为美国陆军打造的中型坦克而研发的几种快速坦克之一。（奥戈凯维奇收藏）

莱茵金属公司秘密制造的"大型拖拉机"，是第一种在炮塔上安装 75 毫米炮或 76 毫米炮的中型坦克。后来，这类火炮成为第二次世界大战中坦克的标配。（巴顿将军博物馆）

T-26，即苏联仿制的维克斯"六吨坦克"，成为第二次世界大战前夕全世界数量最多的坦克。在照片的背景中，有一辆早期的双炮塔版 T-26。（坦克博物馆）

20 世纪 30 年代，以这辆 M2A1 为代表的轻型坦克，通过渐进式发展为二战中的美国坦克具备的稳健可靠的特色打下了基础。（美国陆军）

T-35 重型坦克，是第二次世界大战前苏联坦克发展的极端例子。（TopFoto.co.uk）

一辆车组乘员为三人的"二号坦克"（轻型）。"二号坦克"是 1940 年法兰西会战期间数量最多的德国坦克。（帝国博物馆，MH4134）

捷克制造的轻型坦克。这种坦克以"38(t) 坦克"之名，在第二次世界大战的头三年成了德国坦克力量的重要组成部分。

配备一门低初速75毫
米炮的早期型"四号坦
克"。在第二次世界大战
初期,"四号坦克"是德
国最强的坦克。(帝国博
物馆,MH4227)

车重在26吨至31吨之
间,配备一门中初速76
毫米炮的T-34坦克,
是苏联装甲部队在二战
期间的支柱。(奥戈凯维
奇收藏)

德国"虎1"重型坦克,
因最早配备口径大于75
毫米或76毫米的高初
速火炮而成为1943年
最强大的坦克。(坦克博
物馆)

德国"黑豹"坦克，被普遍认为是第二次世界大战中最好的中型坦克。（奥戈凯维奇收藏）

T-34-85，实际上是换装了更大的三人炮塔和 85 毫米炮的 T-34。T-34-85 在二战后期被大量生产并装备了苏军，于战后又装备了苏联的各种盟友。

德国的突击炮实际上是一种无炮塔坦克。实战证明，配备一门75毫米炮的德国突击炮是一种非常有效的机动反坦克武器。（奥戈凯维奇收藏）

"瓦伦丁"步兵坦克，在产量上比其他任何一种英国坦克都多。（BAE 系统公司）

美国生产的 M3 中型坦克。照片中，左边的是按英国要求制造的"格兰特"坦克，右边的是"李"式坦克，二者都配备了安装于车体的 75 毫米炮。（帝国战争博物馆，E14053）

美国"谢尔曼"中型坦克的早期型——M4A1，配备了一门中初速 75 毫米炮。（美国陆军）

一辆英国"克伦威尔 1"巡洋坦克，配备了一门 57 毫米炮。（伯明翰铁路运输公司）

美国陆军在 20 世纪 50 年代研制的坦克。左起依次为：M103 中型坦克、M48 中型坦克、M47 中型坦克和 M41 轻型坦克。(美国陆军)

美国"谢尔曼"中型坦克的后期型——M4A3，配备了一门 76 毫米炮，并在第二次世界大战结束后继续被广泛使用多年。(美国陆军)

IS-3（"斯大林"）中型坦克在第二次世界大战结束时首次亮相。这是一辆参加捷克共和国"坦克节"的 IS-3。（维基共享资源／公版）

苏联 T-62 坦克配备一门高初速滑膛炮，以便发射带有箭形弹芯的尾翼稳定脱壳穿甲弹。在这方面，T-62 比其他坦克领先了十多年。（奥戈凯维奇收藏）

自 20 世纪 50 年代起，T-54 和与之非常相似的 T-55 成为苏联的主力坦克，而且它们也是有史以来制造的数量最多的两种坦克。（R. 弗莱明）

T-72 是苏联采用三人车组及自动装填的 125 毫米滑膛炮的系列坦克中最常见的一种坦克。而这种滑膛炮在 20 世纪 70 年代问世。（R. 希尔梅斯）

配备 105 毫米炮的 M60A1 由 M48 中型坦克发展而来，并且从 20 世纪 60 年代到 90 年代一直是美国陆军的主力坦克。（美国陆军）

美德联合研制的 MBT–70 是一款设计先进的坦克。它采用了自动装填的 152 毫米火炮导弹发射器，并将三人车组的乘员置于炮塔内，但因成本过高而被放弃。（美国陆军）

英国"百夫长"坦克的最终型,配备一门105毫米线膛炮——这种火炮在20世纪六七十年代成为西方世界的制式坦克武器。(英国战车研究发展院)

"组件先进技术试验车"(Component Advanced Technology Test Bed),是一种美国的试验性车辆。它在经过改造的M1坦克底盘上安装了140毫米炮和炮塔尾舱自动装弹机,并于1995年开始测试。(奥戈凯维奇收藏)

配备 120 毫米滑膛炮的 M1A1，即美国"艾布拉姆斯"坦克的第二版，在 1991 年成为美国陆军的主战坦克。(美国陆军)

"坦克试验车"，是美国在 20 世纪 80 年代制造的一种试验性坦克。它在 M1 坦克底盘上安装了一门 120 毫米炮——这门火炮被安装在无人炮塔内，并由位于车体内部的三名车组乘员遥控操作。

英国"酋长"坦克，是 20 世纪七八十年代北约在西欧部署的火力最强且装甲最厚的坦克。（英国战车研究发展院）

"COMRES 75"是英国战车研究发展院在 1968 年制造的一种试验性车辆，也是一款旨在探索当时将火炮安装于外置底座的坦克。（英国战车研究发展院）

英国战车研究发展院在 1971 年基于"酋长"坦克制造的 FV4211 试验坦克，旨在首次演示所谓的"乔巴姆"装甲应对聚能装药导弹和炮弹的潜在防护效果。（英国战车研究发展院）

"挑战者 1"——英国"酋长"坦克的后续发展型号，它采用了爆炸反应装甲来加强防护。爆炸反应装甲是为 2003 年入侵伊拉克的行动制造的，但该坦克的主炮仍然是一门 120 毫米线膛炮。（奥戈凯维奇收藏）

20 世纪 50 年代初的法国 AMX–13 轻型坦克，率先为其火炮配备了尾舱自动装弹机。（法国陆军）

20 世纪 60 年代，为满足欧洲中型坦克的需求而研制的 AMX–30 配备一门 105 毫米炮，以发射特制的 Obus G 聚能装药反坦克弹。（法国陆军）

AMX "勒克莱尔",是第二次世界大战后的三代法国坦克中的最后一种坦克。它配备一个乘员为三人的车组和一门自动装填的 120 毫米滑膛炮。(法国地面武器工业集团)

德国"豹 1"坦克,根据与法国 AMX-30 相同的要求进行设计,但配备了英国的 105 毫米 L7 炮。"豹 1"坦克因其机动性而受到很高的评价。

试验性的德国 VT 1-2 无炮塔坦克，配备两门 120 毫米炮，而这两门火炮通过齐射可增大命中目标的概率。

装甲更厚重的"豹 2"是"豹 1"的后继型号。"豹 2"配备了当时新研发的莱茵金属 120 毫米滑膛炮。"豹 2"在 1979 年被德国陆军采用，后来又被另外 14 国的军队采用。

瑞士 Pz.68，采用了一体式铸造车体。这在主战坦克中是个罕见的例子。

无炮塔的瑞典 S 坦克，配备一门自动装填的 105 毫米炮。坦克通常需要三人车组来操作，但 S 坦克是迄今为止唯一可以完全由一人操作的坦克。（BAE 系统公司）

试验性的瑞典 UDES XX-20 铰接式车辆，配备一门安装于基座的 120 毫米炮。这门火炮使该车在困难地形中表现出色。（BAE 系统公司）

除瑞典 S 坦克外，以色列的"梅卡瓦"是唯一将发动机置于车体前部——此举是为了保护乘员免受正面攻击——的现代化主战坦克。照片中所示的是"梅卡瓦"Mk3 Baz 型。（IMI）

"梅卡瓦"Mk4，在炮塔两侧装有雷达探测器和拦截弹发射器——二者均为拉斐尔公司的"战利品"主动防御系统的一部分。（奥戈凯维奇收藏）

恩格萨公司的"奥索里奥2"，是巴西尝试自产主战坦克的成果。这款坦克虽然前景诱人，却因为财务原因而被放弃。（恩格萨特种工程公司）

K1A1，即韩国 K-1 坦克的第二版，是按照韩国技术标准在美国设计的。它与美国 M1 坦克的第二版一样，换装了莱茵金属 120 毫米滑膛炮。（现代公司）

2014 年，参加印度陆军阅兵式的俄罗斯 T-90 坦克。（由 Mohd Zakir 拍摄，《印度时报》，盖蒂图片社）